广西南宁树木园
植物图志

GUANG XI NAN NING SHU MU YUAN ZHI WU TU ZHI

施福军　主编

中国林业出版社

图书在版编目（CIP）数据

广西南宁树木园植物图志 / 施福军主编 . -- 北京：
中国林业出版社 , 2018.6
ISBN 978-7-5038-9624-8

Ⅰ . ①广… Ⅱ . ①施… Ⅲ . ①植物—南宁—图集
Ⅳ . ① Q948.526.71-64

中国版本图书馆 CIP 数据核字 (2018) 第 141118 号

中国林业出版社
责任编辑：李　顺　袁绯玭
出版咨询：（010）83143569

出　　版：中国林业出版社（100009 北京西城区德内大街刘海胡同 7 号）
网　　站：http://lycb.forestry.gov.cn/
印　　刷：固安县京平诚乾印刷有限公司
发　　行：中国林业出版社
电　　话：（010）83143500
版　　次：2018 年 8 月第 1 版
印　　次：2018 年 8 月第 1 次
开　　本：889mm×1194mm　1/16
印　　张：26.5
字　　数：380 千字
定　　价：198.00 元

广西南宁树木园
植物图志

编委会

序　言

　　广西地处热带北缘和亚热带的南部，地质起源古老，地形地貌十分复杂，气候高温多雨，孕育了丰富的植物种类，是我国植物资源最丰富的省份之一。《广西南宁树木园植物图志》（以下简称《图志》）记载了树木园建园以来引种的大部分植物，也包含常见的原生植物。按植物性状划分，有木本植物 633 种，草本植物 48 种，藤本植物 46 种，寄生植物 1 种，其中引种植物 594 种，原生植物 134 种。《图志》中可利用植物资源种类广泛，其中有材用植物 224 种，药用植物 195 种，油脂植物 51 种，纤维植物 49 种，淀粉植物 20 种，食果植物 72 种，芳香类植物 37 种，栲胶植物 50 种，保健饮料植物 19 种，饲用植物 26 种，花卉及观赏植物 467 种，水土保持植物 53 种，珍稀濒危植物 73 种，引种保存的植物资源种类齐全，可利用植物品种多样、前景广阔，值得深入研究。

　　《图志》的编制，全面系统地总结了树木园五十多年来的植物引种成果，形成了一套比较成熟的植物引种程序和经验，掌握了不同植物在广西不同地区的生长习性和迁地保护适应情况；通过建立植物标本园和种质基因库，为植物研究及植物科普教育提供了一个很好的平台，为全区的植树造林及园林绿化等生态建设工作提供理论基础和实践经验。希望南宁树木园今后继续巩固和发展现有科研成果，加强现有植物资源的保护工作，进一步整理和完善历史资料，建立植物科普走廊，增加植物引种种群，扩大树木园建园规模，加强与全国各大植物园联系沟通交流，注重专业人才培养，积极打造"数字化植物园"，努力将树木园建设成为植物丰富、功能齐全、管理规范、风景优美的植物园。让"绿水青山就是金山银山"的理念在南宁树木园得以更加深入地体现，以林业产业结构转型升级促进国有林场改革不断深化，为建设现代化林业强区贡献力量。

　　是为序。

2018 年 3 月 12 日

自 序

　　南宁树木园前身是良凤江植物园，始建于 1963 年，隶属于原广西林科所管辖。1979 年，良凤江植物园从广西林科所剥离，与南宁示范林场、七坡林场连山分场合并成立南宁树木园，隶属广西壮族自治区林业厅管辖。1992 年，南宁树木园申报国家级森林公园获批，经广西区编委批准增挂"广西南宁良凤江国家森林公园"牌子，管理上实行两块牌子一套人马的制度。发展至今，南宁树木园管辖林地面积 3867 公顷，树木引种试验核心区占地面积 253 公顷，是自治区林业厅直属管理的经营性事业单位、自治区直属大一型国有林场、国家 4A 级旅游景区。

　　南宁树木园建园以来，坚持以"树木引种驯化、中间试验、推广应用"为指导，长期致力于树木引种为主的树种迁地保护工作，形成阔叶林混交林、针阔混交林、针叶林、经济林等多种林种结构。五十多年来广泛收集区内外植物进行栽培试验，现已初步见效，在广泛引种的同时，加强对引种保育的树种进行一系列的相关研究。特别是在 20 世纪 80 年代中期与北京林业大学合作，收集引种了我国新发现的金花茶组植物 21 种，建立了"金花茶种质资源基因库"，该项目于 1989 年荣获了国家林业部科技进步一等奖。

　　1980 年 9 月，树木园老一辈植物工作者对 1964 年到 1979 年进行引种的植物进行了总结，编制了第一版的《广西南宁树木园植物名录》，里面共记载植物 846 种，隶属于 115 科、415 属。1988 年，在原有基础上，结合 1980~1988 年的引种情况，树木园引种工作者对南宁树木园的植物名录进行了再次整理，编制了 1988 年版的《广西南宁树木园树木名录》，该名录记载了乔、灌木 1294 种，隶属于 123 科，527 属。

　　2016 年，距离上一次树木园植物资源调查已将近三十年，树木园在这期间的物种状况发生了很大变化，为了摸清树木园植物的本底情况，有必要再一次对园内保存的植物资源进行系统调查。据此，我主持的"南宁树木园植物资源调查"项目于当年 4 月正式启动，该项目与广西大学林学院合作开展。根据调查成果，我们编写了最新的《广西南宁树木园植物名录》。该名录记载了南宁树木园维管束植物 1533 种（含栽培种、变种、亚种），隶属于 180 科、745 属，其中蕨类植物 20 科、29 属、39 种，裸子植物 11 科、18 属、53 种，被子植物 149 科、698 属、1441 种；被子植物中双子叶植物 128 科、583 属、1278 种，单子叶植物 21 科、115 属、163 种。名录中记载国家级保护植物 55 种，其中国家 I 级保护植物 15 种，国家 II

级保护植物 40 种。

在完成南宁树木园植物资源调查的基础上，我们将名录中引种成功且有推广应用价值的植物编制成《南宁树木园植物图志》，图志共收录植物 728 种，隶属于 135 科 433 属。其中蕨类植物科的顺序按秦仁昌系统（1978 年）排列，共计 12 科、12 属、14 种；裸子植物科的顺序按照郑万钧系统（1978）排列，共计 10 科、16 属、32 种；被子植物按照哈钦松 1926 年系统排列，共计 113 科、405 属、682 种。每种植物写明科名、属名、中文名称、学名、形态特征、分布、用途与繁殖方式、引种情况等。共收录 2141 幅彩色图片，每种植物选择 2 至数张照片展示其树形、枝叶、花、果等识别特征。植物描述主要参考《中国植物志》《广西树木志》等文献资料。本图志包含的 728 种植物中，木本植物 633 种，占总数的 86.95%；草本植物 48 种，占总数的 6.59%；藤本植物 46 种，占总数的 6.32%；寄生植物 1 种，占总数的 0.14%。按植物来源进行统计，引种植物有 594 种，占总数的 81.59%；原生植物 134 种，占总数的 18.41%。

本书可作为广西及邻近地区植树造林、园林绿化、植物科普及野外调查识别植物的参考资料，也可作为林学、生态学、园林及相关专业进行植物分类学或树木学野外实习的参考书。在图志编制过程中，得到了广西大学林学院老师以及植物学界专家们的大力帮助支持，在此一并表示感谢！但因我们水平所限，编制的错漏之处难免，敬请读者批评指正。

2017 年 12 月 25 日

自然环境概况

南宁树木园位于南宁市南边及邕宁区中部的交界地段,距市区约7公里,北纬22°34′31″~22°46′51″,东经108°15′14″~108°22′22″,处于南宁盆地的中部,以低丘地貌为主,间有少量的阶地和台地。地势南高北低,北部山岭起伏不大,地形开阔,南部切割明显,高差较大。

树木园地处北回归线以南,属南亚热带季风气候,冬短夏长,水热条件较丰富。≥10℃的年积温为7600.3℃,年平均气温21.6℃;极端最高温39.5℃,极端最低温-1.5℃;一月均温12.8℃,七月均温28.3℃。除特殊年份外,都有轻微霜冻,霜期为1~3月上旬,平均霜日5天。雨季和干旱季明显,雨季一般集中在4~9月,年降雨量1340mm,相对湿度80%;年蒸发量为1609.1mm,年日照时数为1780.9h。

树木园大部分土壤由砂页岩发育而成,属砖红壤性红壤,部分土层夹有不同程度的铁锰结核和卵石,个别山脊部分也有粗骨性土壤分布,有机质含量较少,酸碱度为4.5~6.5。

树木园原生植被属亚热带常绿阔叶林,但早年已被破坏,现在区域内的植被皆为人工林。部分沟谷残留有之前的原生植被,如樟树、马尾松、海南蒲桃、桃金娘、野牡丹、越南悬钩子、飞龙掌血、岗松、毛桐、白背桐、构树、苦楝、黄牛木、水锦树、粉单竹、白茅、蔓生莠竹、五节芒等。

目录 | Contents

广西南宁树木园植物图志

卷柏科 Selaginellaceae

薄叶卷柏 *Selaginella delicatula* (Desv. ex Poir.) Alston　　　　　　　　　　　卷柏属

形态特征：直立或近直立，基部横卧，基部有游走茎。主茎自中下部羽状分枝，无关节，禾秆色，主茎1回羽状分枝，或基部2回。叶交互排列，二型，草质，表面光滑，边缘全缘，具狭窄的白边。主茎上的腋叶明显大于分枝上的，长圆状卵圆形，基部钝，分枝上的不对称，窄椭圆形，边缘全缘。孢子叶穗紧密，四棱柱形，单生于小枝末端；孢子叶一型，宽卵形，边缘全缘，具白边；大孢子叶分布于孢子叶穗中部的下侧。大孢子白色或褐色；小孢子橘红色或淡黄色。

分　　布：澳门、安徽、重庆、福建、广东、广西、贵州、海南、湖北、湖南、江西、四川、台湾、香港、云南、浙江，生于海拔100～1000m的林下土生或生阴处岩石上。

用途与繁殖方式：叶片秀丽，可做园林观赏；可保持水土。孢子繁殖。

来源与生长情况：原生种，生长良好。

里白科 Gleicheniaceae

铁芒萁 *Dicranopteris linearis* (Burm.) Uunderw.　　　　　　　　　　　芒萁属

形态特征：植株高达3～5m，蔓生。根状茎横走，叶轴5～8回两叉分枝，各回腋芽卵形，密被锈色毛，叶轴第一回分叉处无侧生托叶状羽片，其余各回分叉处两侧均有一对托叶状羽片；末回羽片形似托叶状的羽片，篦齿状深裂几达羽轴；叶坚纸质，上面绿色，下面灰白色，无毛。孢子囊群圆形，细小，着生于基部上侧小脉的弯弓处，由5～7个孢子囊组成。

分　　布：产于我国热带；广东南部、广西南部、海南岛、云南东南部。

用途与繁殖方式：酸性土指示植物，可保持水土。孢子繁殖。

来源与生长情况：原生种，生长良好。

海金沙科 Lygodiaceae

海金沙 *Lygodium japonicum* (Thunb.) Sw.　　　　　　　　　　　　　　　　海金沙属

形态特征：植株攀授，叶轴具窄边，羽片多数，对生于叶轴短距两侧。不育羽片尖三角形，两侧有窄边，二回羽状，叶干后褐色，纸质。能育羽片卵状三角形，二回羽状，二回小羽片羽状深裂。孢子囊穗长度过小羽片中央不育部分，排列稀疏，暗褐色。

分　　布：产于华东、华南、西南东部、湖南及陕南。

用途与繁殖方式：可入药，主治通利小肠，疗伤寒热狂，治湿热肿毒。孢子繁殖。

来源与生长情况：原生种，生长良好。

蚌壳蕨科 Dicksoniaceae

金毛狗 *Cibotium barometz* (L.) J. Sm.　　　　　　　　　　　　　　　　金毛狗属

国家 II 级重点保护植物

别　　名：黄狗头

形态特征：大型树状土生蕨类，植株高 1～3m。根状茎粗壮，端部上翘，露出地面部分密被金黄色长茸毛。叶簇生于茎顶端，具粗长的叶柄；叶片大，三回羽裂；羽轴带红色，光滑无毛；末回裂片线形略镰刀状，边缘有细锯齿；幼叶刚长出时呈拳状，也密被金色茸毛。孢子囊群生于叶边小脉顶端，囊群盖坚硬两瓣，成熟时张开，形如蚌壳。

分　　布：产于云南、贵州、四川南部、广东、广西、福建、台湾、海南岛、浙江、江西和湖南南部，生于山麓沟边及林下阴处酸性土上。

用途与繁殖方式：根状茎顶端的长软毛作为止血剂，又可为填充物，也可栽培为观赏植物。孢子繁殖。

来源与生长情况：原生种，生长良好。

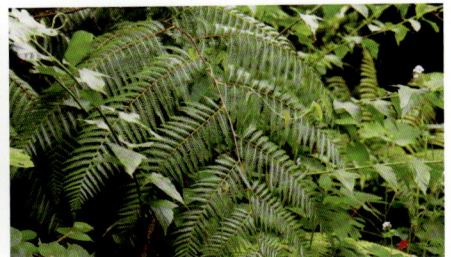

鳞始蕨科 Lindsaeaceae

乌蕨 *Stenoloma chusana* (L.) Ching

乌蕨属

别　　名：乌韭

形态特征：草本，植株高达 65cm，根状茎短而横走，粗壮，密被赤褐色的钻状鳞片。叶近生，叶柄禾秆色至褐禾秆色，有光泽，圆，上面有沟，除基部外，通体光滑；叶片披针形，先端渐尖，基部不变狭，四回羽状；羽片 15～20 对，互生，密接，有短柄，斜展，卵状披针形，先端渐尖，基部楔形，下部三回羽状。叶脉上面不显，下面明显，在小裂片上为二又分枝。叶坚草质，干后棕褐色，通体光滑。孢子囊羣边缘着生，每裂片上一枚或二枚，顶生 1～2 条细脉上。

分　　布：产于浙江南部、福建、台湾、安徽南部、江西、广东、海南岛、香港、广西、湖南、湖北、四川、贵州及云南，生于海拔 200～1900m 的林下或灌丛中阴湿地。

用途与繁殖方式：药用，也可做观赏。孢子繁殖。

来源与生长情况：原生种，生长良好。

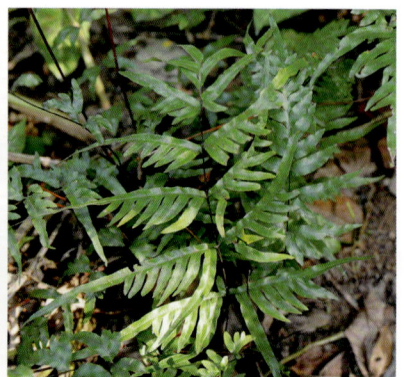

凤尾蕨科 Pteridaceae

半边旗 *Pteris semipinnata* L.

凤尾蕨属

形态特征：草本，高 35～80cm，根状茎横走。叶二型，近簇生，草质；叶柄四棱；能育叶长圆形或长圆状披针形，二回半边羽状深裂，羽片三角形或半三角形，上侧全缘，下侧羽裂几达羽轴，仅不育部分的叶缘有尖锯齿；不育叶同形，全有锯齿。孢子囊群着生于裂片边缘，呈线形。

分　　布：产于台湾、福建、江西南部、广东、广西、湖南、贵州南部、四川、云南南部。生于海拔 850m 以下的疏林下阴处、溪边或岩石旁的酸性土壤上。

用途与繁殖方式：水土保持植物。孢子繁殖。

来源与生长情况：原生种，生长良好。

剑叶凤尾蕨 *Pteris ensiformis* Burm.

形态特征：植株高 30 ~ 50cm，根状茎细长，斜生或横卧，被黑褐色鳞片。叶密生，二型，叶片长圆状卵形，羽片 3 ~ 6 对，对生；不育叶的下部羽片三角形，尖头，常为羽状，小羽片 2 ~ 3 对，对生，密接，无柄，斜展，长圆状倒卵形至阔披针形，先端钝圆，基部下侧下延下部全缘，上部及先端有尖齿；能育叶的羽片疏离，通常为 2 ~ 3 叉，中央的分叉最长，小羽片 2 ~ 3 对，向上，狭线形，先端渐尖，基部下侧下延，先端不育的叶缘有密尖齿；侧脉密接，通常分叉。

分　　布：产于浙江南部、江西南部、福建、台湾、广东、广西、贵州西南部、四川、云南南部，生于海拔 150 ~ 1000m 的林下或溪边潮湿的酸性土壤上。

用途与繁殖方式：全草入药，有止痢的功效。孢子繁殖。

来源与生长情况：原生种，生长良好。

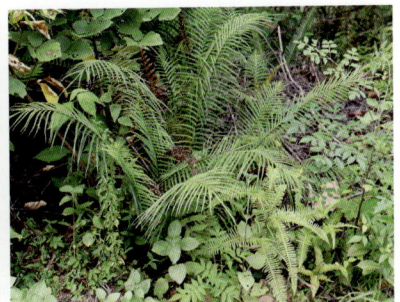

蜈蚣凤尾蕨 *Pteris vittata* L.

别　　名：蜈蚣草

形态特征：草本，植株高 30 ~ 100cm。根状茎直立，短而粗健，木质，密蓬松的黄褐色鳞片。叶簇生，柄坚硬，深禾秆色至浅褐色；叶片倒披针状长圆形，一回羽状；顶生羽片与侧生羽片同形，侧生羽多数，互生或有时近对生，基部羽片仅为耳形，中部羽片最长，狭线形，先端渐尖，基部扩大并为浅心脏形，其两侧稍呈耳形，上侧耳片较大并常覆盖叶轴。叶干后薄革质，暗绿色，无光泽，无毛。在成熟的植株上除下部缩短的羽片不育外，几乎全部羽片均能育。

分　　布：广布于我国热带和亚热带，生于钙质土或石灰岩上，达海拔 2000m 以下，也常生于石隙或墙壁上。

用途与繁殖方式：本种从不生长在酸性土壤上，为钙质土及石灰岩的指示植物，其生长地土壤的 PH 为 7.0 ~ 8.0。孢子繁殖。

来源与生长情况：原生种，生长良好。

铁线蕨科 Adiantaceae

扇叶铁线蕨 *Adiantum flabellulatum* Linn.   **铁线蕨属**

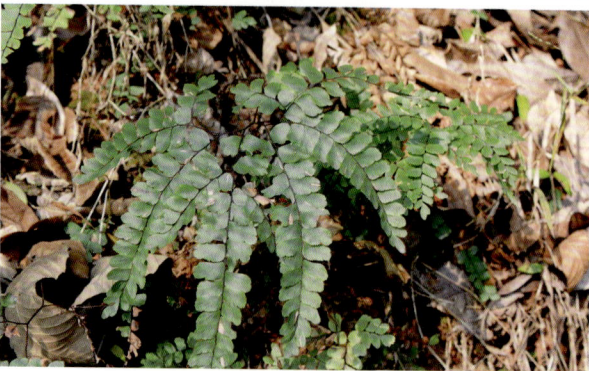

别　　名：过坛龙、铁线蕨

形态特征：草本，植株高 20～50cm。根状茎短而直立，密被亮棕色披针形鳞片。叶簇生；叶柄亮紫黑色，有纵沟；叶片扇形，长 10～25cm，二至三回不对称的二叉分枝；小羽片 8～15 对，互生；中部以下的小羽片半圆形（能育叶）或斜方形（不育叶），不育部分有锯齿；顶生小羽片倒卵形或扇形，叶脉多回 2 叉。孢子囊着生小羽片顶端边缘叶脉，囊群盖半圆形。

分　　布：产于我国台湾、福建、江西、广东、海南、湖南、浙江、广西、贵州、四川、云南。生于海拔 100～1100m 的阳光充足的酸性红、黄壤上。

用途与繁殖方式：本种全草入药，清热解毒、舒筋活络、利尿、化痰、消肿、止血；此外，它是酸性土的指示植物。孢子繁殖。

来源与生长情况：原生种，生长良好。

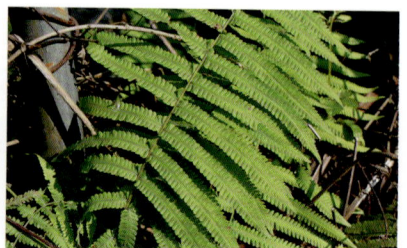

金星蕨科 Thelypteridaceae

华南毛蕨 *Cyclosorus parasiticus* (Linn.) Farw.   **毛蕨属**

形态特征：草本，植株高达 80cm。根状茎横走，连同叶柄基部有深棕色披针形鳞片。叶近生；叶柄长达 40cm，略有柔毛；叶片长圆披针形，二回羽裂；羽片 12～16 对，无柄，中部以下的对生，向上的互生，基部羽片不变狭向下反折；下面沿叶轴、羽轴及叶脉密生针状毛，脉上密生橙红色腺体。孢子囊群圆形，生侧脉中部以上，每裂片 4～6 对。

分　　布：产于浙江南部及东南部、福建、台湾、广东、海南、湖南、江西、重庆、广西、云南东南部。生于海拔 90～1900m 的山谷密林下或溪边湿地。

用途与繁殖方式：水土保持植物；孢子繁殖。

来源与生长情况：原生种，生长良好。

铁角蕨科 Aspleniaceae

巢蕨 *Neottopteris nidus* (Linn.) J. Smith　　　　　　　　　　　　　　　　　　**巢蕨属**

形态特征：植株高 1 ~ 1.2m。根状茎直立，密被鳞片。单叶，簇生；柄长约 5cm，下面半圆形隆起，上面有阔纵沟，两侧无翅；叶片阔披针形，长 90 ~ 120cm，渐尖头，中部最宽处 9 ~ 15cm，向下逐渐变狭而长下延；主脉下面几全部隆起成半圆形，上面下部有阔纵沟；小脉两面均稍隆起，平行。孢子囊群与囊群盖线形，生于小脉的上侧，自小脉基部外行约达 1/2；叶片下部通常不育。

分　　布：产于南亚热带以南，成大丛附生于海拔 100 ~ 1900m 的林中树干上或岩石上。

用途与繁殖方式：观赏植物；孢子繁殖。

来源与生长情况：引进种，生长良好。

乌毛蕨科 Blechnaceae

乌毛蕨 *Blechnum orientale* L.　　　　　　　　　　　　　　　　　　　　　　**乌毛蕨属**

别　　名：东方乌毛蕨

形态特征：草本，植株高 0.5 ~ 2m。根状茎粗短，木质，密被鳞片。叶簇生；叶柄粗硬，有纵沟，沟两侧具瘤状气囊体；叶片阔披针形，一回羽状；羽片多数，互生，全缘，革质；下部羽片极度缩小成圆耳形，向上羽片线形或线状披针形，上部羽片逐渐缩短，基部与叶轴合生并沿叶轴下延；主脉两面隆起，小脉平行。孢子囊群与囊群盖线形，紧靠主脉两侧，与主脉平行，仅线形或线状披针形的羽片能育。

分　　布：产于广东、广西、海南、台湾、福建、西藏、四川、重庆、云南、贵州、湖南、江西、浙江。生长于较阴湿的水沟旁及坑穴边缘，也生长于海拔 300 ~ 800m 的山坡灌丛中或疏林下。

用途与繁殖方式：本种为我国热带和亚热带的酸性土指示植物。孢子繁殖。

来源与生长情况：原生种，生长良好。

肾蕨科 Nephrolepidaceae

肾蕨 *Nephrolepis cordifolia* (Linn.) Presl.　　　　　　　　　　　　　　　　　　肾蕨属

形态特征：高 40～70cm。匍匐茎从叶柄基部下侧向四面横走。叶丛生，直立，光滑，长披针形，长 30～70cm，宽 3～5cm，一回羽状深裂；羽片 45～120 对，密集而呈覆瓦状排列，中部的长约 2cm，宽 6～7mm，向基部的渐短，先端钝圆，基部耳状偏斜，有浅钝锯齿。孢子囊群于中脉两侧各成 1 行，与囊群盖同为肾形。

分　　布：产于广西各地，生于 300～1500m 的溪边林下。

用途与繁殖方式：园林观赏；孢子繁殖。

来源与生长情况：引进种，生长良好。

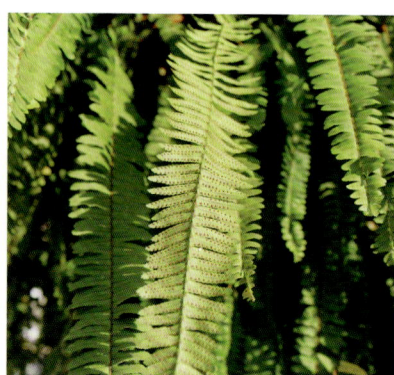

骨碎补科 Davalliaceae

圆盖阴石蕨 *Humata tyermannii* T. Moore　　　　　　　　　　　　　　　　　　阴石蕨属

形态特征：植株高达 20cm，根状茎长而横走，密被蓬松的鳞片；鳞片线状披针形，淡棕色。叶远生，柄棕色或深禾秆色，光滑或仅基部被鳞片；叶片长三角状卵形，长宽几相等，先端渐尖，基部心脏形，三至四回羽状深裂；羽片约 10 对，有短柄，近互生至互生，基部一对最大，长三角形，三回深羽裂。叶脉上面隆起，下面隐约可见，羽状，小脉单一或分叉，不达叶边。叶革质，干后棕色或棕绿色，两面光滑。孢子囊群生于小脉顶端；囊群盖近圆形，全缘，浅棕色，仅基部一点附着，余均分离。

分　　布：广布于华东和华南，也产于湖南、贵州、重庆、云南，生于海拔 300～1760m 的林中树干上或石上。

用途与繁殖方式：本种形体粗犷，可供观赏，根状茎入药；孢子繁殖。

来源与生长情况：原生种，生长良好。

苏铁科 Cycadaceae

单羽苏铁 *Cycas simplicipinna* (Smitinand) K.D. Hill   苏铁属

国家Ⅰ级重点保护植物

形态特征： 低矮灌木，主干不明显，叶痕宿存。鳞叶披针形，羽叶长 1.5 ~ 2.5m，叶柄长 0.2 ~ 1m，刺 19 ~ 39 对，羽片 18 ~ 81 对，中部羽片条形，深绿色，有光泽，纸质至薄革质，先端渐尖，顶端近截状，外面被锈色柔毛。大孢子叶两面隆起。小孢子叶球狭长圆柱形，大孢子叶柄部被毛，胚珠 2 ~ 5 枚。种子为椭圆形。

分　　布： 分布于云南省勐腊、景洪等县市的低海拔的热带雨林下。

用途与繁殖方式： 观赏植物，髓含淀粉可供食用。播种繁殖。

来源与生长情况： 引进种，生长良好，已开花。

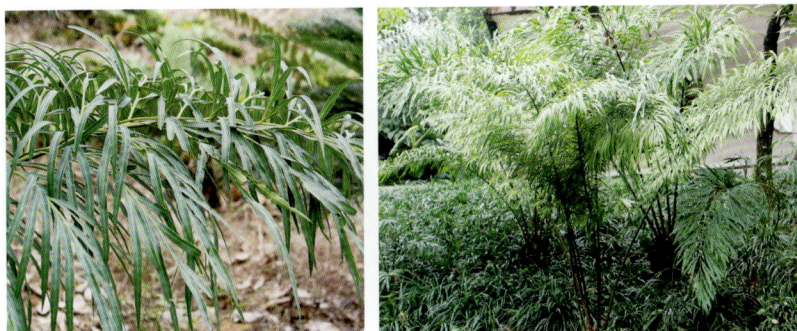

德保苏铁 *Cycas debaoensis* Y. C. Zhong et C. J. Chen   苏铁属

国家Ⅰ级重点保护植物

形态特征： 小型灌木，树干通常不明显，有时也膨大呈葫芦状，或纺锤状，或盘状，或圆柱形，高可达 50cm，径达 25cm。小孢子叶窄楔形，长 3 ~ 3.5cm；大孢子叶长 15 ~ 20cm，不育顶片绿色，近心形或近扇形，每侧具裂片 19 ~ 25，丝状，长 3 ~ 6cm；胚珠 4 ~ 6 枚。授粉期 3 ~ 4 月，种子成熟期 11 月。

分　　布： 广西西部德保县。

用途与繁殖方式： 园林观赏，科研价值高。播种繁殖。

来源与生长情况： 引进种，生长良好。

叉叶苏铁 *Cycas micholitzii* Dyer　　　　　　　　　　　　　　苏铁属

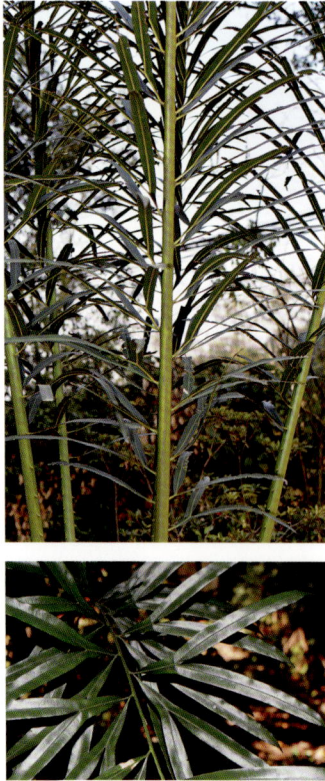

国家Ⅰ级重点保护植物

形态特征：小型灌木，树干圆柱形，高20～60cm，径4～5cm，基部粗10～12cm。叶呈叉状二回羽状深裂，长2～3m，叶柄两侧具宽短的尖刺；羽片间距离约4cm，叉状分裂；裂片条状披针形，边缘波状，先端钝尖，基部不对称。雄球花圆柱形，小孢子叶近匙形或宽楔形，光滑，黄色；大孢子叶基部柄状，桔黄色，胚株1～4枚，着生于大孢子叶柄的上部两侧，近圆球形，被绒毛，种子成熟后变黄。

分　　布：主要分布于云南东南部、广西及海南，越南、老挝也有分布。

用途与繁殖方式：观赏植物。播种繁殖。

来源与生长情况：引进种，生长良好。

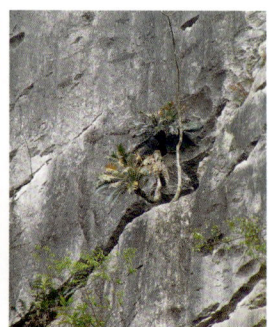

石山苏铁 *Cycas miquelii* Warb.　　　　　　　　　　　　　　苏铁属

国家Ⅰ级重点保护植物

形态特征：小型灌木，树干通常不明显，高可达50cm，径达25cm，基部膨大成圆球形，灰色至灰褐色，叶痕宿存；鳞叶披针形，暗棕色，背面密被短绒毛；羽叶长50～170cm，上部两侧具3～35对短刺，羽片40～81对，水平开展，革质，羽片条形先端渐尖，具短尖头，基部不对称，下侧下延生长，上面深绿色，有亮泽，下面淡绿色，叶边缘平或有时反卷，叶轴、叶柄及叶背密被锈色柔毛。大孢子叶较小，疏被脱落性棕色柔毛，胚珠无毛，种子较小，成熟时黄色。

分　　布：广西西南部的扶绥县、龙州县、凭祥市、宁明县、田阳县、崇左县等地的低海拔石灰岩山地。

用途与繁殖方式：观赏植物，可盆栽观赏。播种繁殖。

来源与生长情况：引进种，生长良好。

篦齿苏铁 *Cycas pectinata* Buch.-Ham.　　　　　　　　　　　　　　　苏铁属

国家Ⅰ级重点保护植物

形态特征：树干圆柱形，高达 3m。羽状叶长 1.2 ~ 1.5m，叶轴横切面圆形或三角状圆形，柄长 15 ~ 30cm，两侧有疏刺，刺略向下弯，长约 2mm，羽状裂片 80 ~ 120 对，条形或披针状条形，厚革质，坚硬，直或微弯，边缘稍反曲，上部微渐窄，先端渐尖，基部窄，两侧不对称，下延生长，上面深绿色，中脉隆起。雄球花长圆锥状圆柱形，大孢子叶密被褐黄色绒毛。种子卵圆形或椭圆状倒卵圆形，熟时暗红褐色，具光泽，干后外种皮常同中种皮分离。

分　　布：云南西南部，昆明有栽培。

用途与繁殖方式：作庭园观赏树用。播种繁殖。

来源与生长情况：引进种，生长良好。

苏铁 *Cycas revoluta* Thunb.　　　　　　　　　　　　　　　　　　　苏铁属

形态特征：树干高约 2m，稀达 8m 或更高，圆柱形如有明显螺旋状排列的菱形叶柄残痕。羽状叶从茎的顶部生出，羽状裂片达 100 对以上，条形，厚革质，坚硬，长 9 ~ 18cm，宽 4 ~ 6mm，向上斜展微成 "V" 字形，边缘显著地向下反卷，上部微渐窄，先端有刺状尖头，基部窄，两侧不对称，下侧下延生长。雄球花圆柱形，小孢子飞叶窄楔形，大孢子叶密生淡黄色绒毛。种子红褐色或桔红色，倒卵圆形，稍扁，密生灰黄色短绒毛。花期 6 ~ 7 月，种子 10 月成熟。

分　　布：福建、台湾、广东，各地常有栽培。

用途与繁殖方式：观赏植物，茎内含淀粉，可供食用；种子含油和丰富的淀粉，微有毒，供食用和药用，有治痢疾、止咳和止血之效。播种繁殖。

来源与生长情况：引进种，生长良好。

泽米铁科 Zamiaceae

锐刺非洲铁 *Encephalartos ferox* Bertol. f.　　　　　　　　　　　　　　　　非洲苏铁属

别　　名：刺叶非洲铁

形态特征：棕榈状常绿植物。茎干低矮，枝叶舒展亮绿，边缘具坚硬锐齿。花雌雄异株，雄球花纺锤状椭圆形，鲜橘红色或橙红色；雌球花卵状，橙红色。

分　　布：原产于巴西东部、莫桑比克南部和南非一带，华南有栽培。

用途与繁殖方式：树形美观，花色艳丽，是优美的园林观赏植物。播种繁殖。

来源与生长情况：引进种，生长良好。

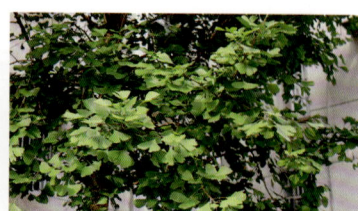

银杏科 Ginkgoaceae

银杏 *Ginkgo biloba* Linn.　　　　　　　　　　　　　　　　　　　　　　　银杏属

国家Ⅰ级重点保护植物

形态特征：落叶乔木，大树皮呈灰褐色，深纵裂，粗糙。叶扇形，有长柄，淡绿色，有多数叉状并列细脉，在短枝上常具波状缺刻，在长枝上常2裂，基部宽楔形。叶在一年生长枝上螺旋状散生，在短枝上3～8叶呈簇生状，秋季落叶前变为黄色。球花雌雄异株，单性，生于短枝顶端的鳞片状叶的腋内，呈簇生状；雄球花柔荑花序状，风媒传粉。花期3～4月，种子9～10月成熟。

分　　布：我国特产，北自东北沈阳，南达广州，东起华东海拔40～1000m地带，西南至贵州、云南西部均有栽培。

用途与繁殖方式：果可食用；树干通直，木材是制乐器、家具的高级材料；树干高大挺拔，叶似扇形，可作庭园树及行道树。播种繁殖。

来源与生长情况：引进种，生长良好。

南洋杉科 Araucariaceae

大叶南洋杉 *Araucaria bidwillii* Hook.　　　　　　　　　　　　　　　　南洋杉属

形态特征：乔木，在原产地高达 50m；树皮厚，暗灰褐色，成薄条片脱落；大枝平展，树冠塔形，侧生小枝密生，下垂。叶辐射伸展，卵状披针形、披针形或三角状卵形，扁平或微内曲，坚硬，厚革质，光绿色，无主脉，具多数并列细脉，上面通常无气孔线，下面有多条气孔线，先端有渐尖或微尖的锐尖头。雄球花单生叶腋，圆柱形。球果大，宽椭圆形或近圆球形，种子长椭圆形，无翅。花期 6 月，球果第三年秋后成熟。

分　　布：原产大洋洲沿海地区。我国华南等地有栽培，中部及北部各大城市仅见盆栽。

用途与繁殖方式：作庭园树，生长良好，已开花结实的木材可供建筑等用。播种繁殖。

来源与生长情况：引进种，生长良好，能正常开花结果。

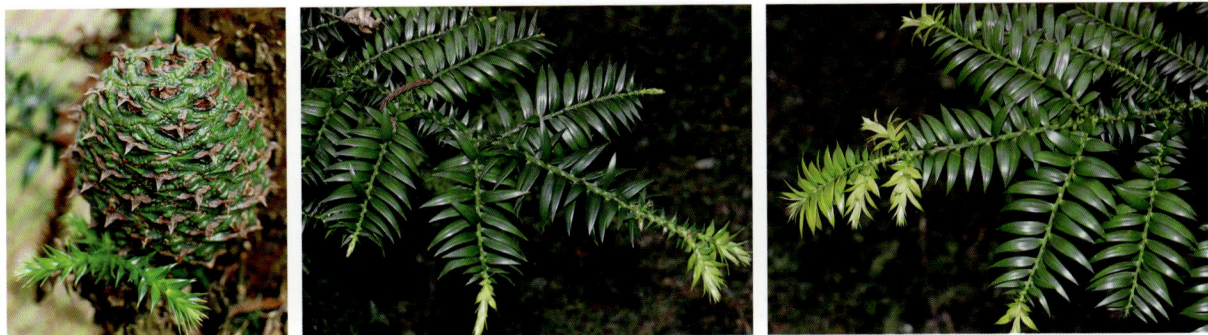

南洋杉 *Araucaria cunninghamii* Sweet.　　　　　　　　　　　　　　　　南洋杉属

形态特征：乔木，树皮灰褐色或暗灰色，粗糙，横裂；大枝平展或斜伸，幼树冠尖塔形，老则成平顶状，侧生小枝密生，下垂，近羽状排列。叶二型，幼树和侧枝的叶排列疏松，开展，大树及花果枝上之叶排列紧密而叠盖，卵形，三角状卵形。雄球花单生枝顶，圆柱形。球果卵形或椭圆形，苞鳞楔状倒卵形，两侧具薄翅，先端宽厚，具锐脊。

分　　布：原产大洋洲东南沿海地区，我国广州、海南岛、厦门等地有栽培，长江以北有盆栽。

用途与繁殖方式：作庭园树，生长快，已开花结实；木材可供建筑、器具、家具等用。播种繁殖。

来源与生长情况：引进种，生长良好。

异叶南洋杉 *Araucaria heterophylla* (Salisb.) Franco.　　　　　　　　**南洋杉属**

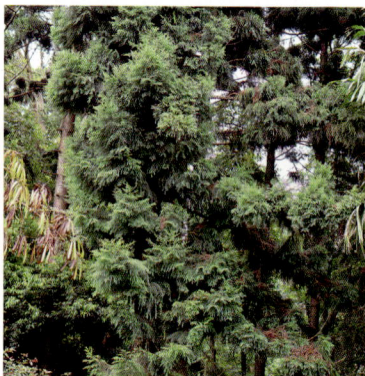

形态特征：乔木，在原产地高达50m以上，树干通直，树皮暗灰色，裂成薄片状脱落；树冠塔形，叶二型：幼树及侧生小枝的叶排列疏松，开展，通常两侧扁，上面具多数气孔线，有白粉，下面气孔线较少或几无气孔线；大树及花果枝上的叶排列较密，宽卵形。雄球花单生枝顶；圆柱形，球果近圆球形或椭圆状球形，种子椭圆形，两侧具结合生长的宽翅。

分　　布：原产大洋洲诺和克岛。我国福州、广州等地引种栽培。上海、南京、西安、北京等地为盆栽，冬季须置于温室越冬。播种繁殖。

用途与繁殖方式：作庭园树。

来源与生长情况：引进种，生长良好。

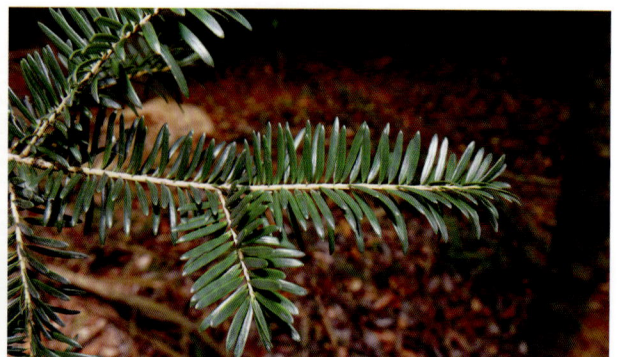

松科 Pinaceae

黄枝油杉 *Keteleeria davidiana* var. *calcarea* (C.Y.Cheng et L.K.Fu) Silba.　　　　　　　　**油杉属**

形态特征：乔木，高20m，树皮黑褐色或灰色，纵裂，成片状剥落；一年生枝黄色，二三年生枝呈淡黄灰色或灰色。叶条形，在侧枝上排列成两列，长2～3.5cm，宽3.5～4.5mm，稀长达4.5cm，宽5mm，两面中脉隆起，先端钝或微凹，基部楔形，有短柄，上面光绿色，无气孔线，下面沿中脉两侧各有18～21条气孔线，有白粉；球果圆柱形，边缘有不规则的细齿；种翅中下部或中部较宽，上部较窄。种子10～11月成熟。

分　　布：为我国特有树种，产于广西北部及贵州南部，多生于石灰岩山地。

用途与繁殖方式：木材可供建筑、家具等用，可选作造林树种。播种繁殖。

来源与生长情况：引进种，生长良好。

江南油杉 *Keteleeria fortunei* var. *cyclolepis* (Flous) Silba.　　　　　　　　　　**油杉属**

形态特征：乔木，高达 20m，树皮灰褐色，不规则纵裂；一年生枝干后呈红褐色、褐色或淡紫褐色，常有或多或少之毛。叶条形，在侧枝上排列成两列，长 1.5 ~ 4cm，宽 2 ~ 4cm，先端圆钝或微凹，稀微急尖，边缘多少卷曲或不反卷，上面光绿色，通常无气孔线，稀沿中脉两侧每边有 1 ~ 5 条粉白色气孔线。球果圆柱形或椭圆状圆柱形，苞鳞中部窄，下部稍宽，上部圆形或卵圆形，先端三裂，种翅中部或中下部较宽。种子 10 月成熟。

分　　布：产于云南东南部、贵州、广西西北部及东部、广东北部、湖南南部、江西西南部、浙江西南部，常生于海拔 340 ~ 1400m 山地。

用途与繁殖方式：观赏植物，造林树种。播种繁殖。

来源与生长情况：引进种，生长良好，能正常开花结果。

海南油杉 *Keteleeria hainanensis* Chun et Tsiang.　　　　　　　　　　**油杉属**

形态特征：乔木，高达 30m，树皮淡灰色至褐色，粗糙，不规则纵裂，小枝无毛。叶基部扭转列成不规则两列，条状披针形或近条形，两端渐窄，先端钝，通常微弯，稀较直，长 5 ~ 8cm，宽 3 ~ 4mm，上面沿中脉两侧各有 4 ~ 8 条气孔线，下面色较浅，有 2 条气孔带，无白粉。球果圆柱形，熟时种鳞张开后通常中上部或中部较宽，中下部渐窄，种翅中下部较宽、上部渐窄，先端钝，连同种子几与种鳞等长。

分　　布：为我国特有树种，产于广东海南岛霸王岭海拔约 1000m 的山区。

用途与繁殖方式：枝叶优美，可做庭园绿化树种。播种繁殖。

来源与生长情况：引进种，生长良好。

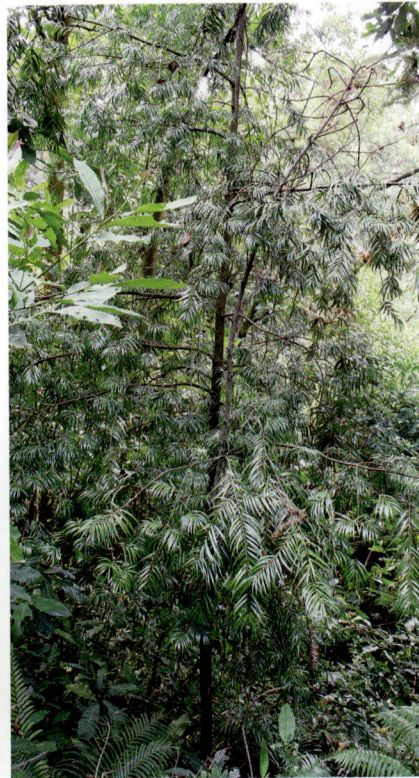

海南五针松 *Pinus fenzeliana* Hand.~Mazz.　　　　　　　　　　　　　　　　　　　　**松属**

国家Ⅱ级重点保护植物

别　　名：海南松

形态特征：乔木，高达50m，幼树树皮灰色或灰白色，平滑，大树树皮暗褐色或灰褐色，裂成不规则的鳞状块片脱落。针叶5针一束，细长柔软，通常长10～18cm，径0.5～0.7mm，先端渐尖，边缘有细锯齿，仅腹面每侧具3～4条白色气孔线；雄球花卵圆形，多数聚生于新枝下部成穗状，球果长卵圆形或椭圆状卵圆形，单生或2～4个生于小枝基部，成熟前绿色，熟时种鳞张开，种子栗褐色，倒卵状椭圆形。花期4月，球果第二年10～11月成熟。

分　　布：为我国特有树种，产于海南岛五指山，生于海拔1000～1600m，广西大明山、九万大山、环江等地及贵州中部、北部等高山地区有分布。

用途与繁殖方式：可作建筑等用材，也可提取树脂。播种繁殖。

来源与生长情况：引进种，生长良好。

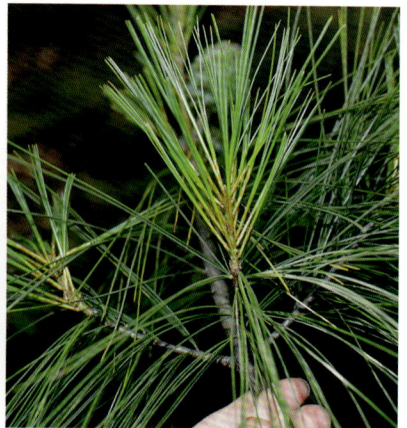

马尾松 *Pinus massoniana* Lamb.　　　　　　　　　　　　　　　　　　　　　　　**松属**

形态特征：乔木，高达45m，胸径1.5m，树皮红褐色，下部灰褐色，裂成不规则的鳞状块片；针叶2针一束，稀3针一束，长12～20cm，细柔，微扭曲，两面有气孔线，边缘有细锯齿；雄球花淡红褐色，圆柱形，雌球花单生或2～4个聚生于新枝近顶端，淡紫红色，一年生小球果圆球形或卵圆形，球果卵圆形或圆锥状卵圆形。花期4～5月。球果第二年10～12月成熟。

分　　布：产于长江中下游各省区在长江下游其垂直分布于海拔700m以下，长江中游海拔1100～1200m以下。

用途与繁殖方式：供建筑、枕木、矿柱、家具及木纤维工业原料等用；树干可割取松脂，为医药、化工原料；为长江流域以南重要的荒山造林树种。播种繁殖。

来源与生长情况：原生种，生长良好。

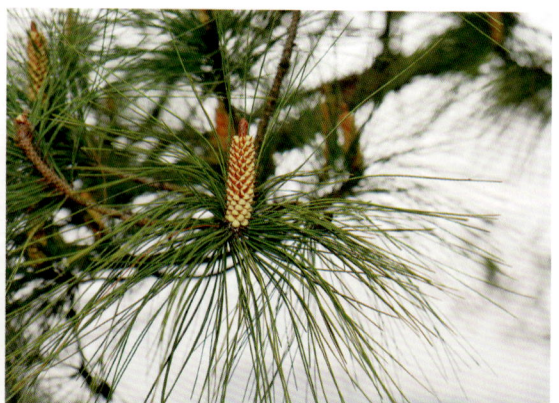

杉科 Taxodiaceae

杉木 *Cunninghamia lanceolata* (Lamb.) Hook.　　　　　　　　　　　　　　　　　**杉属**

形态特征：乔木，高达 30m，大树树冠圆锥形，树皮灰褐色，裂成长条片脱落，内皮淡红色。叶在主枝上辐射伸展，侧枝之叶基部扭转成二列状，披针形或条状披针形，通常微弯、呈镰状、革质、竖硬，长 2～6cm，宽 3～5mm，边缘有细缺齿，先端渐尖，稀微钝，下面淡绿色，沿中脉两侧各有 1 条白粉气孔带；雄球花圆锥状，有短梗，通常 40 余个簇生枝顶；雌球花单生或 2～3 个集生，绿色，苞鳞横椭圆形，种子扁平。花期 4 月，球果 10 月下旬成熟。

分　　布：为我国长江流域、秦岭以南地区栽培最广，垂直分布的上限常随地形和气候条件的不同而有差异。

用途与繁殖方式：供建筑、桥梁、造船、矿柱，木桩、电杆、家具及木纤维工业原料等用。播种繁殖。

来源与生长情况：引进种，生长良好，能正常开花结果。

秃杉 *Taiwania flousiana* Gaussen.　　　　　　　　　　　　　　　　　　　　　**台湾杉属**

形态特征：乔木，高达 75m，树皮淡褐灰色，裂成不规则的长条片，内皮红褐色。大树的叶四棱状钻形，排列紧密，长 2～3mm，两侧宽 1～1.5mm，背脊直或上端微弯，先端尖或钝，四面有气孔线；幼树及萌芽枝上的叶长 0.6～1.5cm，钻形，两侧扁平，直伸或稍向内侧弯曲，先端锐尖。雄球花 2～7 个簇生于小枝顶端。球果圆柱形或长椭圆形，种鳞 21～39 枚，种子长椭圆形或倒卵形，两侧边缘具翅。球果 10～11 月成熟。

分　　布：产于云南西部怒江流域和澜沧江流域、湖北西南部、贵州东南部。

用途与繁殖方式：边材淡红黄色，心材淡紫褐色，质轻软，结构细，纹理直，易加工。供建筑、家具等用材，可作分布区内的造林树种。播种繁殖。

来源与生长情况：引进种，生长良好。

池杉 *Taxodium ascendens* Brongn. 　　　　　　　　　　　　　　　　　　　　　**落羽杉属**

形态特征：乔木，在原产地高达 25m；树干基部膨大，通常有屈膝状的呼吸根；树皮褐色，纵裂，成长条片脱落；枝条向上伸展，树冠较窄，呈尖塔形。叶钻形，微内曲，在枝上螺旋状伸展，上部微向外伸展或近直展，下部通常贴近小枝，基部下延，长 4 ~ 10mm，基部宽约 1mm，先端有渐尖的锐尖头，下面有棱脊，每边有 2 ~ 4 条气孔线；球果圆球形或矩圆状球形，向下斜垂，熟时褐黄色，种子不规则三角形。花期 3 ~ 4 月，球果 10 月成熟。

分　　布：原产北美东南部，我国江苏南京、南通、浙江杭州、河南鸡公山、湖北武汉等地有栽培。

用途与繁殖方式：低湿地的造林树种或作庭园树。播种繁殖。

来源与生长情况：引进种，生长良好。

落羽杉 *Taxodium distichum* (L.) Rich. 　　　　　　　　　　　　　　　　　　　**落羽杉属**

形态特征：落叶乔木，在原产地高达 50m，树干尖削度大，干基通常膨大，常有屈膝状的呼吸根；树皮棕色，裂成长条片脱落；枝条水平开展，幼树树冠圆锥形，老则呈宽圆锥状；生叶的侧生小枝排成二列。叶条形，扁平，基部扭转在小枝上列成二列，羽状，长 1 ~ 1.5cm，宽约 1mm，先端尖。雄球花卵圆形，在小枝顶端排列成总状花序状或圆锥花序状。球果球形或卵圆形，熟时淡褐黄色，有白粉，球果 10 月成熟。

分　　布：原产北美东南部，我国广州、杭州、上海、南京、武汉、庐山等地有引种栽培。

用途与繁殖方式：可作建筑、电杆、家具、造船等用。我国江南低湿地区已用之造林或栽培作庭园树。播种繁殖。

来源与生长情况：引进种，生长良好，能正常开花结果。

墨西哥落羽杉 *Taxodium mucronatum* Tenore　　　　　　　　　　　落羽杉属

形态特征：半常绿或常绿乔木，在原产地高达 50m，树干尖削度大，基部膨大；树皮裂成长条片脱落；枝条水平开展，形成宽圆锥形树冠，大树的小枝微下垂；生针的侧生小枝螺旋状散生，不呈二列。叶条形，扁平，排列紧密，列成二列，呈羽状，通常在一个平面上，长约 1cm，宽 1mm，向上逐渐变短。雄球花卵圆形，近无梗，组成圆锥花序状。球果卵圆形。

分　　布：原产于墨西哥及美国西南部，南京、杭州、广州、南宁等地有引种栽培。

用途与繁殖方式：落叶期短，生长快，树形高大挺拔，是优良的绿地树种，可作孤植、对植、丛植和群植。播种繁殖。

来源与生长情况：引进种，生长良好，能正常开花结果。

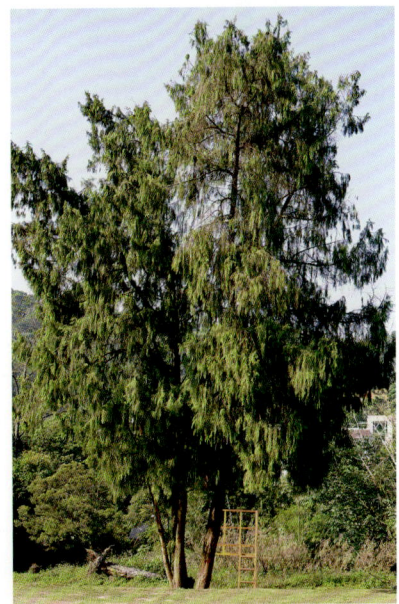

柏科 Cupressaceae

柏木 *Cupressus funebris* Endl.　　　　　　　　　　　　　　　　柏木属

别　　名：垂柏

形态特征：乔木，高达 35m，小枝细长下垂，生鳞叶的小枝扁，排成一平面，两面同形，绿色；较老的小枝圆柱形，暗褐紫色，略有光泽。鳞叶二型，长 1～1.5mm，先端锐尖，中央之叶的背部有条状腺点，两侧的叶对折，背部有棱脊。雄球花椭圆形或卵圆形，雌球花近球形，球果圆球形，熟时暗褐色；种鳞 4 对，顶端为不规则五角形或方形，能育种鳞有 5～6 粒种子。花期 3～5 月，种子第二年 5～6 月成熟。

分　　布：为我国特有树种，分布很广，产于华南华中各省；喜生于温暖湿润的各种土壤地带，尤以在石灰岩山地钙质土上生长良好。

用途与繁殖方式：可供建筑、造船、车厢、器具、家具等用材；枝叶浓密，小枝下垂，树冠优美，可作庭园树种。播种繁殖。

来源与生长情况：引进种，生长良好，能正常开花结果。

福建柏 *Fokienia hodginsii* (Dunn) Henry et Thomas.　　　　　　　　　　　　**福建柏属**

国家 II 级重点保护植物

形态特征：乔木，高达 17m；树皮紫褐色，平滑，生鳞叶的小枝扁平，排成一平面。鳞叶 2 对交叉对生，成节状，生于幼树或萌芽枝上的中央之叶呈楔状倒披针形，两侧具凹陷的白色气孔带，侧面之叶对折，近长椭圆形，多少斜展，较中央之叶为长，背有棱脊。雄球花近球形，球果近球形，熟时褐色，种鳞顶部多角形，表面皱缩稍凹陷，中间有一小尖头突起。花期 3 ~ 4 月，种子翌年 10 ~ 11 月成熟。

分　　布：产于浙江南部、福建、广东北部、江西、湖南南部、贵州、广西和云南东南部。

用途与繁殖方式：可供房屋建筑、桥梁、土木工程及家具等用材；生长快，材质好，可选作造林树种。播种繁殖。

来源与生长情况：引进种，生长良好。

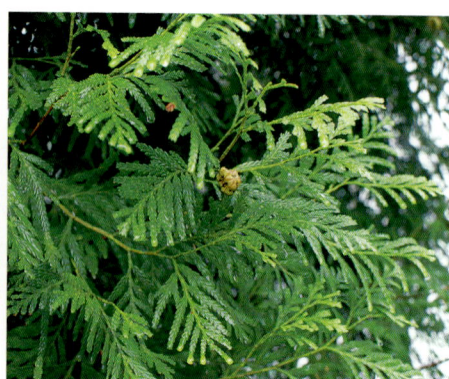

侧柏 *Platycladus orientalis* var. *orientalis*　　　　　　　　　　　　**侧柏属**

形态特征：乔木，高达 20 余 m，树皮薄，浅灰褐色，纵裂成条片。生鳞叶的小枝细，向上直展或斜展，扁平，排成一平面。叶鳞形，长 1 ~ 3mm，先端微钝，小枝中央的叶的露出部分呈倒卵状菱形或斜方形。雄球花黄色，卵圆形，雌球花近球形，蓝绿色，被白粉。球果近卵圆形，成熟前近肉质，蓝绿色，被白粉，成熟后木质，开裂。花期 3 ~ 4 月，球果 10 月成熟。

分　　布：中国各地。

用途与繁殖方式：木材可供建筑、器具、家具、农具及文具等用材；种子与生鳞叶的小枝入药；可栽培作庭园树。播种繁殖。

来源与生长情况：引进种，生长良好，能正常开花结果。

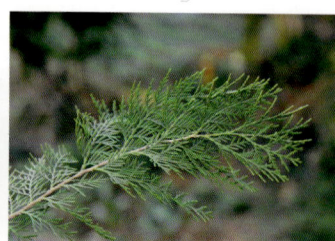

罗汉松科 Podocarpaceae

长叶竹柏 *Nageia fleuryi* (Hickel) de Laubenf.　　　　　　　　竹柏属

形态特征：乔木，叶交叉对生，宽披针形，质地厚，无中脉，有多数并列的细脉，长8～18cm，宽2.2～5cm，上部渐窄，先端渐尖，基部楔形，窄成扁平的短柄。雄球花穗腋生，常3～6个簇生于总梗上，雌球花单生叶腋，有梗，梗上具数枚苞片，轴端的苞腋着生1～2枚胚珠，仅一枚发育成熟，上部苞片不发育成肉质种托。种子圆球形，熟时假种皮蓝紫色。

分　　布：广东高要、龙门、增城、海南、广西合浦、云南蒙自、屏边等地。

用途与繁殖方式：为高级建筑、上等家具、乐器、器具、雕刻等用材，也可为庭园绿化树种。播种、压条繁殖。

来源与生长情况：引进种，生长良好，能正常开花结果，种子发育良好。

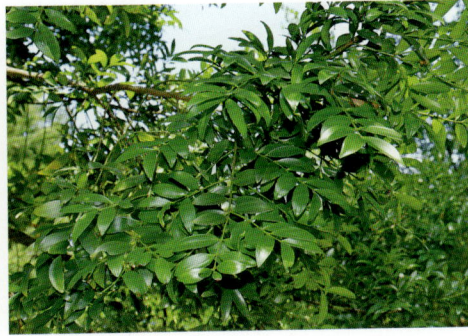

竹柏 *Nageia nagi* (Thunb.) O. Kuntze　　　　　　　　　　　竹柏属

形态特征：乔木，高达20m，叶对生，革质，长卵形、卵状披针形或披针状椭圆形，有多数并列的细脉，无中脉，长3.5～9cm，宽1.5～2.5cm，上面深绿色，有光泽，下面浅绿色，上部渐窄，基部楔形或宽楔形，向下窄成柄状。雄球花穗状圆柱形，单生叶腋，常呈分枝状，长1.8～2.5cm；雌球花单生叶腋，稀成对腋生。种子圆球形，成熟时假种皮暗紫色，有白粉。花期3～4月，种子10月成熟。

分　　布：产于浙江、福建、江西、湖南、广东、广西、四川。

用途与繁殖方式：优良的建筑、造船、家具及工艺用材；种仁油供食用及工业用油。播种、扦插繁殖。

来源与生长情况：引进种，生长良好，能正常开花结果，种子发育良好。

兰屿罗汉松 *Podocarpus costalis* Presl.　　　　　　　　　　　　　　**罗汉松属**

形态特征：小乔木，枝条平展。叶螺旋状着生，集生枝顶，革质，倒披针形或条状倒披针形，上部微窄，先端圆或钝，基部渐窄成短柄，下面中脉隆起。雄球花单生，穗状圆柱形。种子椭圆形，假种皮深蓝色，先端圆，有小尖头，种托肉质，圆柱形，长 10～13mm，基部有 2 枚苞片。

分　　布：产于台湾兰屿岛沿岸。

用途与繁殖方式：海岸防风林带、绿篱、庭园美化、盆栽。播种、扦插繁殖。

来源与生长情况：引进种，生长良好。

鸡毛松 *Podocarpus imbricatus* Blume　　　　　　　　　　　　　　**罗汉松属**

别　　名：异叶罗汉松、竹叶松

形态特征：乔木，高达 30m，枝条开展或下垂；叶异型，老枝及果枝上之叶呈鳞形或钻形，覆瓦状排列，形小；生于幼树、萌生枝或小枝顶端之叶呈钻状条形，质软，排列成两列，近扁平，两面有气孔线。雄球花穗状，生于小枝顶端；雌球花单生或成对生于小枝顶端，通常仅 1 个发育。种子无梗，卵圆形，有光泽，成熟时肉质假种皮红色，着生于肉质种托上。花期 4 月，种子 10 月成熟。

分　　布：广东海南岛，在广西金秀、云南东南部及南部亦有分布。

用途与繁殖方式：可供建筑、桥梁、造船、家具及器具等用材。播种、扦插繁殖。

来源与生长情况：引进种，生长良好，能正常开花结果，种子发育良好。

罗汉松 *Podocarpus macrophyllus* D. Don.　　　　　　　　　　**罗汉松属**

形态特征：乔木，高达 20m，叶螺旋状着生，条状披针形，微弯，先端尖，基部楔形，上面深绿色，有光泽，中脉显著隆起。雄球花穗状、腋生，常 3～5 个簇生于极短的总梗上；雌球花单生叶腋，有梗，基部有少数苞片。种子卵圆形，先端圆，熟时肉质假种皮紫黑色，有白粉，种托肉质圆柱形，红色或紫红色。花期 4～5 月，种子 8～9 月成熟。

分　　布：长江以南地区，栽培于庭园作观赏树。野生的树木极少。日本也有分布。

用途与繁殖方式：木材可作家具、器具、文具及农具等用，亦可做园林用。播种、扦插繁殖。

来源与生长情况：引进种，生长良好，能正常开花结果，种子发育良好。

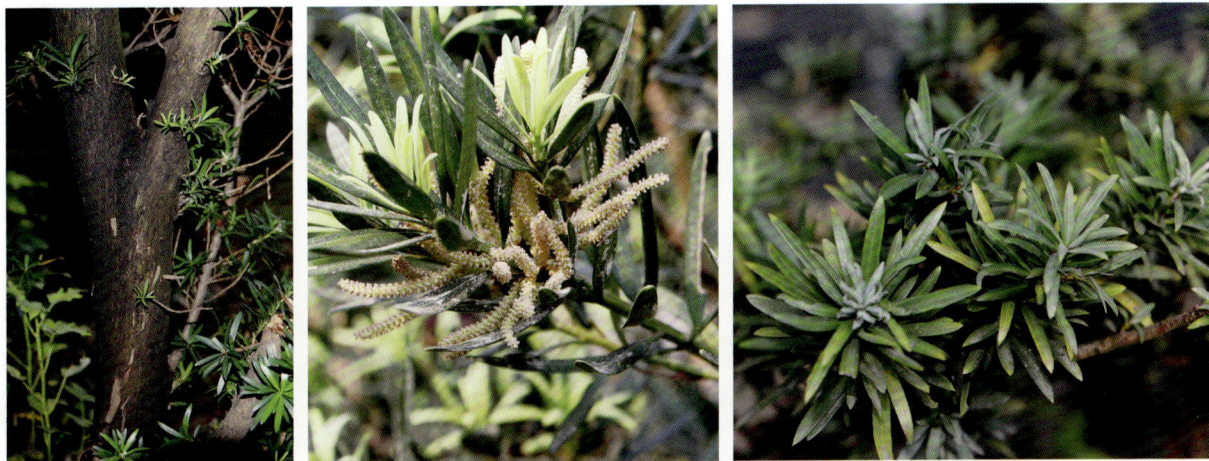

短叶罗汉松 *Podocarpus macrophyllus* var. *maki* Siebold & Zucc.　　　　**罗汉松属**

形态特征：小乔木或成灌木状，树皮不规则纵裂，枝条向上斜展。叶短而密生，革质或薄革质，长 2.5～7cm，宽 3～7mm，先端钝或圆。雄球花穗状、单生，种子椭圆状球形或卵圆形，花期 5 月，种子 8～9 月成熟。

分　　布：原产日本。我国江苏、浙江、福建、江西、湖南、湖北、陕西、四川、云南、贵州、广西、广东等省区均有栽培，作庭园树。

用途与繁殖方式：园林观赏，可做庭院树、盆景。播种、扦插与嫁接繁殖。

来源与生长情况：引进种，生长良好，能正常开花结果。

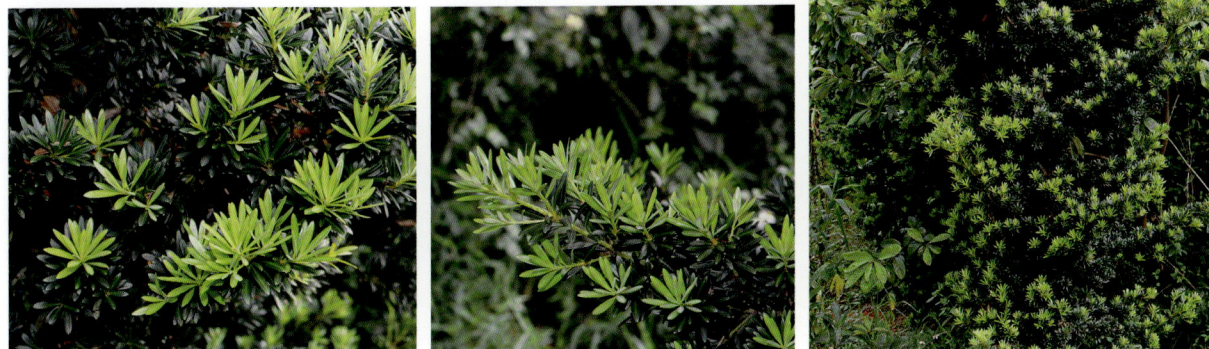

百日青 *Podocarpus neriifolius* D. Don. **罗汉松属**

别　　名：脉叶罗汉松、竹柏松、大叶竹柏松

形态特征：乔木，高达 25m，胸径约 50cm；叶螺旋状着生，披针形，厚革质，常微弯，长 7 ～ 15 cm，宽 9 ～ 13mm，上部渐窄，先端有渐尖的长尖头，萌生枝上的叶稍宽、有短尖头，基部渐窄，楔形，有短柄，上面中脉隆起，下面微隆起或近平。雄球花穗状，单生或 2 ～ 3 个簇生，总梗较短。种子卵圆形，顶端圆或钝，熟时肉质假种皮紫红色，种托肉质橙红色。花期 5 月，种子 10 ～ 11 月成熟。

分　　布：产于浙江、福建、台湾、江西、湖南、贵州、四川、西藏、云南、广西、广东等省区；常在海拔 400 ～ 1000m 山地与阔叶树混生成林，

用途与繁殖方式：木材可供家具、乐器、文具及雕刻等用材；又可作庭园树用。播种、嫁接、扦插繁殖。

来源与生长情况：引进种，生长良好。

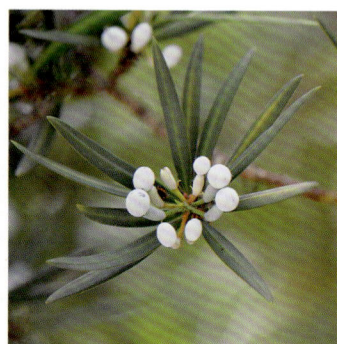

红豆杉科 Taxaceae

红豆杉 *Taxus wallichiana* var. *chinensis* (Pilg.) Florin. **红豆杉属**

国家 I 级重点保护植物

形态特征：乔木，高达 30m，叶排列成两列，条形，微弯或较直，长 1 ～ 3cm，宽 2 ～ 4mm，上部微渐窄，先端常微急尖，稀急尖或渐尖，上面深绿色，有光泽，下面淡黄绿色，有两条气孔带。雄球花淡黄色，雄蕊 8 ～ 14 枚。种子生于杯状红色肉质的假种皮中，间或生于近膜质盘状的种托之上，常呈卵圆形，上部常具二钝棱脊，稀上部三角状具三条钝脊，种脐近圆形或宽椭圆形。

分　　布：我国特有树种，分布于云南东北部及东南部、贵州西部及东南部、湖北西部、湖南东北部、广西北部，常生于海拔 1000 ～ 1200m 以上的高山上部。

用途与繁殖方式：木材可供建筑、车辆、家具、器具、农具及文具等用材，园林观赏。播种繁殖。

来源与生长情况：引进种，生长情况一般。

买麻藤科 Gnetaceae

买麻藤 *Gnetum montanum* Markgr.　　　　　　　　　　　　　　　　　　　　　　**买麻藤属**

形态特征：高大藤本，高达 10m 以上，小枝圆或扁圆，光滑，稀具细纵皱纹。叶形大小多变，通常呈矩圆形，稀矩圆状披针形或椭圆形，革质或半革质，先端具短钝尖头，基部圆或宽楔形。雄球花序 1 ~ 2 回三出分枝，排列疏松，雄球花穗圆柱形；雌球花序侧生老枝上，单生或数序丛生；种子矩圆状卵圆形或矩圆形，熟时黄褐色或红褐色，光滑，有时被亮银色鳞斑。花期 6 ~ 7 月，种子 8 ~ 9 月成熟。

分　　布：产于云南南部北纬 25° 以南及广西、广东海拔 1600 ~ 2000m 地带的森林中，缠绕于树上。

用途与繁殖方式：茎皮含韧性纤维，可织麻袋、渔网、绳索等，又供制人造棉原料。种子可炒食，树液为清凉饮料。播种繁殖。

来源与生长情况：原生种，生长良好。

木兰科 Magnoliaceae

鹅掌楸 *Liriodendron chinense* (Hemsl.) Sargent.　　　　　　　　　　　　　　　　**鹅掌楸属**

国家Ⅱ级重点保护植物

别　　名：马褂木

形态特征：乔木，高达 40m，叶马褂状，长 4 ~ 12cm，近基部每边具 1 侧裂片，先端具 2 浅裂，下面苍白色，叶柄长 4 ~ 8cm。花杯状，花被片 9，外轮 3 片绿色，萼片状，向外弯垂，内两轮 6 片、直立，花瓣状、倒卵形，长 3 ~ 4cm，绿色，具黄色纵条纹，花期时雌蕊群超出花被之上，心皮黄绿色。聚合果，小坚果具翅，种子 1 ~ 2 颗。花期 5 月，果期 9 ~ 10 月。

分　　布：产于陕西、安徽、浙江、江西、福建、湖北、广西、台湾。越南北部也有分布。

用途与繁殖方式：木材供建筑、造船、家具、细木工的优良用材，亦可制胶合板；叶和树皮入药；也可用于园林绿化。播种、扦插繁殖。

来源与生长情况：引进种，生长良好。

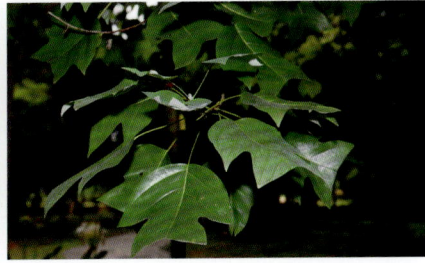

单性木兰 *Kmeria septentrionalis* Dandy.　　　　　　　　　　　　　　　**单性木兰属**

国家Ⅰ级重点保护植物

别　　名：焕镛木

形态特征：乔木，高达 18m，叶革质，椭圆状长圆形或倒卵状长圆形，长 8～15cm，宽 3.5～6cm，先端圆钝而微缺，基部阔楔形，叶两面无毛，或叶背嫩时基部有稀疏柔毛，上面亮绿色，侧脉每边 12～17 条，叶柄长 2～3.5cm，托叶痕几达叶柄先端。花单性异株，雄花花被片白带淡绿色；雌花外轮花被片 3，内轮花被片 8～10，雌蕊群绿色，具 6～9 枚雌蕊，每心皮具胚珠 2 颗。聚合果近球形，果皮革质，熟时红色，蓇葖背缝全裂，具种子 12 颗；花期 5～6 月，果期 10～11 月。

分　　布：产于广西北部（罗城、环江）、贵州东南部（荔波）。

用途与繁殖方式：木材为制造高级家具、重要建筑的上等材料。播种繁殖。

来源与生长情况：引进种，生长良好。

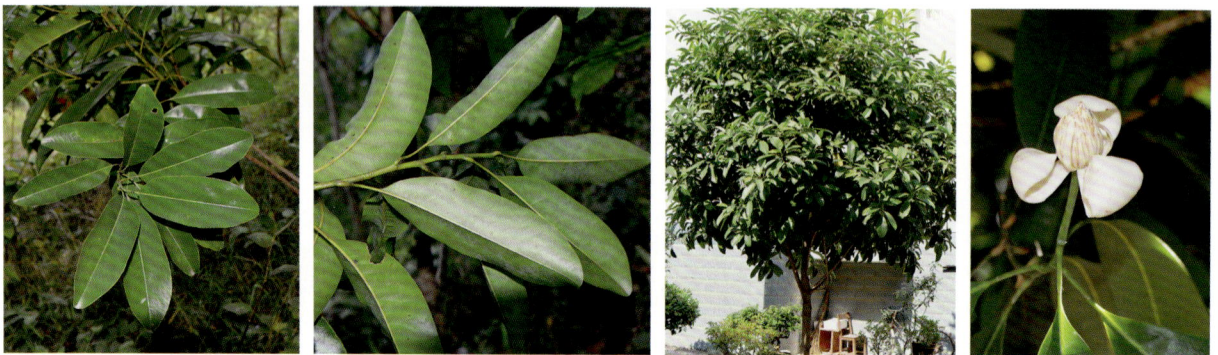

夜香木兰 *Magnolia coco* (Lour.) DC.　　　　　　　　　　　　　　　　　**木兰属**

别　　名：夜合花

形态特征：灌木或小乔木，高 2～4m，全株各部无毛；树皮灰色，小枝绿色，平滑。叶革质，椭圆形，狭椭圆形或倒卵状椭圆形，先端长渐尖，基部楔形，上面深绿色有光泽，边缘稍反卷，侧脉每边 8～10 条。花梗向下弯垂，花圆球形，花被片 9，肉质，倒卵形，腹面凹，外面的 3 片带绿色，内两轮纯白色；聚合果蓇葖近木质，种子卵圆形，内种皮褐色。花期夏季，果期秋季。

分　　布：产于浙江、福建、台湾、广东、广西、云南，生于海拔 600～900m 的湿润肥沃土壤林下。

用途与繁殖方式：本种枝叶深绿婆娑，花朵纯白，入夜香气更浓郁。为华南久经栽培的著名庭园观赏树种。花可提取香精，亦有掺入茶叶内作熏香剂。嫁接、高空压条繁殖。

来源与生长情况：引进种，生长良好，能正常开花结果。

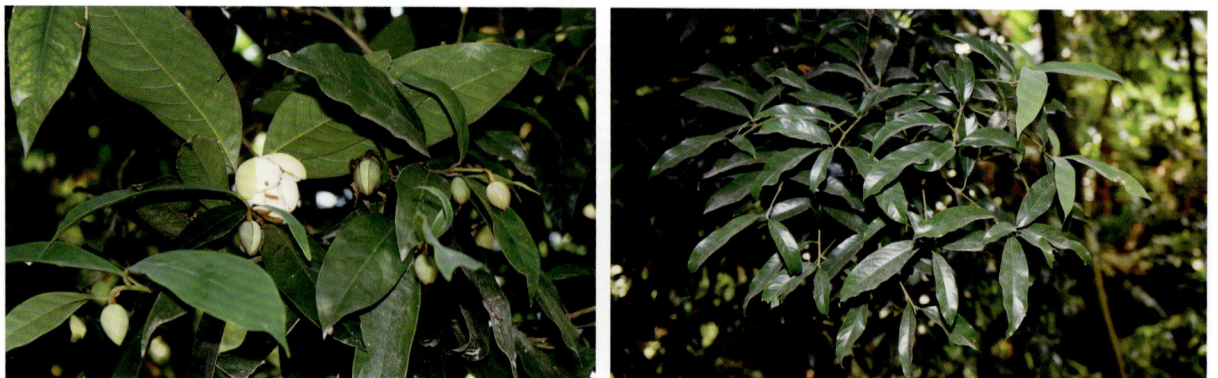

玉兰 *Magnolia denudata* (Desr.) D. L. Fu.　　　　　　　　　　　　　　　木兰属

别　　名：白玉兰、望春花

形态特征：乔木，高达 25m，冬芽及花梗密被淡灰黄色长绢毛。叶纸质，倒卵形、宽倒卵形或、倒卵状椭圆形，长 10 ~ 15cm，宽 6 ~ 10cm，先端宽圆、平截或稍凹，具短突尖，中部以下渐狭成楔形，叶上深绿色，下面淡绿色，沿脉上被柔毛，侧脉每边 8 ~ 10 条，网脉明显；叶柄托叶痕为叶柄长的 1/4 ~ 1/3。花蕾卵圆形，花先叶开放，直立，芳香；花被片 9 片，白色，基部常带粉红色，聚合果圆柱形。花期 2 ~ 3 月，果期 8 ~ 9 月。

分　　布：产于江西、浙江、湖南、贵州。现全国各大城市园林广泛栽培。

用途与繁殖方式：树形优美，花色淡雅，为驰名中外的庭园观赏树种。嫁接、压条繁殖。

来源与生长情况：引进种，生长良好。

荷花玉兰 *Magnolia grandiflora* L.　　　　　　　　　　　　　　　　　　木兰属

别　　名：广玉兰、洋玉兰

形态特征：乔木，在原产地高达 30m；小枝、芽、叶下面，叶柄、均密被褐色或灰褐色短绒毛。叶厚革质，椭圆形，长圆状椭圆形或倒卵状椭圆形，先端钝或短钝尖，基部楔形，叶面深绿色，有光泽；侧脉每边 8 ~ 10 条；叶柄长无托叶痕。花白色，有芳香，花被片 9 ~ 12；聚合果圆柱状长圆形，密被褐色或淡灰黄色绒毛；种子近卵圆形或卵形，外种皮红色。花期 5 ~ 6 月，果期 9 ~ 10 月。

分　　布：原产北美洲东南部。我国长江流域以南各城市有栽培。

用途与繁殖方式：花大，白色，状如荷花，芳香，为美丽的庭园绿化观赏树种；对二氧化硫、氯气、氟化氢等有毒气体抗性较强；也耐烟尘。播种、压条、嫁接繁殖。

来源与生长情况：引进种，生长良好，能正常开花，果少见。

馨香木兰 *Magnolia odoratissima* Y. W. Law & R.Z.Zhou

木兰属

国家 II 级重点保护植物

形态特征：乔木，高 5 ～ 6m。嫩枝密被白色长毛，小枝淡灰褐色。叶片革质，卵状椭圆形、椭圆形或长圆状椭圆形，长 8 ～ 14cm，宽 4 ～ 7cm，先端渐尖或短急尖，基部楔形或阔楔形，叶面深绿色，叶背淡绿色，被白色弯曲毛，侧脉每边 9 ～ 13 条，在叶面凹下，干时两面网脉凸起；叶柄托叶痕几达叶柄全长。花梗及苞片被淡褐色毛，花直立，花白色，极芳香，花被片 9，凹弯，肉质。

分　　布：产于云南的广南县和西畴县。

用途与繁殖方式：本种花洁白芳香，枝繁叶茂，是优良观赏树种，适用于庭园观赏。播种、压条繁殖。

来源与生长情况：引进种，生长良好。

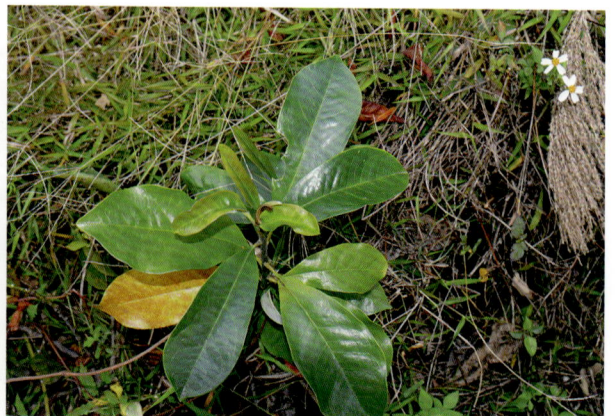

香木莲 *Manglietia aromatica* Dandy

木莲属

国家 II 级重点保护植物

形态特征：乔木，高达 35m，新枝淡绿色，除芽被白色平伏毛外全株无毛，各部揉碎有芳香；顶芽椭圆柱形。叶薄革质，倒披针状长圆形，倒披针形，先端短渐尖或渐尖，1/3 以下渐狭至基部稍下延，侧脉每边 12 ～ 16 条；叶柄长 1.5 ～ 2.5cm，托叶痕长为叶柄的 1/4 ～ 1/3。花梗粗壮，花被片白色，11 ～ 12 片；聚合果鲜红色，近球形或卵状球形，成熟蓇葖沿腹缝及背缝开裂。花期 5 ～ 6 月，果期 9 ～ 10 月。

分　　布：产于云南东南部、广西西南部。生于海拔 900 ～ 1600m 的山地、丘陵常绿阔叶林中。

用途与繁殖方式：珍贵树种，可用于园林绿化。播种、扦插繁殖。

来源与生长情况：引进种，生长良好。

木莲 *Manglietia fordiana* Oliv. 木莲属

形态特征：乔木，高达20m，嫩枝及芽有红褐短毛，后脱落无毛。叶革质、狭倒卵形、狭椭圆状倒卵形，或倒披针形，长8～17cm，宽2.5～5.5cm。先端短急尖，通常尖头钝，基部楔形，沿叶柄稍下延，边缘稍内卷，下面疏生红褐色短毛；侧脉每边8～12条；叶柄基部稍膨大，托叶痕半椭圆形。花被片纯白色，每轮3片，聚合果褐色，卵球形，种子红色。花期5月，果期10月。

分　　布：产于福建、广东、广西、贵州、云南。生于海拔1200m的花岗岩、沙质岩山地丘陵。

用途与繁殖方式：木材供板料、细工用材；果及树皮入药，治便闭和干咳。播种、扦插、嫁接繁殖。

来源与生长情况：引进种，生长良好，能正常开花结果。

海南木莲 *Manglietia fordiana* var. *hainanensis* (Dandy) N. H. 木莲属

形态特征：乔木，高达20m，芽、小枝多少残留红褐色平伏短柔毛。叶薄革质，倒卵形，狭倒卵形、狭椭圆状倒卵形，很少为狭椭圆形，长10～16cm，宽3～6cm，边缘波状起伏，先端急尖或渐尖，基部楔形，沿叶柄稍下延，上面深绿色，下面较淡，疏生红褐色平伏微毛；侧脉每边12～16条；叶柄细弱，基部稍膨大，有托叶痕。花被片9，每轮3片，外轮的绿色，内2轮的钝白色，带肉质。聚合果褐色，卵圆形或椭圆状卵圆形，成熟心皮露出面有点状凸起；种子红色，稍扁。花期4～5月，果期9～10月。

分　　布：海南特产（定安、琼中、陵水、保亭、崖县、乐乐、东方），生于海拔300～1200m的溪边、密林中。

用途与繁殖方式：材质坚硬，为水箱、高级家具、乐器等小巧工艺用材，列为海南一类木材。播种、扦插、嫁接繁殖。

来源与生长情况：引进种，生长良好，能正常开花。

灰木莲 *Manglietia glanca* Blume

木莲属

形态特征：乔木，树高达26m，树冠伞形；单叶，螺旋状互生，叶革质，狭倒卵形至倒披针形，先端急尖，基部楔形；花单生于枝顶端，花被片3枚一轮，共3轮9枚，花被片乳白色，聚合蓇葖果，果实成熟时由浅绿色变为黄绿色。花期2～4月，9～10月种子成熟。

分　　布：原产中南半岛；华南有引种栽培。

用途与繁殖方式：干形通直，树形优美，花多且花期长，花大而洁白，是优良的观赏绿化树种；木材纹理细致，易加工，切面光滑美丽，可供建筑、家具和胶合板等用。播种繁殖。

来源与生长情况：引进种，生长良好，能正常开花，果未见。

大果木莲 *Manglietia grandis* Hu et Cheng.

木莲属

国家Ⅱ级重点保护植物

形态特征：乔木，高达12m，叶革质，椭圆状长圆形或倒卵状长圆形，长20～35.5cm，宽10～13cm，先端钝尖或短突尖，基部阔楔形，两面无毛，上面有光泽，下面有乳头状突起，常灰白色，侧脉每边17～26条，干时两面网脉明显；叶柄托叶痕约为叶柄的1/4。花红色，花被片12，聚合果长圆状卵圆形，沿背缝线及腹缝线开裂，顶端尖，微内曲。花期5月，果期9～10月。

分　　布：产于广西（靖西、那坡），云南（西畴县"法斗、麻栗坡），生于海拔1200m山谷密林中。

用途与繁殖方式：供建筑及家具用材，园林观赏。播种繁殖。

来源与生长情况：引进种，生长良好。

马关木莲 *Manglietia maguanica* H. T. Chang et B. L. Chen　　　　　　　　　**木莲属**

形态特征：乔木，高约18m，叶革质，披针形、长圆状披针形或椭圆形，长24～30cm，宽5.6～7.5cm，顶端急尖或渐尖，基部楔形，上面亮绿，下面苍绿，幼时被白粉，两面均无毛，侧脉每边14～18条；叶柄托叶痕为叶柄长的1/3～1/2。花大，芳香，单生枝顶；花被片9。聚合果卵状圆筒形，熟时深褐色。花期3～5月，果熟期8～10月。

分　　布：产于中国云南东南部。

用途与繁殖方式：园林观赏，可作园景树，行道树。播种繁殖。

来源与生长情况：引进种，生长良好。

大叶木莲 *Manglietia megaphylla* Hu & W. C. Cheng　　　　　　　　　**木莲属**

国家Ⅱ级重点保护植物

形态特征：乔木，高达30～40m，小枝、叶下面、叶柄、托叶、果柄、佛焰苞状苞片均密被锈褐色长绒毛。叶革质，常5～6片集生于枝端，倒卵形，先端短尖，2/3以下渐狭，基部楔形，长25～50cm，宽10～20cm，上面无毛，侧脉每边20～22条；叶柄托叶痕为叶柄长的1/3～2/3。花梗粗壮，花被片厚肉质，9～10片，3轮；聚合果卵球形或长圆状卵圆形。花期6月，果期9～10月。

分　　布：产于广西（靖西）、云南（西畴），生于海拔450～1500m的山地林中，沟谷两旁。

用途与繁殖方式：供建筑、家具、胶合板等用材。播种繁殖。

来源与生长情况：引进种，生长良好。

亮叶木莲 *Manglietia lucida* B. L. Chen et S. C. Yang.　　　　　　　　　　　　　**木莲属**

形态特征：乔木，高达 18m，枝条平展，嫩枝灰色，密被伏贴锈毛。叶互生，常集生于枝端；叶片革质，倒卵形、倒卵状椭圆形或倒披针形，长 27 ～ 44cm，宽 11 ～ 18cm，全缘，先端急尖或短渐尖，基部楔形，两面无毛；叶柄托叶痕为叶柄长的 1/2 或以上。花单生于枝顶，清香；花被片 9 ～ 11，倒卵状长圆形，中上部紫红色，基部白色，厚肉质；聚合果近球形或卵球形。花期 4 ～ 5 月，果熟期 9 月。

分　　布：产于云南东南部，生于海拔 600 ～ 800m 的常绿阔叶林中。

用途与繁殖方式：我国云南特有的单种属植物，对木兰科分类系统和古植物学区系等研究有学术价值；花色艳丽而芳香，可选为庭园观赏树种。播种、嫁接繁殖。

来源与生长情况：引进种，生长良好。

乳源木莲 *Manglietia yuyuanensis* Y. W. Law.　　　　　　　　　　　　　　　　**木莲属**

形态特征：乔木，高达 8m，叶革质，倒披针形、狭倒卵状长圆形或狭长圆形，长 8 ～ 14cm，宽 2.5 ～ 4cm，先端稍弯的尾状渐尖或渐尖，基部阔楔形或楔形，上面深绿色，下面淡灰绿色；中脉平坦或稍凹，侧脉每边 8 ～ 12 条，纤细；边缘稍背卷。花被片 9，3 轮，外轮 3 片带绿色，中轮与内轮肉质，纯白色，聚合果卵圆形，熟时褐色。花期 5 月，果期 9 ～ 10 月。

分　　布：产于安徽、浙江南部、江西、福建、湖南南部、广东北部，生于海拔 700 ～ 1200m 的林中。

用途与繁殖方式：园林观赏，可作园景树、行道树。播种繁殖。

来源与生长情况：引进种，生长良好。

华盖木 *Manglietiastrum sinicum* Y. W. Law.　　　　　　　　　　　　　　**华盖木属**

国家Ⅰ级重点保护植物

形态特征：常绿大乔木，高达 40m，叶革质，狭倒卵形或狭倒卵状椭圆形，长 15 ~ 26cm，宽 5 ~ 8cm，先端圆，具长约 5mm 的急尖，尖头钝而稍弯，基部渐狭楔形，下延，边缘稍背卷，上面深绿色，有光泽，下面淡绿色，中脉两面凸起，侧脉每边 13 ~ 16 条；叶柄无托叶痕，基部稍膨大。花单生枝顶，花被片 9，3 片 1 轮，聚合果成熟时绿色，干时暗褐色，倒卵圆形或椭圆状卵圆形。

分　　布：产于云南（西畴法斗），生于海拔 1300 ~ 1500m 的山沟常绿阔叶林中。

用途与繁殖方式：是木兰科中最古老的单属种植物之一，分布狭窄，为稀有珍贵树种。播种繁殖。

来源与生长情况：引进种，生长良好。

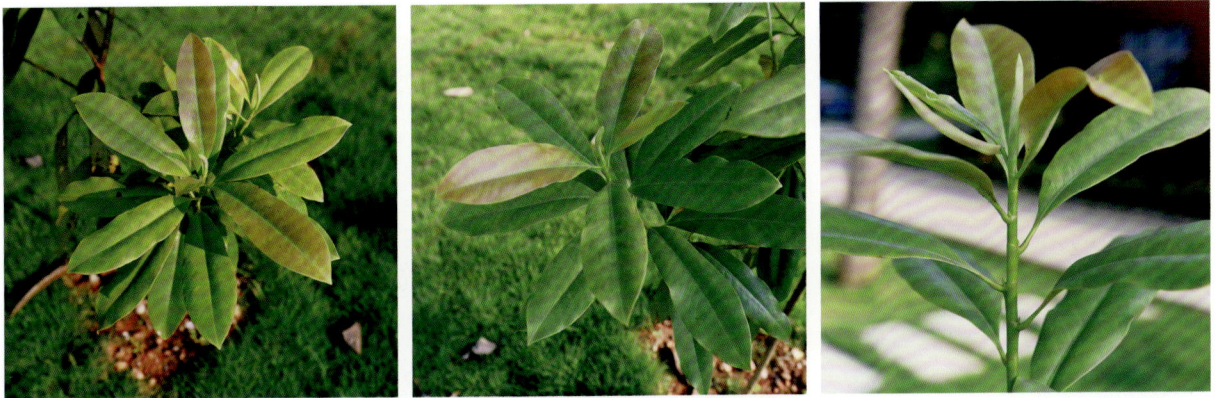

白兰 *Michelia alba* DC.　　　　　　　　　　　　　　　　　　　　　　**含笑属**

形态特征：常绿乔木，高达 17m，嫩枝及芽密被淡黄白色微柔毛。叶薄革质，长椭圆形或披针状椭圆形，长 10 ~ 27cm，宽 4 ~ 9.5cm，先端长渐尖或尾状渐尖，基部楔形，上面无毛，下面疏生微柔毛，干时两面网脉均很明显；叶柄托叶痕几达叶柄中部。花白色，极香，花被片 10 片，披针形。花期 4 ~ 9 月，夏季盛开，通常不结实。

分　　布：原产于印度尼西亚爪哇；我国福建、广东、广西、云南等省区栽培极盛，长江流域各省区多盆栽，在温室越冬。

用途与繁殖方式：为著名的庭园观赏树种，行道树。花可提取香精或薰茶，提制浸膏供药用。少见结实，多用嫁接繁殖，用黄兰、含笑、火力楠等为砧木。

来源与生长情况：引进种，生长良好，能正常开花。

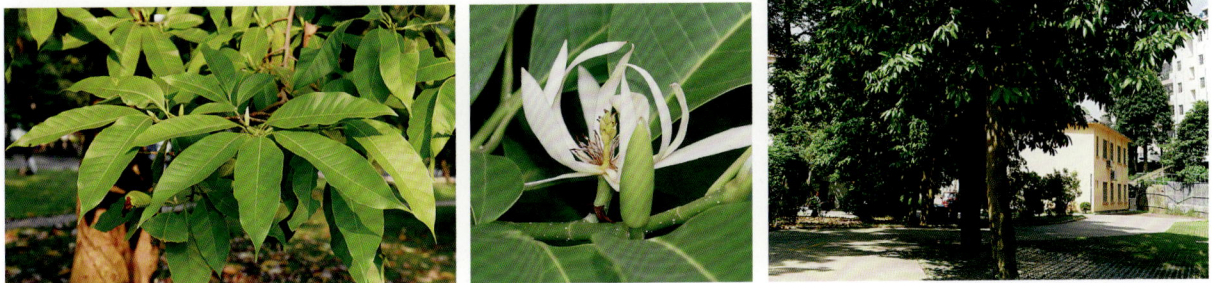

苦梓含笑 *Michelia balansae* (A. DC.) Dandy.　　　　　　　　　　　　　　含笑属

形态特征：乔木，高达 7 ~ 10m，芽、嫩枝、叶柄、叶背、花蕾及花梗均密被褐色绒毛。叶厚革质，长圆状椭圆形，或倒卵状椭圆形，长 10 ~ 20cm，宽 5 ~ 10cm，先端急短尖，基部阔楔形，上面近无毛，下面叶脉明显凸起，具褐色绒毛；侧脉每边 12 ~ 15 条，叶柄无托叶痕，基部膨大。花芳香，花被片白色带淡绿色，6 片，聚合果，种子近椭圆体形，外种皮鲜红色，内种皮褐色。花期 4 ~ 7 月，果期 8 ~ 10月。

分　　布：产于广东东南部至西南部、海南、广西南部、云南东南部。生于海拔 350 ~ 1000m 的山坡、溪旁、山谷密林中。

用途与繁殖方式：木材宜供上等家具、文具、细木工、胶合板及建筑、造船等用。播种繁殖。

来源与生长情况：引进种，生长良好，能正常开花结果。

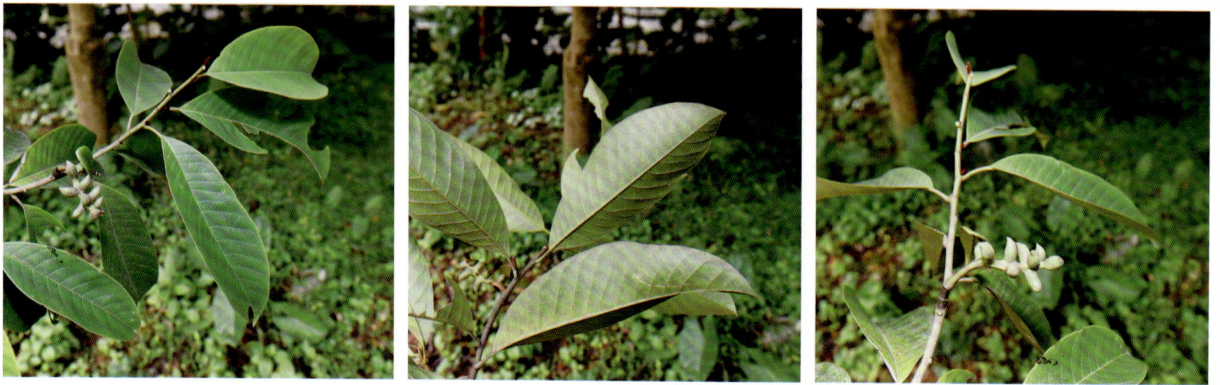

黄兰 *Michelia champaca* L.　　　　　　　　　　　　　　　　　　　　含笑属

形态特征：常绿乔木，高达 10 余米；芽、嫩枝、嫩叶和叶柄均被淡黄色的平伏柔毛。叶薄革质，披针状卵形或披针状长椭圆形，长 10 ~ 20cm，宽 4.5 ~ 9cm，先端长渐尖或近尾状，基部阔楔形或楔形，下面稍被微柔毛；叶柄托叶痕长达叶柄中部以上。花黄色，极香，花被片 15 ~ 20 片，聚合果。花期 6 ~ 7月，果期 9 ~ 10 月。

分　　布：产于西藏东南部、云南南部及西南部。福建、台湾、广东、海南、广西有栽培；长江流域各地盆栽，在温室越冬。

用途与繁殖方式：花浓香，树形美，著名观赏树种；花可提取芳香油或薰茶，叶可调制香料用；华南地区的重要造林树种。播种、嫁接繁殖。

来源与生长情况：引进种，生长良好，能正常开花结果。

乐昌含笑 *Michelia chapensis* Dandy.　　　　　　　　　　　　　　　　　　　　　　　含笑属

形态特征：乔木，高15～30m，叶薄革质，倒卵形、狭倒卵形或长圆状倒卵形，长6.5～15cm，宽3.5～6.5cm，先端骤狭短渐尖，或短渐尖，尖头钝，基部楔形或阔楔形，上面深绿色，有光泽，侧脉每边9～12条，网脉稀疏；叶柄无托叶痕。花被片淡黄色，6片，芳香，2轮，聚合果，种子红色，卵形或长圆状卵圆形。花期3～4月，果期8～9月。

分　　布：产于江西南部、湖南西部及南部、广东西部及北部、广西东北部及东南部，生于海拔500～1500m的山地林间。

用途及繁殖方式：优良的园林绿化和观赏树种。播种繁殖。

来源及生长情况：引进种，生长良好。

含笑花 *Michelia figo* (Lour.) Spreng.　　　　　　　　　　　　　　　　　　　　　　含笑属

形态特征：常绿灌木，高2～3m，分枝繁密；芽、嫩枝，叶柄，花梗均密被黄褐色绒毛。叶革质，狭椭圆形或倒卵状椭圆形，长4～10cm，宽1.8～4.5cm，先端钝短尖，基部楔形或阔楔形，上面有光泽，无毛，叶柄托叶痕长达叶柄顶端。花直立，淡黄色而边缘有时红色或紫色，具甜浓的芳香，花被片6，肉质，较肥厚，长椭圆形，聚合果蓇葖卵圆形或球形，顶端有短尖的喙。花期3～5月，果期7～8月。

分　　布：华南南部各省区，广东鼎湖山有野生，现广植于全国各地。在长江流域各地需在温室越冬。

用途及繁殖方式：观赏，花瓣可拌入茶叶制成花茶，提取芳香油和供药用。扦插、嫁接繁殖。

来源及生长情况：引进种，生长良好，正常开花。

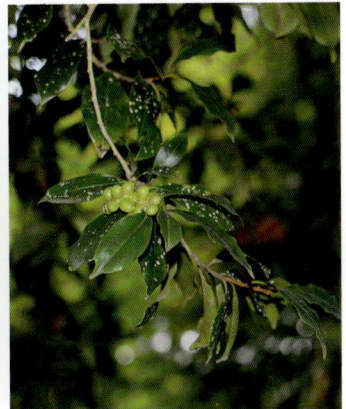

金叶含笑 *Michelia foveolata* Merr. ex Dandy. 含笑属

形态特征：乔木，高达 30m，胸径达 80cm；芽、幼枝、叶柄、叶背、花梗、密被红褐色短绒毛。叶厚革质，长圆状椭圆形，椭圆状卵形或阔披针形，长 17 ~ 23cm，宽 6 ~ 11cm，先端渐尖或短渐尖，基部阔楔形，圆钝或近心形，通常两侧不对称，上面深绿色，有光泽，下面被红铜色短绒毛，侧脉每边 16 ~ 26 条，叶柄无托叶痕。花被片 9 ~ 12 片，淡黄绿色，基部带紫色，聚合果。花期 3 ~ 5 月，果期 9 ~ 10 月。

分　　布：产于贵州东南部、湖北西部、湖南南部、江西、广东、广西南部、云南东南部。生于海拔 500 ~ 1800m 的阴湿林中。

用途及繁殖方式：其嫩叶背面的金色绒毛有特殊的观赏价值。播种、嫁接繁殖。

来源及生长情况：引进种，生长良好，正常开花。

香子含笑 *Michelia hedyosperma* Y. W. Law. 含笑属

别　　名：香梓楠、香籽含笑

形态特征：乔木，高达 21m，胸径 60cm；芽、嫩叶柄、花梗、花蕾及心皮密被平伏短绢毛，其余无毛。叶揉碎有八角气味，薄革质，倒卵形或椭圆状倒卵形，长 6 ~ 13cm，宽 5 ~ 5.5cm，先端尖，尖头钝，基部宽楔形，两面鲜绿色，有光泽，无毛。侧脉每边 8 ~ 10 条，叶柄无托叶痕。花蕾长圆体形，花芳香，花被片 9，3 轮。聚合果果梗较粗，种子 1 ~ 4。花期 3 ~ 4 月，果期 9 ~ 10 月。

分　　布：产于海南、广西西南部、云南，生于海拔 300 ~ 800m 的山坡、沟谷林中。

用途及繁殖方式：用材树种，在云南产区用种子作调味品或药用，也可做庭园观赏树种。播种繁殖。

来源及生长情况：引进种，生长良好。

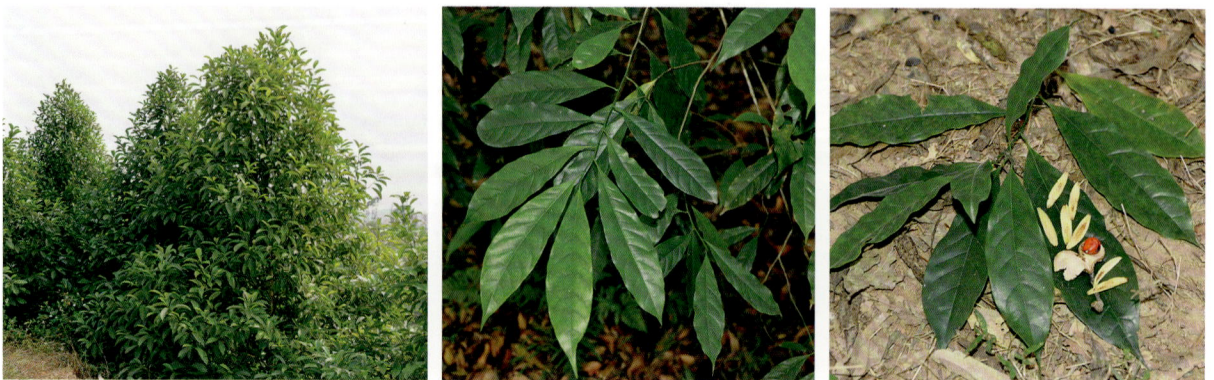

醉香含笑 *Michelia macclurei* Dandy. 含笑属

别　　名：火力楠

形态特征：乔木，高达 30m，胸径 1m 左右；芽、嫩枝、叶柄、托叶及花梗均被紧贴而有光泽的红褐色短绒毛。叶革质，倒卵形、椭圆状倒卵形，菱形或长圆状椭圆形，长 7 ~ 14cm，宽 5 ~ 7cm，先端短急尖或渐尖，基部楔形或宽楔形。侧脉每边 10 ~ 15 条，叶柄长无托叶痕。花被片白色，通常 9 片，聚合果。花期 3 ~ 4 月，果期 9 ~ 11 月。

分　　布：产于广东东南部、北部、中南部，海南、广西北部，湖南南部已引种栽培。生于海拔 500 ~ 1000m 的密林中。

用途及繁殖方式：木材易加工，切面光滑，美观耐用，是供建筑、家具的优质用材；花芳香、可提取香精油；树冠宽广、伞状，整齐壮观，是美丽的庭园和行道树种。播种繁殖。

来源及生长情况：引进种，生长良好，正常开花结果，种子发育良好。

深山含笑 *Michelia maudiae* Dunn. 含笑属

形态特征：乔木，高达 20m，各部均无毛；芽、嫩枝、叶下面、苞片均被白粉。叶革质，长圆状椭圆形，很少卵状椭圆形，长 7 ~ 18cm，宽 3.5 ~ 8.5cm，先端骤狭短渐尖或短渐尖而尖头钝，基部楔形，阔楔形或近圆钝。侧脉每边 7 ~ 12 条，叶柄无托叶痕，花芳香，花被片 9 片，纯白色，基部稍呈淡红色。聚合果，种子红色，斜卵圆形。花期 2 ~ 3 月，果期 9 ~ 10 月。

分　　布：产于浙江南部、福建、湖南、广东、广西、贵州。生于海拔 600 ~ 1500m 的密林中。

用途及繁殖方式：木材纹理直，结构细，易加工，供家具、板料、绘图版、细木工用材；叶鲜绿，花纯白艳丽，为庭园观赏树种；可提取芳香油，亦供药用。播种繁殖。

来源及生长情况：引进种，生长良好，正常开花结果。

白花含笑 *Michelia mediocris* Dandy   含笑属

形态特征: 常绿乔木,高达 25m,树皮灰褐色,嫩枝、嫩叶被灰白色的平伏微柔毛。叶薄革质,菱状椭圆形,长 6 ~ 13cm,宽 3 ~ 5cm,先端短渐尖,基部楔形或阔楔形,上面无毛,下面被灰白色平伏微柔毛;侧脉每边 10 ~ 15 条,网脉致密;叶柄无托叶痕。花白色,花被片 9,匙形,聚合果熟时黑褐色,蓇葖倒卵圆形或长圆体形或球形,稍扁,有白色皮孔,顶端具圆钝的喙;种子鲜红色。花期 12 月~翌年 1 月,果期 6 ~ 7 月。

分　　布: 产于广东东南部、海南东部至西南部、广西,生于海拔 400 ~ 1000m 的山坡杂木林中。

用途及繁殖方式: 园林观赏。扦插、嫁接、播种繁殖。

来源及生长情况: 引进种,生长良好。

球花含笑 *Michelia sphaerantha* C. Y. Wu.   含笑属

别　　名: 毛果含笑

形态特征: 乔木,高 8 ~ 16m,叶革质,倒卵状长圆形或长圆形,长 16 ~ 20cm,宽 8.5 ~ 10.5cm,先端具骤尖头,基部圆形或钝,上面无毛,下面被短柔毛。侧脉每边 9 ~ 12 条,叶柄无托叶痕,被柔毛,托叶与叶柄离生。花被白色,花被片 12,聚合果,成熟蓇葖卵圆形。花期 3 月,果期 7 月。

分　　布: 产于云南(景东、屏边),生于海拔 1100 ~ 2110m 的林中。

用途及繁殖方式: 园林观赏。播种繁殖。

来源及生长情况: 引进种,生长良好。

合果木 *Paramichelia baillonii* (Pierre) Hu

合果木属

别　　名：山白兰

形态特征：大乔木，高可达 35m，胸径 1m，嫩枝、叶柄、叶背，被淡褐色平伏长毛。叶椭圆形，卵状椭圆形或披针形，长 6 ~ 22 cm，宽 4 ~ 7cm，先端渐尖，基部楔形、阔楔形，上面初被褐色平伏长毛。侧脉每边 9 ~ 15 条，叶柄托叶痕为叶柄长的 1/3 或 1/2 以上。花芳香，黄色，花被片 18 ~ 21，6 片 1 轮；聚合果肉质，倒卵圆形，椭圆状圆柱形，成熟心皮完全合生，具圆点状凸起皮孔。花期 3 ~ 5 月，果期 8 ~ 10 月。

分　　布：产于云南，生于海拔 500 ~ 1500m 的山林中。

用途及繁殖方式：制造高级家具、重要建筑物的上等木材。播种、嫁接繁殖。

来源及生长情况：引进种，正常开花结果。

光叶拟单性木兰 *Parakmeria nitida* (W. W. Sm.) Y. W. Law

拟单性木兰属

形态特征：常绿乔木，高达 30m，叶革质，椭圆形，长圆状椭圆形，很少倒卵状椭圆形，长 5.5 ~ 9.5cm，宽 2 ~ 4cm，先端急尖或短渐尖，基部楔形或阔楔形，上面深绿色，有光泽，嫩叶红褐色，侧脉每边 7 ~ 13 条。花两性，芳香，花被片约 12，外轮 3 片，背面中部带紫红色，内 3 轮淡黄白色；聚合果绿色，长圆状卵圆形，种子具鲜黄色外种皮。花期 3 ~ 5 月，果期 9 ~ 10 月。

分　　布：产于西藏东南部、云南西北部。生于海拔 1800 ~ 2500m 的山坡阔叶林中。

用途及繁殖方式：可做园林观赏。播种繁殖。

来源及生长情况：引进种，生长良好。

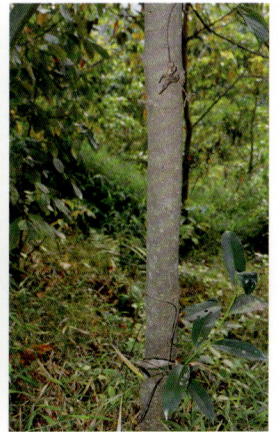

观光木 *Tsoongiodendron odorum* Chun　　　　　　　　　　　　　　　　　　　　　　**观光木属**

形态特征：常绿乔木，高达 25m，树皮淡灰褐色，具深皱纹；小枝、芽、叶柄、叶面中脉、叶背和花梗均被黄棕色糙伏毛。叶片厚膜质，倒卵状椭圆形，长 8 ～ 17cm，宽 3.5 ～ 7cm，顶端急尖或钝，基部楔形。侧脉每边 10 ～ 12 条，叶柄基部膨大，托叶痕达叶柄中部。花蕾的佛焰苞状苞片一侧开裂，被柔毛，芳香；花被片象牙黄色，有红色小斑点。聚合果长椭圆体形，外果皮榄绿色，有苍白色孔，干时深棕色，果瓣厚。花期 3 月，果期 10 ～ 12 月。

分　　布：产于江西南部、福建、广东、海南、广西、云南东南部。

用途及繁殖方式：供庭园观赏及行道树种；花可提取芳香油；种子可榨油。播种繁殖。

来源及生长情况：引进种，正常开花结果，种子发育良好。

八角科 Illiciaceae

八角 *Illicium verum* Hook. F.　　　　　　　　　　　　　　　　　　　　　　　　　　**八角属**

别　　名：八角茴香、大茴香

形态特征：乔木，高 10 ～ 15m；树冠塔形，椭圆形或圆锥形，树皮深灰色，枝密集。叶不整齐互生，在顶端 3 ～ 6 片近轮生或松散簇生，革质，厚革质，倒卵状椭圆形，倒披针形或椭圆形，长 5 ～ 15cm，宽 2 ～ 5cm，先端骤尖或短渐尖，基部渐狭或楔形。花粉红至深红色，单生叶腋或近顶生，花被片 7 ～ 12 片；聚合果，蓇葖多为 8，呈八角形。正糙果 3 ～ 5 月开花，9 ～ 10 月果熟，春糙果 8 ～ 10 月开花，翌年 3 ～ 4 月果熟。

分　　布：主产于广西西部和南部。福建南部、广东西部、云南东南部和南部也有种植。

用途及繁殖方式：八角为经济树种。果为著名的调味香料，味香甜。也供药用，可供细木工、家具、箱板等用材。播种、嫁接繁殖。

来源及生长情况：引进种，生长良好，正常开花结果，种子发育良好。

番荔枝科 Annonaceae

鹰爪 *Artabotrys hexapetalus* (L.f.) Bhandari　　　　　　　　　　鹰爪属

别　　名：鹰爪花

形态特征：攀援灌木，高达 4m，无毛或近无毛。叶纸质，长圆形或阔披针形，长 6 ~ 16cm，顶端渐尖或急尖，基部楔形，叶面无毛。花 1 ~ 2 朵，淡绿色或淡黄色，芳香；萼片绿色，卵形，花瓣长圆状披针形，外面基部密被柔毛，果卵圆状，顶端尖，数个群集于果托上。花期 5 ~ 8 月，果期 5 ~ 12 月。

分　　布：产于浙江、台湾、福建、江西、广东、广西和云南等省区。

用途及繁殖方式：可用于庭园花架、花墙，也可与假山石配植。播种、扦插、压条繁殖。

来源及生长情况：引进种，生长良好，正常开花结果。

假鹰爪 *Desmos chinensis* Lour.　　　　　　　　　　　　　　　　假鹰爪属

别　　名：酒饼藤、酒饼叶

形态特征：直立或攀援灌木，除花外，全株无毛；枝皮粗糙，有纵条纹，有灰白色凸起的皮孔。叶薄纸质或膜质，长圆形或椭圆形，长 4 ~ 13cm，宽 2 ~ 5cm，顶端钝或急尖，基部圆形或稍偏斜；花黄白色，单朵与叶对生或互生；雄蕊长圆形，药隔顶端截形；果有柄，念珠状，内有种子 1 ~ 7 颗；种子球状。花期夏至冬季，果期 6 月至翌年春季。

分　　布：产于广东、广西、云南和贵州。

用途及繁殖方式：根、叶可药用，主治风湿骨痛、产后腹痛、跌打、皮癣等；海南民间有用其叶制酒饼，故有"酒饼叶"之称。播种繁殖。

来源及生长情况：原生种，正常开花结果，种子发育良好。

香港瓜馥木 *Fissistigma uonicum* (Dunn) Merr.

瓜馥木属

别　　名：港瓜馥木、大酒饼子

形态特征：攀援灌木，除果实和叶背被稀疏柔毛外无毛。叶纸质，长圆形，长 4 ~ 20cm，宽 1 ~ 5cm，顶端急尖，基部圆形或宽楔形，叶背淡黄色，干后呈红黄色；侧脉在叶面稍凸起，在叶背凸起。花黄色，有香气，1 ~ 2 朵聚生于叶腋；萼片卵圆形；外轮花瓣比内轮花瓣长，无毛，内轮花瓣狭长；药隔三角形；心皮被柔毛，每心皮有胚珠 9 颗。果圆球状，直径约 4cm，成熟时黑色，被短柔毛。花期 3 ~ 6 月，果期 6 ~ 12 月。

分　　布：产于广西、广东、湖南和福建等省区，生于丘陵山地林中。

用途及繁殖方式：叶可制酒饼药；果味甜，可食。播种繁殖。

来源及生长情况：引进种，生长良好，正常开花。

中华野独活 *Miliusa sinensis* Finet & Gagnep.

野独活属

别　　名：中华密榴木

形态特征：乔木，高达 6m；小枝、叶背、叶柄、苞片、花梗、花萼两面及花瓣两面均被黄色短柔毛或长柔毛。叶薄纸质或膜质，椭圆形或长椭圆形，少数为长圆形，长 5 ~ 12.5cm，宽 2 ~ 5cm，顶端渐尖或急尖至钝，基部钝或圆形，稍偏斜，侧脉每边，9 ~ 11 条。花单生于叶腋内，直立或下弯，花梗细长，外轮花瓣与萼片等大，内轮花瓣紫红色，果圆球状或倒卵状，成熟时紫黑色，内有种子 1 ~ 2 颗。花期 4 ~ 9 月，果期 7 ~ 12 月。

分　　布：产于广东、广西、云南和贵州。

用途及繁殖方式：树形秀丽，可用于园林观赏。播种繁殖。

来源及生长情况：引进种，生长良好，正常开花。

银钩花 *Mitrephora thorelii* Pierre　　　　　　　　　　　　　　　　　　　　　　　　　**银钩花属**

形态特征：乔木，高达25m，小枝密被锈色绒毛，叶近革质，卵形或长圆状椭圆形，长达15cm，宽7～10.5cm，顶端短渐尖，基部圆形，叶面除中脉外无毛，有光泽，叶背被锈色长柔毛，沿中脉上更密；侧脉每边8～14条。花淡黄色，单生或数朵组成总状花序，腋生或与叶对生；总花梗、花梗、萼片、花瓣均密被锈色柔毛；每心皮有胚珠8～10颗，2排。果卵状或近圆球状，成熟时有环纹，密被褐色绒毛；果柄细长，密被褐色绒毛。花期3～4月，果期5～8月。

分　　布：产于海南和云南南部，生于山地密林中。

用途及繁殖方式：木材坚硬，适于作车辆和建筑用材；也可用于园林观赏。播种繁殖。

来源及生长情况：引进种，生长良好。

囊瓣木 *Saccopetalum prolificum* (Chun & How) Tsiang　　　　　　　　　　　　　　　**囊瓣木属**

别　　名：黄皮椿、黄皮藤椿

形态特征：乔木，高25m，树干挺直，树皮淡黄褐色，略有腥味。叶常绿，纸质，椭圆形至长圆形，长4～13cm，宽1.8～4cm，顶端急尖或渐尖，基部圆形而稍偏斜，侧脉每边10～14条，纤细。花暗红色，单朵腋生，密被长柔毛；果15～30个，卵状或近圆球状，初时黄绿色，成熟时暗红色，内有种子2～8颗。花期3～4月，果期7～8月。

分　　布：海南保亭、东方、白沙、琼中、陵水、崖县及昌江。

用途及繁殖方式：车辆、农具、机械器具和建筑用材。播种繁殖。

来源及生长情况：引进种，生长良好。

山椒子 *Uvaria grandiflora* Roxb.　　　　　　　　　　　　　　　　　　　　　**紫玉盘属**

形态特征：攀援灌木，长 3m；全株密被黄褐色星状柔毛至绒毛。叶纸质或近革质，长圆状倒卵形，长 7 ~ 30cm，宽 3.5 ~ 12.5cm，顶端急尖或短渐尖，有时有尾尖，基部浅心形；侧脉每边 10 ~ 17 条，在叶面扁平，在叶背凸起。花单朵，与叶对生，紫红色或深红色，大型，果长圆柱状，顶端有尖头。花期 3 ~ 11 月，果期 5 ~ 12 月。

分　　布：广东南部及其岛屿，生于低海拔灌木丛中或丘陵山地疏林中。

用途及繁殖方式：花大而艳丽，果形奇特，可用于垂直绿化。播种繁殖。

来源及生长情况：引进种，正常开花结果，种子发育良好。

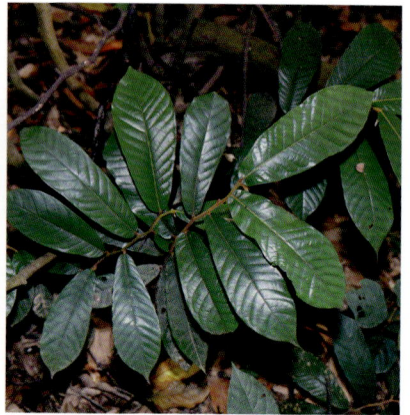

紫玉盘 *Uvaria microcarpa* Champ. ex Benth.　　　　　　　　　　　　　　　　　**紫玉盘属**

形态特征：直立灌木，高约 2m，枝条蔓延性；幼枝、幼叶、叶柄、花梗、苞片、萼片、花瓣、心皮和果均被黄色星状柔毛。叶革质，长倒卵形或长椭圆形，长 10 ~ 23cm，宽 5 ~ 11cm，顶端急尖或钝，基部近心形或圆形；侧脉每边约 13 条，在叶面凹陷，叶背凸起。花 1 ~ 2 朵，与叶对生，暗紫红色或淡红褐色；果卵圆形或短圆柱形，暗紫褐色，顶端有短尖头。花期 3 ~ 8 月，果期 7 月 ~ 翌年 3 月。

分　　布：产于广西、广东和台湾。

用途及繁殖方式：紫玉盘花色美丽，果实紫色，花果期长达半年以上。适宜栽于庭园周围或作盆景。播种繁殖。

来源及生长情况：原生种，生长良好，正常开花结果。

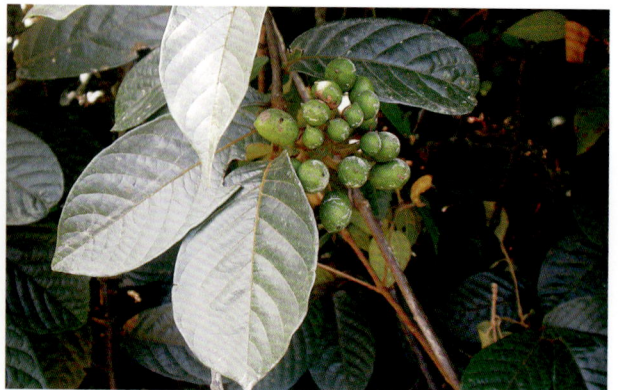

樟科 Lauraceae

毛黄肉楠 *Actinodaphne pilosa* (Lour.) Merr.   **黄肉楠属**

形态特征：乔木或灌木，高 4 ~ 12m，树皮灰色或灰白色。小枝粗壮，幼时密被锈色绒毛。顶芽大，卵圆形，鳞片外面密被锈色绒毛。叶互生或 3 ~ 5 片聚生成轮生状，倒卵形或有时椭圆形，长 12 ~ 24cm，宽 5 ~ 12cm，先端突尖，基部楔形，革质，侧脉每边 5 ~ 7 条。花序腋生或枝侧生，由伞形花序组成圆锥状，果球形，生于近于扁平的盘状果托上。花期 8 ~ 12 月，果期翌年 2 ~ 3 月。

分　　布：产于广东、广西的南部，常生于海拔 500m 以下的旷野丛林或混交林中。

用途及繁殖方式：木材具胶质，刨成薄片泡水后得透明粘液，树皮与叶供药用。播种繁殖。

来源及生长情况：原生种，正常开花结果，种子发育良好。

长柄油丹 *Alseodaphne petiolaris* Hook.f.   **油丹属**

形态特征：乔木，高达 20m，枝条粗壮，近轮生，淡褐色，略具棱角。叶宽大，倒卵状长圆形或长圆形，长 14 ~ 26cm，宽 6 ~ 15cm，先端圆形或钝形，骤然短尖或微缺，基部楔形或近圆形，两侧常不相等，厚革质，两面褐色，但幼时下面呈绿白色，上面光亮，下面晦暗，侧脉每边约 11 条。圆锥花序多花，近顶生，多数聚生于枝梢，花小；果长圆状卵球形，顶端浑圆，肉质。花期 10 ~ 11 月，果期 12 月至翌年 4 ~ 5 月。

分　　布：产于云南南部，生于海拔 620 ~ 900m 的干燥疏林或常绿阔叶林中。

用途及繁殖方式：树冠饱满，树形挺拔，可做园林观赏树种。播种繁殖。

来源及生长情况：引进种，生长良好。

山潺 *Beilschmiedia appendiculata* (Allen) S. K. Lee & Y. T. Wei.　　　　　**琼楠属**

形态特征：乔木，高6～30m，树皮灰黄色，小枝无毛或被微柔毛，常粗壮，微具棱角。叶对生或互生，椭圆形、长椭圆形，稀倒卵形，长5～11cm，宽2～4.5cm，先端钝、钝渐尖、圆形或有时微缺，基部楔形或阔楔形，两面无毛，干时上面绿褐色至灰褐色，上面或有时下面密被腺状小凸点，侧脉每边7～10条，两面凸起。圆锥花序腋生，被短柔毛，花黄色；果椭圆形、卵状椭圆形，常具小瘤，未成熟时绿色，成熟后黑色。花期2～3月，果期5～7月。

分　　布：产于广东、海南，常生于山谷路边疏林中或溪边。

用途及繁殖方式：可做用材树、观赏树。播种繁殖。

来源及生长情况：引进种，生长良好。

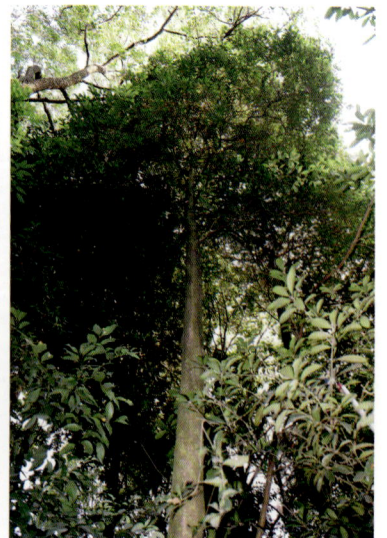

网脉琼楠 *Beilschmiedia tsangii* Merr.　　　　　**琼楠属**

形态特征：乔木，高可达25m，树皮灰褐色或灰黑色。叶互生或有时近对生，革质，椭圆形至长椭圆形，长6～9cm，宽1.5～4.5cm，先端短尖，尖头钝，有时圆或有缺刻，基部急尖或近圆形，干时上面灰褐色或绿褐色，下面稍浅；侧脉每边7～9条，小脉密网状，干后略构成蜂巢状小窝穴，叶柄密被褐色绒毛。圆锥花序腋生，花白色或黄绿色，果椭圆形，有瘤状小凸点。花期夏季，果期7～12月。

分　　布：产于台湾、广东、广西、云南，常生于山坡湿润混交林中。

用途及繁殖方式：树形挺拔秀丽，可做园林观赏树种。播种繁殖。

来源及生长情况：引进种，生长良好。

无根藤 *Cassytha filiformis* L.   无根藤属

形态特征：寄生缠绕草本，借盘状吸根攀附于寄主植物上。茎线形，绿色或绿褐色，稍木质，幼嫩部分被锈色短柔毛，老时毛被稀疏或变无毛。叶退化为微小的鳞片。穗状花序密被锈色短柔毛，花小，白色，无梗。花被裂片6，排成2轮，外轮3枚小，内轮3枚较大；子房卵珠形，几无毛，花柱短，略具棱，柱头小，头状。果小，卵球形，包藏于花后增大的肉质果托内，但彼此分离，顶端有宿存的花被片。花、果期5～12月。

分　　布：产于云南、贵州、广西、广东、湖南、江西、浙江、福建及台湾等省区，生于山坡灌木丛或疏林中，海拔980～1600m。

用途及繁殖方式：本植物对寄主有害，但全草可供药用，功能化湿消肿，通淋利尿，治肾炎水肿等；又可作造纸用的糊料。播种繁殖。

来源及生长情况：原生种，生长良好。

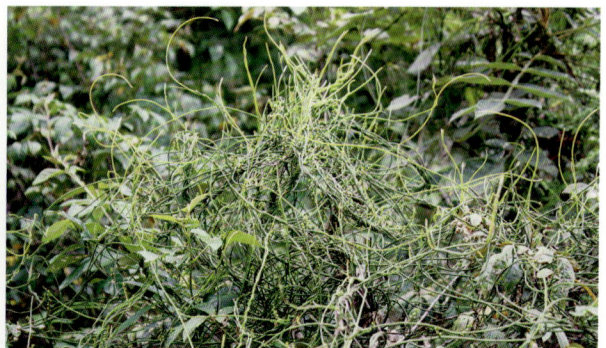

钝叶桂 *Cinnamomum bejolghota* (Buch.-Ham.) Sweet   樟属

别　　名：钝叶樟

形态特征：乔木，高5～25m，树皮青绿色，有香气；枝条常对生，粗壮，小枝圆柱形或钝四棱形。叶近对生，椭圆状长圆形，长12～30cm，宽4～9cm，先端钝、急尖或渐尖，基部近圆形或渐狭；硬革质，上面绿色，光亮，下面淡绿或黄绿色，多少带白色，三出脉或离基三出脉，叶柄粗壮。圆锥花序生于枝条上部叶腋内，多花密集，多分枝，花黄色。果椭圆形，鲜时绿色，果托黄带紫红，倒圆锥形。花期3～4月，果期5～7月。

分　　布：产于云南南部、广东南部，生于山坡、沟谷的疏林或密林中，海拔600～1780m。

用途及繁殖方式：木材纹理通直，结构均匀细致，材质稍软，中等重，加工容易，适于作建筑、一般较好的家具、农具等用材；叶、根及树皮可提制芳香油。播种繁殖。

来源及生长情况：引进种，生长良好。

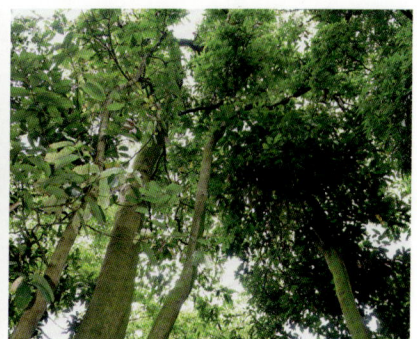

阴香 *Cinnamomum burmanni* (Nees & T.Nees) Blume.　　　　　　　　　　　　　　樟属

别　　名：桂树、山肉桂

形态特征：乔木，高达 14m，树皮光滑，灰褐色，内皮红色，味似肉桂。叶互生或近对生，稀对生，卵圆形、长圆形至披针形，长 5.5 ～ 10.5cm，宽 2 ～ 5cm，先端短渐尖，基部宽楔形，革质，上面绿色，光亮，下面粉绿色，晦暗，两面无毛，具离基三出脉。圆锥花序腋生或近顶生，少花，疏散，密被灰白微柔毛，最末分枝为 3 花的聚伞花序，花绿白色，果卵球形。花期主要在秋、冬季，果期主要在冬末及春季。

分　　布：产于广东、广西、云南及福建，生于疏林、密林或灌丛中，或路旁等处，海拔 100 ～ 1400m。

用途及繁殖方式：行道树和庭园观赏树，建筑、枕木、桩木、矿柱、车辆等用材。播种繁殖。

来源及生长情况：引进种，能正常开花结果，种子发育良好。

狭叶阴香 *Cinnamomum burmanni* f. *heyneanum* (Nees) H. W. Li　　　　　　　　　　樟属

别　　名：狭叶桂

形态特征：乔木，树皮光滑，灰褐色至黑褐色。叶互生或近对生，线形至线状披针形或披针形，革质，离基三出脉。圆锥花序腋生或近顶生，少花，疏散，密被灰白微柔毛，花绿白色，长约 5mm；花梗纤细，长 4 ～ 6mm，被灰白微柔毛，果卵球形。花期 6 月，果期 10 月。

分　　布：产于湖北西部、四川东部、贵州西南部、广西及云南东南部，生于河边山坡灌丛中，海拔 120 ～ 450m。

用途及繁殖方式：行道树和庭园观赏树，建筑、枕木、桩木、矿柱、车辆等用材。播种繁殖。

来源及生长情况：引进种，生长良好。

樟树 *Cinnamomum camphora* (L.) J.Presl.　　　　　　　　　　　　　　　　　**樟属**

国家Ⅱ级重点保护植物

别　　名：香樟

形态特征：常绿大乔木，高可达 30m，直径可达 3m，树皮黄褐色，有不规则的纵裂。顶芽广卵形或圆球形，叶互生，卵状椭圆形，先端急尖，基部宽楔形至近圆形，边缘全缘，具离基三出脉，侧脉及支脉脉腋上面明显隆起。圆锥花序腋生，果卵球形或近球形。花期 4 ~ 5 月，果期 8 ~ 11 月。

分　　布：产于南方及西南各省区，其他各国常有引种栽培。

用途及繁殖方式：提取樟脑和樟油，医药及香料工业用，入药；木材又为造船、橱箱和建筑等用材。播种、扦插繁殖。

来源及生长情况：引进种，能正常开花结果，种子发育良好。

肉桂 *Cinnamomum cassia* (L.) C. Presl　　　　　　　　　　　　　　　　　**樟属**

别　　名：玉桂、肉桂

形态特征：大乔木，树皮灰褐色，一年生枝条圆柱形，黑褐色。叶互生或近对生，长椭圆形至近披针形，长 8 ~ 16cm，宽 4 ~ 5.5cm，先端稍急尖，基部急尖，革质，离基三出脉，叶柄粗壮，腹面平坦或下部略具槽。圆锥花序腋生或近顶生，三级分枝，分枝末端为 3 花的聚伞花序，花白色，果椭圆形，成熟时黑紫色，无毛；果托浅杯状。花期 6 ~ 8 月，果期 10 ~ 12 月。

分　　布：为一栽培种，原产于我国，现广东、广西、福建、台湾、云南等省区的热带及亚热带地区广为栽培，其中尤以广西栽培为多。

用途及繁殖方式：肉桂有强烈的肉桂味，枝、叶、果实、花梗可提制桂油。播种繁殖。

来源及生长情况：引进种，生长良好，能正常开花结果。

云南樟 *Cinnamomum glanduliferum* (Wall.) Nees. 樟属

形态特征：常绿乔木，高 5 ~ 15m，树皮灰褐色，深纵裂，小片脱落，内皮红褐色，具有樟脑气味。叶互生，叶形变化很大，椭圆形至卵状椭圆形或披针形，长 6 ~ 15cm，宽 4 ~ 6.5cm，先端通常急尖至短渐尖，基部楔形、宽楔形至近圆形；革质，羽状脉或偶有近离基三出脉，侧脉每边 4 ~ 5 条，侧脉脉腋在上面明显隆起下面有明显的腺窝，窝穴内被毛或变无毛。圆锥花序腋生，花小，淡黄色；果球形，黑色。花期 3 ~ 5 月，果期 7 ~ 9 月。

分　　布：产于云南、四川、贵州、西藏东南部。

用途及繁殖方式：枝叶可提取樟油和樟脑；木材可制家具；果核油供工业用；树皮及根可入药，有祛风、散寒之效。播种繁殖。

来源及生长情况：引进种，生长良好。

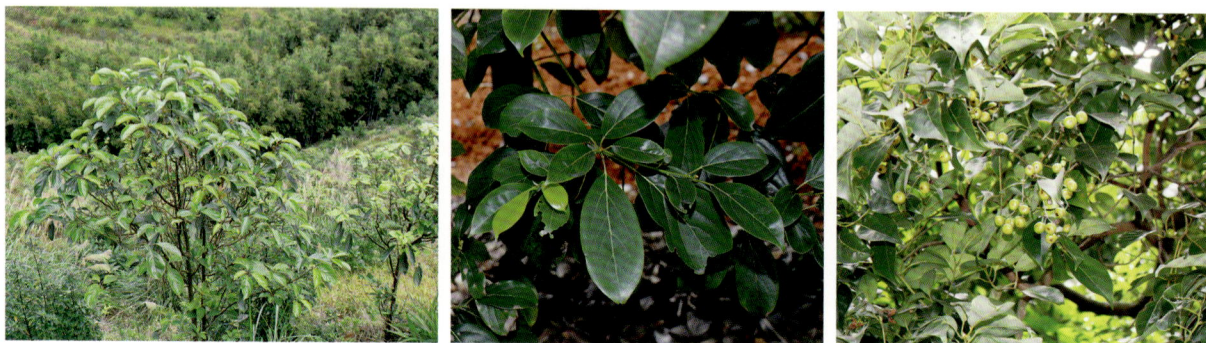

黄樟 *Cinnamomum porrectum* (Roxb.) Kosterm. 樟属

别　　名：大叶樟、黄槁

形态特征：常绿乔木，树干通直，高 10 ~ 20m，树皮暗灰褐色，深纵裂，具有樟脑气味；芽卵形，鳞片近圆形，被绢状毛。叶互生，椭圆状卵形或长椭圆状卵形，长 6 ~ 12cm，宽 3 ~ 6cm，先端通常急尖或短渐尖，基部楔形或阔楔形，革质，羽状脉，侧脉每边 4 ~ 5 条，侧脉脉腋上面不明显凸起下面无明显的腺窝。圆锥花序于枝条上部腋生或近顶生，花小，绿带黄色。果球形，黑色。花期 3 ~ 5 月，果期 4 ~ 10 月。

分　　布：产于广东、广西、福建、江西、湖南、贵州、四川、云南，生于海拔 1500m 以下的常绿阔叶林或灌木丛中。

用途与繁殖方式：叶可供饲养天蚕，枝叶、根、树皮、木材可蒸樟油和提制樟脑，木材供造船、水工、桥梁、上等家具等。播种繁殖。

来源与生长情况：原生种，生长良好，能正常开花结果，种子发育良好。

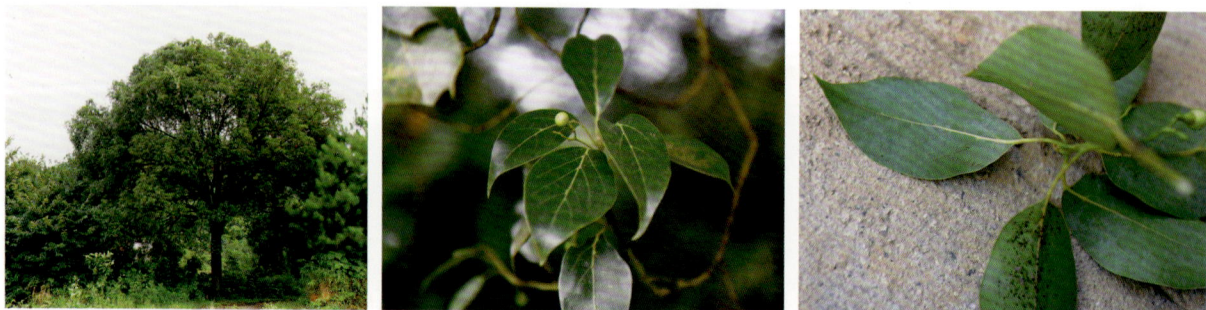

岩生厚壳桂 *Cryptocarya calcicola* H. W. Li

形态特征：乔木，高达 15m，幼枝纤细，圆柱形，密被黄褐色短柔毛。叶互生，长圆形或椭圆状长圆形至卵圆形，长 10.5 ~ 19cm，宽 4.2 ~ 8.5cm，先端钝形、急尖或短渐尖，有时具缺刻，基部宽楔形至近圆形，两侧多少不相等，薄革质，上面绿色，沿中脉被黄褐色短柔毛余部无毛，下面黄绿色，全面疏被但沿中脉及侧脉稍密被黄褐色短柔毛。圆锥花序腋生及顶生，花淡绿色；果近球形，紫黑色，具光泽，有不明显的纵棱 12 条。花期 4 ~ 5 月，果期 5 ~ 10 月。

分　　布：产于云南东南部及南部、贵州南部及广西西部。生于海拔 700 ~ 1000m 的常绿阔叶林中，石山上或溪旁。

用途与繁殖方式：家具用材。播种繁殖。

来源与生长情况：引进种，生长良好。

厚壳桂 *Cryptocarya chinensis* (Hance) Hemsl.

别　　名：香果、硬壳槁、香花桂、铜锣桂

形态特征：乔木，高达 20m，树皮暗灰色，粗糙，小枝圆柱形，具纵向细条纹。叶互生或对生，长椭圆形，长 7 ~ 11cm，宽 3.5 ~ 5.5cm，先端长或短渐尖，基部阔楔形，革质，两面幼时被灰棕色小绒毛，后毛被逐渐脱落，上面光亮，下面苍白色，具离基三出脉。圆锥花序腋生及顶生，花淡黄色。果球形或扁球形，熟时紫黑色，约有纵棱 12 ~ 15 条。花期 4 ~ 5 月，果期 8 ~ 12 月。

分　　布：产于四川、广西、广东、福建及台湾，生于海拔 300 ~ 1100m 山谷阴蔽的常绿阔叶林中。

用途与繁殖方式：上等家具、高级箱盒、工艺等用材，亦可作门、窗、车辆、农具等用材。播种繁殖。

来源与生长情况：引进种，生长良好，能正常开花结果。

硬壳桂 *Cryptocarya chingii* W. C. Cheng.　　　　　　　　　　　　　厚壳桂属

别　　名：硬壳槁、仁昌厚壳桂、平阳厚壳桂

形态特征：小乔木，高至12m，老枝灰褐色，无毛，幼枝密被灰黄色短柔毛。叶互生，长圆形，椭圆状长圆形，极少倒卵形，长6～13cm，宽2.5～5cm，先端骤然渐尖，间或钝头或微凹，基部楔形，上面榄绿色，晦暗或光亮，下面粉绿色，晦暗，两面有伏贴的灰黄色丝状短柔毛。圆锥花序腋生及顶生，花序各部密被灰黄色丝状短柔毛。果幼时椭圆形，淡绿色，成熟时椭圆球形，瘀红色，无毛，有纵棱12条。花期6～10月，果期9月～翌年3月。

分　　布：产于广东、广西、江西、福建及浙江等地。生于海拔300～750m的常绿阔叶林中。

用途与繁殖方式：木材纹理不通直，常出现不规则的纵向弯曲，结构细致，材质硬且稍重，加工容易，适于作梁、柱、门、窗、农具、一般家具及器具等用材。播种繁殖。

来源与生长情况：引进种，生长良好。

黄果厚壳桂 *Cryptocarya concinna* Hance.　　　　　　　　　　　　　厚壳桂属

别　　名：黄果桂

形态特征：乔木，高达18m，树皮淡褐色。枝条灰褐色，无毛，幼枝纤细，被黄褐色短绒毛。叶互生，椭圆状长圆形或长圆形，长5～10cm，宽2～3cm，先端钝、近急尖或短渐尖，基部楔形，两侧常不相等，坚纸质，上面稍光亮，无毛，下面带绿白色，略被短柔毛，后变无毛，侧脉每边4～7条。圆锥花序腋生及顶生，被短柔毛，向上多分枝；果长椭圆形，幼时深绿色，有纵棱12条，熟时黑色或蓝黑色，纵棱有时不明显。花期3～5月，果期6～12月。

分　　布：产于广东、广西、江西及台湾，生于海拔600m以下的谷地或缓坡常绿阔叶林中。

用途与繁殖方式：可作家具材，通常也用于建筑。播种繁殖。

来源与生长情况：引进种，生长良好。

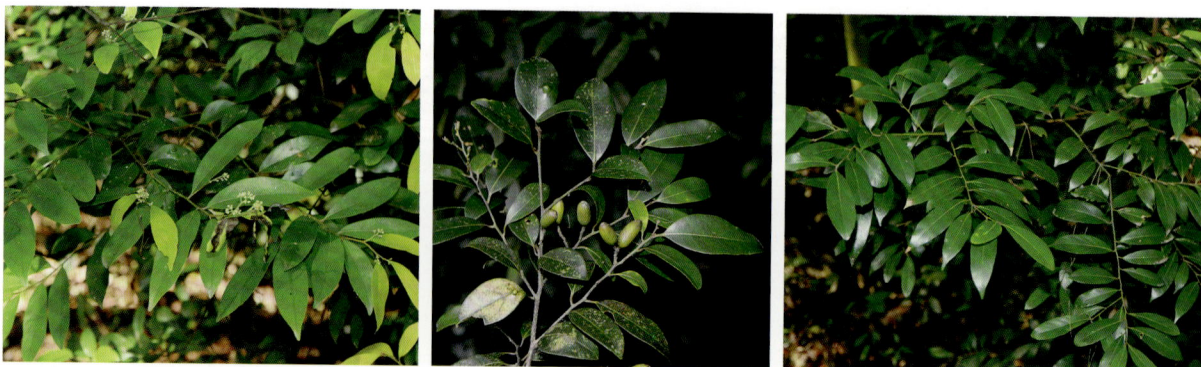

丛花厚壳桂 *Cryptocarya densiflora* Bl.　　　　　　　　　　　　　　　　**厚壳桂属**

别　　名：大果铜锣桂、白面稿

形态特征：乔木，高 7 ~ 20m，枝条有棱角，淡褐或深褐色，具细条纹。叶互生，长椭圆形至椭圆状卵形，长 10 ~ 15cm，宽 5 ~ 8.5cm，先端急短渐尖，基部楔形、钝或圆形，革质，上面光亮，下面苍白呈粉绿色，初时有锈色绒毛，后毛被渐脱落，具离基三出脉。圆锥花序腋生及顶生，具梗，多花密集，被褐色短柔毛，花白色。果扁球形，顶端具明显的小尖突，光滑，有不明显的纵棱，初时褐黄色，熟时乌黑色，有白粉。花期 4 ~ 6 月，果期 7 ~ 11 月。

分　　布：产于广东、广西、福建及云南。生于山谷或常绿阔叶林中，海拔 650 ~ 1600m。

用途与繁殖方式：木材纹理通直，结构均匀细致，材质稍硬和稍重，较易于加工，供天花板及家具等用材亦佳。播种繁殖。

来源与生长情况：引进种，生长良好。

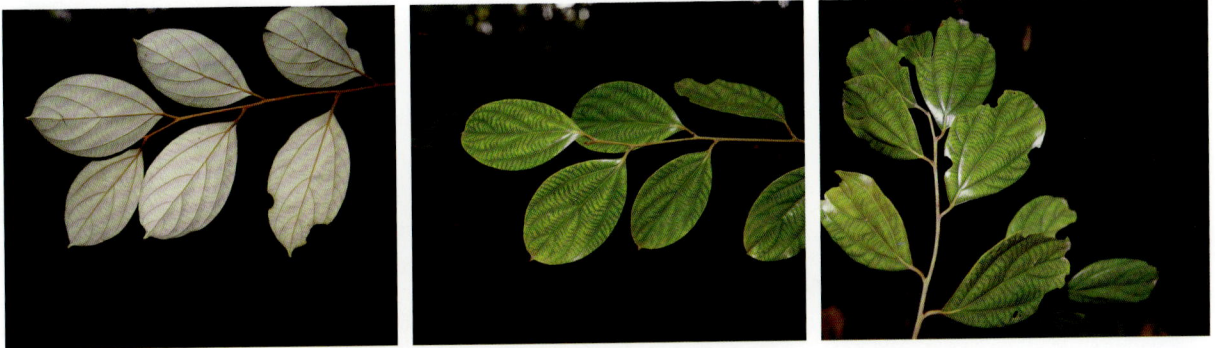

乌药 *Lindera aggregata* (Sims) Kosterm.　　　　　　　　　　　　　　　　**山胡椒属**

形态特征：常绿灌木或小乔木，高可达 5m，树皮灰褐色，根有纺锤状或结节状膨胀。顶芽长椭圆形，叶互生，卵形，椭圆形至近圆形，通常长 2.7 ~ 5cm，宽 1.5 ~ 4cm，先端长渐尖或尾尖，基部圆形，革质或有时近革质，上面绿色，有光泽，下面苍白色，幼时密被棕褐色柔毛，后渐脱落，两面有小凹窝，三出脉。伞形花序腋生，无总梗，常 6 ~ 8 花序集生于一短枝上，果卵形或有时近圆形。花期 3 ~ 4 月，果期 5 ~ 11 月。

分　　布：产于浙江、江西、福建、安徽、湖南、广东，广西、台湾等省区，生于海拔 200 ~ 1000m 向阳坡地、山谷或疏林灌丛中。

用途与繁殖方式：根药用；果实、根、叶均可提芳香油制香皂；根、种子磨粉可杀虫。播种繁殖。

来源与生长情况：原生种，生长良好，能正常开花结果，种子发育良好。

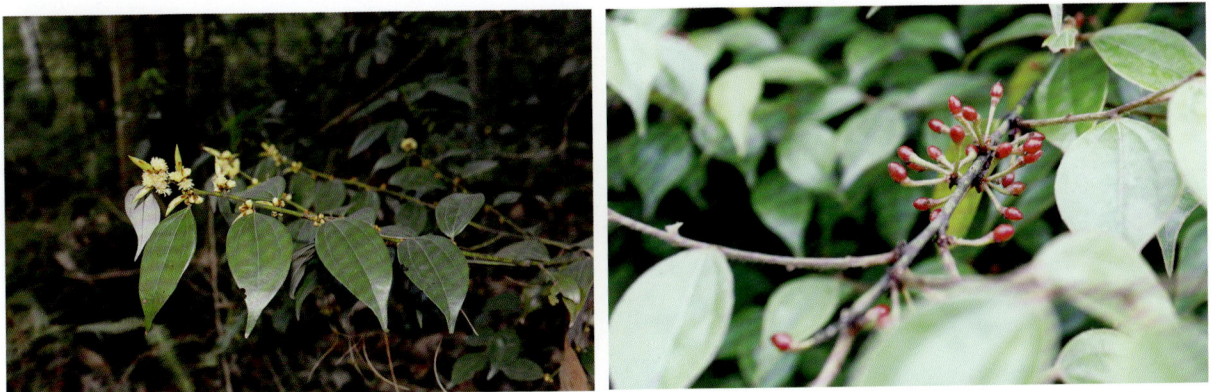

香叶树 *Lindera communis* Hemsl.　　　　　　　　　　　　　　　　　　　　**山胡椒属**

形态特征：常绿灌木或小乔木，高 3～4m，树皮淡褐色。叶互生，通常披针形、卵形或椭圆形，长 4～9cm，宽 1.5～3cm，先端渐尖、急尖、骤尖或有时近尾尖，基部宽楔形或近圆形，薄革质至厚革质；上面绿色，无毛，下面灰绿或浅黄色，被黄褐色柔毛，后渐脱落成疏柔毛或无毛；伞形花序具 5～8 朵花，单生或两个同生于叶腋，雄花黄色，雌花黄色或黄白色；果卵形，也有时略小而近球形，无毛，成熟时红色。花期 3～4 月，果期 9～10 月。

分　　布：产于陕西、甘肃、湖南、湖北、江西、浙江、福建、台湾、广东、广西、云南、贵州、四川等省区，常见于干燥砂质土壤，散生或混生于常绿阔叶林中。

用途与繁殖方式：种仁含油供制皂、润滑油、油墨及医用栓剂原料；也可供食用。播种繁殖。

来源与生长情况：引进种，生长良好，能正常开花结果。

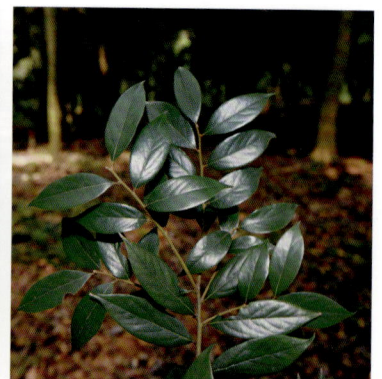

绒毛山胡椒 *Lindera nacusua* (D. Don) Merr.　　　　　　　　　　　　　　　　**山胡椒属**

形态特征：常绿灌木或小乔木，高 2～10m，树皮灰色，有纵向裂纹；顶芽宽卵形，芽鳞除边缘外密被黄褐色柔毛。叶互生，宽卵形、椭圆形至长圆形，长 6～11cm，宽 3.5～6cm，先端通常急尖，基部锐尖或楔形，有时近圆形，两侧常不相等，革质，光亮，上面中脉有时略被黄褐色柔毛，下面密被黄褐色长柔毛，侧脉每边 6～8 条。伞形花序单生或 2～4 簇生于叶腋，花黄色；果近球形，成熟时红色。花期 5～6 月，果期 7～10 月。

分　　布：产于广东、广西、福建、江西、四川、云南及西藏东南部。生于海拔 700～2500m 的谷地或山坡的常绿阔叶林中。

用途与繁殖方式：可做用材树种。播种繁殖。

来源与生长情况：引进种，生长良好，能正常开花结果。

黑壳楠 *Lindera megaphylla* Hemsl.　　　　　　　　　　　　　　　　　　**山胡椒属**

形态特征：常绿乔木，高 3 ～ 15m，树皮灰黑色。叶互生，倒披针形至倒卵状长圆形，有时长卵形，长 10 ～ 23cm，先端急尖或渐尖，基部渐狭，革质，上面深绿色，有光泽，下面淡绿苍白色，两面无毛；侧脉每边 15 ～ 21 条。伞形花序多花，花黄绿色。果椭圆形至卵形，成熟时紫黑色，无毛，宿存果托杯状，全缘，略成微波状。花期 2 ～ 4 月，果期 9 ～ 12 月。

分　　布：产于陕西、甘肃、四川、云南、贵州、湖北、湖南、安徽、江西、福建、广东、广西等省区，生于海拔 1600 ～ 2000m 处的山坡、谷地湿润常绿阔叶林或灌丛中。

用途与繁殖方式：种仁含油近 50%，油为不干性油，为制皂原料；果皮、叶含芳香油，油可作调香原料；木材黄褐色，纹理直，结构细，可作装饰薄木、家具及建筑用材。播种繁殖。

来源与生长情况：引进种，生长良好。

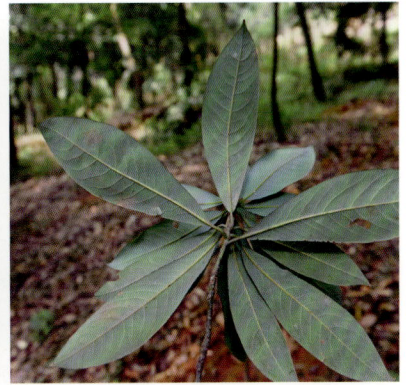

山鸡椒 *Litsea cubeba* (Lour.) Pers.　　　　　　　　　　　　　　　　　　**木姜子属**

别　　名：山苍子，山苍树

形态特征：落叶灌木或小乔木，高达 8 ～ 10m，小枝细长，绿色，无毛，枝、叶具芳香味。顶芽圆锥形，外面具柔毛。叶互生，披针形或长圆形，长 4 ～ 11cm，宽 1.1 ～ 2.4cm，先端渐尖，基部楔形，纸质，上面深绿色，下面粉绿色，两面均无毛，羽状脉，侧脉每边 6 ～ 10 条。伞形花序单生或簇生，每一花序有花 4 ～ 6 朵，先叶开放或与叶同时开放；果近球形，无毛，幼时绿色，成熟时黑色。花期 2 ～ 3 月，果期 7 ～ 8 月。

分　　布：产于广东、广西、福建、台湾、浙江、江苏、安徽、湖南、湖北、江西、贵州、四川、云南、西藏，生于海拔 500 ～ 3200m 向阳的山地、灌丛、疏林或林中路旁、水边。

用途与繁殖方式：花、叶和果皮主要提制柠檬醛的原料，供医药制品和配制香精等用。根、茎、叶和果实均可入药，有祛风散寒、消肿止痛之效。播种、扦插繁殖。

来源与生长情况：原生种，生长良好，能正常开花结果，种子发育良好。

潺槁树 *Litsea glutinosa* (Lour.) C. B. Rob.　　　　　　　　　　　　　　　　**木姜子属**

别　　名：潺槁木姜子

形态特征：常绿小乔木或乔木，高 3 ~ 15m，树皮灰色或灰褐色，内皮有粘质。小枝灰褐色，幼时有灰黄色绒毛，叶互生，倒卵形、倒卵状长圆形或椭圆状披针形，长 6.5 ~ 10cm，宽 5 ~ 11cm，先端钝或圆，基部楔形，钝或近圆，革质，侧脉每边 8 ~ 12 条。伞形花序生于小枝上部叶腋，单生或几个生于短枝上；果球形，果梗长先端略增大。花期 5 ~ 6 月，果期 9 ~ 10 月。

分　　布：广东、广西、福建及云南南部，生于山地林缘、溪旁、疏林或灌丛中，海拔 500 ~ 1900m。

用途与繁殖方式：木材黄褐色，稍坚硬，耐腐，可供家具用材；树皮和木材含胶质，可作粘合剂。播种繁殖。

来源与生长情况：原生种，生长良好，能正常开花结果，种子发育良好。

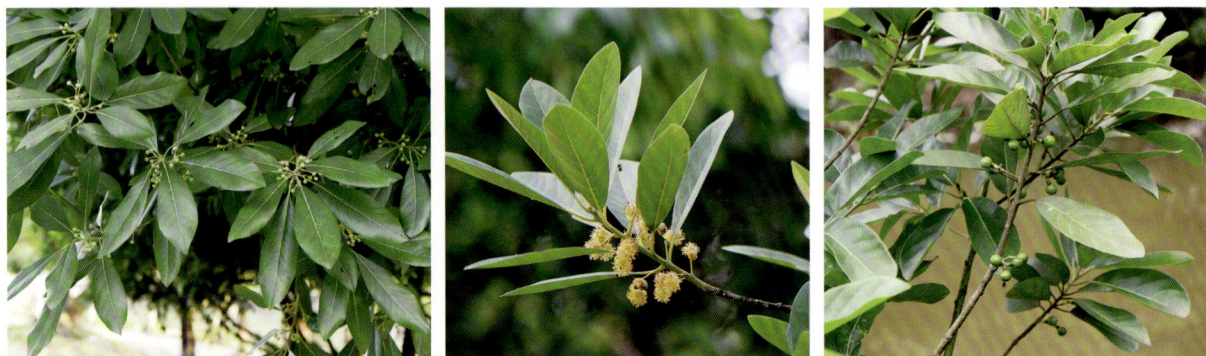

豺皮樟 *Litsea rotundifolia* var. *oblongifolia* (Nees) Allen.　　　　　　　　　**木姜子属**

形态特征：常绿灌木或小乔木，树皮灰色或灰褐色，常有褐色斑块。叶片卵状长圆形，先端钝或短渐尖，基部楔形或钝，薄革质，上面绿色，光亮，无毛，下面粉绿色，无毛。伞形花序常 3 个簇生叶腋，果球形，几无果梗，成熟时灰蓝黑色，花期 8 ~ 9 月，果期 9 ~ 11 月。

分　　布：产于广东、广西、湖南、江西、福建、台湾、浙江，生于海拔 800m 以下的灌木林、疏林或山地路旁。

用途与繁殖方式：叶、果可提芳香油；根、叶可入药。播种繁殖。

来源与生长情况：引进种，生长良好，能正常开花结果。

建润楠 *Machilus oreophila* Hance.   润楠属

别　　名：建楠

形态特征：灌木或乔木，通常高 5 ~ 8m，树皮灰色、褐色或黑褐色。嫩枝、顶芽、嫩叶下面和上面的中脉上被黄棕色绒毛；叶长披针形，长 11.4 ~ 18cm，宽 1.5 ~ 3cm，先端渐尖，基部楔形，薄革质，上面深绿色，无毛，但不光亮，下面带粉绿色，有柔毛，且沿中脉和侧脉较浓密，侧脉每边 8 ~ 10 条。圆锥花序数个，丛生枝梢；果球形，嫩时绿色，熟时紫黑色。花期 3 ~ 4 月，果期 5 ~ 8 月。

分　　布：产于福建、广东、湖南南部、广西、贵州南部，生于山谷林边水旁或河边。

用途与繁殖方式：耐水湿，宜作护岸防堤树种。播种繁殖。

来源与生长情况：引进种，生长良好，能正常开花结果。

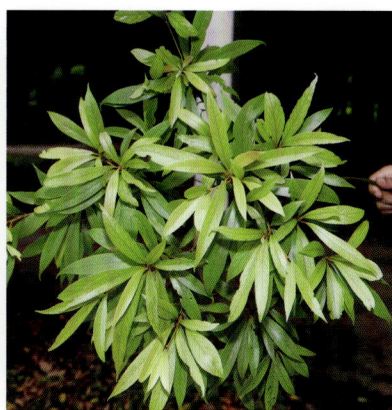

刨花润楠 *Machilus pauhoi* Kaneh.   润楠属

别　　名：刨花楠、刨花

形态特征：草乔木，高 6.5 ~ 20m，树皮灰褐色，有浅裂，叶常集生小枝梢端，椭圆形或狭椭圆形，间或倒披 针形，长 7 ~ 15cm，宽 2 ~ 4cm，先端渐尖或尾状渐尖，尖头稍钝，基部楔形，革质，上面深绿色，无毛，下面浅绿色，嫩时除中脉和侧脉外密被灰黄色贴伏绢毛，老时仍被贴伏小绢毛，侧脉 12 ~ 17 条。聚伞状圆锥花序生当年生枝下部，约与叶近等长。果球形，熟时黑色。花期 4 ~ 5 月，果期 7 ~ 8 月。

分　　布：产于浙江、福建、江西、湖南、广东、广西等省区，生于土壤湿润肥沃的山坡灌丛或山谷疏林中。

用途与繁殖方式：边材易腐，心材较坚实，稍带红色，木材供建筑、家具使用，刨成薄片，叫"刨花"，浸水中可产生粘液，加入石灰水中，用于粉刷墙壁，能增加石灰的粘着力。种子含油脂，为制造腊烛和肥皂的好原料。播种繁殖。

来源与生长情况：引进种，生长良好。

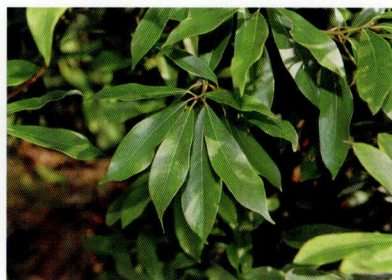

柳叶润楠 *Machilus salicina* Hance. 润楠属

形态特征：灌木，通常3～5m。枝条褐色，有浅棕色纵裂的皮孔，无毛。叶常生于枝条的梢端，线状披针形，长4～12cm，宽约1～2.5cm，先端渐尖，基部渐狭成楔形，革质，上面无毛，但不甚光亮，下面暗粉绿色，无毛，或嫩叶有时有贴伏微柔毛，侧脉纤细，每边约6～8条。聚伞状圆锥花序多数，生于新枝上端，花黄色或淡黄色；果球形，嫩时绿色，熟时紫黑色，果梗红色。花期2～3月，果期4～6月。

分　　布：产于广东、广西、贵州南部、云南南部，常生于低海拔地区的溪畔河边。

用途与繁殖方式：宜作护岸防堤树种。播种繁殖。

来源与生长情况：引进种，生长良好。

绒毛润楠 *Machilus velutina* Champ. ex Benth. 润楠属

形态特征：常绿乔木，高可达18m，枝、芽、叶下面和花序均密被锈色绒毛。叶狭倒卵形、椭圆形或狭卵形，长5～11cm，宽2～5cm，先端渐狭或短渐尖，基部楔形，革质，上面有光泽，中脉上面稍凹下，下面很突起，侧脉每边8～11条。花序单独顶生或数个密集在小枝顶端，近无总梗，分枝多而短，近似团伞花序；花黄绿色。果球形，紫红色。花期10～12月，果期次年2、3月。

分　　布：产于广东、广西、福建、江西、浙江。

用途与繁殖方式：作家具和薪炭等用材。播种繁殖。

来源与生长情况：引进种，生长良好。

滇润楠 *Machilus yunnanensis* Lec. 　　　　　　　　　　　　　　　　　　　　　　**润楠属**

形态特征：乔木，高达 30m，枝条圆柱形，具纵向条纹。叶互生，疏离，倒卵形或倒卵状椭圆形，间或椭圆形，长 7 ~ 9cm，宽 3.5 ~ 4cm，先端短渐尖，尖头钝，基部楔形，两侧有时不对称，革质，上面绿色或黄绿色，光亮，下面淡绿色或粉绿色，侧脉每边 7 ~ 9 条。花序由 1 ~ 3 花的聚伞花序组成，花淡绿色、黄绿色或黄玉白色；果椭圆形，先端具小尖头，熟时黑蓝色，具白粉，无毛，宿存花被裂片不增大，反折。花期 4 ~ 5 月，果期 6 ~ 10 月。

分　　布：产于云南中部、西部至西北部和四川西部，生于山地 1500 ~ 2000m 的山地常绿阔叶林中，喜湿润和土壤肥沃的山坡。

用途与繁殖方式：为建筑、家具的优良用材。播种繁殖。

来源与生长情况：引进种，引自云南，生长良好。

锈叶新木姜 *Neolitsea cambodiana* Lecomte. 　　　　　　　　　　　　　　　　　**新木姜子属**

形态特征：乔木，高 8 ~ 12m，小枝轮生或近轮生，幼时密被锈色绒毛。顶芽卵形，鳞片外面被锈色短柔毛。叶 3 ~ 5 片近轮生，长圆状披针形、长圆状椭圆形或披针形，长 10 ~ 17cm，宽 3.5 ~ 6cm，先端近尾状渐尖或突尖，基部楔形，革质，幼叶两面密被锈色绒毛，后毛渐脱落，羽状脉或近似远离基三出脉，侧脉每边 4 ~ 5 条。伞形花序多个簇生叶腋或枝侧，果球形，果托扁平盘状，边缘常残留有花被片。花期 10 ~ 12 月，果期翌年 7 ~ 8 月。

分　　布：产于福建、江西南部、湖南、广东、广西，生于海拔 1000m 以下的山地混交林中。

用途与繁殖方式：树皮、枝、叶均含粘质，粉碎后作线香粉，胶合力强，尤以树皮为佳，树叶还供药用，民间外敷治疮疥。播种繁殖。

来源与生长情况：引进种，生长良好。

鳄梨 *Persea americana* Mill.　　　　　　　　　　　　　　　　　　　　　　　　　　　　　**鳄梨属**

别　　名：牛油果、油梨

形态特征：常绿乔木，高约10m；树皮灰绿色，纵裂。叶互生，长椭圆形、椭圆形、卵形或倒卵形，长8～20cm，宽5～12cm，先端急尖，基部楔形、急尖至近圆形，革质，上面绿色，下面通常稍苍白色，羽状脉，侧脉每边5～7条。聚伞状圆锥花序，花淡绿带黄色。果大，通常梨形，有时卵形或球形，黄绿色或红棕色，外果皮木栓质，中果皮肉质，可食。花期2～3月，果期8～9月。

分　　布：原产于热带美洲；我国广东、福建、台湾、云南及四川等地都有少量栽培。

用途与繁殖方式：果实为一种营养价值很高的水果，含多种维生素、丰富的脂肪和蛋白质，除作生果食用外也可作菜肴和罐头；果仁含脂肪油，供食用、医药和化妆工业用。播种繁殖。

来源与生长情况：引进种，生长良好，能正常开花结果。

闽楠 *Phoebe bournei* (Hemsl.) Yang.　　　　　　　　　　　　　　　　　　　　　　　　　　**楠属**

国家Ⅱ级重点保护植物

别　　名：兴安楠木、楠木

形态特征：大乔木，高达15～20m，树干通直，分枝少；老的树皮灰白色，新的树皮带黄褐色。小枝有毛或近无毛。叶革质或厚革质，披针形或倒披针形，长7～13cm，宽2～3cm，先端渐尖或长渐尖，基部渐狭或楔形，上面发亮，下面有短柔毛，脉上被伸展长柔毛，侧脉每边10～14条。花序生于新枝中、下部。果椭圆形或长圆形，宿存花被片被毛，紧贴。花期4月，果期10～11月。

分　　布：产于江西、福建、浙江南部、广东、广西北部及东北部、湖南、湖北、贵州东南及东北部。

用途与繁殖方式：木材芳香耐久，淡黄色，有香气，材质致密坚韧，不易反翘开裂，加工容易，削面光滑，纹理美观，为上等建筑家具，见于古老的建筑中。播种繁殖。

肉豆蔻科 Myristicaceae

风吹楠 *Horsfieldia glabra* (Bl.) Warb.　　　　　　　　　　　　　　　　　　风吹楠属

别　　名：霍而飞

形态特征：乔木，高 10 ～ 25m，树皮灰白色；分枝平展，稀下垂，小枝褐色，从开始近无毛，具淡褐色卵形皮孔。叶坚纸质，椭圆状披针形或长圆状椭圆形，长 12 ～ 18cm，宽 3.5 ～ 5.5cm，先端急尖或渐尖，基部楔形，两面无毛；侧脉 8 ～ 12 对。雄花序腋生或从落叶腋生出，圆锥状，果成熟时卵圆形至椭圆形，橙黄色，先端具短喙，基部有时下延成短柄。花期 8 ～ 10 月，果期 3 ～ 5 月。

分　　布：产于云南、广东、广西西南部。生于海拔 140 ～ 1200m 的平坝疏林或山坡、沟谷的密林中。

用途与繁殖方式：种仁有提黏降凝作用，制作工业用油；树形高大浓绿，遮阳效果良好，可做"四旁"绿化树种。播种繁殖。

来源与生长情况：引进种，生长良好，能正常开花结果。

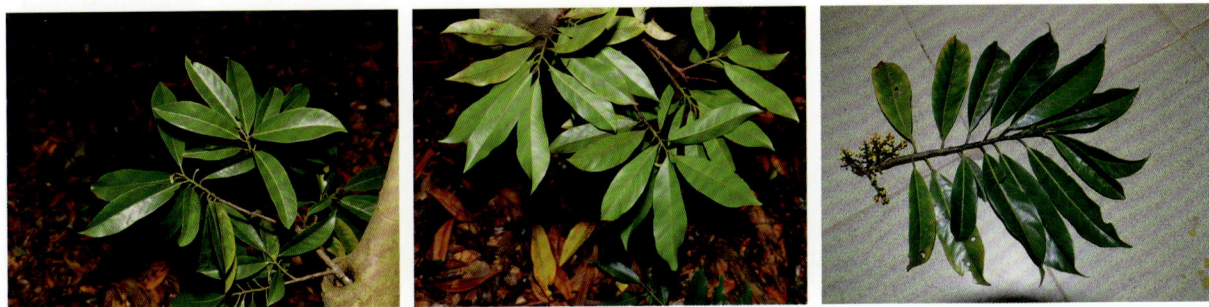

大叶风吹楠 *Horsfieldia kingii* (Hook. f.) Warb.　　　　　　　　　　　　　　　风吹楠属

国家Ⅱ级重点保护植物

别　　名：海南风吹楠

形态特征：乔木，高 6 ～ 10m，叶坚纸质，倒卵形或长圆状倒披针形，长 28 ～ 55cm，宽 15 ～ 22cm，先端锐尖，有时钝，基部渐狭，成宽楔形，除有时中肋被微柔毛外，其余两面无毛；侧脉 14 ～ 18 对。雄花序腋生或通常从落叶腋生出，雌花序短，多分枝，花近球形，比雄花大，不密集；果长圆形，两端渐狭，盘状花被裂片肥厚，宿存，围绕在果的基部。果期 10 ～ 12 月。

分　　布：产于云南盈江、瑞丽、龙陵、沧源、景洪等地，生于海拔 800 ～ 1200m 的沟谷密林中。

用途与繁殖方式：树形高大浓绿，遮阳效果良好，可做园林绿化树种。播种繁殖。

来源与生长情况：引进种，生长良好，能正常开花结果。

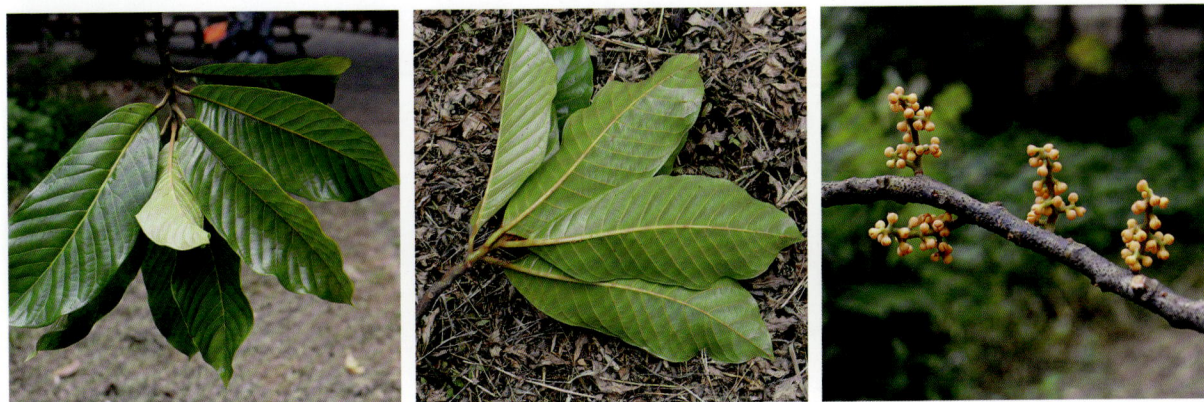

云南肉豆蔻 *Myristica yunnanensis* Y. H. Li.　　　　　　　　　　　　　　　　肉豆蔻属

形态特征：乔木，高 15～30m，树干基部有少量气根，树皮灰褐色，叶坚纸质，圆状披针形或长圆状倒披针形，长 30～38cm，宽 8～14cm，先端短渐尖，基部楔形、宽楔形至近圆形，表面暗绿色，具光泽，无毛，背面锈褐色，密被锈色树枝状毛，侧脉在 20 对以上。雄花序腋生或从落叶腋生出，2 歧或 3 歧式假伞形排列，雌花未见。果序通常着生于叶腋或落叶腋部，基部具明显的叶痕，果椭圆形，具小突尖，基部具环状花被痕。花期 9～12 月，果期 3～6 月。

分　　布：产于云南南部，生于海拔 540～600m 的山坡或沟谷斜坡的密林中。

用途与繁殖方式：树姿优美，可作为造林树种及四旁绿化树种。播种繁殖。

来源与生长情况：引进种，生长良好。

睡莲科 Nymphaeaceae

莲 *Nelumbo nucifera* Gaertn.　　　　　　　　　　　　　　　　　　　　　　莲属

形态特征：多年生水生草本，根状茎横生，肥厚，节间膨大，内有多数纵行通气孔道，节部缢缩。叶圆形，盾状，直径 25～90cm，全缘稍呈波状，上面光滑，具白粉，下面叶脉从中央射出，有 1～2 次叉状分枝；叶柄粗壮，圆柱形，中空，外面散生小刺。花梗和叶柄等长或稍长，也散生小刺；花美丽芳香，花瓣红色、粉红色或白色，矩圆状椭圆形至倒卵形；坚果椭圆形或卵形，果皮革质，坚硬，熟时黑褐色。花期 6～8 月，果期 8～10 月。

分　　布：产于我国南北各省。自生或栽培在池塘或水田内。

用途与繁殖方式：根状茎（藕）作蔬菜或提制淀粉（藕粉）；种子供食用；叶、叶柄、花托、花、雄蕊、果实、种子及根状茎均作药用；叶作包装材料。播种、分藕繁殖。

来源与生长情况：引进种，生长良好，能正常开花结果。

睡莲 *Nymphaea tetragona* Georgi   **睡莲属**

形态特征: 多年水生草本，根状茎短粗；叶纸质，心状卵形或卵状椭圆形，长 5 ~ 12cm，宽 3.5 ~ 9cm，基部具深弯缺，约占叶片全长的 1/3，裂片急尖，稍开展或几重合，全缘，上面光亮，下面带红色或紫色，两面皆无毛，具小点。花瓣白色，宽披针形、长圆形或倒卵形。浆果球形，为宿存萼片包裹，种子椭圆形，黑色。花期 6 ~ 8 月，果期 8 ~ 10 月。

分　　布: 在我国广泛分布，生在池沼中。

用途与繁殖方式: 根状茎含淀粉，供食用或酿酒，花色艳丽，可做园林观赏用。分株、播种繁殖。

来源与生长情况: 引进种，生长良好，能正常开花。

小檗科 Berberidaceae

南天竹 *Nandina domestica* Thunb.   **南天竹属**

形态特征: 常绿小灌木，茎常丛生而少分枝，高 1 ~ 3m，幼枝常为红色，老后呈灰色。叶互生，集生于茎的上部，三回羽状复叶；二至三回羽片对生，小叶薄革质，椭圆形或椭圆状披针形，长 2 ~ 10cm，宽 0.5 ~ 2cm，顶端渐尖，基部楔形，全缘，上面深绿色，冬季变红色。圆锥花序直立，花小，白色，具芳香，浆果球形，熟时鲜红色，稀橙红色。花期 3 ~ 6 月，果期 5 ~ 11 月。

分　　布: 产于福建、浙江、山东、江苏、江西、安徽、湖南、湖北、广西、广东、四川、云南、贵州、陕西、河南，生于海拔 1200m 以下的山地林下沟旁、路边或灌丛中。

用途与繁殖方式: 根、叶具有强筋活络，消炎解毒之效，果为镇咳药；各地庭园常有栽培，为优良观赏植物。播种、分株繁殖。

来源与生长情况: 引进种，生长良好，能正常开花结果。

防己科 Menispermaceae

樟叶木防己 *Cocculus laurifolius* DC.　　　　　　　　　　　　　　　　　　木防己属

形态特征：直立灌木或小乔木，很少呈藤状，高通常 1 ~ 5m；叶薄革质，椭圆形、卵形或长椭圆形至披针状长椭圆形，较少倒披针形，长 4 ~ 15cm，宽 1.5 ~ 5cm 左右，顶端渐尖，基部楔形或短尖，两面无毛，光亮；掌状脉 3 条。聚伞花序或聚伞圆锥花序，腋生，核果近圆球形，稍扁，果核骨质，背部有不规则的小横肋状皱纹。花期春、夏，果期秋季。

分　　布：产于我国南部各省、区，北至湖南西南部、贵州南部和西藏吉隆。生于灌丛或疏林中。

用途与繁殖方式：根供药用；树形优美，可做园林观赏植物。播种繁殖。

来源与生长情况：引进种，生长良好，能正常开花。

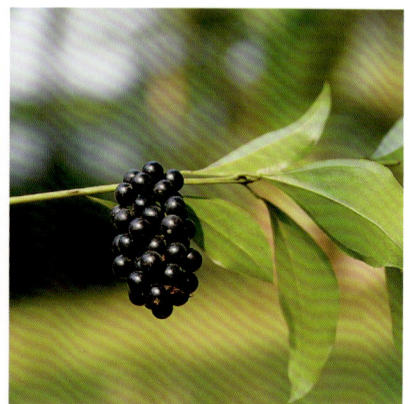

粪箕笃 *Stephania longa* Lour.　　　　　　　　　　　　　　　　　　　　　千金藤属

形态特征：草质藤本，除花序外全株无毛，枝纤细，有条纹。叶纸质，三角状卵形，长 3 ~ 9cm，宽 2 ~ 6cm，顶端钝，有小凸尖；基部近截平或微圆，很少微凹；上面深绿色，下面淡绿色，有时粉绿色；掌状脉 10 ~ 11 条。复伞形聚伞花序腋生，花瓣绿黄色，通常近圆形；核果红色，果核背部有 2 行小横肋，每行约 9 ~ 10 条，小横肋中段稍低平，胎座迹穿孔。花期春末夏初，果期秋季。

分　　布：产于云南东南部、广西、广东、海南、福建和台湾，生于灌丛或林缘。

用途与繁殖方式：可做药用植物。播种繁殖。

来源与生长情况：原生种，生长良好，能正常开花结果，种子发育良好。

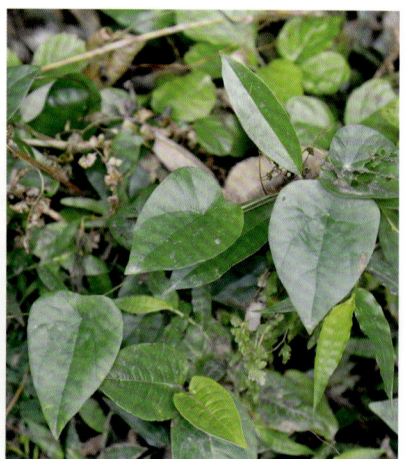

马兜铃科 Aristolochiaceae

耳叶马兜铃 *Aristolochia tagala* Champ.　　　　　　　　　　　　　　　马兜铃属

形态特征： 草质藤本，根圆柱形，其间有时具缢纹，外皮灰褐色，茎无毛，干后有明显浅槽纹。叶纸质，卵状心形或长圆状卵形，长 8 ~ 12cm，宽 4 ~ 14cm，顶端短尖或短渐尖，基部深心形，两侧裂片近圆形，下垂，边全缘，两面无毛；基出脉 5 条，侧脉每边约 3 条。总状花序，腋生。蒴果倒卵状球形至长圆状倒卵形，具平行纵棱，近基部收狭，成熟时褐色，由基部向上 6 瓣开裂。花期 5 ~ 8 月，果期 10 ~ 12 月。

分　　布： 产于台湾、广东、广西、云南。生于海拔 60 ~ 2000m 阔叶林中。

用途与繁殖方式： 根和种子入药，根味微苦、辛，性凉；有清热解毒之效。播种繁殖。

来源与生长情况： 引进种，生长良好。

胡椒科 Piperaceae

假蒟 *Piper sarmentosum* Roxb.　　　　　　　　　　　　　　　　　　胡椒属

别　　名： 假蒌

形态特征： 多年生、匍匐、逐节生根草本，小枝近直立，无毛或幼时被极细的粉状短柔毛。叶近膜质，有细腺点，下部的阔卵形或近圆形，长 7 ~ 14cm，6 ~ 13cm，顶端短尖，基部心形或稀有截平，两侧近相等，腹面无毛，背面沿脉上被极细的粉状短柔毛；叶脉 7 条。花单性，雌雄异株，聚集成与叶对生的穗状花序，浆果近球形，具 4 角棱，无毛，基部嵌生于花序轴中并与其合生。花期 4 ~ 11 月。

分　　布： 产于福建、广东、广西、云南、贵州及西藏（墨脱）各省区。生于林下或村旁湿地上。

用途与繁殖方式： 药用，根治风湿骨痛、跌打损伤、风寒咳嗽、妊娠和产后水肿；果序治牙痛、胃痛、腹胀、食欲不振等。播种、块茎繁殖。

来源与生长情况： 原生种，生长良好，能正常开花。

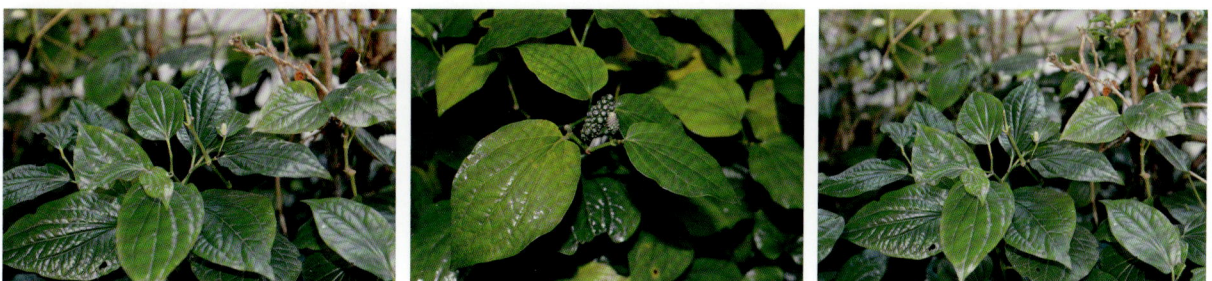

三白草科 Saururaceae

鱼腥草 *Houttuynia cordata* Thunb.　　　　　　　　　　　　　　　　　　　　　　　　**蕺菜属**

形态特征：腥臭草本，高30～60cm。茎下部伏地，节上轮生小根，上部直立，无毛或节上被毛，有时带紫红色。叶薄纸质，有腺点，背面尤甚，卵形或阔卵形，长4～10cm，宽2.5～6cm，顶端短渐尖，基部心形，两面有时除叶脉被毛外余均无毛，背面常呈紫红色，叶脉5～7条。花序总苞片长圆形或倒卵形，顶端钝圆，雄蕊长于子房。蒴果顶端有宿存的花柱。花期4～7月。

分　　布：产于我国中部、东南至西南部各省区，东起台湾，西南至云南、西藏，北达陕西、甘肃。生于沟边、溪边或林下湿地上。

用途与繁殖方式：全株入药，有清热、解毒、利水之效，治肠炎、痢疾、肾炎水肿及乳腺炎、中耳炎等；嫩根茎可食，我国西南地区人民常作蔬菜或调味品。扦插繁殖。

来源与生长情况：原生种，生长良好，能正常开花。

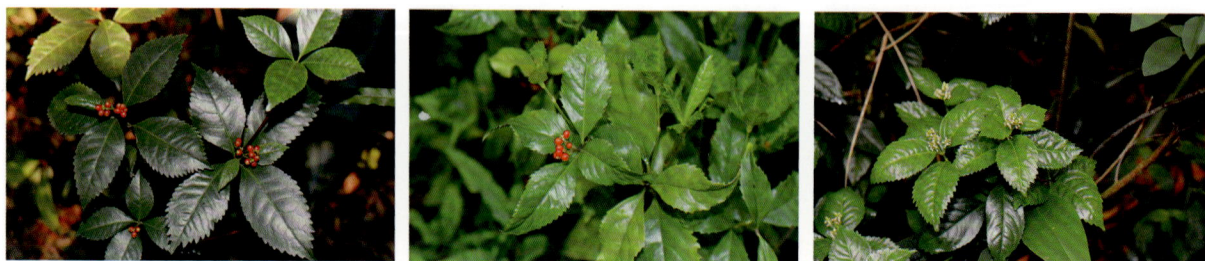

金粟兰科 Chloranthaceae

草珊瑚 *Sarcandra glabra* (Thunb.) Nakai　　　　　　　　　　　　　　　　　　　　　　**草珊瑚属**

别　　名：九节风

形态特征：常绿半灌木，高50～120cm，茎与枝均有膨大的节。叶革质，椭圆形、卵形至卵状披针形，长6～17cm，宽2～6cm，顶端渐尖，基部尖或楔形，边缘具粗锐锯齿，齿尖有一腺体，两面均无毛；叶柄基部合生成鞘状。穗状花序顶生，通常分枝，多少成圆锥花序状，花黄绿色，核果球形，熟时亮红色。花期6月，果期8～10月。

分　　布：产于安徽、浙江、江西、福建、台湾、广东、广西、湖南、四川、贵州和云南。生于山坡、沟谷林下阴湿处，海拔420～1500m。

用途与繁殖方式：全株供药用，能清热解毒、祛风活血、消肿止痛、抗菌消炎。主治流行性感冒、流行性乙型脑炎、肺炎等。扦插、播种、分株繁殖。

来源与生长情况：原生种，生长良好。

白花菜科 Capparidaceaea

鱼木 *Crateva formosensis* (Jacobs) B. S. Sun 鱼木属

形态特征：灌木或乔木，高 2 ～ 20m，小枝与节间长度平均数均较其他种为大，有稍栓质化的纵皱肋纹。小叶干后淡灰绿色至淡褐绿色，质地薄而坚实，不易破碎，两面稍异色，侧生小叶基部两侧很不对称，花枝上的小叶长 10 ～ 11.5cm，宽 3.5 ～ 5cm，顶端渐尖至长渐尖，有急尖的尖头，侧脉纤细，4 ～ 6 对。花序顶生，有花 10 ～ 15 朵，果球形至椭圆形，红色。花期 6 ～ 7 月，果期 10 ～ 11 月。

分　　布：产于台湾、广东北部、广西东北部、四川，生于海拔 400m 以下的沟谷或平地、低山水旁或石山密林中。

用途与繁殖方式：树形美观，花姿美丽，盛花时节犹如群蝶纷飞，适合观赏；木材可作乐器和细工用材；果含生物碱，可作胶粘剂，果皮可作染料。播种繁殖。

来源与生长情况：引进种，生长良好，能正常开花结果。

辣木科 Moringaceae

辣木 *Moringa oleifera* Lam. 辣木属

形态特征：乔木，高 3 ～ 12m；树皮软木质；枝有明显的皮孔及叶痕，根有辛辣味。叶通常为 3 回羽状复叶，在羽片的基部具线形或棍棒状稍弯的腺体；腺体多数脱落，羽片 4 ～ 6 对；小叶 3 ～ 9 片，薄纸质，卵形，椭圆形或长圆形，长 1 ～ 2cm，宽 0.5 ～ 1.2cm，通常顶端的 1 片较大，叶背苍白色，无毛，叶脉不明显。花序广展，花具梗，白色，芳香；蒴果细长，下垂，3 瓣裂，每瓣有肋纹 3 条。花期全年，果期 6 ～ 12 月。

分　　布：原产于印度，现广植于各热带地区；我国广东、台湾等地有栽培，常种植在村旁、园地。

用途与繁殖方式：通常栽培供观赏；根、叶和嫩果有时亦作食用。播种繁殖。

来源与生长情况：引进种，生长良好，能正常开花。

马齿苋科 Portulacaceae

土人参 *Talinum paniculatum* (Jacq.) Gaertn.   土人参属

形态特征：一年生或多年生草本，全株无毛，高 30 ~ 100cm；主根粗壮，圆锥形，茎直立，肉质，基部近木质，多少分枝，圆柱形。叶互生或近对生，具短柄或近无柄，叶片稍肉质，倒卵形或倒卵状长椭圆形，长 5 ~ 10cm，宽 2.5 ~ 5cm，顶端急尖，有时微凹，具短尖头，基部狭楔形，全缘。圆锥花序顶生或腋生，较大形，常二叉状分枝，花瓣粉红色或淡紫红色。蒴果近球形，3 瓣裂，坚纸质。花期 6 ~ 8 月，果期 9 ~ 11 月。

分　　布：原产热带美洲。我国中部和南部均有栽植，有的逸为野生，生于阴湿地。

用途与繁殖方式：根为滋补强壮药，补中益气，润肺生津；叶消肿解毒，治疗疮疖肿。播种、扦插繁殖。

来源与生长情况：原生种，生长良好，能正常开花结果，种子发育良好。

落葵科 Basellaceae

落葵 *Basella alba* L.   落葵属

别　　名：藤菜、木耳菜

形态特征：一年生缠绕草本。茎长可达数 m，无毛，肉质，绿色或略带紫红色。叶片卵形或近圆形，长 3 ~ 9cm，宽 2 ~ 8cm，顶端渐尖，基部微心形或圆形，下延成柄，全缘，背面叶脉微凸起；叶柄上有凹槽。穗状花序腋生，花被片淡红色或淡紫色，果实球形，红色至深红色或黑色，多汁液，外包宿存小苞片及花被。花期 5 ~ 9 月，果期 7 ~ 10 月。

分　　布：原产亚洲热带地区。我国南北各地多有种植，南方有逸为野生的。

用途与繁殖方式：叶含有多种维生素和钙、铁，栽培作蔬菜，也可观赏；果汁可作无害的食品着色剂。播种、扦插繁殖。

来源与生长情况：引进种，生长良好，能正常开花结果，种子发育良好。

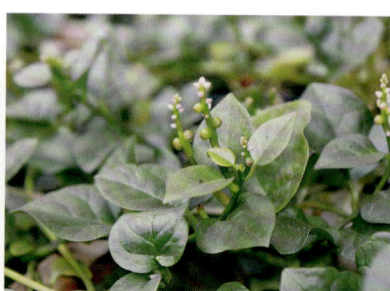

落葵薯 *Anredera cordifolia* (Tenore) Steenis   **落葵薯属**

别　　名：藤三七、藤七

形态特征：缠绕藤本，长可达数 m。根状茎粗壮。叶具短柄，叶片卵形至近圆形，长 2 ~ 6cm，宽 1.5 ~ 5.5cm，顶端急尖，基部圆形或心形，稍肉质，腋生小块茎（珠芽）。总状花序具多花，花序轴纤细，下垂，花被片白色，渐变黑，开花时张开，果实、种子未见。花期 6 ~ 10 月。

分　　布：原产南美热带地区。我国江苏、浙江、福建、广东、四川、云南及北京有栽培。

用途与繁殖方式：珠芽、叶及根供药用，有滋补、壮腰膝、消肿散瘀的功效；叶拔疮毒。块茎繁殖。

来源与生长情况：引进种，生长良好，能正常开花。

酢浆草科 Oxalidaceae

阳桃 *Averrhoa carambola* Linn.   **阳桃属**

形态特征：乔木，高达 15m，直立，树皮深褐色；奇数羽状复叶，小叶 2 ~ 5 对，互生或近对生，小叶片卵形至椭圆形，长 3 ~ 8cm，宽 2 ~ 3.5cm，先端渐尖，基部宽楔形或平截，两侧不对称，叶面绿色，无毛，背面灰白色，被微柔毛，全缘。圆锥状聚伞花序被柔毛，花瓣紫红色至白色，倒披针状长圆形。浆果轮廓长圆形或椭圆形，通常 5 棱，横切面呈星状，生时绿色，成熟时为腊黄绿色。花期 3 ~ 8 月，果期 6 ~ 12 月。

分　　布：福建、台湾、广东、广西有分布，现热带地区已广泛栽培。

用途与繁殖方式：果实多汁，为南方优良佳果之一；果可药用，能生津止渴、治风热；叶有利尿、散热毒止痛、止血的功效。嫁接、压条、实生、圈枝繁殖。

来源与生长情况：引进种，生长良好，能正常开花结果，种子发育良好。

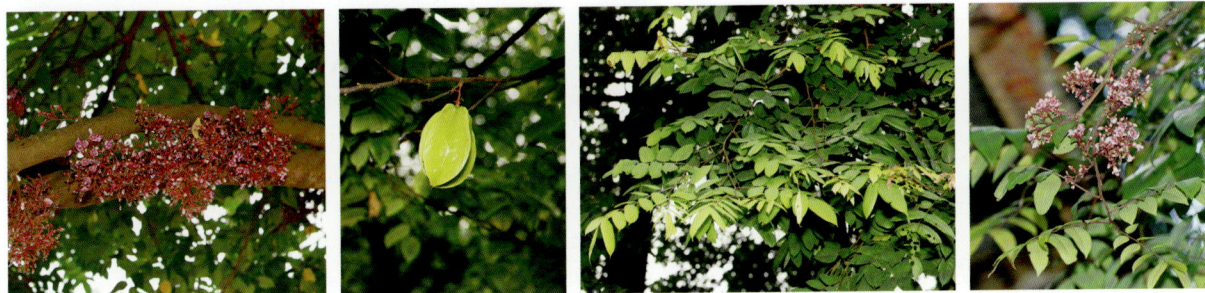

红花酢浆草 *Oxalis corymbosa* DC.　　　　　　　　　　　　　　　　　　　**酢浆草属**

形态特征：多年生直立草本。无地上茎，地下部分有球状鳞茎；叶基生；叶柄长 5 ~ 30cm 或更长，被毛；小叶 3，扁圆状倒心形，长 1 ~ 4cm，宽 1.5 ~ 6cm，顶端凹入，两侧角圆形，基部宽楔形，表面绿色，被毛或近无毛；背面浅绿色，通常两面或有时仅边缘有干后呈棕黑色的小腺体，背面尤甚并被疏毛。总花梗基生，二歧聚伞花序，通常排列成伞形花序式，花瓣 5，倒心形，淡紫色至紫红色，基部颜色较深。花、果期 3 ~ 12 月。

分　　布：原产南美热带地区，中国长江以北各地作为观赏植物引入，南方各地已逸为野生；生于低海拔的山地、路旁、荒地或水田中。

用途与繁殖方式：全草入药，治跌打损伤、赤白痢，止血。分株、球茎繁殖。

来源与生长情况：原生种，生长良好，能正常开花。

千屈菜科 Lythraceae

萼距花 *Cuphea hookeriana* Walp.　　　　　　　　　　　　　　　　　　　**萼距花属**

别　　名：紫雪茄花、紫花满天星

形态特征：灌木或亚灌木状，高 30 ~ 70cm，直立，分枝细，密被短柔毛。叶薄革质，披针形或卵状披针形，稀矩圆形，顶部的线状披针形，长 2 ~ 4cm，宽 5 ~ 15mm，顶端长渐尖，基部圆形至阔楔形，下延至叶柄，幼时两面被贴伏短粗毛，后渐脱落而粗糙，侧脉约 4 对。花单生于叶柄之间或近腋生，组成少花的总状花序，花瓣深紫色，波状，具爪，子房矩圆形，果未见，全年开花。

分　　布：原产墨西哥，长江流域以南作为观赏植物引入。

用途与繁殖方式：园林观赏。播种、扦插繁殖。

来源与生长情况：引进种，生长良好。

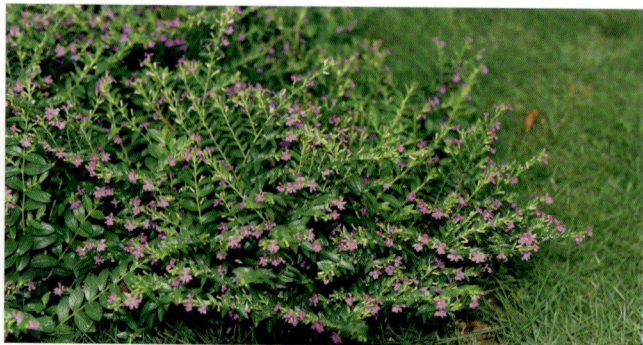

紫薇 *Lagerstroemia indica* Linn.　　　　　　　　　　　　　　　　　　　紫薇属

别　　名： 痒痒树、剥皮树、小叶紫薇

形态特征： 落叶灌木或小乔木，高可达 7m；树皮平滑，灰色或灰褐色，枝干多扭曲，小枝纤细，具 4 棱。叶互生或有时对生，纸质，椭圆形、阔矩圆形或倒卵形，长 2.5 ~ 7cm，宽 1.5 ~ 4cm，顶端短尖或钝形，有时微凹，基部阔楔形或近圆形，侧脉 3 ~ 7 对。花淡红色或紫色、白色，常组成顶生圆锥花序。蒴果椭圆状球形或阔椭圆形,成熟时或干燥时呈紫黑色,室背开裂。花期 6 ~ 9 月，果期 9 ~ 12 月。

分　　布： 原产亚洲，我国黄河流域以南各省均有生长或栽培，半阴生，喜生于肥沃湿润的土壤上，也能耐旱，不论钙质土或酸性土都生长良好。

用途与繁殖方式： 花色鲜艳美丽，花期长，寿命长，现热带地区已广泛栽培为庭园观赏树，有时亦作盆景。播种、扦插、压条、嫁接、分株繁殖。

来源与生长情况： 引进种，生长良好，能正常开花结果。

大花紫薇 *Lagerstroemia speciosa* (Linn.) Pers.　　　　　　　　　　　　　　紫薇属

形态特征： 大乔木，高可达 25m，树皮灰色，平滑；小柱圆柱形，无毛或微被糠批状毛。叶革质，矩圆状椭圆形或卵状椭圆形，稀披针形，甚大，长 10 ~ 25cm，宽 6 ~ 12cm，顶端钝形或短尖，基部阔楔形至圆形，两面均无毛，侧脉 9 ~ 17 对。花淡红色或紫色，顶生圆锥花序长 15 ~ 25cm，蒴果球形至倒卵状矩圆形，褐灰色，6 裂。花期 5 ~ 7 月，果期 10 ~ 11 月。

分　　布： 分布于斯里兰卡、印度、马来西亚、越南及菲律宾；广东、广西及福建有栽培。

用途与繁殖方式： 花大，美丽，常栽培庭园供观赏；播种、压条繁殖。

石榴科 Punicaceae

石榴 *Punica granatum* L.   石榴属

形态特征：落叶灌木或乔木，高通常 3 ~ 5m，稀达 IOm，枝顶常成尖锐长刺，幼枝具棱角，无毛，老枝近圆柱形。叶通常对生，纸质，矩圆状披针形，长 2 ~ 9cm，顶端短尖、钝尖或微凹，基部短尖尖至稍钝形，上面光亮，侧脉稍细密；叶柄短。花大，1 ~ 5 朵生枝顶，萼筒通常红色或淡黄色，花瓣通常大，红色、黄色或白色。浆果近球形，通常为淡黄褐色或淡黄绿色，有时白色，肉质的外种皮供食用。

分　　布：原产巴尔干半岛至伊朗及其邻近地区，全世界的温带和热带都有种植。

用途与繁殖方式：果皮入药，称石榴皮，味酸涩，性温，功能涩肠止血，治慢性下痢及肠痔出血等症；叶翠绿，花大而鲜艳，公园和风景区也常有种植以美化环境。扦插、压条繁殖。

来源与生长情况：引进种，生长良好，能正常开花结果。

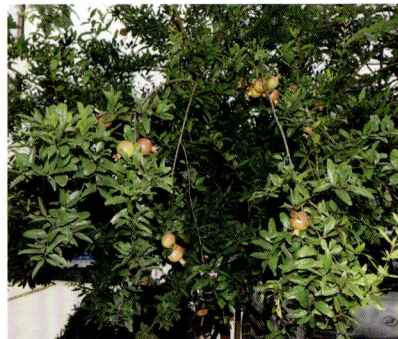

瑞香科 Thymelaeaceae

土沉香 *Aquilaria sinensis* (Lour.) Spreng.   沉香属

国家 II 级重点保护植物

别　　名：白木香

形态特征：乔木，高 5 ~ 15m，树皮暗灰色，几平滑，纤维坚韧；小枝圆柱形，幼时被疏柔毛，后逐渐脱落。叶革质，圆形、椭圆形至长圆形，有时近倒卵形，长 5 ~ 9cm，宽 2.8 ~ 6cm，先端锐尖或急尖而具短尖头，基部宽楔形，上面暗绿色或紫绿色，光亮，下面淡绿色，两面均无毛，侧脉每边15 ~ 20。花芳香，黄绿色，多朵，组成伞形花序，蒴果果梗短，卵球形，幼时绿色。花期春夏，果期夏秋。

分　　布：产于广东、海南、广西、福建，生于低海拔的山地、丘陵以及路边阳处疏林中。

用途与繁殖方式：老茎受伤后所积得的树脂，俗称沉香，可作香料原料，并为治胃病特效药。播种繁殖。

来源与生长情况：引进种，生长良好，能正常开花结果，种子发育良好。

了哥王 *Wikstroemia indica* (L.) C. A. Mey.   **荛花属**

形态特征：灌木，高 0.5～2m，小枝红褐色，无毛。叶对生，纸质至近革质，倒卵形、椭圆状长圆形或披针形，长 2～5cm，宽 0.5～1.5cm，先端钝或急尖，基部阔楔形或窄楔形，干时棕红色，无毛，侧脉细密，极倾斜。花黄绿色，数朵组成顶生头状总状花序；果椭圆形，成熟时红色至暗紫色。花果期夏秋间。

分　　布：产于广东、海南、广西、福建、台湾、湖南、四川、贵州、云南、浙江等省区，喜生于海拔 1500m 以下地区的开旷林下或石山上。

用途与繁殖方式：全株有毒，可药用；茎皮纤维可作造纸原料。播种繁殖。

来源与生长情况：原生种，生长良好，能正常开花结果。

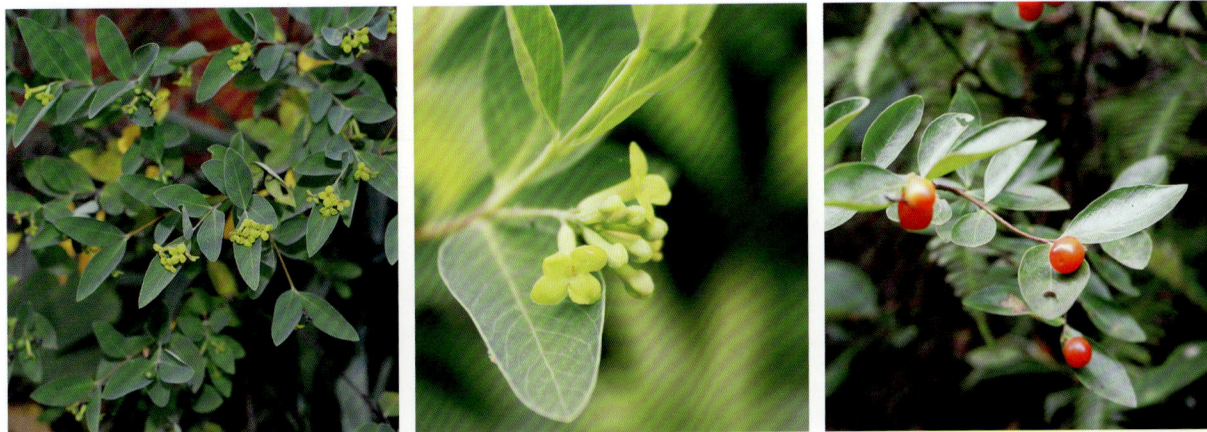

紫茉莉科 Nyctaginaceaee

三角花 *Bougainvillea glabra* Choisy   **叶子花属**

别　　名：宝巾花、光叶子花、三角梅

形态特征：藤状灌木，茎粗壮，枝下垂，无毛或疏生柔毛，刺腋生。叶片纸质，卵形或卵状披针形，长 5～13cm，宽 3～6cm，顶端急尖或渐尖，基部圆形或宽楔形，上面无毛，下面被微柔毛。花顶生枝端的 3 个苞片内，每个苞片上生一朵花，苞片叶状，紫色、洋红色或白色。花期冬春间，北方温室栽培 3～7 月开花。

分　　布：原产于巴西，中国南方栽植于庭院、公园，北方栽培于温室。

用途与繁殖方式：苞片大，色彩鲜艳如花，且持续时间长，宜庭园种植或盆栽观赏；南方栽植于庭院、公园，北方栽培于温室，是美丽的观赏植物。扦插繁殖。

来源与生长情况：引进种，生长良好，能正常开花。

山龙眼科 Proteaceae

红花银桦 *Grevillea banksii* R. Br.   银桦属

形态特征：常绿小乔木，树高可达 5m，叶互生，一回羽状裂叶，小叶线形，叶背密生白色毛茸。总状花序，顶生，花色橙红至鲜红色。蓇葖果歪卵形，扁平，熟果呈褐色。盛花期为 11 月～翌年 5 月。

分　　布：原产澳大利亚东部。现广泛种植于世界热带、暖亚热带地区。我国南部、西南部地区有栽培。

用途与繁殖方式：花、叶均美观，是景观效果出众，抗污能力较强的树种。播种繁殖。

来源与生长情况：引进种，生长良好，能正常开花结果。

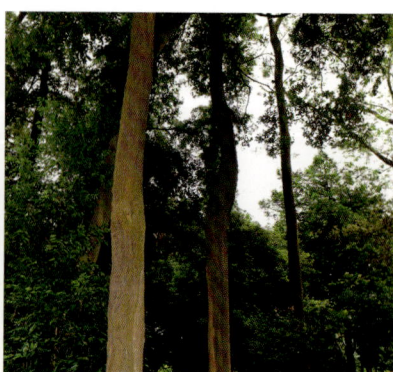

银桦 *Grevillea robusta* A. Cunn. ex R. Br.   银桦属

形态特征：乔木，高 10 ～ 25m；树皮暗灰色或暗褐色，具浅皱纵裂；嫩枝被锈色绒毛。叶长 15 ～ 30cm，二次羽状深裂，裂片 7 ～ 15 对，上面无毛或具稀疏丝状绢毛，下面被褐色绒毛和银灰色绢状毛，边缘背卷；叶柄被绒毛。总状花序，腋生，或排成少分枝的顶生圆锥花序，花橙色或黄褐色，果卵状椭圆形，稍偏斜，果皮革质，黑色，宿存花柱弯。花期 3 ～ 5 月，果期 6 ～ 8 月。

分　　布：原产于澳大利亚东部，云南、四川西南部、广西、广东、福建、江西南部、浙江、台湾等省区有栽培，常作行道树或风景树。

用途与繁殖方式：树形优美，栽培作行道树或风景树；木材呈淡红色或深红色，具光泽，富弹性，适于做家具用。播种繁殖。

来源与生长情况：引进种，生长良好，能正常开花结果。

越南山龙眼 *Helicia cochinchinensis* Lour.　　　　　　　　　　　　　　　**山龙眼属**

别　　名：小果山龙眼

形态特征：乔木或灌木，高 4 ~ 20m，树皮灰褐色或暗褐色，枝和叶均无毛。叶薄革质或纸质，长圆形、倒卵状椭圆形、长椭圆形或披针形，长 5 ~ 12cm，宽 2.5 ~ 4cm，顶端短渐尖，尖头或钝，基部楔形，稍下延，全缘或上半部叶缘具疏生浅锯齿；侧脉 6 ~ 7 对。总状花序，腋生，花白色或淡黄色，果椭圆状，果皮干后薄革质，蓝黑色或黑色。花期 6 ~ 10 月，果期 11 月~翌年 3 月。

分　　布：产于云南、四川、广西、广东、湖南、湖北、江西、福建、浙江、台湾，生于海拔 20 ~ 800m 丘陵或山地湿润常绿阔叶林中。

用途与繁殖方式：木材坚韧，适宜做小农具；果实营养丰富，除鲜食外，还可制成罐头、酒、膏、酱等。播种繁殖。

来源与生长情况：引进种，生长良好。

网脉山龙眼 *Helicia reticulata* W. T. Wang.　　　　　　　　　　　　　　**山龙眼属**

形态特征：乔木或灌木，高 3 ~ 10m，树皮灰色，芽被褐色或锈色短毛，小枝和成长叶均无毛。叶革质或近革质，长圆形、卵状长圆形、倒卵形或倒披针形，长 7 ~ 27cm，宽 3 ~ 10cm，顶端短渐尖、急尖或钝，基部楔形，边缘具疏生锯齿或细齿，中脉和 6 ~ 10 对。总状花序腋生，花被管白色或浅黄色。果椭圆状，顶端具短尖，果皮干后革质，黑色。花期 5 ~ 7 月，果期 10 ~ 12 月。

分　　布：产于云南东南部、贵州、广西、广东、湖南南部、江西、福建南部，生于海拔 300 ~ 1500m 山地湿润常绿阔叶林中。

用途与繁殖方式：木材可做农具；种子煮熟，经漂浸 1 ~ 2 天后，可食用；蜜源植物。播种繁殖。

来源与生长情况：引进种，生长良好，能正常开花结果。

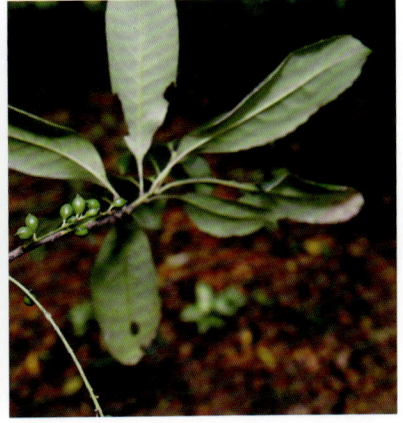

调羹树 *Heliciopsis lobata* (Merr.) Sleumer.　　　　　　　　　　　　　　**假山龙眼属**

形态特征：乔木，高 15 ~ 20m，幼枝、叶被紧贴锈色绒毛。叶二形，革质，全缘叶长圆形，长 10 ~ 25cm，宽 5 ~ 7cm，顶端短渐尖，基部楔形，网脉明显；分裂叶轮廓近椭圆形，长 20 ~ 60cm，宽 20 ~ 40cm，通常具 2 ~ 8 对羽状深裂片，有时为 3 裂叶。花序生于小枝已落叶腋部，花被管淡黄色，果椭圆状或卵状椭圆形，两侧稍扁。花期 5 ~ 7 月，果期 11 ~ 12 月。

分　　布：产于广东海南岛中部和南部，生于海拔 50 ~ 750m 山地、山谷、溪畔热带湿润阔叶林中。

用途与繁殖方式：适宜做家具等；种子煮熟，并经漂浸后，可食用。播种繁殖。

来源与生长情况：引进种，生长良好。

澳洲坚果 *Macadamia integrifolia* F. Muell.　　　　　　　　　　　　　　**澳洲坚果属**

别　　名：夏威夷果

形态特征：乔木，高 5 ~ 15m，叶革质，通常 3 枚轮生或近对生，长圆形至倒披针形，长 5 ~ 15cm，宽 2 ~ 3cm，顶端急尖至圆钝，有时微凹，基部渐狭；侧脉 7 ~ 12 对；每侧边缘具疏生牙齿约 10 个，成龄树的叶近全缘。总状花序，腋生或近顶生，花淡黄色或白色，果球形，顶端具短尖，开裂；种子通常球形，种皮骨质，光滑。花期 4 ~ 5 月，果期 7 ~ 8 月。

分　　布：原产于澳大利亚的东南部热带雨林中，现世界热带地区有栽种。云南、广东、广西、台湾有栽培，多见于植物园或农场。

用途与繁殖方式：果实营养丰富，营养丰富，含油量 70% ~ 79%，可食用。播种繁殖。

来源与生长情况：引进种，生长良好，能正常开花结果。

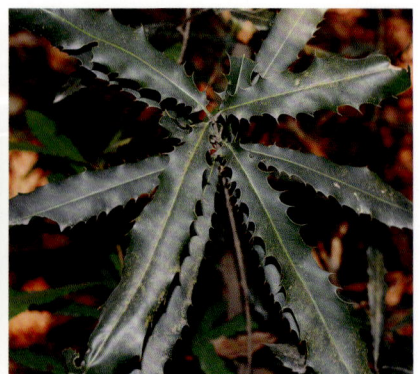

五桠果科 Dilleniaceae

五桠果 Dillenia indica Linn.　　　　　　　　　　　　　　　　　　五桠果属

别　　名：第伦桃

形态特征：常绿乔木，高 25m，树皮红褐色，平滑，大块薄片状脱落；嫩枝粗壮，有褐色柔毛，老枝秃净，有明显的叶柄痕迹。叶薄革质，矩圆形或倒卵状矩圆形，长 15 ~ 40cm，宽 7 ~ 14cm，先端近于圆形，有长约 1cm 的短尖头，基部广楔形，不等侧，侧脉 25 ~ 56 对。花单生于枝顶叶腋内，花瓣白色，倒卵形，果实圆球形，不裂开，宿存萼片肥厚，稍增大；种子压扁，边缘有毛。

分　　布：分布于云南省南部。

用途与繁殖方式：树姿优美，叶色青绿，树冠开展如盖，具有极高的观赏价值；果实可食。播种、扦插、压条、嫁接繁殖。

来源与生长情况：引进种，生长良好，能正常开花结果。

大花五桠果 Dillenia turbinata Finet et Gagnep.　　　　　　　　　　五桠果属

别　　名：大花第伦桃

形态特征：常绿乔木，高达 30m，嫩枝粗壮，有褐色绒毛，老枝秃净，干后暗褐色。叶革质，倒卵形或长倒卵形，长 12 ~ 30cm，宽 7 ~ 14cm，先端圆形或钝，有时稍尖，基部楔形，不等侧，幼嫩时上下两面有柔毛，老叶上面变秃净，侧脉 16 ~ 27 对。总状花序生枝顶，有花 3 ~ 5 朵，花大，有香气，花瓣薄，黄色，有时黄白粤或浅红色；果实近于圆球形，不开裂，暗红色。花期 4 ~ 5 月。

分　　布：分布于广东海南岛、广西及云南，常见于常绿林里。

用途与繁殖方式：树形优美，可做观赏树。播种繁殖。

来源与生长情况：引进种，生长良好。

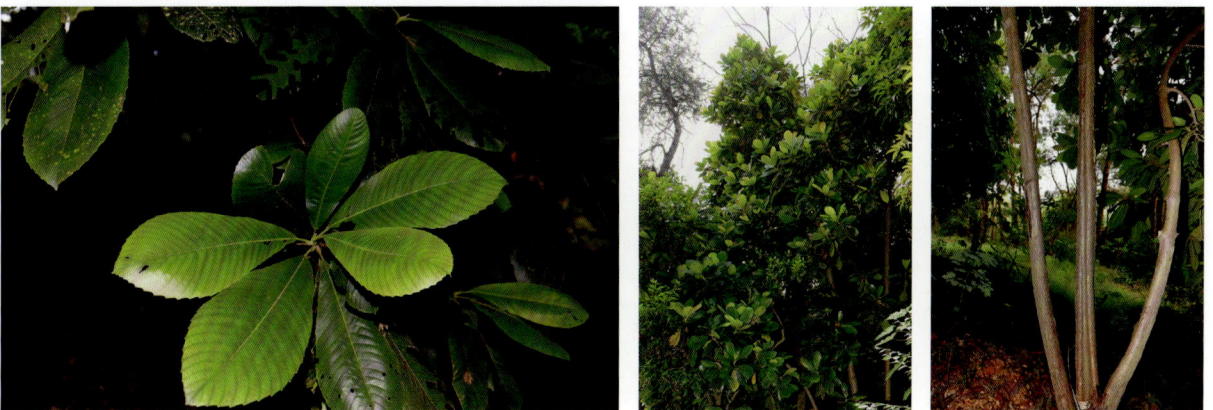

锡叶藤 *Tetracera asiatica* (Lour.) Hoogland   **锡叶藤属**

形态特征：常绿木质藤本，长达20m或更长，多分枝，枝条粗糙，幼嫩时被毛，老枝秃净。叶革质，极粗糙，矩圆形，长4～12cm，宽2～5cm，先端钝或圆，有时略尖，基部阔楔形或近圆形，常不等侧，侧脉10～15对。圆锥花序顶生或生于侧枝顶，花序轴常为"之"字形屈曲，花瓣通常3个，白色；果实成熟时黄红色，干后果皮薄革质，稍发亮，有残存花柱。花期4～5月。

分　　布：分布于广东及广西。

用途与繁殖方式：可做垂直绿化植物。播种、扦插繁殖。

来源与生长情况：原生种，生长良好，能正常开花结果。

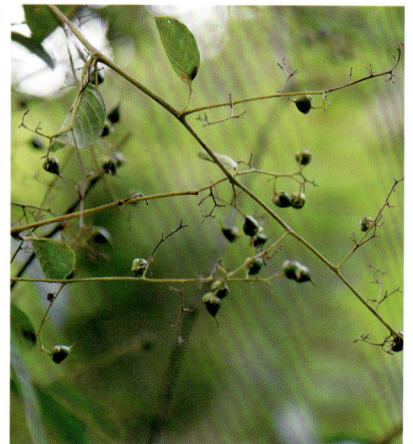

海桐花科 Pittosporaceae

台琼海桐 *Pittosporum pentandrum* var. *formosanum* (Hayata) Z. Y. Zhang et Turland.   **海桐属**

别　　名：台湾海桐

形态特征：常绿小乔木或灌木，高达12m，嫩枝被锈色柔毛。叶簇生于枝顶，成假轮生状，幼嫩时纸质，两面被柔毛，以后变革质，秃净无毛，倒卵形或矩圆状倒卵形，长4～10cm，宽3～5cm；先端钝，或急短尖，有时圆形，基部下延，窄楔形，侧脉7～10对。圆锥花序顶生，由多数伞房花序组成，花淡黄色，有芳香；蒴果扁球形、秃净无毛，2片裂开。花期5月～10月。

分　　布：分布于我国台湾、海南岛。

用途与繁殖方式：树形秀丽，可做园林观赏。播种繁殖。

来源与生长情况：引进种，生长良好，能正常开花结果。

海桐 *Pittosporum tobira* (Thunb.) Ait.   **海桐属**

形态特征： 常绿灌木或小乔木，高达 6m，嫩枝被褐色柔毛，有皮孔。叶聚生于枝顶，二年生革质，嫩时上下两面有柔毛，以后变秃净，倒卵形或倒卵状披针形，长 4 ~ 9cm，宽 1.5 ~ 4cm，上面深绿色、发亮，先端圆形或钝，常微凹入或为微心形，基部窄楔形，侧脉 6 ~ 8 对。伞形花序顶生，密被黄褐色柔毛，花白色，有芳香，后变黄色。蒴果圆球形，有棱或呈三角形，3 片裂开，果片木质，内侧黄褐色，有光泽，具横格。花期 5 月，果期 10 月。

分　　布： 分布于长江以南滨海各省，内地多为栽培供观赏。

用途与繁殖方式： 根供药用，有镇痛功效，还可做园林观赏用。播种、扦插繁殖。

来源与生长情况： 引进种，生长良好，能正常开花结果。

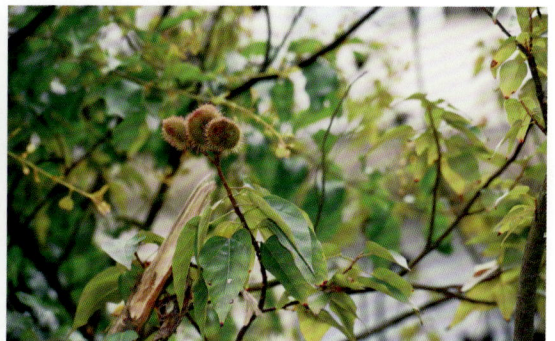

红木科 Bixaceae

红木 *Bixa orellana* Linn.   **红木属**

形态特征： 常绿灌木或小乔木，高 2 ~ 10m，枝棕褐色，密被红棕色短腺毛。叶心状卵形或三角状卵形，长 10 ~ 20cm，宽 5 ~ 13cm，先端渐尖，基部圆形或几截形，有时略呈 心形，边缘全缘，基出脉 5 条，掌状。圆锥花序顶生，花较大，花瓣 5，粉红色。蒴果近球形或卵形，密生栗褐色长刺，2 瓣裂，种子多数，倒卵形，暗红色。

分　　布： 原产于美洲热带地区，我国台湾、华南、云南有栽培。

用途与繁殖方式： 种子外皮可做红色染料，供染果点和纺织物用；树皮可作绳索；种子供药用，为收敛退热剂。播种繁殖。

来源与生长情况： 引进种，生长良好，能正常开花结果。

大风子科 Flacourtiaceae

大果刺篱木 *Flacourtia ramontchi* L'Her.   刺篱木属

形态特征：落叶大灌木，高 2 ~ 4m，树皮灰褐色；花果枝通常无刺，小枝有毛或近无毛。叶纸质，宽椭圆形、椭圆形、椭圆状披针形和椭圆状倒卵形，长 2 ~ 5cm，宽 2 ~ 3cm，先端圆钝或锐尖，稀有凹缺，基部为楔形，边缘除基部 1/3 无齿外，有钝锯齿和圆齿，侧脉 5 ~ 7 对。花数朵，总状花序顶生或腋生。浆果红色，圆球形，无纵棱；花柱宿存；种子 4 ~ 6 粒。花期 4 ~ 5 月，果期 6 ~ 10 月间。

分　　布：产于广西、贵州、云南等省区，生于山地灌丛或混交林中。

用途与繁殖方式：果大甜甘，可生食，供制蜜饯和果酱，为海滨固沙护堤的造林树种。播种繁殖。

来源与生长情况：原生种，生长良好，能正常开花结果。

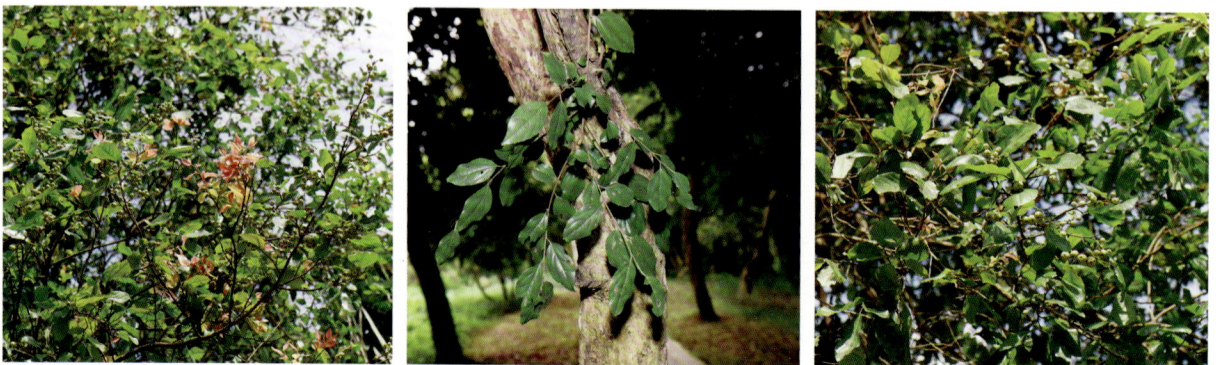

大叶刺篱木 *Flacourtia rukam* Zoll. et Mor.   刺篱木属

形态特征：乔木，高 5 ~ 15m，树皮灰褐色，小枝圆柱形，幼时被柔毛。叶近革质，卵状长圆形或椭圆状长圆形，长 10 ~ 15cm，宽 4 ~ 7cm，先端渐尖至急尖，基部圆形至宽楔形，边缘有钝齿，侧脉 5 ~ 7 对，斜出，细脉彼此平行。花小，黄绿色，总状花序腋生，或为由总状花序组成的顶生圆锥花序。浆果球形到扁球形或卵球形，干后有 4 ~ 6 条沟槽或棱角，顶端有宿存花柱；种子约 12 粒。花期 4 ~ 5 月，果期 6 ~ 10 月。

分　　布：产于云南、台湾（兰屿）、广西、广东、海南，生于海拔 2000m 以下的常绿阔叶林中。

用途与繁殖方式：木材质坚重，结构细密，供建筑、家具等用；果可制果酱和蜜饯。播种繁殖。

来源与生长情况：引进种，生长良好，能正常开花结果。

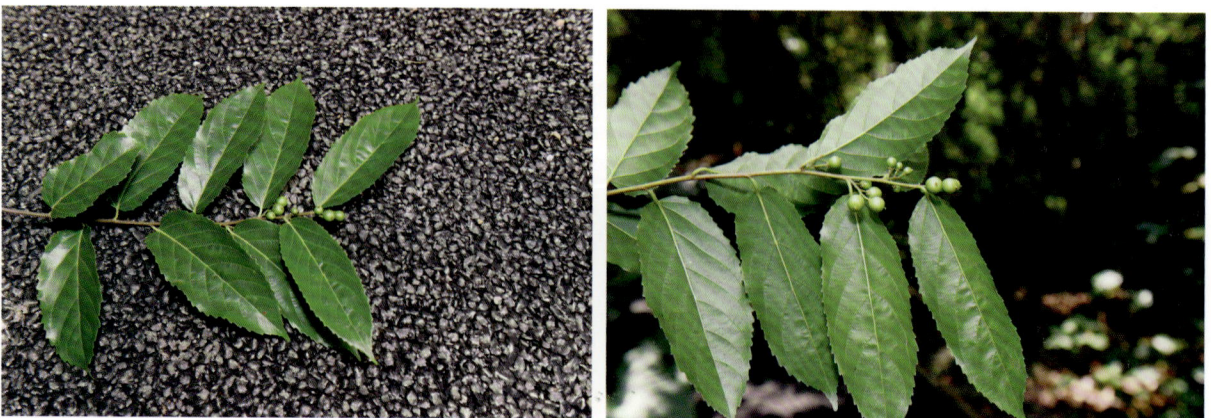

泰国大风子 *Hydnocarpus anthelminthicus* Pierre ex Laness.　　　　　　　　大风子属

形态特征：常绿大乔木，高 7 ~ 20m，树干通直，树皮灰褐色；叶薄革质，卵状披针形或卵状长圆形，长 10 ~ 30cm，宽 3 ~ 8cm，先端长渐尖，基部通常圆形，稀宽楔形，偏斜，边全缘，无毛，侧脉 8 ~ 10 对。雌花单生或 2 朵簇生，黄绿色或红色，有芳香。浆果球形，果梗初期密被黑色毛，逐渐脱落近无毛，外果皮木质，性脆；种子多数。花期 9 月，果期 11 月 ~ 翌年 6 月。

分　　布：原产于印度、泰国、越南，广西、西双版纳、海南、台湾均有栽培，生长良好。

用途与繁殖方式：木材供建筑、家具等用；种子含油，药用，应为大风子正品，为往时治麻风病用药，我国久已引用并进口。播种繁殖。

来源与生长情况：引进种，生长良好。

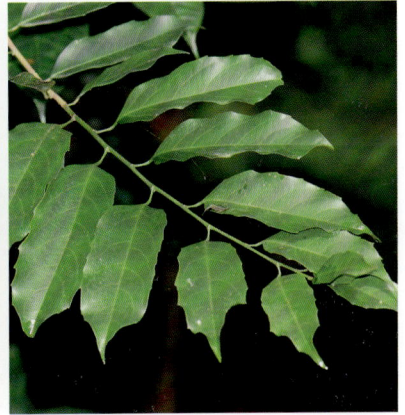

海南大风子 *Hydnocarpus hainanensis* (Merr.) Sleum.　　　　　　　　大风子属

形态特征：常绿乔木，高 6 ~ 9m；树皮灰褐色；小枝圆柱形，无毛。叶薄革质，长圆形，长 9 ~ 13cm，宽 3 ~ 5cm，先端短渐尖，有钝头，基部楔形，边缘有不规则浅波状锯齿，两面无毛，近同色，侧脉 7 ~ 8 对。花 15 ~ 20 朵，呈总状花序，腋生或顶生。浆果球形，密生棕褐色茸毛，果皮革质，果梗粗壮。花期春末至夏季，果期夏季至秋季。

分　　布：产于海南、广西。生于常绿阔叶林中。

用途与繁殖方式：树姿美观，季相变化明显，用作庭院树、行道树。木材结构密致，材质坚硬而重，耐磨、耐腐，为海南的优良名材。播种繁殖。

来源与生长情况：引进种，生长良好。

伊桐 *Itoa orientalis* Hemsl.   **栀子皮属**

形态特征：落叶乔木，高 8 ~ 20m，树皮灰色或浅灰色，光滑；叶大型，薄革质，椭圆形或卵状长圆形或长圆状倒卵形，长 13 ~ 40cm，宽 6 ~ 14cm，先端锐尖或渐尖，基部钝或近圆形，边缘有钝齿，羽脉 10 ~ 26 对。花单性，雌雄异株，稀杂性，花瓣缺；雄花比雌花小，圆锥花序，顶生；雌花比雄花大，单生枝顶或叶腋。蒴果大，椭圆形，密被橙黄色绒毛，后变无毛，从顶端向下及从基部向上 6 ~ 8 裂，稀 4 裂。花期 5 ~ 6 月，果期 9 ~ 10 月。

分　　布：产于四川、云南、贵州和广西等省区。生于海拔 500 ~ 1400m 的阔叶林中。

用途与繁殖方式：材质良好，结构细密，供建筑、家具和器具等用；蜜源植物；叶大果大，庭园栽培供观赏。播种繁殖。

来源与生长情况：引进种，生长良好。

箣柊 *Scolopia chinensis* (Lour.) Clos.   **箣柊属**

形态特征：常绿小乔木或灌木，高 2 ~ 6m；树皮浅灰色，枝和小枝稀有长 1 ~ 5cm 的刺，无毛。叶革质，椭圆形至长圆状椭圆形，长 4 ~ 7cm，宽 2 ~ 4cm，先端圆或钝，基部近圆形至宽楔形，两侧各有腺体 1 个，全缘或有细锯齿，两面光滑无毛，三出脉。总状花序腋生或顶生，花小，淡黄色，浆果圆球形，种子 2 ~ 6 粒。花期秋末冬初，果期晚冬。

分　　布：产于福建、广东、广西等省区，生于丘陵区疏林中。

用途与繁殖方式：绿化丘陵及园林观赏树种；材质优良，供家具、器具等用；全株入药。播种繁殖。

来源与生长情况：引进种，生长良好，能正常开花结果。

天料木科 Samydaceae

斯里兰卡天料木 *Homalium ceylanicum* (Gardn.) Benth.　　　　　　　　　天料木属

别　　名：红花天料木、母生

形态特征：乔木，高 6 ~ 20m；树皮粗糙；小枝圆柱形，棕褐色，密具白色突起的椭圆形皮孔，无毛。叶薄革质至厚纸质，椭圆形至长圆形，长 10 ~ 18cm，宽 4.5 ~ 8cm，先端钝，急尖或短渐尖，基部宽楔形至近圆形，边缘全缘或具极疏钝齿，侧脉 7 ~ 8 对。花多数，4 ~ 6 朵簇生而排成总状，总状花序腋生，花瓣 5 ~ 6，线状长圆形，外面疏被短柔毛，边缘密被短睫毛。花期 4 ~ 6 月。

分　　布：产于云南、西藏。生于海拔 630 ~ 1200m 的山谷疏林中和林缘。

用途与繁殖方式：木材优良，结构细密，纹理清晰，供建筑及桥梁和家具的重要用材；树形挺拔优美，做园林绿化树种，可用于行道树。播种繁殖。

来源与生长情况：引进种，生长良好，能正常开花。

西番莲科 Passifloraceae

鸡蛋果 *Passiflora edulis* Sims　　　　　　　　　　　　　　　　　　　　西番莲属

别　　名：百香果

形态特征：草质藤本，长约 6m，茎具细条纹，无毛。叶纸质，长 6 ~ 13cm，宽 8 ~ 13cm，基部楔形或心形，掌状 3 深裂，中间裂片卵形，两侧裂片卵状长圆形，裂片边缘有内弯腺尖细锯齿，近裂片缺弯的基部有 1 ~ 2 个杯状小腺体，无毛。聚伞花序退化仅存 1 花，与卷须对生，花芳香，花瓣 5 枚，基部淡绿色，中部紫色，顶部白色。浆果卵球形，无毛，熟时紫色。花期 6 月，果期 11 月。

分　　布：栽培于广东、海南、福建、云南、台湾，有时逸生于海拔 180 ~ 1900m 的山谷丛林中。

用途与繁殖方式：果可生食或作蔬菜、饲料；入药具有兴奋、强壮之效；果瓤多汁液，加入重碳酸钙和糖，可制成芳香可口的饮料；花大而美丽可作庭园观赏植物。播种、分株繁殖。

来源与生长情况：引进种，生长良好，能正常开花结果。

番木瓜科 Caricaceae

番木瓜 *Carica papaya* L.
番木瓜属

别　　名：木瓜

形态特征：常绿软木质小乔木，高达 8 ~ 10m，具乳汁，茎不分枝。叶大，聚生于茎顶端，近盾形，直径可达 60cm，通常 5 ~ 9 深裂，每裂片再为羽状分裂。花单性或两性，植株有雄株，雌株和两性株。雄花排列成圆锥花序，下垂，花冠乳黄色；雌花单生或由数朵排列成伞房花序，着生叶腋内，乳黄色或黄白色。浆果肉质，成熟时橙黄色或黄色，花果期全年。

分　　布：原产于热带美洲。我国福建南部、台湾、广东、广西、云南南部等省区已广泛栽培。

用途与繁殖方式：番木瓜果实成熟可作水果，未成熟的果实可作蔬菜煮熟食或腌食，可加工成蜜饯、果汁、果酱、果脯及罐头等。播种繁殖。

来源与生长情况：引进种，生长良好，能正常开花结果。

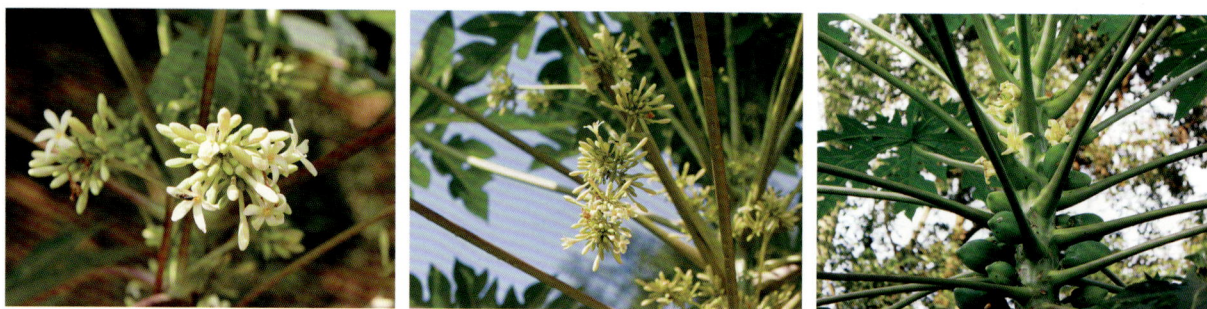

山茶科 Theaceae

茶梨 *Anneslea fragrans* Wall.
茶梨属

别　　名：红楣

形态特征：乔木，高约 15m，有时为灌木状或小乔木，树皮黑褐色。叶革质，通常聚生在嫩枝近顶端，呈假轮生状，叶形变异很大，通常为椭圆形或长圆状椭圆形，长 8 ~ 13cm，宽 3 ~ 5.5cm，顶端短渐尖，有时短尖，尖顶钝，基部楔形或阔楔形，边全缘或具稀疏浅钝齿，稍反卷，上面深色有光泽，下面淡绿白色，密被红褐色腺点，侧脉 10 ~ 12 对。花数朵至 10 多朵螺旋状聚生于枝端或叶腋，淡红色，果实浆果状，革质，近于下位。花期 1 ~ 3 月，果期 8 ~ 9 月。

分　　布：产于福建、江西、湖南、广东、广西、贵州及云南等地，多生于海拔 300 ~ 2500m 的山坡林中或林缘沟谷地以及山坡溪沟边阴湿地。

用途与繁殖方式：根、树皮、叶入药。播种繁殖。

来源与生长情况：引进种，生长良好。

尖苞瘤果茶 *Camellia acutiperulata* H. T. Chang & C. X. Ye　　　　　　　　**山茶属**

形态特征：小乔木，嫩枝无毛。叶薄革质，椭圆形或卵状椭圆形，长8～13cm，宽3.5～6cm，先端锐尖或略钝，基部楔形至圆形，侧脉每边6～7条，干后在上下两面均稍隆起，边缘疏生细锯齿或下半部近全缘。花白色，1～2朵腋生，无柄。蒴果近球形，果皮有瘤状凸，种子每室1～2个，圆形，秃净无毛。花期11～12月。

分　　布：广西隆林金钟山，海拔1000m常绿林中。

用途与繁殖方式：可做园林观赏。播种繁殖。

来源与生长情况：引进种，生长良好，能正常开花。

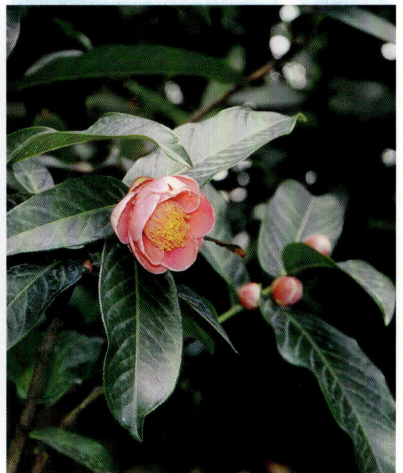

越南抱茎茶 *Camellia amplexicaulis* Cohen Stuart.　　　　　　　　**山茶属**

形态特征：常绿小乔木，株高约3m，树皮灰褐色，枝条细长，无毛。叶互生，长椭圆形，薄革质，先端尖，基部心形抱茎，边缘有细锯齿，叶面浓绿光亮。花单生枝顶或叶腋，花瓣红色，雄蕊黄色，果为蒴果。花期长，于10月至翌年4、5月间开花，果期6～8月。

分　　布：产于越南，华南及西南地区有栽培。

用途与繁殖方式：作为室内观叶植物和观赏花卉栽培。播种、嫁接繁殖。

来源与生长情况：引进种，生长良好，能正常开花。

红皮糙果茶 *Camellia crapnelliana* Tutch.　　　　　　　　　　　　　　　　　　　　山茶属

别　　名：博白大果油茶

形态特征：小乔木，高 5 ~ 7m，树皮红色，嫩枝无毛。叶硬革质，倒卵状椭圆形至椭圆形，长 8 ~ 12cm，宽 4 ~ 5cm，先端短尖，尖头钝，基部楔形，上面深绿色，下面灰绿色，无毛，侧脉约 6 对，在上面不明显，在下面明显突起，边缘有细钝齿。花顶生，单花，近无柄，花冠白色。蒴果球形，干后疏松多孔隙，3 室，每室有种子 3 ~ 5 个。花期 11 月，果期 7 ~ 8 月。

分　　布：产于香港、广西南部、福建、江西及浙江南部。

用途与繁殖方式：种子供榨油，可做产油树种，树形优美，可做园林绿化。播种、扦插繁殖。

来源与生长情况：引进种，生长良好，能正常开花结果，种子发育良好。

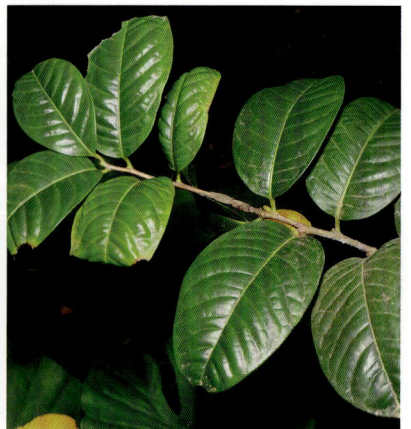

显脉金花茶 *Camellia euphlebia* Merr. ex Sealy.　　　　　　　　　　　　　　　　　山茶属

形态特征：灌木或小乔木，嫩枝无毛。叶革质，椭圆形，长 12 ~ 20cm，先端急短尖，基部钝或近于圆，上面干后稍发亮，下面无腺点，侧脉 10 ~ 12 对，在上面稍下陷，在下面显著突起，边缘密生细锯齿，叶柄长 1cm。花单生于叶腋，萼片 5 片，花瓣 8 ~ 9 片，金黄色，倒卵形，蒴果。花期 2 月，果期 10 月。

分　　布：产于广西防城、东兴，生于非石灰岩的石山常绿林下。

用途与繁殖方式：是培育茶花优良品种的种质基因；种子可榨油；木材可做雕刻、木工等用材。播种、扦插、嫁接、压条、组培繁殖。

来源与生长情况：引进种，生长良好，能正常开花结果，种子发育良好。

淡黄金花茶 *Camellia flavida* H. T. Chang.　　　　　　　　　　　　　　　　　　　**山茶属**

形态特征：灌木，高 3m，嫩枝无毛。叶革质，长圆形或椭圆形，长 8～10cm，宽 3～4.5cm，先端渐尖，基部阔楔形，侧脉 6～7 对，在上面略陷下，在下面突起，网脉在下面明显，边缘有细锯齿。花顶生，萼片 5 片，近圆形，花瓣 8 片，倒卵圆形，淡黄色。蒴果球形，1 室，有种子 1 粒，果壳 2 片裂开。花期 8～9 月，果期次年 2 月。

分　　布：生于广西龙州县的石灰岩山地。

用途与繁殖方式：观赏植物。播种、扦插、嫁接繁殖。

来源与生长情况：引进种，生长良好，能正常开花。

硬叶糙果茶 *Camellia gaudichaudii* (Gagn.) Sealy.　　　　　　　　　　　　　　　　**山茶属**

形态特征：小乔木，高 5m，嫩枝粗大，无毛。叶硬革质，椭圆形，长 6～7cm，宽 2.5～3.5cm，先端急短尖，尖头钝，基部楔形，侧脉 5～6 对，与中脉在上面陷下，在下面突起，边缘上半部有疏而小的浅钝齿，或近全缘。花 1～2 朵顶生，或近枝顶叶腋生，白色，近无柄；蒴果圆球形，3 室，3 片裂开，每室有种子 1 粒，果片表面有糠秕；中轴三角形。花期 12 月，果实 8 月成熟。

分　　布：产于海南文昌及广西东兴。

用途与繁殖方式：树冠整齐，叶片浓绿光亮，可做园林观赏植物。播种、扦插繁殖。

来源与生长情况：引进种，生长良好，能正常开花结果。

凹脉金花茶 *Camellia impressinervis* H. T. Chang et S. Y. Liang. 　　　　　山茶属

形态特征：灌木，高 3m，嫩枝有短粗毛，老枝变秃。叶革质，椭圆形，长 12 ~ 22cm，宽 5.5 ~ 8.5cm，先端急尖，基部阔楔形或窄而圆，上面深绿色，干后橄榄绿色有光泽，下面黄褐色被柔毛，至少在中脉及侧脉上有毛，有黑腺点，侧脉 10 ~ 14 对，边缘有细锯齿。花 1 ~ 2 朵腋生，花瓣 12 片，无毛。蒴果扁圆形，2 ~ 3 室，室间凹入成沟状 2 ~ 3 条，三角扁球形或哑铃形，每室有种子 1 ~ 2 粒，果爿有宿存苞片及萼片。花期 1 月，果期 10 月。

分　　布：主要分布于广西龙州、大新、防城等县。

用途与繁殖方式：树冠浓密，花多，用于园林观赏；也是杂交的良好亲本，可培育出黄色花新种。播种扦插、嫁接繁殖。

来源与生长情况：引进种，生长良好，能正常开花结果。

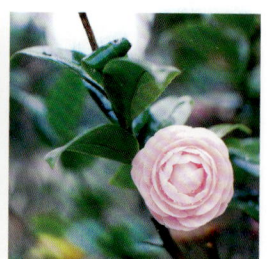

山茶 *Camellia japonica* L. 　　　　　山茶属

形态特征：灌木或小乔木，高 9m，嫩枝无毛。叶革质，椭圆形，长 5 ~ 10cm，宽 2.5 ~ 5cm，先端略尖，或急短尖而有钝尖头，基部阔楔形，侧脉 7 ~ 8 对，在上下两面均能见，边缘有细锯齿。花顶生，红色，无柄；苞片及萼片约 10 片，组成长约 2.5 ~ 3cm 的杯状苞被，花瓣 6 ~ 7 片，红色。蒴果圆球形，2 ~ 3 室，每室有种子 1 ~ 2 个，3 爿裂开，果爿厚木质。花期 1 ~ 4 月，果期 9 ~ 10 月。

分　　布：四川、台湾、山东、江西等地有野生种，国内各地广泛栽培。

用途与繁殖方式：供观赏；花有止血功效。播种、扦插、嫁接、压条、组培繁殖。

来源与生长情况：引进种，生长良好，能正常开花。

柠檬黄金花茶 *Camellia limonia* C.F.Liang et X. L. Mo.　　　　　　　　　　　**山茶属**

形态特征：常绿灌木，高 3m；嫩枝无毛。嫩叶淡紫红色，老叶椭圆形，先端尾状渐尖，基部宽楔形。花为柠檬黄色，单生于叶腋，花径 1 ～ 2cm；花朵有花瓣 7 ～ 8 片，近圆形或椭圆形；子房近球形，无毛；花柱 3 条，完全分离，无毛。花期 10 ～ 12 月，蒴果三角状扁球形，3 室，每室有种子 1 ～ 3 粒，表面无毛。花期 10 月下旬至 11 月，果期翌年 9 ～ 10 月。

分　　布：主要分布于广西龙州、宁明等县，生于海拔 120 ～ 300m 的石灰岩山钙质土上的杂木林中。

用途与繁殖方式：树形浓密，叶形秀丽，可做园林观赏。播种、扦插、嫁接繁殖。

来源与生长情况：引进种，生长良好，能正常开花。

龙州金花茶 *Camellia lungzhouensis* Luo.　　　　　　　　　　　**山茶属**

形态特征：常绿灌木，高 2 ～ 4m，树皮灰褐色，叶革质，长椭圆形，长 7.5 ～ 19cm，宽 3.5 ～ 6cm，先端急尖，基部楔形或阔楔形，上面深绿色，下面无毛，有散生黑腺点，侧脉 9 ～ 13 对，在上面下陷，边缘有细锯齿，齿尖有黑腺点。花单生于叶腋或顶生，近无柄；萼片 5 片，圆形或卵形，花瓣金黄色，9 片，离生，圆形至长圆形。蒴果三球形，被毛，果皮薄。花期 10 ～ 翌年 1 月。

分　　布：广西龙州县，生于海拔 230 ～ 350m 的石灰岩山钙质土上的杂木林中。

用途与繁殖方式：树形浓密，叶形秀丽，花较大，颜色金黄，可做园林观赏。播种、扦插与嫁接繁殖。

来源与生长情况：引进种，生长良好，能正常开花。

小花金花茶 *Camellia micrantha* S. Y. Liang et Y. C. Zhong   山茶属

形态特征：常绿灌木，高3m，嫩枝淡红色，无毛。嫩叶淡紫红色，老叶椭圆形或长椭圆形，先端急尖，基部宽楔形。花为淡黄色或略带粉红色，1～3朵成腋生或顶生，花径1.5～2.5cm；花朵有花瓣6～8片；子房3室，被灰白色短柔毛；花柱3条，完全分离，无毛；蒴果扁球形，通常3室，每室有种子1～2粒，褐色，无毛。花期10～12月。

分　　布：广西宁明县，生于海拔190～350m的酸性土山杂木林中。

用途与繁殖方式：树形浓密，叶形秀丽，花朵淡雅，可做园林观赏树种，还可作杂交育种的亲本。播种、嫁接、扦插繁殖。

来源与生长情况：引进种，生长良好，能正常开花结果。

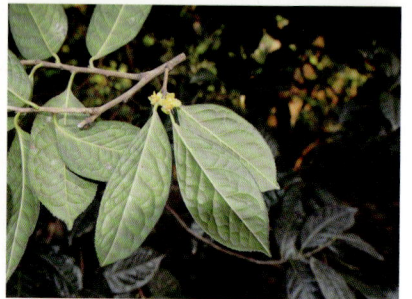

金花茶 *Camellia nitidissima* C. W. Chi   山茶属

形态特征：灌木，高2～3m，嫩枝无毛。叶革质，长圆形或披针形，或倒披针形，长11～16cm，宽2.5～4.5cm，先端尾状渐尖，基部楔形，中脉及侧脉7对，在上面陷下，在下面突起，边缘有细锯齿。花黄色，腋生，单独，萼片5片，卵圆形至圆形，花瓣8～12片，近圆形，黄色。蒴果扁三角球形，3爿裂开，果柄有宿存苞片及萼片，种子6～8粒。花期11～12月，果期7～8月。

分　　布：广西防城、邕宁、隆安等县，生于海拔50～700m的土山山谷木林中。

用途与繁殖方式：金花茶含有丰富的多糖物质，具有降血糖效果；也可做观赏树种。播种、扦插、嫁接、组培繁殖。

来源与生长情况：引进种，生长良好，能正常开花结果，种子发育良好。

小果金花茶 *Camellia microcarpa*(Mo et Huang) S. L Mo   山茶属

形态特征：常绿灌木，高 3m；嫩枝无毛。嫩叶紫红色，老叶椭圆形或倒卵形，先端纯尖；基部宽楔形。花为淡黄色，单生或 2 ～ 3 朵聚生于叶腋，花径 2.5 ～ 3.5cm；花朵有花瓣 7 ～ 10 片，花瓣基部连生；子房 3 室，近无毛。花柱 3 条，完全分离，无毛。蒴果扁球形，3 室，每室有种子 1 ～ 3 粒，黑褐色，表面无毛。花期 11 月～翌年 1 月，果期 8 ～ 9 月。

分　　布：广西邕宁县，生于海拔 120 ～ 250m 的酸性土山杂木林中。

用途与繁殖方式：小果金花茶的叶清热生津，可止痢、主暑热烦渴、痢疾。播种、扦插与嫁接繁殖。

来源与生长情况：引进种，生长良好，能正常开花结果。

油茶 *Camellia oleifera* Abel.   山茶属

形态特征：灌木或中乔木，嫩枝有粗毛，叶革质，椭圆形，长圆形或倒卵形，先端尖而有钝头，有时渐尖或钝，基部楔形，长 5 ～ 7cm，宽 2 ～ 4cm，有时较长，侧脉在上面能见，在下面不很明显，边缘有细锯齿，有时具钝齿。花顶生，近于无柄，苞片与萼片约 10 片，花瓣白色，5 ～ 7 片；蒴果球形或卵圆形，3 片或 2 片裂开，每室有种子 1 粒或 2 粒，果爿木质。花期冬春间，果期 11 月。

分　　布：从长江流域到华南各地广泛栽培，海南省 800m 以上的原生森林有野生种。

用途与繁殖方式：种子可榨油供食用，木材可制活性炭及提取糠醛、皂素、栲胶，可作防火林带树种。嫁接、播种、扦插繁殖。

来源与生长情况：引进种，生长良好，能正常开花结果，种子发育良好。

顶生金花茶 *Camellia pingguoensis* var. *terminalis* (J. Y. Liang et Z. M. Su) T. L. Ming et W. J. Zhang   山茶属

形态特征：灌木，高 3 ~ 4m，嫩枝无毛，干后灰褐色。叶革质，卵形或长卵形，长 4 ~ 8cm，宽 2.5 ~ 3.2cm，先端渐尖，基部阔楔形，有时近于圆形，常下延；上面深绿色，下面有黑腺点，侧脉 5 ~ 6 对，在下面稍突起，边缘有小齿突。花顶生，黄色，苞片 4 ~ 5 片，萼片 5 ~ 6 片，近圆形；花瓣 5 ~ 6 片，黄色。蒴果小，球形，1 室或 2 室。花期 10 ~ 11 月。

分　　布：主要分布于广西平果、田东等县，生于海拔 250 ~ 350m 的石灰岩山钙质土上的常绿阔叶林中。

用途与繁殖方式：花在初开时略有香味，可培育出香味的黄色茶花新品种。播种、扦插与嫁接繁殖。

来源与生长情况：引进种，生长良好，能正常开花。

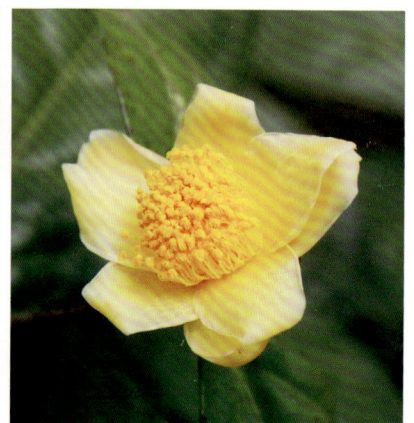

多齿红山茶 *Camellia polyodonta* How ex Hu.   山茶属

别　　名：宛田红花油茶

形态特征：小乔木，高 8m，嫩枝无毛。叶厚革质，椭圆形至卵圆形，长 8 ~ 12.5cm，宽 3.5 ~ 6cm，先端阔而急长尖，基部圆形，上面干后褐绿色，略有光泽，下面红褐色，稍发亮，无毛，侧脉 6 ~ 7 对，边缘密生尖锐细锯齿。花顶生及腋生，红色，无柄；苞片及萼片 15 片，革质，阔倒卵形，花瓣 6 ~ 7 片，红色，蒴果球形，种子 9 ~ 15 个。花期 1 ~ 2 月，果期 8 ~ 9 月。

分　　布：江西、湖南、四川、广东、广西等省区。

用途与繁殖方式：种子榨油供制肥皂和食用；茶麸与浊茶麸有同样用途，供洗涤、肥料、杀虫、医药等用。播种、嫁接繁殖。

来源与生长情况：引进种，生长良好，能正常开花结果，种子发育良好。

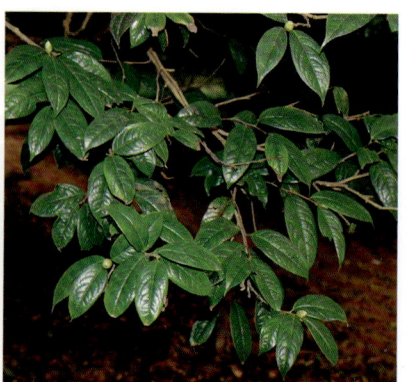

毛瓣金花茶 *Camellia pubipetala* Wan et Huang.　　　　　　　　　　　山茶属

形态特征：小乔木，高6m，嫩枝被毛。叶薄革质，长圆形至椭圆形，长达20cm，宽3.5～6cm，先端渐尖，基部圆或阔楔形，上面无毛，下面被茸毛，侧脉8～10对，边缘有细锯齿。花黄色，腋生，近无柄；苞片5～7片，半圆形，萼片5～6片，近圆形；花瓣9～13片，倒卵形，黄色，蒴果。花期1～2月。

分　　布：产于广西大新县、隆安县。

用途与繁殖方式：花大，艳丽，观赏价值高。扦插、嫁接与播种繁殖。

来源与生长情况：引进种，生长良好，能正常开花，果未见。

南山茶 *Camellia semiserrata* Chi.　　　　　　　　　　　　　　　　山茶属

形态特征：小乔木，高8～12m，嫩枝无毛。叶革质，椭圆形或长圆形，长9～15cm，宽3～6cm，先端急尖，基部阔楔形，上面深绿色，干后浅绿色，稍暗晦，无毛，下面同色，无脉，侧脉7～9对，在上面略陷下，在下面突起，网脉不明显，边缘上半部或1/3有疏而锐利的锯齿。花顶生，红色，无柄；苞片及萼片11片；花瓣6～7片，红色，阔倒卵圆形；蒴果卵球形，3～5室，每室有种子1～3粒，果皮厚木质，表面红色，平滑。

分　　布：广东西江一带及广西的东南部，海拔200～350m山地。

用途与繁殖方式：种子榨油供食用和制肥皂；花大，艳丽，可做园林观赏。播种、扦插繁殖。

来源与生长情况：引进种，生长良好。

茶 Camellia sinensis (Linn.) O. Kuntze.　　　　　　　　　　　　　　　山茶属

别　　名：茶树、茶叶、茶叶树

形态特征：落叶灌木或小乔木，高1～6m。叶薄革质，椭圆状披针形至倒卵状披针形，长5～10cm，宽2～4cm，急尖或钝，有短锯齿；叶柄长3～7mm。花白色，1～4朵成腋生聚伞花序，萼片5～6，果时宿存，花瓣7～8，雄蕊多数，外轮花丝合生成短管；子房3室，花柱顶端3裂。蒴果每室有1种子，种子近球形。花期10月～翌年2月，果期11月。

分　　布：我国长江流域及以南各地盛行栽培，日本，尼泊尔，印度，中南半岛从我国引种栽培。

用途与繁殖方式：叶供制茶，根入药，种子油是很好的润滑油，提炼后可供食用。扦插、嫁接、播种繁殖。

来源与生长情况：引进种，生长良好，能正常开花结果。

东兴金花茶 Camellia indochinensis var. tunghinensis (H. T. Chang) T. L. Ming et W. J. Zhang.　　　山茶属

形态特征：灌木，高2m，嫩枝纤细，无毛。叶薄革质，椭圆形，长5～9cm，宽3～4cm，先端急尖，基部阔楔形，上面淡绿色，干后不发亮，下面无毛，有黑腺点，侧脉4～5对，边缘上半部有钝锯齿。花金黄色，苞片6～7片，萼片5，近圆形，花瓣8～9片，倒卵形，雄蕊多数；蒴果球形，1室，果爿极薄。

分　　布：主要分布于广西防城县，生于海拔180～370m的酸性土山杂木林中。

用途与繁殖方式：树形优美，叶色光亮，花多，淡雅，可做园林观赏树种。播种、扦插繁殖。

来源与生长情况：引进种，生长良好，能正常开花。

越南油茶 *Camellia drupifera* Lour.　　　　　　　　　　　　　　　　　　　**山茶属**

别　　名：高州油茶、博白油茶

形态特征：灌木至小乔木，高 4 ~ 8m，嫩枝有灰褐色柔毛，老枝秃净。叶革质，长圆形或椭圆形，有时卵形或倒卵形，长 5 ~ 12cm，宽 2 ~ 5cm，先端急锐尖，基部楔形或略圆，侧脉 10 ~ 11 对，在上面陷下，在下面不明显，两面多小瘤状突起，边缘有细锯齿。花顶生，近无柄，苞片及萼片 9 片，花瓣 5 ~ 7 片；蒴果球形，扁球形或长圆形，3 ~ 5 片裂开，种子 6 ~ 15 粒。花期 12 月，果期 8 期。

分　　布：广西柳州及陆川一带。

用途与繁殖方式：种子含油量高，现推广栽培为油料植物。扦插、嫁接、播种繁殖。

来源与生长情况：引进种，生长良好，能正常开花结果，种子发育良好。

米碎花 *Eurya chinensis* R. Br.　　　　　　　　　　　　　　　　　　　　**柃木属**

形态特征：灌木，高 1 ~ 3m，多分枝，枝具 2 棱，黄绿色或黄褐色，被短柔毛。叶薄革质，倒卵形或倒卵状椭圆形，长 2 ~ 5.5cm，宽 1 ~ 2cm，顶端钝而有微凹或略尖，偶有近圆形，基部楔形，边缘密生细锯齿，有时稍反卷，中脉在上面凹下，下面凸起，侧脉 6 ~ 8 对，两面均不甚明显。花 1 ~ 4 朵簇生于叶腋，花瓣 5，白色。果实圆球形，有时为卵圆形，成熟时紫黑色，种子肾形，稍扁，黑褐色，有光泽，表面具细蜂窝状网纹。花期 11 ~ 12 月，果期次年 6 ~ 7 月。

分　　布：广泛分布于江西南部、福建与南沿海及西南部、台湾、湖南南部、广东、广西南部等地。

用途与繁殖方式：药用植物。播种繁殖。

来源与生长情况：原生种，生长良好，能正常开花结果，种子发育良好。

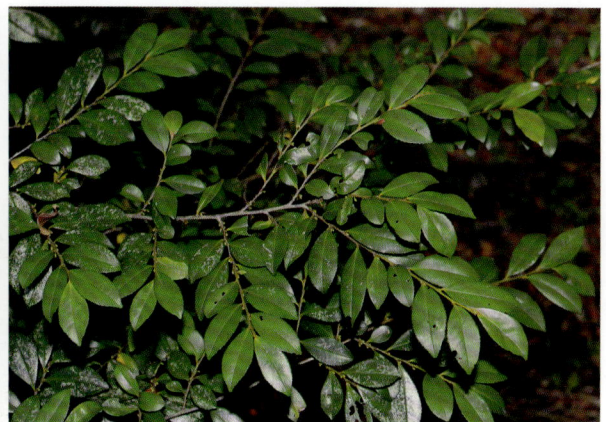

岗柃 *Eurya groffii* Merr.　　　　　　　　　　　　　　　　　　　　**柃木属**

形态特征：灌木或小乔木，高 2 ~ 7m，嫩枝圆柱形，密被黄褐色披散柔毛。叶革质或薄革质，披针形或披针状长圆形，长 4.5 ~ 10cm，宽 1.5 ~ 2.2cm，顶端渐尖或长渐尖，基部钝或近楔形，边缘密生细锯齿，上面暗绿色，无毛，下面黄绿色，密被贴伏短柔毛，侧脉 10 ~ 14 对。花 1 ~ 9 朵簇生于叶腋，花瓣 5，白色。果实圆球形，成熟时黑色，种子稍扁，圆肾形，深褐色，有光泽，表面具密网纹。花期 9 ~ 11 月，果期次年 4 ~ 6 月。

分　　布：产于福建西南部、广东、海南、广西、四川中部、重庆、贵州南部及西南部及云南等地。

用途与繁殖方式：水土保持。播种繁殖。

来源与生长情况：原生种，生长良好，能正常开花结果，种子发育良好。

大头茶 *Gordonia axillaris* (Roxb. ex Ker Gawl.) D. Dietr.　　　　　　　　**大头茶属**

形态特征：乔木，高 9m，嫩枝粗大，无毛或有微毛。叶厚革质，倒披针形，长 6 ~ 14cm，宽 2.5 ~ 4cm，先端圆形或钝，基部狭窄而下延，侧脉在上下两面均不明显，无毛，全缘，或近先端有少数齿刻。花生于枝顶叶腋，白色，花柄极短；苞片 4 ~ 5 片，早落；萼片卵圆形，背面有柔毛，宿存；花瓣 5 片，蒴果，5 片裂开。花期 10 月 ~ 翌年 1 月，果期 8 ~ 9 月。

分　　布：产于广东、海南、广西、台湾。

用途与繁殖方式：大头茶花大而洁白，花期正值冬季少花季节，可供做庭园树、行道树、公园树、造林等用途。木材淡红色，质地密致坚韧，可做建材及薪炭。播种、扦插繁殖。

来源与生长情况：引进种，生长良好，能正常开花。

银木荷 *Schima argentea* Pritz. ex Diels　　　　　　　　　　　　　　　　木荷属

别　　名：银荷

形态特征：乔木，嫩枝有柔毛，老枝有白色皮孔。叶厚革质，长圆形或长圆状披针形，长 8 ~ 12cm，宽 2 ~ 3.5cm，先端尖锐，基部阔楔形，上面发亮，下面有银白色蜡被，有柔毛或秃净，侧脉 7 ~ 9 对，全缘。花数朵生枝顶，有毛；萼片圆形，外面有绢毛；花瓣最外 1 片较短，有绢毛，蒴果。花期 7 ~ 8 月，果期 12 月。

分　　布：分布于广西、四川、云南、贵州、湖南各地，生于海拔 900 ~ 3000m 的山坡、林地。

用途与繁殖方式：材用植物，可做衣架。播种繁殖。

来源与生长情况：引进种，生长良好，能正常开花结果。

荷木 *Schima superba* Gardner & Champ.　　　　　　　　　　　　　　　　木荷属

别　　名：荷木

形态特征：大乔木，高 25m，嫩枝通常无毛。叶革质或薄革质，椭圆形，长 7 ~ 12cm，宽 4 ~ 6.5cm，先端尖锐，有时略钝，基部楔形，上面干后发亮，下面无毛，侧脉 7 ~ 9 对，在两面明显，边缘有钝齿。花生于枝顶叶腋，常多朵排成总状花序，白色，花柄纤细，无毛，蒴果。花期 6 ~ 8 月，果期 11 ~ 12 月。

分　　布：产于浙江、福建、台湾、江西、湖南、广东、海南、广西、贵州。

用途与繁殖方式：本种是华南及东南沿海各省常见的种类，在亚热带常绿林里是建群种，在荒山灌丛是耐火的先锋树种。播种繁殖。

来源与生长情况：引进种，生长良好，能正常开花结果，种子发育良好。

西南荷木 *Schima wallichii* Choisy   木荷属

别　　名：红荷、红荷木

形态特征：乔木，高 15m，嫩枝有柔毛，老枝多白色皮孔。叶薄革质或纸质，椭圆形，长 10 ～ 17cm，宽 5 ～ 7.5cm，先端尖锐，基部阔楔形，上面干后暗绿色，不发亮，下面灰白色，有柔毛，侧脉 9 ～ 12 对，靠近叶边常有分叉，网脉不明显，全缘。花数朵生于枝顶叶腋，苞片 2 片位于萼片下，早落；萼片半圆形，背面有柔毛；蒴果，果柄有皮孔。花期 7 ～ 8 月。

分　　布：产于云南、贵州西南部、广西西部。

用途与繁殖方式：木材材质好，可做用材树种。播种繁殖。

来源与生长情况：引进种，生长良好，能正常开花结果。

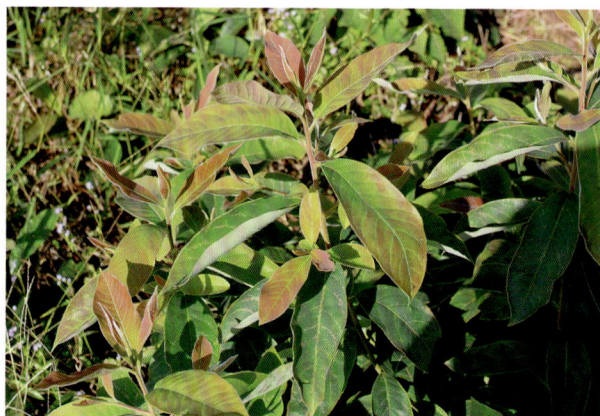

厚皮香 *Ternstroemia gymnanthera* (Wight & Arn.) Bedd.   厚皮香属

形态特征：灌木或小乔木，高 1.5 ～ 10m，全株无毛，树皮灰褐色，平滑。叶革质或薄革质，通常聚生于枝端，椭圆形、椭圆状倒卵形，长 5.5 ～ 9cm，宽 2 ～ 3.5cm，顶端短渐尖或急窄缩成短尖，基部楔形，边全缘，稀有上半部疏生浅疏齿，齿尖具黑色小点，侧脉 5 ～ 6 对。花两性或单性，通常生于当年生无叶的小枝上或生于叶腋，花瓣 5，淡黄白色，倒卵形。果实圆球形，小苞片和萼片均宿存，成熟时肉质假种皮红色。花期 5 ～ 7 月，果期 8 ～ 10 月。

分　　布：广泛分布于安徽、浙江、江西、福建、湖北、湖南、广东、广西云南、贵州以及四川等省区，多生于海拔 200 ～ 1400m 的山地林中、林缘路边或近山顶疏林中。

用途与繁殖方式：木材坚硬致密，可供制家具、车辆等用；种子油可制润滑油、油漆、肥皂；树皮可提取栲胶。播种繁殖。

来源与生长情况：引进种，生长良好。

厚叶厚皮香 *Ternstroemia kwangtungensis* Merr.   **厚皮香属**

别　　名：广东厚皮香

形态特征：灌木或小乔木，高 2 ~ 10m，全株无毛，树皮灰褐色或黑褐色，平滑。叶互生，厚革质且肥厚，椭圆状卵圆形、阔椭圆形、倒卵形、倒卵圆形，长 7 ~ 9cm，宽 3 ~ 5cm，顶端急短尖，尖顶钝或近圆形，基部阔楔形或钝形，边全缘，下面密被红褐色或褐色腺点，侧脉 5 ~ 7 对。花单朵生于叶腋，杂性，花瓣 5，白色。果实扁球形，通常 3 ~ 4 室，宿存花柱粗短，成熟时假种皮鲜红色。花期 5 ~ 6 月，果期 10 ~ 11 月。

分　　布：产于江西、福建、广东北部和南部、广西南部以及香港等地，多生于海拔 750 ~ 1700m 的山地或山顶林中以及溪沟边路旁灌丛中。

用途与繁殖方式：清热解毒，消痈肿，主治疮疡痈肿，乳腺炎，捣烂外敷；可做园林绿化。播种繁殖。

来源与生长情况：引进种，生长良好，能正常开花结果。

粗毛石笔木 *Tutcheria hirta* (Hand.-Mazz.) H. L. Li   **石笔木属**

别　　名：粗毛核果茶

形态特征：乔木，高 3 ~ 8m，嫩枝有褐色粗毛。叶革质，长圆形，长 6 ~ 13cm，宽 2.5 ~ 4cm，有时长达 15cm，宽 5.5cm，先端尖锐，基部楔形，上面发亮，下面有褐毛，干后变红褐色，侧脉 8 ~ 13 对，边缘有细锯齿。花直白色或淡黄色，花柄有毛；蒴果纺锤形，两端尖。

分　　布：产于贵州、云南、湖北、湖南、广西、广东及江西。

用途与繁殖方式：清木材硬，强度中，结构甚细均匀，材质优良，是家具、雕刻、建材等的理想材料。播种繁殖。

来源与生长情况：引进种，生长良好，能正常开花结果。

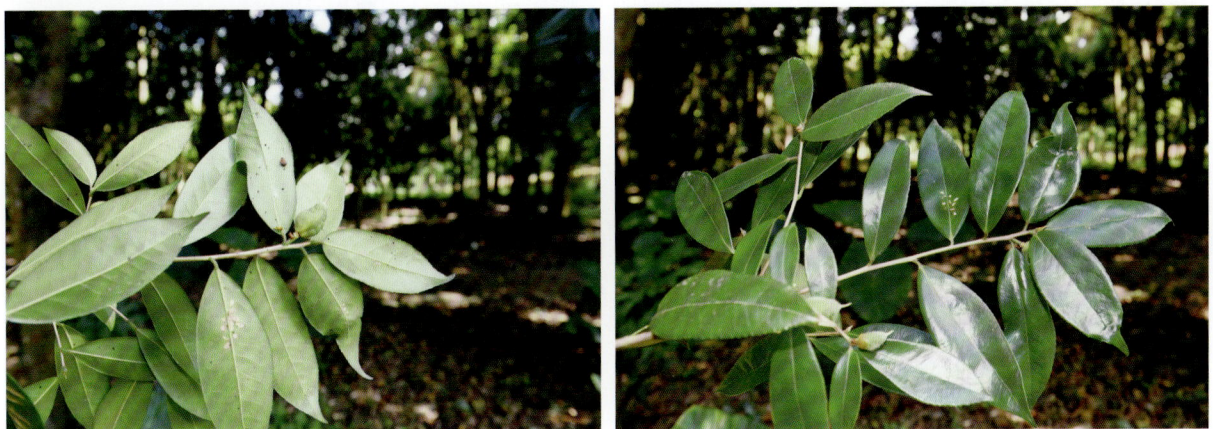

小果石笔木 *Tutcheria microcarpa* Dunn   石笔木属

别　　名：小果核果茶
形态特征：乔木，高 5 ～ 17m，嫩枝无毛或初时有微毛。叶革质，椭圆形至长圆形，长 4.5 ～ 12cm，宽 2 ～ 4cm，先端尖锐，基部楔形，上面干后黄绿色，发亮，下面无毛，侧脉 8 ～ 9 对，在两面均能见，边缘有细锯齿。花细小，白色；蒴果三角球形，两端略尖。花期 6 ～ 7 月。
分　　布：产于海南、福建、湖南、江西的东部及南部、浙江南部、云南。
用途与繁殖方式：树形优美，叶色浓绿，可做园林林荫树。嫩叶可做茶叶，饮后有提神醒脑的作用并能治疗感冒、肠炎、痢疾或食用油腻食物引起的腹泻等。播种繁殖。
来源与生长情况：引进种，生长良好，能正常开花结果。

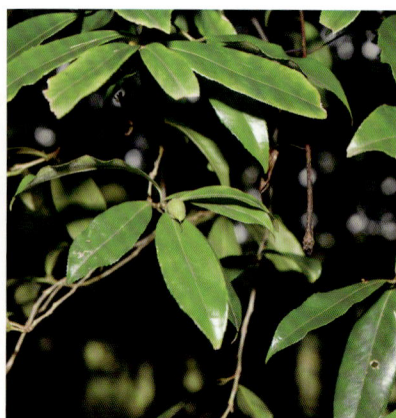

石笔木 *Tutcheria championii* Nakai   石笔木属

别　　名：大果核果茶、大果石笔木
形态特征：常绿乔木，树皮灰褐色，嫩枝略有微毛；叶革质，椭圆形或长圆形，长 12 ～ 16cm，宽 4 ～ 7cm，先端尖锐，基部楔形，侧脉 10 ～ 14 对，与网脉在两面均稍明显，边缘有小锯齿。花单生于枝顶叶腋，白色，苞片 2，卵形；萼片 9 ～ 11 片，圆形，厚革质；花瓣 5 片，倒卵圆形。蒴果球形，由下部向上开裂；果爿 5 片；种子肾形。花期 6 月，果期 11 月。
分　　布：产于广东、福建诏安。
用途与繁殖方式：树形优美，叶色浓绿，可做园林林荫树。播种繁殖。
来源与生长情况：引进种，生长良好，能正常开花结果，种子发育良好。

水东哥科 Saurauiaceae

水东哥 *Saurauia tristyla* DC.　　　　　　　　　　　　　　　　　　　水东哥属

形态特征: 灌木或小乔木，高 3 ～ 6m，小枝无毛或被绒毛，被爪甲状鳞片或钻状刺毛。叶纸质或薄革质，倒卵状椭圆形、倒卵形、长卵形、稀阔椭圆形，长 10 ～ 28cm，宽 4 ～ 11cm，顶端短渐尖至尾状渐尖，基部楔形，稀钝，叶缘具刺状锯齿，稀为细锯齿，侧脉 8 ～ 20 对，两面中、侧脉具钻状刺毛或爪甲状鳞片。花序聚伞式，1 ～ 4 枚簇生于叶腋或老枝落叶叶腋，被毛和鳞片，花粉红色或白色，小，果球形，白色，绿色或淡黄色。

分　　布: 产于广西、云南、贵州、广东。印度、马来西亚也有分布。

用途与繁殖方式: 根、叶入药，叶做猪饲料，果实做野外救荒野果。播种繁殖。

来源与生长情况: 原生种，生长良好，能正常开花结果。

龙脑香科 Dipterocarpaceae

狭叶坡垒 *Hopea chinensis* Hand. Mazz.　　　　　　　　　　　　　　　坡垒属

国家 I 级重点保护植物

别　　名: 万年木、华南坡垒

形态特征: 乔木，高 15 ～ 20m，具白色芳香树脂，树皮灰黑色，平滑。叶互生，全缘，革质，长圆状披针形或披针形，长 7 ～ 13cm，宽 2 ～ 4cm，侧脉 7 ～ 12 对，先端渐尖或尾状渐尖，基部圆形或楔形，两侧略不等。圆锥花序腋生、纤细，少花，花瓣 5 枚，淡红色，扭曲，椭圆形；果实卵形，黑褐色，具尖头；增大的 2 枚花萼裂片为长圆状披针形或长圆形，具纵脉 12 条。花期 6 ～ 7 月，果期 10 ～ 12 月。

分　　布: 产于广西（十万大山、龙州大青山），生于山谷、坡地、丘陵地区，海拔 600m 左右。

用途与繁殖方式: 木材坚硬耐腐，可供造船、桥梁、家具等用。播种繁殖。

来源与生长情况: 引进种，生长良好，能正常开花结果。

坡垒 *Hopea hainanensis* Merr. et Chun.　　　　　　　　　　　　　　　　**坡垒属**

国家Ⅰ级重点保护植物

别　　名：海南坡垒

形态特征：乔木，具白色芳香树脂，高约20m；树皮灰白色或褐色，具白色皮孔。叶近革质，长圆形至长圆状卵形，长8～14cm，宽5～8cm，先端微钝或渐尖，基部圆形，侧脉9～12对，下面明显突起。圆锥花序腋生或顶生，密被短的星状毛或灰色绒毛，花瓣5枚，旋转排列；果实卵圆形，具尖头，被腊质，增大的2枚花萼裂片为长圆形或倒披针形，具纵脉9～11条，被疏星状毛。花期6～7月，果期11～12月。

分　　布：产于海南，生于海拔300m左右的密林中。

用途与繁殖方式：木材材性好，最适宜做渔轮的外龙骨、内龙筋、轴套及尾轴筒、首尾柱；亦作码头桩材、桥梁和其它建筑用材等。播种繁殖。

来源与生长情况：引进种，生长良好，能正常开花结果，种子发育良好。

望天树 *Parashorea chinensis* H. Wang.　　　　　　　　　　　　　　　　**柳桉属**

国家Ⅰ级重点保护植物

别　　名：擎天树

形态特征：大乔木，高40m，树皮灰色或棕褐色，树干上部的为浅纵裂，下部呈块状剥落。叶革质，椭圆形或椭圆状披针形，长6～20cm，宽3～8cm，先端渐尖，基部圆形，侧脉羽状，14～19对。圆锥花序腋生或顶生，每个小花序分枝处具小苞片1对，每分枝有花3～8朵，花瓣5枚，黄白色，芳香。果实长卵形，密被银灰色的绢状毛；果翅近等长或3长2短，近革质，具纵脉5～7条。花期5～6月，果期8～9月。

分　　布：产于云南（勐腊、河口）、广西（那坡，巴马，龙州等）。生于沟谷、坡地、丘陵及石灰山密林中，海拔300～1100m。

用途与繁殖方式：木材坚硬、耐用、耐腐性强，不易受虫蛀；材色褐黄色，无特殊气味，纹理直，结构均匀，加工容易，花纹美观，为制造各种家具的高级用材。播种繁殖。

来源与生长情况：引进种，生长良好。

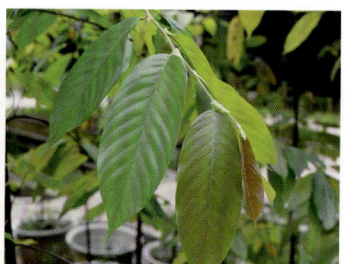

青梅 *Vatica mangachapoi* Blanco.   **青梅属**

国家Ⅰ级重点保护植物

别　　名：青皮

形态特征：乔木，具白色芳香树脂，高约 20m。小枝被星状绒毛。叶革质，全缘，长圆形至长圆状披针形，长 5～13cm，宽 2～5cm，先端渐尖或短尖，基部圆形或楔形，侧脉 7～12 对。圆锥花序顶生或腋生，纤细，被银灰色的星状毛或鳞片状毛。花瓣 5 枚，白色，有时为淡黄色或淡红色，芳香。其中两枚增大的 2 枚花萼裂片较长，先端圆形，具纵脉 5 条。花期 5～6 月，果期 8～9 月。果实球形。

分　　布：产于海南。生于丘陵、坡地林中，海拔 700m 以下。

用途与繁殖方式：木材心材比较大，耐腐、耐湿，用途近似坡垒，为优良的渔轮材之一；工业方面可以制尺、三角架、枪托以及其它美术工艺品等。播种繁殖。

来源与生长情况：引进种，生长良好，能正常开花结果。

广西青梅 *Vatica guangxiensis* X. L. Mo.   **青梅属**

国家Ⅰ级重点保护植物

形态特征：乔木，高约 30m。一年生枝条密被黄褐色至棕褐色的星状绒毛，老枝无毛。叶革质，椭圆形至椭圆状披锥形，长 6～17cm，宽 1.5～4cm，先端渐尖或短渐尖，基部楔形，两面被灰黄色的星状毛，侧脉 15～20 对。圆锥花序顶生或腋生，粗壮，密被黄褐色星状毛。花萼裂片 5 枚，花瓣 5 枚，淡红色。其中增大的两枚花萼裂片较长，具纵脉 5 条，其余 3 枚为线状披针形。花期 4～5 月，果期 7～8 月。果实近球形，被短而紧贴的星状毛。

分　　布：产于广西（那坡）。生于坡地、丘陵地带，海拔 800m 左右。

用途与繁殖方式：材色美观，材质致密硬重，耐腐性强，为建筑、造船、车厢以及制造各种高级家具的优 良用材。播种繁殖。

来源与生长情况：引进种，生长良好。

桃金娘科 Myrtaceae

肖蒲桃 *Acmena acuminatissimum* (Blume) DC.　　　　　　　　　　　　　　　肖蒲桃属

形态特征：乔木，高 20m，嫩枝圆形或有钝棱。叶片革质，卵状披针形或狭披针形，长 5 ~ 12cm，宽 1 ~ 3.5cm，先端尾状渐尖，尾长 2cm，基部阔楔形，上面干后暗色，多油腺点，侧脉多而密，在上面不明显，在下面能见。聚伞花序排成圆锥花序，顶生，花 3 朵聚生，有短柄，花瓣小，白色；浆果球形，成熟时黑紫色，种子 1 个。花期 7 ~ 10 月。

分　　布：产于广东、广西等省区。

用途与繁殖方式：具较高观赏价值。可作庭院树及风景树。播种繁殖。

来源与生长情况：引进种，生长良好，能正常开花结果，种子发育良好。

美花红千层 *Callistemon citrinus* (Curtis) Skeels　　　　　　　　　　　　　　红千层属

形态特征：常绿灌木，高 1 ~ 2m，树皮暗灰色，不易剥离；幼枝和幼叶有白色柔毛。叶互生，条形，坚硬，无毛，有透明腺点，中脉明显，无柄，穗状花序，有多数密生的花，雄蕊放射状，花丝红色。珠三角地区花期分别是 3 ~ 5 月和 9 ~ 11 月。

分　　布：原产于澳大利亚，广东、广西、福建，海南有引种。

用途与繁殖方式：为高级庭院美化观花树、行道树、风景树，还可作防风林、切花或大型盆栽景和观花树种。播种、扦插繁殖。

来源与生长情况：引进种，生长良好，能正常开花。

红千层 *Callistemon rigidus* R. Br.   红千层属

形态特征：小乔木，树皮坚硬，灰褐色，嫩枝有棱，初时有长丝毛。叶片坚革质，线形，长5～9cm，宽3～6mm，先端尖锐，初时有丝毛，不久脱落，油腺点明显，干后突起，中脉在两面均突起。穗状花序生于枝顶，花瓣绿色，卵形，有油腺点，雄蕊鲜红色；蒴果半球形，先端平截，萼管口圆，果瓣稍下陷，3片裂开，果片脱落；种子条状。花期6～8月。

分　　布：原产于澳大利亚，广东及广西有栽培。

用途与繁殖方式：树姿优美，花形奇特，适应性强，观赏价值高，被广泛应用于各类园林绿地中。播种、扦插繁殖。

来源与生长情况：引进种，生长良好，能正常开花结果。

水翁 *Cleistocalyx operculatus* (Roxb.) Merr. & Perry   水翁属

别　　名：水翁

形态特征：乔木，高15m，树皮灰褐色，颇厚，树干多分枝，嫩枝压扁，有沟。叶片薄革质，长圆形至椭圆形，长11～17cm，宽4.5～7cm，先端急尖或渐尖，基部阔楔形或略圆，两面多透明腺点，侧脉9～13对，以45°～65°开角斜向上，边脉离边缘2mm。圆锥花序生于无叶的老枝上，花无梗，2～3朵簇生，花蕾卵形；浆果阔卵圆形，成熟时紫黑色。花期5～6月，果期10～11月。

分　　布：产于广东、广西及云南等省区，喜生水边。

用途与繁殖方式：花及叶供药用，树形优美，可做园林绿化树种。播种繁殖。

来源与生长情况：引进种，生长良好，能正常开花结果。

窿缘桉 *Eucalyptus exserta* F. V. Muell. 桉属

形态特征：中等乔木，高 15 ~ 18m；树皮宿存，稍坚硬，粗糙，有纵沟，灰褐色；嫩枝有钝棱，纤细，常下垂。幼态叶对生，叶片狭窄披针形，宽不及 1cm，有短柄；成熟叶片狭披针形，长 8 ~ 15cm，宽 1 ~ 1.5cm，稍弯曲，两面多微小黑腺点。伞形花序腋生，有花 3 ~ 8 朵，总梗圆形，蒴果近球形，果瓣 4。花期 5 ~ 9 月。

分　　布：原产于澳大利亚东部沿海，我国华南各地广泛栽种，在广东雷州半岛有较大面积的造林试验。

用途与繁殖方式：华南造林常用的树种，惟抗风力稍差，不耐台风袭击。木材淡红色，坚硬耐腐。播种、扦插繁殖。

来源与生长情况：引进种，生长良好，能正常开花结果。

巨尾桉 *Eucalyptus grandis* × *E.urophylla* 桉属

形态特征：常绿乔木，主干通直，树皮灰白色，薄片状剥落，叶革质，下垂，披针形，基部楔形，顶端渐尖，边缘全缘，叶片富含透明油点。该种为巴西培育的巨桉和尾叶桉的杂种，具有生长快、纸浆得率高、对低海拔干旱土壤的适应性和抗溃疡病能力强的特点。

分　　布：华南有引种，以广西、广东栽培最多。

用途与繁殖方式：巨尾桉是理想的短周期速生工业用材和纸浆材树种。组培、扦插繁殖。

来源与生长情况：引进种，生长良好。

毛叶桉 *Eucalyptus torelliana* F. v. Muell.

别　　名：托里桉

形态特征：大乔木，树皮光滑，灰绿色，块状脱落，基部有片状宿存树皮，嫩枝圆形，有粗毛。幼态叶对生，4～5对，叶片卵形，长7～15cm，宽4～9cm，下面有毛，盾状着生；成熟叶片薄革质，卵形，长10～12cm，宽5～7cm，先端尖，基部圆形，侧脉疏。圆锥花序顶生及腋生，总梗被毛。蒴果球形，上部收缩，果瓣3，内藏。花期10月。

分　　布：原产于澳大利亚东部沿海，喜生于沙质壤土，广东、广西、云南、海南有引种栽培。

用途与繁殖方式：木材灰褐色，纹理直，供制作车辆。扦插、播种繁殖。

来源与生长情况：引进种，生长良好。

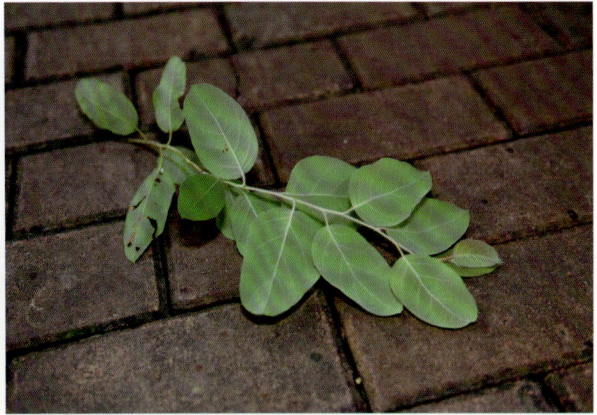

红果仔 *Eugenia uniflora* L.

别　　名：巴西红果

形态特征：灌木或小乔木，高可达5m，全株无毛，叶片纸质，卵形至卵状披针形，长3.2～4.2cm，宽2.3～3cm，先端渐尖或短尖，钝头，基部圆形或微心形，两面无毛，有无数透明腺点，侧脉每边约5条。花白色，稍芳香，单生或数朵聚生于叶腋，短于叶；萼片4，长椭圆形，外反。浆果球形，有8棱，熟时深红色，有种子1～2颗。花期春季。

分　　布：原产巴西。在我国南部有少量栽培。

用途与繁殖方式：果肉多汁，稍带酸味，可食，并可制质良的软糖；又可栽植于盆中，结实时红果累累，极为美观。播种、扦插繁殖。

来源与生长情况：引进种，生长良好，能正常开花结果。

澳洲茶树 *Melaleuca alternifolia* (Maiden & Betche) Cheel　　　　白千层属

别　　名：互叶白千层、澳洲白千层

形态特征：常绿小乔木，树形直立呈圆锥形，树皮灰褐色，纵向浅裂，枝条细长。叶线形，螺旋状互生，嫩叶呈黄绿色，呈线形的叶片如松针般，含芳香精油。穗状花序顶生，白色，雄蕊多数，着生于花萼筒上。

分　　布：原产于澳洲。广东、广西、福建、海南有引种栽培。

用途与繁殖方式：枝叶用做茶树精油和茶树纯露。播种、扦插繁殖。

来源与生长情况：引进种，生长良好。

黄金香柳 *Melaleuca bracteata* 'Golden Revolution'　　　　白千层属

形态特征：常绿灌木或小乔木，株高 2～5m，树皮灰褐色，枝条纤细，叶互生，叶细小，披针形或狭线形，密集分布，金黄色或鹅黄色。穗状花序，乳白色，夏至秋季开花。

分　　布：原产于新西兰，我国南部有引种。

用途与繁殖方式：枝条柔软密集，随风飘逸，四季金黄，经冬不凋，可用于道路美化、小区绿化，人工填海造地的防风固沙绿化。扦插、压条繁殖。

来源与生长情况：引进种，生长良好。

白千层 *Melaleuca leucadendra* L.　　　　　　　　　　　　　　　　**白千层属**

形态特征：乔木，高 18m，树皮灰白色，厚而松软，呈薄层状剥落，嫩枝灰白色。叶互生，叶片革质，披针形或狭长圆形，长 4 ~ 10cm，宽 1 ~ 2cm，两端尖，基出脉 3 ~ 5 条，多油腺点，香气浓郁。花白色，密集于枝顶成穗状花序，花序轴常有短毛，花瓣 5，卵形，蒴果近球形。花期每年多次。

分　　布：原产于澳大利亚。我国广东、台湾、福建、广西等地均有栽种。

用途与繁殖方式：常植道旁作行道树，树皮易引起火灾，不宜于造林；树皮及叶供药用，有镇静神经之效；枝叶含芳香油，供药用及防腐剂。播种、扦插繁殖。

来源与生长情况：引进种，生长良好，能正常开花结果。

番石榴 *Psidium guajava* Linn.　　　　　　　　　　　　　　　　**番石榴属**

别　　名：番稔、番桃、番桃果、鸡屎果

形态特征：乔木，高达 13m；树皮平滑，灰色，片状剥落；嫩枝有棱，被毛。叶片革质，长圆形至椭圆形，长 6 ~ 12cm，宽 3.5 ~ 6cm，先端急尖或钝，基部近于圆形，侧脉 12 ~ 15 对。花单生或 2 ~ 3 朵排成聚伞花序，花瓣白色；浆果球形、卵圆形或梨形，顶端有宿存萼片，果肉白色及黄色，胎座肥大，肉质，淡红色；种子多数。

分　　布：原产于南美洲。华南各地栽培，常见有逸为野生种，生于荒地或低丘陵上。

用途与繁殖方式：果供食用；叶含挥发油及鞣质等，供药用，有止痢、止血、健胃等功效。播种、扦插、空中压条、分株和嫁接繁殖。

来源与生长情况：引进种，生长良好，能正常开花结果，种子发育正常。

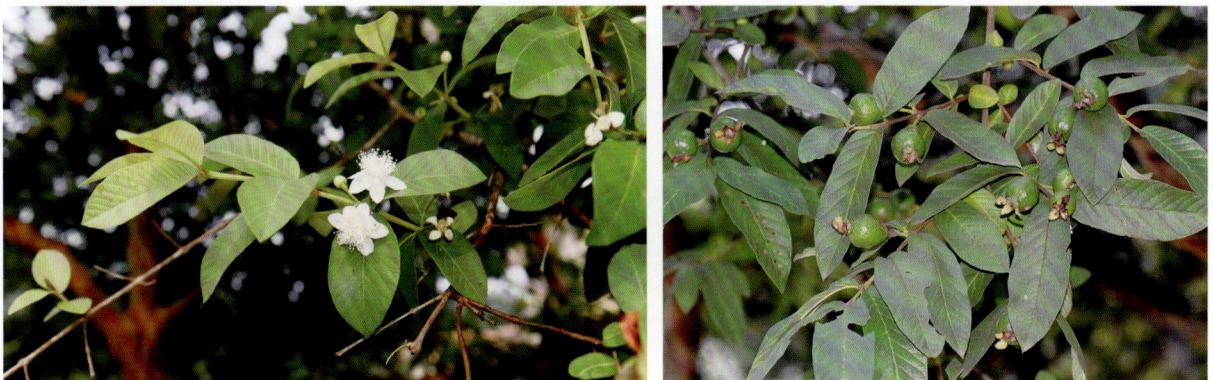

桃金娘 *Rhodomyrtus tomentosa* (Ait.) Hassk.　　　　　　　　　　　　　**桃金娘属**

形态特征：灌木，高 1 ~ 2m；嫩枝有灰白色柔毛。叶对生，革质，叶片椭圆形或倒卵形，长 3 ~ 8cm，宽 1 ~ 4cm，先端圆或钝，常微凹入，有时稍尖，基部阔楔形，离基三出脉，中脉有侧脉 4 ~ 6 对。花有长梗，常单生，紫红色，花瓣 5，倒卵形，雄蕊红色。浆果卵状壶形，熟时紫黑色；种子每室 2 列。花期 4 ~ 5 月，果期 8 ~ 9 月。

分　　布：产于台湾、福建、广东、广西、云南、贵州及湖南最南部。生于丘陵坡地，为酸性土指示植物。

用途与繁殖方式：根含酚类、鞣质等，有治慢性痢疾、风湿、肝炎及降血脂等功效。播种、扦插繁殖。

来源与生长情况：原生种，生长良好。

华南蒲桃 *Syzygium austrosinense* Chang & Miau　　　　　　　　　　　　**蒲桃属**

形态特征：灌木至小乔木，高达 10m，嫩枝有 4 棱，干后褐色。叶片革质，椭圆形，长 4 ~ 7cm，宽 2 ~ 3cm，先端尖锐或稍钝，基部阔楔形，上面干后绿褐色，有腺点，下面同色，腺点突起。聚伞花序顶生，或近顶生，花瓣分离，倒卵圆形，果实球形。花期 6 ~ 8 月，果期 11 ~ 12 月。

分　　布：产于四川、湖北、贵州、江西、浙江、福建、广东、广西等省区。生于中海拔常绿林里。

用途与繁殖方式：果实可鲜食、制干片、果膏、蜜饯、果汁及酿酒等。播种、扦插、嫁接繁殖。

来源与生长情况：引进种，生长良好，能正常开花结果。

短药蒲桃 *Syzygium brachyantherum* Merr. & Perry　　　　　　　　　　蒲桃属

形态特征：灌木或小乔木，高 3 ~ 12m，嫩枝圆形，稍压扁。叶片薄革质，椭圆形或狭椭圆形，长 ~ 16cm，宽 2.5 ~ 5cm，先端急短尖，基部阔楔形，上面干后暗绿色，不发亮，下面同色，多腺点，侧脉 12 ~ 17 对。聚伞花序或圆锥花序，顶生，有花 3 ~ 11 朵，花瓣分离，阔卵形，果实近球形。花期 4 ~ 8 月，果期 11 月。

分　　布：产于广东海南、广西及云南等地，生于中海拔的山谷密林中。

用途与繁殖方式：树形挺拔优美，可做园林观赏树种，用做行道树。播种、扦插繁殖。

来源与生长情况：引进种，生长良好，能正常开花结果，种子发育良好。

黑嘴蒲桃 *Syzygium bullockii* (Hance) Merr. et Perry　　　　　　　　　蒲桃属

形态特征：灌木至小乔木，高达 5m，嫩枝稍压扁，干后灰白色。叶片革质，椭圆形至卵状长圆形，长 4 ~ 12cm，宽 2.5 ~ 5.5cm，先端渐尖，尖头钝，基部圆形或微心形，上面干后暗褐色，发亮，下面稍浅，侧脉多数，叶柄极短，近于无柄。圆锥花序顶生，多分枝，多花，花瓣连成帽状体，果实椭圆形。花期 3 ~ 8 月，果期 11 月。

分　　布：产于广东西部、海南岛及广西西部，喜生于平地次生林。

用途与繁殖方式：树形优美，可做园林观赏树种。播种、扦插繁殖。

来源与生长情况：引进种，生长良好。

赤楠 *Syzygium buxifolium* Hook. & Arn. **蒲桃属**

别　　名：赤楠蒲桃、假黄杨

形态特征：灌木或小乔木；嫩枝有棱，干后黑褐色。叶片革质，阔椭圆形至椭圆形，有时阔倒卵形，长 1.5 ~ 3cm，宽 1 ~ 2cm，先端圆或钝，有时有钝尖头，基部阔楔形或钝，上面干后暗褐色，无光泽，下面稍浅色，有腺点，侧脉多而密。聚伞花序顶生，有花数朵，花瓣 4，分离。果实球形。花期 6 ~ 8 月，果期 11 ~ 12 月。

分　　布：产于安徽、浙江、台湾、福建、江西、湖南、广东、广西、贵州等省区。生于低山疏林或灌丛。

用途与繁殖方式：果可食或酿酒，树形秀丽，可做园林观赏。播种繁殖。

来源与生长情况：引进种，生长良好，能正常开花结果。

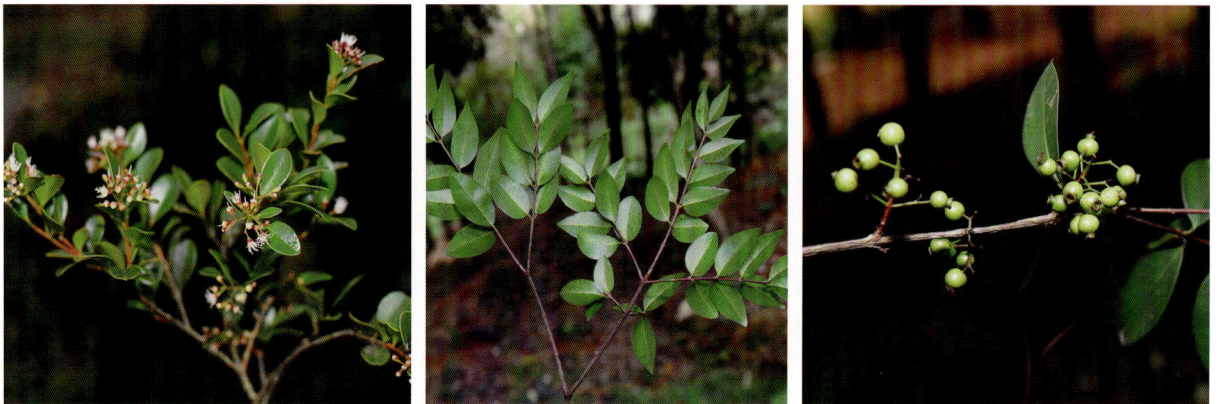

乌墨 *Syzygium cumini* (Linn.) Skeels **蒲桃属**

别　　名：海南蒲桃

形态特征：乔木，高 15m，嫩枝圆形，干后灰白色。叶片革质，阔椭圆形至狭椭圆形，长 6 ~ 12cm，宽 3.5 ~ 7cm，先端圆或钝，有一个短的尖头，基部阔楔形，稀为圆形，两面多细小腺点，侧脉多而密，离边缘 1mm 处结合成边脉。圆锥花序腋生或生于花枝上，偶有顶生，花白色，3 ~ 5 朵簇生，花瓣 4，卵形略圆。果实卵圆形或壶形，上部有宿存萼筒；种子 1 颗。花期 2 ~ 3 月。

分　　布：产于台湾、福建、广东、广西、云南等省区，常见于平地次生林及荒地上。

用途与繁殖方式：树皮含褐色染料和深红色树脂；果可吃。播种、扦插繁殖。

来源与生长情况：原生种，生长良好。

红鳞蒲桃 *Syzygium hancei Merr. & L.M. Perry*　　　　　　　　蒲桃属

形态特征：灌木或中等乔木，高达20m；嫩枝圆形，叶片革质，狭椭圆形至长圆形或为倒卵形，长3～7cm，宽1.5～4cm，先端钝或略尖，基部阔楔形或较狭窄，有多数细小而下陷的腺点，侧脉以60°开角缓斜向上，在两面均不明显，边脉离边缘约0.5mm。圆锥花序腋生，多花，无花梗，花瓣4，分离，圆形，果实球形。花期7～9月。

分　　布：产于福建、广东、广西等省区，常见于低海拔疏林中。

用途与繁殖方式：树皮含鞣质，可提制栲胶，抗风能力强，可用于滨海防护林。播种、扦插繁殖。

来源与生长情况：引进种，生长良好。

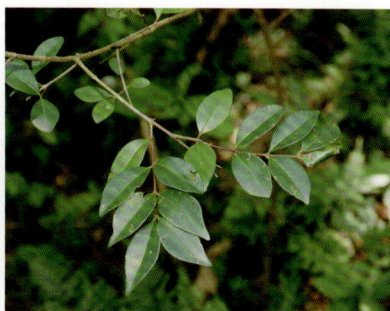

洋蒲桃 *Syzygium samarangense* (Bl.) Merr. et Perry　　　　　　蒲桃属

别　　名：金山蒲桃、莲雾

形态特征：乔木，高达12m，小枝圆柱形或稍压扁。叶革质，椭圆状长圆形，长12～25cm，宽4～9cm，先端圆或钝渐尖，基部圆形或微心形，背面有散生腺点，侧脉每边12～15条，离边缘6～8mm处汇合成一边脉。聚伞花序顶生或腋生，花白色，花瓣圆形。果实梨形，肉质，粉红色，发亮，顶部凹陷呈脐状，有宿存的肉质萼片；种子1颗，卵形。花期3～4月，果期5～6月。

分　　布：原产马来半岛和印度尼西亚。我国南部常见栽培。

用途与繁殖方式：被誉为"水果皇帝"，果实供食用；优美的树形还应用于园林绿化中。压条、播种、嫁接繁殖。

来源与生长情况：引进种，生长良好，能正常开花结果，种子发育良好。

阔叶蒲桃 *Syzygium latilimbum* (Merr.) Merr. et Perry　　　　　　　　　　**蒲桃属**

形态特征：乔木，高 8 ~ 18m，小枝粗壮，稍扁。叶对生，革质，狭长椭圆形至椭圆形，长 10 ~ 30cm，宽 8 ~ 13cm，先端短渐尖，基部圆形至浅心形，侧脉 10 ~ 22 对，平缓斜行，在离边缘 4 ~ 6mm 处汇合成边缘脉。聚伞花序顶生，有花 3 ~ 6 朵，总梗短；花大，白色，芳香，花瓣分离，圆形，果卵状球形。花期 5 ~ 6 月，果期 7 ~ 10 月。

分　　布：分布于广东、海南、广西、云南，生于海拔 620 ~ 1150m 的河边混交林。

用途与繁殖方式：树皮含单宁，可提制栲胶。播种繁殖。

来源与生长情况：引进种，生长良好。

山蒲桃 *Syzygium levinei* Merr. et Perry　　　　　　　　　　**蒲桃属**

别　　名：白车、白车辕

形态特征：常绿乔木，高达 24m，嫩枝圆形，有糠秕，干后灰白色。叶片革质，椭圆形或卵状椭圆形，长 4 ~ 8cm，宽 1.5 ~ 3.5cm，先端急锐尖，基部阔楔形，两面有细小腺点，侧脉以 45° 开角斜向上，靠近边缘 0.5mm 处结合成边脉。圆锥花序顶生和上部腋生，多花，花白色，有短梗，花瓣 4，分离，圆形，果实近球形，种子 1 颗。花期 8 ~ 9 月。

分　　布：产于广东、广西等省区。常见于低海拔疏林中。分布于越南。

用途与繁殖方式：树冠饱满优美，可做园林观赏。播种繁殖。

来源与生长情况：引进种，生长良好，能正常开花结果。

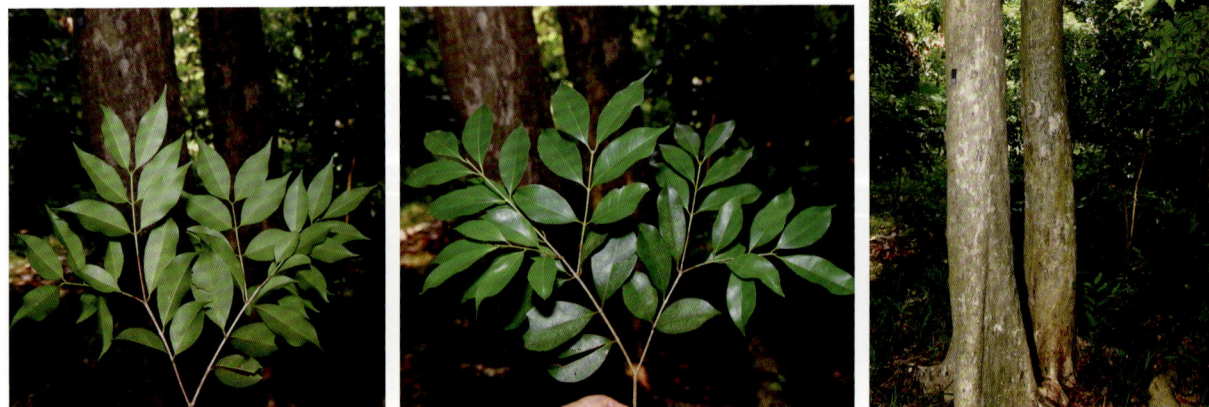

水蒲桃 *Syzygium jambos* (Linn.) Alston　　　　　　　　　　　　　　　　蒲桃属

别　　名：蒲桃

形态特征：乔木，高 10m，主干极短，广分枝。叶片革质，披针形或长圆形，长 12 ～ 25cm，宽 3 ～ 4.5cm，先端长渐尖，基部阔楔形，叶面多透明细小腺点，侧脉 12 ～ 16 对，以 45° 开角斜向上，靠近边缘 2mm 处相结合成边脉。聚伞花序顶生，有花数朵，花白色，花瓣分离，阔卵形；果实球形，果皮肉质，成熟时黄色，有油腺点，种子 1 ～ 2 颗，多胚。花期 3 ～ 4 月，果实 5 ～ 6 月成熟。

分　　布：产于台湾、福建、广东、广西、贵州、云南等省区，喜生河边及河谷湿地。

用途与繁殖方式：可以作为防风植物栽培，果实可以食用。是湿润热带地区良好的果树、庭园绿化树。播种、扦插、嫁接繁殖。

来源与生长情况：引进种，生长良好，能正常开花结果，种子发育良好。

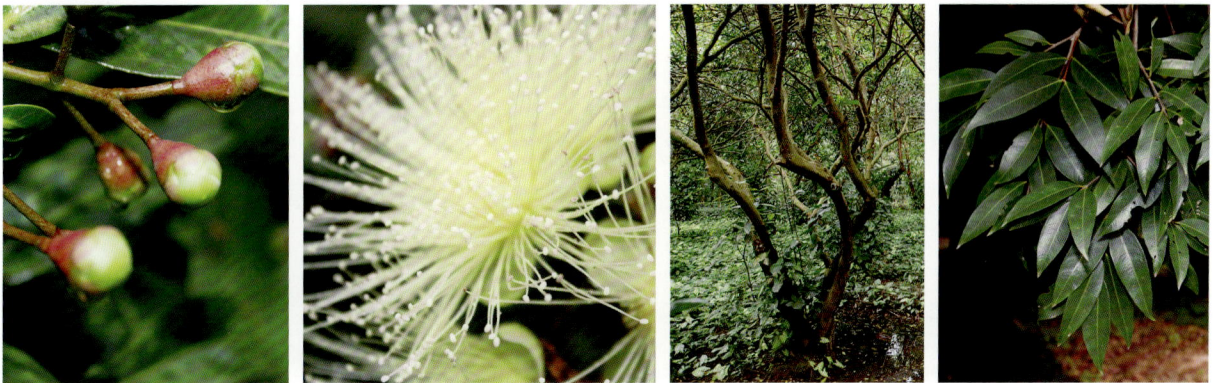

红枝蒲桃 *Syzygium rehderianum* Merr. et Perry　　　　　　　　　　　　　蒲桃属

别　　名：红车

形态特征：灌木至小乔木，嫩枝红色，圆形，稍压扁，老枝灰褐色。叶片革质，椭圆形至狭椭圆形，长 4 ～ 7cm，宽 2.5 ～ 3.5cm，先端急渐尖，尖尾长 1cm，尖头钝，基部阔楔形，叶片多细小腺点，侧脉以 50° 开角斜向边缘，边脉离边缘 1 ～ 1.5mm。聚伞花序腋生，或生于枝顶叶腋内，每分枝顶端有无梗的花 3 朵，花瓣连成帽状；果实椭圆状卵形。花期 6 ～ 8 月。

分　　布：产于福建、广东、广西。

用途与繁殖方式：嫩叶红色，用于公园绿化、道路绿化带、庭院配置中。播种、扦插繁殖。

来源与生长情况：引进种，生长良好。

金蒲桃 *Xanthostemon chrysanthus* (F.Muell.) Benth.   **金缨木属**

别　　名：金黄熊猫、澳洲黄花树、黄金蒲桃

形态特征：常绿小乔木，植株高可达 5m，叶有对生、互生或丛生枝顶，披针形，全缘，革质叶表光滑，搓揉后有番石榴气味，新叶带有红色。花序呈球状，初开时黄绿色，随后转为黄色，近凋谢时为金黄色。春季至夏季开花。

分　　布：原产于澳大利亚，是澳洲特有的代表植物之一，广东、福建、广西有栽培。

用途与繁殖方式：金蒲桃叶色亮绿，株形挺拔，在夏秋间开花，花期长，花簇生枝顶，金黄色，花序呈球状，是十分优良的园林绿化树种。播种、扦插繁殖。

来源与生长情况：引进种，生长良好，能正常开花结果，种子发育良好。

野牡丹科 Melastomataceae

野牡丹 *Melastoma candidum* D. Don   **野牡丹属**

形态特征：灌木，高 0.5 ~ 1.5m，分枝多，茎密被紧贴的鳞片状糙伏毛。叶片坚纸质，卵形或广卵形，顶端急尖，基部浅心形或近圆形，长 4 ~ 10cm，宽 2 ~ 6cm，全缘，7 基出脉，两面被糙伏毛及短柔毛。伞房花序生于分枝顶端，有花 3 ~ 5 朵，稀单生，花瓣玫瑰红色或粉红色，蒴果坛状球形，与宿存萼贴生，密被鳞片状糙伏毛。花期 5 ~ 7 月，果期 10 ~ 12 月。

分　　布：产于云南、广西、广东、福建、台湾。生于海拔约 120m 以下的山坡松林下或开朗的灌草丛中，是酸性土常见的植物。

用途与繁殖方式：根、叶可消积滞、收敛止血，治消化不良、肠炎腹泻、痢疾便血等症。播种、扦插繁殖。

来源与生长情况：原生种，生长良好。

毛菍 *Melastoma sanguineum* Sims　　　　　　　　　　　　　　**野牡丹属**

形态特征：大灌木，高 1.5 ~ 3m，茎、小枝、叶柄、花梗及花萼均被平展的长粗毛，毛基部膨大。叶片坚纸质，卵状披针形至披针形，顶端长渐尖或渐尖，基部钝或圆形，长 8 ~ 15cm，宽 2.5 ~ 5cm，全缘，基出脉 5，两面被隐藏于表皮下的糙伏毛。伞房花序，顶生，常仅有花 1 朵，有时 3（5）朵，花瓣粉红色或紫红色，广倒卵形。果杯状球形，胎座肉质，为宿存萼所包。花果期几乎全年，通常在 8 ~ 10 月。

分　　布：产于广西、广东。生于海拔 400m 以下的低海拔地区，常见于坡脚、沟边，湿润的草丛或矮灌丛中。

用途与繁殖方式：果可食；根、叶可供药用，根有收敛止血、消食止痢的作用，治水泻便血、妇女血崩、止血止痛；叶捣烂外敷有拔毒生肌止血的作用。播种、扦插繁殖。

来源与生长情况：原生种，生长良好。

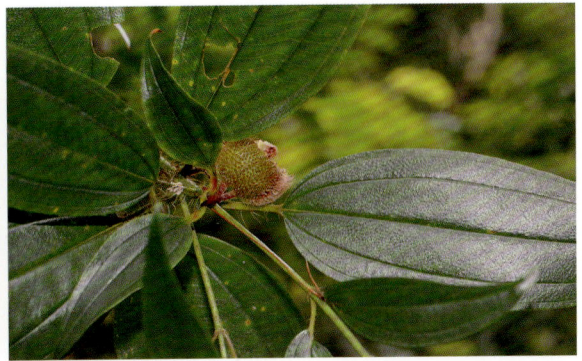

巴西野牡丹 *Tibouchina semidecandra* Cogn.　　　　　　　　　　　**光荣树属**

别　　名：蒂牡花、巴西蒂牡花

形态特征：常绿灌木，高 0.6 ~ 1.5 m。茎四菱形，分枝多，枝条红褐色，株形紧凑美观；茎、枝几乎无毛。叶革质，披针状卵形，顶端渐尖，基部楔形。花顶生，大型，5 瓣，浓紫蓝色，中心的雄蕊白色且上曲。蒴果坛状球形。花多且密，单朵花的开花时间长达 4 ~ 7 天；周年几乎可以开花，8 月始进入盛花期，一直到冬季。

分　　布：原产于巴西。广东、海南、广西等地有引种栽培。

用途与繁殖方式：可作盆栽观赏、庭院花坛种植。扦插繁殖。

来源与生长情况：引进种，生长良好，能正常开花结果。

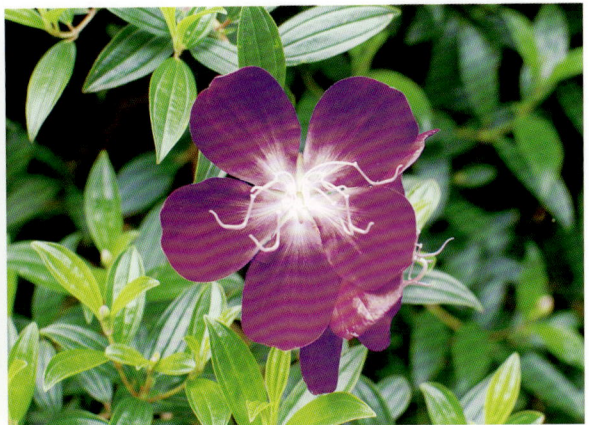

使君子科 Combretaceae

使君子 *Quisqualis indica* Linn. 使君子属

形态特征：攀援状灌木，高2～8m，小枝被棕黄色短柔毛。叶对生或近对生，叶片膜质，卵形或椭圆形，长5～11cm，宽2.5～5.5cm，先端短渐尖，基部钝圆，表面无毛，背面有时疏被棕色柔毛，侧脉7或8对。顶生穗状花序，组成伞房花序式，花瓣5，初为白色，后转淡红色。果卵形，短尖，无毛，具明显的锐棱角5条，成熟时外果皮脆薄，呈青黑色或栗色。花期初夏，果期秋末。

分　　布：产于四川、贵州至南岭以南各处，长江中下游以北无野生记录。

用途与繁殖方式：种子为中药中最有效的驱蛔药之一，对小儿寄生蛔虫症疗效尤著，花色艳丽，可做垂直绿化用。播种、扦插、压条繁殖。

来源与生长情况：引进种，生长良好，能正常开花结果。

毗黎勒 *Terminalia bellirica* (Gaertn.) Roxb. 榄仁树属

别　　名：油榄仁、红果榄仁树

形态特征：落叶乔木，高18～35m，枝灰色，具纵纹，小枝、幼叶及叶柄基部常具锈色绒毛。叶螺旋状聚生枝顶，叶片阔卵形或倒卵形，纸质，长18～26cm，宽6～12cm，全缘，边缘微波状，先端钝或短尖，基部渐狭或钝圆，侧脉5～8对，叶柄无毛，常于中上部有2腺体。穗状花序腋生，在茎上部常聚成伞房状，上部为雄花，基部为两性花；花5数，淡黄色；假核果卵形，密被锈色绒毛，具明显的5棱。花期3～4月，果期5～7月。

分　　布：产于云南南部，生于海拔540～1350m的山坡阳处及疏林中，为沟谷及低丘季节性雨林的上层树种之一。

用途与繁殖方式：果皮富含单宁，用于鞣革，供制黑色染料，也供药用。播种繁殖。

来源与生长情况：引进种，生长良好，能正常开花结果。

诃子 *Terminalia chebula* Retz.　　　　　　　　　　　　　　　　　**榄仁树属**

形态特征：乔木，高可达 30m，树皮灰黑色至灰色。叶互生或近对生，叶片卵形或椭圆形至长椭圆形，长 7 ~ 14cm，宽 4.5 ~ 8.5cm，先端短尖，基部钝圆或楔形，偏斜，边全缘或微波状，侧脉 6 ~ 10 对；叶柄粗壮，距顶端有 2（4）腺体。穗状花序腋生或顶生，有时又组成圆锥花序，花多数，两性，花萼杯状，淡绿而带黄色，干时变淡黄色。核果，坚硬，卵形或椭圆形，成熟时变黑褐色，通常有 5 条钝棱。花期 5 月，果期 7 ~ 9 月。

分　　布：产于云南西部和西南部，生于海拔 800 ~ 1840m 的疏林中，常成片分部。广东、广西有栽培。

用途与繁殖方式：果皮和树皮富含单宁，为一有价值的鞣料植物；幼果干燥后通称"藏青果"，治慢性咽喉炎，咽喉干燥等；木材供建筑、车辆、农具、家具等用。播种繁殖。

来源与生长情况：引进种，生长良好，能正常开花结果。

海南榄仁 *Terminalia nigrovenulosa* Pierre ex Lanessen　　　　　　**榄仁树属**

别　　名：鸡占、鸡针木

形态特征：乔木或灌木，高达 15m，树皮灰白色或褐色，有斑点。叶互生或枝端近对生，半革质，叶片卵形、倒卵形、椭圆形至长椭圆形，先端渐尖或短尖，稀有微凹，基部钝形或楔尖或圆形，长 4 ~ 11cm，宽 2.5 ~ 5.5cm，全缘，近叶基边缘有腺体，侧脉 8 ~ 10 对。花序顶生或腋生，由多数穗状花序组成圆锥花序式，花细小，白色，有香气。果椭圆形或倒卵形，有 3 翅，成熟时变黑而带紫或青紫色。花期 7 ~ 9 月，果期 10 月开始。

分　　布：产于广东海南岛，在中海拔森林中常见。

用途与繁殖方式：木材材性好，为当地著名的优良用材树种之一。播种繁殖。

来源与生长情况：引进种，生长良好。

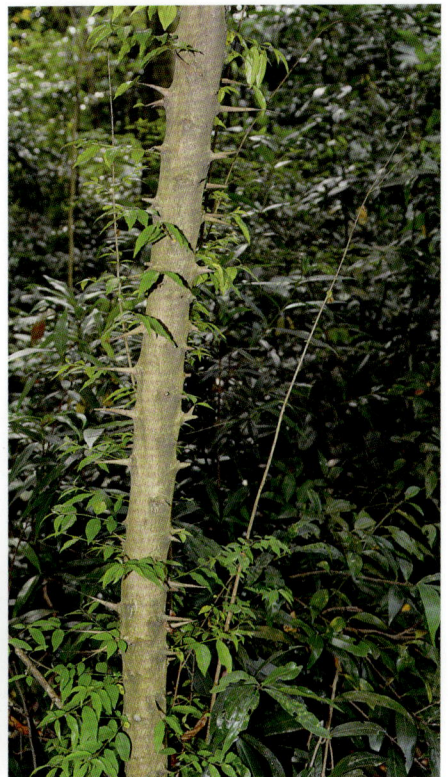

卵果榄仁 *Terminalia muelleri* Benth.　　　　　　　　　　　　　　　　　　**榄仁树属**

别　　名：莫氏榄仁、木勒榄仁

形态特征：落叶乔木，侧枝分层明显，单叶，螺旋状互生。叶为卵状椭圆形，长 8 ~ 10cm，基部楔形，先端圆钝，边缘全缘，羽状网脉明显，冬季落叶叶色变红。总状花序顶生，花白色，果为核果，椭圆形，长为 2 ~ 2.5cm，绿色，成熟时紫黑色，无纵棱。花期 3 ~ 4 月，果期 8 ~ 9 月。

分　　布：原产北美。我国广东、广西、海南有引种栽培。

用途与繁殖方式：树形优美，可做园林绿化树种；播种、嫁接繁殖。

来源与生长情况：引进种，生长良好，能正常开花结果。

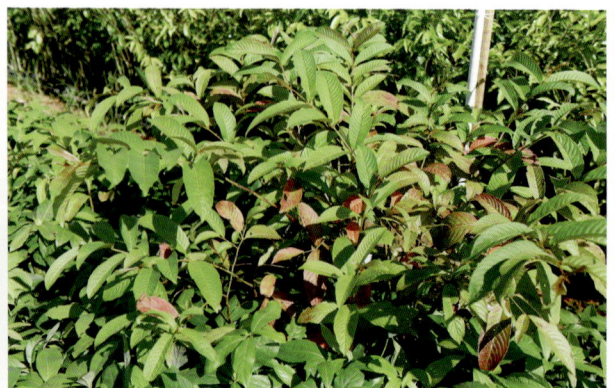

千果榄仁 *Terminalia myriocarpa* Van Heurck & Müll. Arg.　　　　　　　　　**榄仁树属**

国家Ⅱ级重点保护植物

形态特征：常绿乔木，高达 25 ~ 35m，具大板根，小枝圆柱状。叶对生，厚纸质；叶片长椭圆形，长 10 ~ 18cm，宽 5 ~ 8cm，全缘或微波状，偶有粗齿，顶端有一短而偏斜的尖头，基部钝圆，侧脉 15 ~ 25 对，平行；叶柄较粗，顶端有一对具柄的腺体。大型圆锥花序，顶生或腋生，总轴密被黄色绒毛。花极小，极多数，两性，红色。瘦果细小，极多数，有 3 翅，其中 2 翅等大，1 翅特小，翅膜质，干时苍黄色。花期 8 ~ 9 月，果期 10 月 ~ 翌年 1 月。

分　　布：产于广西、云南和西藏，为产区的习见上层树种之一。

用途与繁殖方式：木材白色、坚硬，可作车船和建筑用材。播种繁殖。

来源与生长情况：引进种，生长良好，能正常开花结果。

小叶榄仁 *Terminalia neotaliala* Capuron　　　　　　　　　　　　　　　　**榄仁树属**

形态特征：落叶大乔木，株高 10 ～ 15m，主干直立，冠幅 2 ～ 5m，侧枝轮生呈水平展开，树冠层伞形，层次分明，质感轻细。叶小，长 3 ～ 8cm，宽 2 ～ 3cm，提琴状倒卵形，全缘，具 4 ～ 6 对羽状脉，深绿色，冬季落叶前变红或紫红色；穗状花序腋生，花两性，花萼 5 裂，无花瓣；核果纺锤形，种子 1 个。花期 3 月，果期 7 ～ 8 月。

分　　布：原产于非洲。中国在广东、香港、台湾、广西等地有引种栽培。

用途与繁殖方式：树形优美挺拔，为优良的海岸树种、也常做行道树使用。播种、嫁接繁殖。

来源与生长情况：引进种，生长良好，能正常开花。

红树科 Melastomaceae

竹节树 *Carallia brachiata* (Lour.) Merr.　　　　　　　　　　　　　　　　**竹节树属**

形态特征：乔木，高 7 ～ 10m，基部有时具板状支柱根，树皮光滑，灰褐色。叶形变化很大，矩圆形、椭圆形至倒披针形或近圆形，顶端短渐尖或钝尖，基部楔形，全缘。花序腋生，分枝短，每一分枝有花 2 ～ 5 朵，有时退化为 1 朵，花瓣白色，近圆形。果实近球形，顶端冠以短三角形萼齿。花期冬季至次年春季，果期春夏季。

分　　布：产于广东、广西及沿海岛屿；生于低海拔至中海拔的丘陵灌丛或山谷杂木林中。

用途与繁殖方式：本种生长较慢，偏阳性，对土壤要求不苛，在岩石裸露的溪傍也能生长正常。木材质硬而重，纹理交错，可作乐器、饰木、门窗、器具等。播种繁殖。

来源与生长情况：引进种，生长良好。

藤黄科 Guttiferae

黄牛木 *Cratoxylum cochinchinense* (Lour.) Blume 　　　　　　　　　黄牛木属

形态特征：落叶灌木或乔木，高 1.5 ~ 18m，树干下部有簇生的长枝刺，树皮灰黄色或灰褐色，平滑或有细条纹。叶片椭圆形至长椭圆形或披针形，长 3 ~ 10.5cm，宽 1 ~ 4cm，先端骤然锐尖或渐尖，基部钝形至楔形，坚纸质，下面有透明腺点及黑点，侧脉每边 8 ~ 12 条。聚伞花序腋生或腋外生及顶生，有花 2 ~ 3 朵，花瓣粉红、深红至红黄色。蒴果椭圆形，棕色，无毛，被宿存的花萼包被达 2/3 以上。花期 4 ~ 5 月，果期 6 月以后。

分　　布：产于广东、广西及云南南部，生于丘陵或山地的干燥阳坡上的次生林或灌丛中，海拔 1240m 以下，能耐干旱，萌发力强。

用途与繁殖方式：材质坚硬，纹理精致，供雕刻用；根、树皮及嫩叶入药，治感冒、腹泻；嫩叶尚可作茶叶代用品。播种、插枝繁殖。

来源与生长情况：原生种，生长良好。

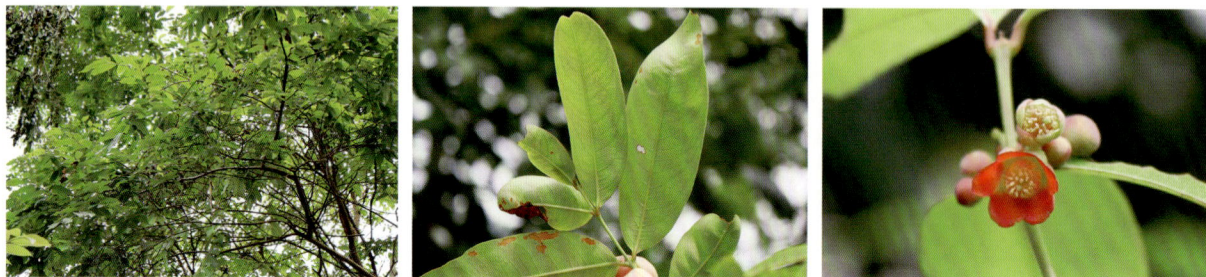

木竹子 *Garcinia multiflora* Champ. ex Benth. 　　　　　　　　　　　藤黄属

别　　名：多花山竹子

形态特征：乔木，高 5 ~ 15m，树皮灰白色，粗糙，小枝绿色，具纵槽纹。叶片革质，卵形，长圆状卵形或长圆状倒卵形，长 7 ~ 16cm，宽 3 ~ 6cm，顶端急尖，渐尖或钝，基部楔形或宽楔形，边缘微反卷，侧脉纤细，10 ~ 15 对。花杂性，同株，雄花序成聚伞状圆锥花序式，花瓣橙黄色，雌花序有雌花 1 ~ 5 朵；果卵圆形至倒卵圆形，成熟时黄色，盾状柱头宿存。花期 6 ~ 8 月，果期 11 ~ 12 月，同时偶有花果并存。

分　　布：产于台湾、福建、江西、湖南、广东、海南、广西、贵州南部、云南等省区。适应性较强，生于山坡疏林或密林中，沟谷边缘或次生林或灌丛中。

用途与繁殖方式：种子含油量 51.22%，可供制肥皂和机械润滑油用；树皮入药，有消炎功效，可治各种炎症；木材暗黄色，坚硬，可供舢板、家具及工艺雕刻用材。播种繁殖。

来源与生长情况：引进种，生长良好，能正常开花结果，种子发育良好。

岭南山竹子 *Garcinia oblongifolia* Champ. ex Benth.　　　　　　　　　　　　　**藤黄属**

形态特征：乔木或灌木，高5～15m，树皮深灰色，老枝通常具断环纹。叶片近革质，长圆形，倒卵状长圆形至倒披针形，长5～10cm，宽2～3.5cm，顶端急尖或钝，基部楔形，干时边缘反卷，侧脉10～18对。花小，单性，异株，单生或成伞形状聚伞花序，花瓣橙黄色或淡黄色。浆果卵球形或圆球形，基部萼片宿存，顶端承以隆起的柱头。花期4～5月，果期10～12月。

分　　布：产于广东、广西，生于平地、丘陵、沟谷密林或疏林中，海拔200～400（1200）m。

用途与繁殖方式：果可食；种子含油量60.7%，可作工业用油；木材可制家俱和工艺品；树皮含单宁3～8%，供提制栲胶。播种繁殖。

来源与生长情况：引进种，生长良好，能正常开花结果。

金丝李 *Garcinia paucinervis* Chun & How　　　　　　　　　　　　　　　　　**藤黄属**

国家Ⅱ级重点保护植物

形态特征：乔木，高3～15m，树皮灰黑色，具白斑块，幼枝压扁状四棱形，暗紫色。叶片嫩时紫红色，膜质，老时近革质，椭圆形，椭圆状长圆形或卵状椭圆形，长8～14cm，宽2.5～6.5cm，顶端急尖或短渐尖，钝头、基部宽楔形，稀浑圆，侧脉5～8对。花杂性，同株，雄花的聚伞花序腋生和顶生，有花4～10朵；雌花通常单生叶腋，比雄花稍大。果成熟时椭圆形或卵珠状椭圆形，基部萼片宿存。花期6～7月，果期11～12月。

分　　布：产于广西西部和西南部，云南东南部，多生于石灰岩山较干燥的疏林或密林中，海拔300～800m。

用途与繁殖方式：本种为我国季风型气候、石灰岩地形地区的特有珍贵用材树种，心边材明显，材质坚而重，结构细致均匀，适于水工建筑和梁柱等用材。播种繁殖。

来源与生长情况：引进种，生长良好。

菲岛福木 *Garcinia subelliptica* Merr.　　　　　　　　　　　**藤黄属**

别　　名：福木、福树

形态特征：乔木，高可达 20 余 m，小枝坚韧粗壮，具 4 ～ 6 棱。叶片厚革质，卵形，卵状长圆形或椭圆形，稀圆形或披针形，长 7 ～ 14cm，宽 3 ～ 6cm，顶端钝、圆形或微凹，基部宽楔形至近圆形，侧脉纤细，12 ～ 18 对。花杂性，同株，5 数；雄花和雌花通常混合在一起，簇生或单生于落叶腋部，花瓣倒卵形，黄色。浆果宽长圆形，成熟时黄色，外面光滑。

分　　布：产于我国台湾南部，生于海滨的杂木林中，现广西、广东、海南有栽培。

用途与繁殖方式：本种能耐暴风和怒潮的侵袭，根部巩固，枝叶茂盛，是我国沿海地区营造防风林的理想树种。播种繁殖。

来源与生长情况：引进种，生长良好。

大叶藤黄 *Garcinia xanthochymus* Hook.f. ex T. Anders.　　　　　**藤黄属**

别　　名：大叶山竹子

形态特征：乔木，高 8 ～ 20m，树皮灰褐色，分枝细长，多而密集，平伸，先端下垂。叶两行排列，厚革质，具光泽，椭圆形、长圆形或长方状披针形，长 20 ～ 34cm，宽 6 ～ 12cm，顶端急尖或钝，稀渐尖，基部楔形或宽楔形，侧脉多达 35 ～ 40 对。伞房状聚伞花序，有花 5 ～ 10 朵，腋生或从落叶叶腋生出，萼片和花瓣 3 大 2 小。浆果圆球形或卵球形，成熟时黄色，外面光滑，柱头宿存，基部通常有宿存的萼片和雄蕊束。花期 3 ～ 5 月，果期 8 ～ 11 月。

分　　布：产于云南南部和西南部及广西西南部，生于沟谷和丘陵地潮湿的密林中，海拔 600 ～ 1000m。

用途与繁殖方式：果成熟后可食用，其味较酸；种子含油量 17.72%，可作工业用油；黄色树脂滴入鼻腔，可驱使蚂蝗自行退出。播种繁殖。

来源与生长情况：引进种，生长良好，能正常开花结果，种子发育良好。

铁力木 *Mesua ferrea* Linn.   **铁力木属**

形态特征：常绿乔木，具板状根，高 20 ～ 30m，树皮薄，创伤处渗出带香气的白色树脂。叶嫩时黄色带红，老时深绿色，革质，通常下垂，披针形或狭卵状披针形至线状披针形，长 6 ～ 10cm，宽 2 ～ 4cm，顶端渐尖或长渐尖至尾尖，基部楔形。花两性，1 ～ 2 顶生或腋生，花瓣白色；果卵球形或扁球形，干后栗褐色，有纵皱纹，顶端花柱宿存，通常 2 瓣裂。花期 3 ～ 5 月，果期 8 ～ 10 月。

分　　布：产于云南南部、西部和西南部，广东，广西等地，通常零星栽培。

用途与繁殖方式：木材结构较细，材质极重，坚硬强韧，难于加工，唯耐磨、抗腐性强，抗白蚁，不易变形，是一种有价值的特种工业用材；树形美观，花有香气，也适宜于庭园绿化观赏。播种繁殖。

来源与生长情况：引进种，生长良好，能正常开花。

椴树科 Tiliaceae

黄麻 *Corchorus capsularis* L.   **黄麻属**

形态特征：直立木质草本，高 1 ～ 2m，无毛，叶纸质，卵伏披针形至狭窄披针形，长 5 ～ 12cm，宽 2 ～ 5cm，先端渐尖，基部圆形，两面均无毛，三出脉的两侧脉上行不过半，中脉有侧脉 6 ～ 7 对。花单生或数朵排成腋生聚伞花序，花瓣黄色；蒴果球形，顶端无角，表面有直行钝棱及小瘤状突起，5 爿裂开。花期夏季，果秋后成熟。

分　　布：原产于亚洲热带，长江以南各地广泛栽培，亦有见于荒野呈野生状态。

用途与繁殖方式：本种茎皮富含纤维，可作绳索及织制麻袋；经加工处理，可织制麻布及地毯等；嫩叶供食用。播种繁殖。

来源与生长情况：引进种，生长良好，能正常开花结果。

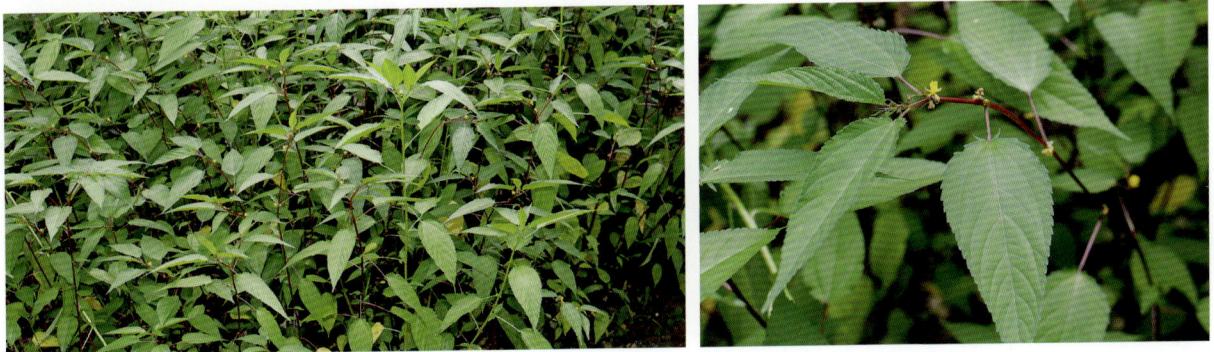

海南椴 *Hainania trichosperma* Merr.

国家Ⅱ级重点保护植物

形态特征：灌木或小乔木，高达 15m，嫩枝密被灰褐色茸毛，叶薄革质，卵圆形，长 6～12cm，宽 4～9cm，先端渐尖或锐尖，基部微心形或截形，下面密被贴紧灰黄色星状短茸毛，全缘或微波状，基出脉 5～7 条。圆锥花序顶生，有花多数，花序柄密被灰黄色星状短茸毛，花瓣黄或白色；蒴果倒卵形，有 4～5 棱，熟时 5～4 片室背开裂，种子椭圆形，密被黄褐色长柔毛。花期秋季，果期冬季。

分　　布：产于海南、广西等地，生长于中海拔的山地疏林中。

用途与繁殖方式：树形优美，可做观赏树种。播种繁殖。

来源与生长情况：引进种，生长良好。

蚬木 *Excentrodendron hsienmu* (Chun & How) H. T. Chang & R. H. Miau

国家Ⅱ级重点保护植物

形态特征：常绿乔木，高 20m，嫩枝及顶芽无毛。叶革质，卵圆形或椭圆状卵形，长 8～14cm，宽 5～8cm，先端渐尖或尾状渐尖，基部圆形，上面绿色发亮，脉腋有囊状腺体，下面黄褐色，除脉腋有毛丛外其余秃净，基出脉 3 条。圆锥花序，花瓣阔倒卵形，翅果有 5 条薄翅。花期 4 月，果期 7 月。

分　　布：产于广西西南部石灰岩地区，生长于石灰岩的常绿林里，是桂西石灰岩山地常绿林的主要建群种。

用途与繁殖方式：木材坚硬，属珍贵木材，最大的胸径达 3m 宽。播种繁殖。

来源与生长情况：引进种，生长良好。

破布叶 *Microcos paniculata* L.　　　　　　　　　　　　　　　　　　　　　　破布叶属

形态特征:灌木或小乔木,高3～12m,树皮粗糙,嫩枝有毛。叶薄革质,卵状长圆形,长8～18cm,宽4～8cm,先端渐尖,基部圆形,两面初时有极稀疏星状柔毛,以后变秃净,三出脉的两侧脉从基部发出,边缘有细钝齿,托叶线状披针形。顶生圆锥花序,被星状柔毛,花瓣长圆形,下半部有毛。核果近球形或倒卵形,果柄短。花期6～7月,果期10～11月。

分　　布:产于广东、广西、云南。

用途与繁殖方式:叶供药用,味酸,性平无毒,可清热毒,去食积。播种繁殖。

来源与生长情况:引进种,生长良好,能正常开花结果,种子发育良好。

杜英科 Elaeocarpaceae

中华杜英 *Elaeocarpus chinensis* (Gardn. et Chanp.) Hook. f. ex Benth.　　　　　杜英属

别　　名:华杜英

形态特征:常绿小乔木,高3～7m,嫩枝有柔毛,老枝秃净。叶薄革质,卵状披针形或披针形,长5～8cm,宽2～3cm,先端渐尖,基部圆形,稀为阔楔形,上面绿色有光泽,下面有细小黑腺点,侧脉4～6对,边缘有波状小钝齿。总状花序生于无叶的去年枝条上,花序轴有微毛,花两性或单性,核果椭圆形。花期5～6月,果期11月。

分　　布:产于广东、广西、浙江、福建、江西、贵州、云南,生长于海拔350～850m的常绿林中。

用途与繁殖方式:树形优美,用于园林绿化可作背景树、防护林带。播种、扦插繁殖。

来源与生长情况:引进种,生长良好,能正常开花结果,种子发育良好。

杜英 *Elaeocarpus decipiens* Hemsl.　　　　　　　　　　　　　　　　　　　**杜英属**

形态特征： 乔木，嫩枝被短柔毛，顶芽被毛。叶革质，倒披针形，自中部向下渐狭，先端渐尖，基部楔形，下延，在叶柄上成窄翅，边缘有锯齿，长9—13.5cm，宽2.5—4cm，侧脉7—9，纤细。总状花序生于脱落叶的腋部，花瓣5，外面无毛，里面下半部有毛，边缘具睫毛，上半部撕裂。核果椭球形，基部具宿存腺体，外果皮不光亮，内果皮有瘤状突起及深沟纹，有3条缝线。

分　　布： 广西、云南、广东、贵州、四川、浙江、湖南、台湾等地有分布。

用途与繁殖方式： 种子油可作肥皂和滑润油；树皮可制染料。播种、扦插繁殖。

来源与生长情况： 引进种，生长良好。

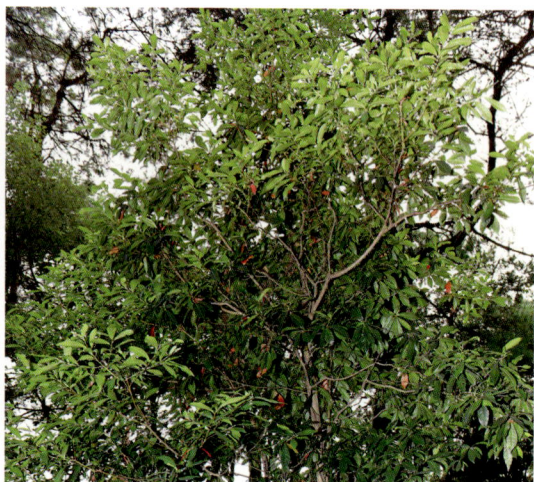

显脉杜英 *Elaeocarpus dubius* A.DC.　　　　　　　　　　　　　　　　　　**杜英属**

形态特征： 常绿乔木，高达25m，嫩枝初时有银灰色短柔毛。叶聚生于枝顶，薄革质，长圆形或披针形，长5~7cm，宽2~2.5cm，先端急短尖或渐尖，尖头钝，基部阔楔形或钝，稍不等侧，侧脉8~10对。总状花序生于枝顶的叶腋内，萼片5片，花瓣5片，内外两面均有灰白色毛，先端1/3撕裂，裂片9~11条。核果椭圆形，无毛，内果皮坚骨质。花期3~4月，果期7~8月。

分　　布： 产于广东、海南、广西及云南，生长于低海拔的常绿林中。越南也有分布。

用途与繁殖方式： 树形高大优美，可做园林绿化树种。播种、扦插繁殖。

来源与生长情况： 引进种，生长良好，能正常开花结果。

褐毛杜英 *Elaeocarpus duclouxii* Gagnep.　　　　　　　　　　　　　　　**杜英属**

别　　名：冬桃、冬桃杜英

形态特征：常绿乔木，高20m，嫩枝被褐色茸毛，叶聚生于枝顶，革质，长圆形，长6～15cm，宽3～6cm，先端急尖，基部楔形，侧脉8～10对，边缘有小钝齿，叶柄被褐色毛。总状花序常生于无叶的去年枝条上，萼片5片，花瓣5片，上半部撕裂，裂片10～12条。核果椭圆形，外果皮秃净无毛，干后变黑色，内果皮坚骨质，表面多沟纹。花期6～7月，果期11月。

分　　布：产于云南、贵州、四川、湖南、广西、广东及江西，生长于海拔700～950m的常绿林里。

用途与繁殖方式：可做园林观赏。播种繁殖。

来源与生长情况：引进种，生长良好，能正常开花结果。

圆果杜英 *Elaeocarpus sphaericus* (Gaertn.) K. Schum.　　　　　　　　　**杜英属**

形态特征：乔木，高达30m，嫩枝被毛，具不明显的棱。叶几为膜质，长圆状披针形，先端短渐尖，基部急尖，边缘具疏浅齿，长13～17cm，宽4～5cm，侧脉10～13。总状花序生于生长叶或脱落叶的腋内，萼片5，两面有毛，花瓣与萼片近等长，撕裂至中部，小裂片15～25。核果球形，5室，每室1种子，内果皮表面具美观的沟纹及突起，有5条纵缝。

分　　布：广东、海南、云南有分布，生海拔700—1000m的常绿阔叶林中。

用途与繁殖方式：树形优美，可做园林观赏树种。播种繁殖。

来源与生长情况：引进种，生长良好，能正常开花结果。

秃瓣杜英 *Elaeocarpus glabripetalus* Merr.　　　　　　　　　　　　　　**杜英属**

别　　名：光瓣杜英

形态特征：乔木，高达15m，顶芽有毛，嫩枝有棱。叶纸质，倒披针形或倒卵状披针形，有时倒卵形，先端渐尖，基部楔形，下延，边缘有钝锯齿，长6～10cm，宽2.5～3.5cm，侧脉7～9。总状花序生于脱落叶的腋部，多花，萼片5，披针形，花瓣5，秃净无毛，先端撕裂，小裂片14～18。核果椭球形，基部具宿存腺体，外果皮不光亮，内果皮有细瘤状突起。

分　　布：广西、云南、广东、湖南、贵州、浙江、安徽、福建、江西等地有分布。

用途与繁殖方式：树皮含鞣质，可提制栲胶；树形优美，可做园林绿化树种。播种、扦插繁殖。

来源与生长情况：引进种，生长良好。

水石榕 *Elaeocarpus hainanensis* Oliv.　　　　　　　　　　　　　　**杜英属**

别　　名：海南杜英

形态特征：小乔木，具假单轴分枝，树冠宽广，嫩枝无毛。叶革质，狭窄倒披针形，长7～15cm，宽1.5～3cm，先端尖，基部楔形，侧脉14～16对，边缘密生小钝齿。总状花序生当年枝的叶腋内，有花2～6朵，萼片5片，披针形，花瓣白色，与萼片等长，倒卵形，裂片30条。核果纺锤形，两端尖，内果皮坚骨质，表面有浅沟，腹缝线2条。花期6～7月，果期10月。

分　　布：产于海南、广西南部及云南东南部，喜生于低湿处及山谷水边。

用途与繁殖方式：适宜作庭园风景树；也可栽作其他花木的背景树。播种、扦插繁殖。

来源与生长情况：引进种，生长良好，能正常开花结果。

日本杜英 *Elaeocarpus japonicus* Sieb. & Zucc.   杜英属

别　　名： 薯豆杜英

形态特征： 乔木，嫩枝秃净无毛，叶芽有发亮绢毛。叶革质，通常卵形，亦有为椭圆形或倒卵形，长6～12cm，宽3～6cm，先端尖锐，尖头钝，基部圆形或钝，下面无毛，有多数细小黑腺点，侧脉5～6对。总状花序生于当年枝的叶腋内，花序轴有短柔毛，花瓣长圆形，两面有毛，与萼片等长，先端全缘或有数个浅齿；核果椭圆形，1室，种子1颗。花期4～5月，果期9～10月。

分　　布： 产于我国长江以南各省区，东起台湾，西至四川及云南最西部，南至海南。生于海拔400～1300m的常绿林中。

用途与繁殖方式： 木材可制家具，又可放养香菇。播种、扦插繁殖。

来源与生长情况： 引进种，生长良好，能正常开花结果。

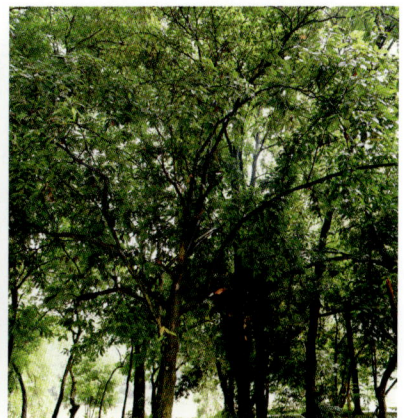

绢毛杜英 *Elaeocarpus nitentifolius* Merr. et Chun   杜英属

形态特征： 乔木，高20m，嫩枝被银灰色绢毛。叶革质，椭圆形，长8～15cm，宽3.5～7.5cm，先端急尖，基部阔楔形，初时两面有绢毛，不久上面变秃净，干后深绿色，发亮，下面有银灰色绢毛，有时脱落变秃净，侧脉6～8对；叶柄被绢毛，稍纤细。总状花序生于当年枝的叶腋内，花序轴被绢毛，花杂性，萼片4～5片，花瓣4～5片，先端有5～6个齿刻，花药无芒刺。核果小，椭圆形，种子1颗。花期4～5月，果期10月。

分　　布： 产于广东、广西及云南，生于低海拔的热带森林里。

用途与繁殖方式： 树形秀丽，可做园林观赏树种。播种、扦插繁殖。

来源与生长情况： 引进种，生长良好，能正常开花。

长柄杜英 *Elaeocarpus petiolatus* (Jack) Wall. ex Steud.   **杜英属**

形态特征：乔木，高 12m，嫩枝无毛，常有红色树脂渗出树皮及枝条表面。叶革质，长卵形或椭圆形，长 9～18cm，宽 4～7cm，先端急短尖，尖头钝，稀为渐尖，基部圆形或钝，侧脉 5～7 对，边缘有浅波状小钝齿，或为全缘。总状花序腋生，萼片 5 片，披针形，花瓣与萼片等长，上半部撕裂，裂片 9～14 条。核果椭圆形，内果皮骨质，表面有浅沟纹。花期 8～9 月。

分　　布：产于广东、广西及云南，生于低海拔的热带森林里。

用途与繁殖方式：树形高大挺拔，可做园林观赏树种。播种、扦插繁殖。

来源与生长情况：引进种，生长良好，能正常开花结果。

毛果杜英 *Elaeocarpus rugosus* Roxb.   **杜英属**

别　　名：尖叶杜英

形态特征：乔木，高达 30m，小枝圆柱形，被锈褐色短绒毛。叶革质或薄革质，聚生枝顶，倒卵状披针形、提琴形、倒卵形至倒卵状椭圆形，长 18～30cm，宽 6～11cm，先端突尖、圆形或微凹，自 2/3 向基部渐狭，基部楔形，边缘具浅的疏钝齿，侧脉 16～18 条，叶柄顶端曲膝状。总状花序着生于脱落叶及生长叶的腋部，密集，花瓣 5～6，先端撕裂至 1/5 左右，小裂片 15～20。核果椭球形，外果皮被绒毛，内果皮表面具明显的瘤状突起，核扁，具两条明显的边。花期 3 月，果期 5～8 月。

分　　布：云南、广东、海南有分布。

用途与繁殖方式：可作花灌木或雕塑等的背景树；也可作为行道树。播种、扦插繁殖。

来源与生长情况：引进种，生长良好，能正常开花结果。

锡兰杜英 *Elaeocarpus serratus* Benth.

杜英属

别　　名：锡兰榄、锡兰橄榄

形态特征：常绿乔木。二回羽状复叶，革质，广椭圆形，树干通直，树姿优雅叶；互生，椭圆形，表面浓绿、光滑，边缘有锯齿，嫩叶浅红，老叶凋落干后转为橘红和浓红色。总状花序腋生，花白色，核果橄榄形。花期一般为 7 ～ 9 月，果期 11 ～ 12 月。

分　　布：产于印度、锡兰，主要分布于福建、广东，其次为广西、海南、台湾。

用途与繁殖方式：树冠饱满，优美，可作庭院观赏树种。播种繁殖。

来源与生长情况：引进种，生长良好，能正常开花结果。

山杜英 *Elaeocarpus sylvestris* (Lour.) Poir.

杜英属

形态特征：小乔木，高约 10m，小枝纤细，通常秃净无毛。叶纸质，倒卵形或倒披针形，长 4 ～ 8cm，宽 2 ～ 4cm，上下两面均无毛，先端钝，或略尖，基部窄楔形，下延，侧脉 5 ～ 6 对，边缘有钝锯齿或波状钝齿。总状花序生于枝顶叶腋内，萼片 5 片，披针形，花瓣倒卵形，上半部撕裂，裂片 10 ～ 12 条。核果细小，椭圆形，内果皮薄骨质，有腹缝沟 3 条。花期 4 ～ 5 月，果期 9 ～ 10 月。

分　　布：产于广东、海南、广西、福建、浙江、江西、湖南、贵州、四川及云南。生于海拔 350 ～ 2000m 的常绿林里。

用途与繁殖方式：可作庭院观赏、四旁绿化。播种繁殖。

来源与生长情况：引进种，生长良好，能正常开花结果，种子发育良好。

美脉杜英 *Elaeocarpus varunua* Buch.-Ham.　　　　　　　　　　　　　　　**杜英属**

形态特征： 乔木，高30m，嫩枝有稀疏灰白色短柔毛，不久变秃净。叶薄，椭圆形，长10～20cm，宽5～9cm，先端急短尖，尖头钝，基部圆形，侧脉10～14对。总状花序生于当年枝的叶腋内，被灰白色柔毛，花瓣5片，上半部撕裂，裂片16～18条；核果椭圆形，果皮薄，内果皮坚骨质，有腹缝线3条，陷入，背缝线3条，突起。花期3～4月，果期8～9月。

分　　布： 产于广东、广西及云南等省区，生长于海拔350～700m的常绿林中。

用途与繁殖方式： 树形优美，可做园林绿化树种。播种繁殖。

来源与生长情况： 引进种，生长良好，能正常开花结果。

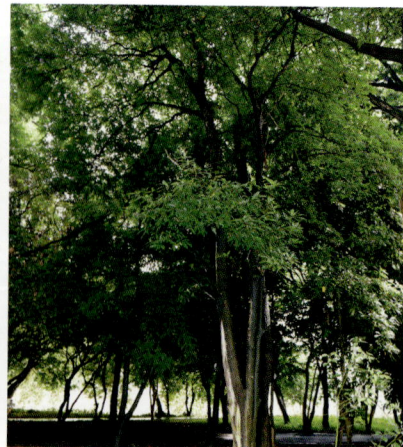

薄果猴欢喜 *Sloanea leptocarpa* Diels.　　　　　　　　　　　　　　　　**猴欢喜属**

形态特征： 乔木，高达25m，嫩枝被褐色柔毛，叶革质，披针形或倒披针形，有时为狭窄长圆形，长7～14cm，宽2～3.5cm，先端渐尖，基部窄而钝，侧脉7～8对，全缘。花生于当年枝顶的叶腋内，单生或数朵丛生，萼片4～5片，花瓣4～5片，上端齿状撕裂。蒴果圆球形，3～4片裂开，果爿薄；针刺短，有柔毛；种子成熟时黑色，假种皮淡黄色。花期4～5月，果实9月成熟。

分　　布： 产于广东、广西、福建、湖南、四川、贵州及云南，生长于海拔700～1000m的常绿林中。

用途与繁殖方式： 树形挺拔优美，果形奇特，可做园林观赏树种。播种繁殖。

来源与生长情况： 引进种，生长良好，能正常开花结果。

猴欢喜 *Sloanea sinensis* (Hance) Hu.　　　　　　　　　　　　　　**猴欢喜属**

形态特征：乔木，高20m，嫩枝无毛，叶薄革质，形状及大小多变，通常为长圆形或狭窄倒卵形，长6～9cm，最长达12cm，宽3～5cm，先端短急尖，基部楔形，或收窄而略圆，有时为圆形，亦有为披针形的，通常全缘，有时上半部有数个疏锯齿，侧脉5～7对。花多朵簇生于枝顶叶腋，花瓣4片，白色，先端撕裂，有齿刻；蒴果的大小不一，3～7片裂开，内果皮紫红色，种子黑色。花期9～11月，果期翌年6～7月。

分　　布：产于广东、海南、广西、贵州、湖南、江西、福建、台湾和浙江，生长于海拔700～1000m的常绿林里。

用途与繁殖方式：树皮和果壳含鞣质，可提制栲胶；宜作庭园观赏树。播种繁殖。

来源与生长情况：引进种，生长良好，能正常开花结果。

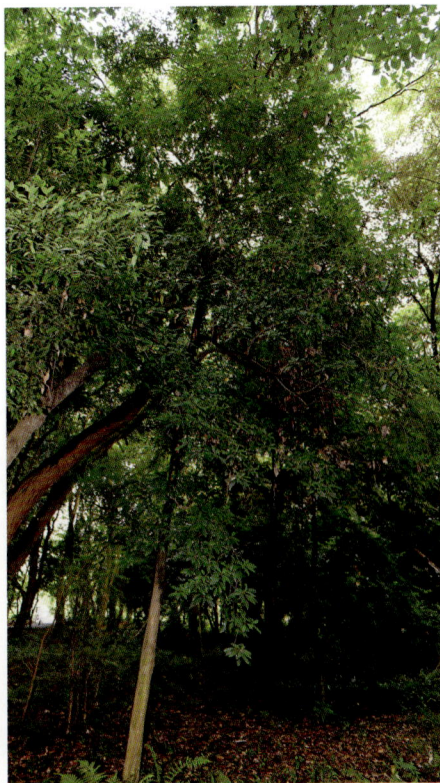

梧桐科 Sterculiaceae

澳洲火焰木 *Brachychiton acerifolius* (A. Cunn. ex G. Don) F. Muell.　　　　**瓶子树属**

形态特征：常绿乔木，高达30m，树皮灰褐色。单叶。螺旋状互生，叶椭圆状披针形，掌状裂叶7～9裂，裂片再呈羽状深裂，先端锐尖，革质。圆锥花序顶生，花的形状象小铃钟或小酒瓶，先叶开放，量大而红艳，一般可维持4～6个星期；蒴果。长圆状棱形，果瓣赤褐色，近木质。花期5～6月。

分　　布：原产于澳大利亚，已引进我国种植，被广泛用于绿化建设。

用途与繁殖方式：树形优美，整株成塔形或伞形，叶形优雅，四季葱翠美观，花色艳丽，花量丰富，适合行道树、庭院树等。播种繁殖。

来源与生长情况：从广州引进，生长良好。

梧桐 *Firmiana platanifolia* (L.f.) Marsili　　　　　　　　　　　　　　　　　　　　　**梧桐属**

形态特征：落叶乔木，高达 16m，树皮青绿色，平滑。叶心形，掌状 3 ~ 5 裂，直径 15 ~ 30cm，裂片三角形，顶端渐尖，基部心形，两面均无毛或略被短柔毛，基生脉 7 条，叶柄与叶片等长。圆锥花序顶生，花淡黄绿色；萼 5 深裂几至基部。蓇葖果膜质，有柄，成熟前开裂成叶状，每蓇葖果有种子 2 ~ 4 个，种子圆球形，表面有绉纹。花期 6 月，果期 10 月。

分　　布：产于我国南北各省，从广东海南岛到华北均产之，多为人工栽培。

用途与繁殖方式：本种为栽培于庭园的观赏树木；木材轻软，为制木匣和乐器的良材；茎、叶、花、果和种子均可药用，有清热解毒的功效；树皮的纤维洁白，可用以造纸和编绳等。播种、扦插、分根繁殖。

来源与生长情况：引进种，生长良好。

银叶树 *Heritiera littoralis* Aiton　　　　　　　　　　　　　　　　　　　　　　　　　**银叶树属**

形态特征：常绿乔木，高约 10m，树皮灰黑色，小枝幼时被白色鳞秕。叶革质，矩圆状披针形、椭圆形或卵形，长 10 ~ 20cm，宽 5 ~ 10cm，顶端锐尖或钝，基部钝，下面密被银白色鳞秕。圆锥花序腋生，密被星状毛和鳞秕，花红褐色，萼钟状，两面均被星状毛，5 浅裂。果木质，坚果状，近椭圆形，光滑，干时黄褐色，背部有龙骨状突起，种子卵形。花期夏季，果期 11 月。

分　　布：产于广东、广西防城和台湾的沿海地区。

用途与繁殖方式：本种为热带海岸红树林的树种之一。木材坚硬，为建筑、造船和制家具的良材；果木质，内有厚的木栓状纤维层，故能漂浮在海面而散布到各地。播种、扦插繁殖。

来源与生长情况：引进种，从北海引进，生长良好。

蝴蝶树 *Heritiera parvifolia* Merr.　　　　　　　　　　　　　　　　　　　　**银叶树属**

形态特征：常绿乔木，高达 30m，树皮灰褐色，小枝密被鳞秕。叶椭圆状披针形，长 6～8cm，宽 1.5～3cm，顶端渐尖，基部短尖或近圆形，上面无毛，下面密被银白色或褐色鳞秕，侧脉约 6 对。圆锥花序腋生，密被锈色星状短柔毛，花小，白色，萼 5～6 裂，两面均有星状短柔毛。果有长翅，翅鱼尾状，顶端钝，密被鳞秕，果皮革质，种子椭圆形。花期 5～6 月。

分　　布：产于海南岛，生于保亭、崖县、乐东等县，为五指山一带山地热带雨林的主要树种，常为最上层树种，有明显的板状干基。

用途与繁殖方式：木材暗红色，质硬，为优良的造船材。播种繁殖。

来源与生长情况：引进种，生长良好。

翻白叶树 *Pterospermum heterophyllum* Hance　　　　　　　　　　　　　　　**翅子树属**

形态特征：乔木，高达 20m，叶二型，生于幼树或萌蘗枝上的叶盾形，直径约 15cm，掌状 3～5 裂，基部截形而略近半圆形，下面密被黄褐色星状短柔毛；生于成长的树上的叶矩圆形至卵状矩圆形，长 7～15cm，宽 3～10cm，顶端钝、急尖或渐尖，基部钝、截形或斜心形，下面密被黄褐色短柔毛。花单生或 2～4 朵组成腋生的聚伞花序，花青白色，花瓣 5 片，倒披针形。蒴果木质，矩圆状卵形，种子具膜质翅。花期秋季。

分　　布：产于广东、福建、广西及云南。

用途与繁殖方式：根可供药用，为治疗风湿性关节炎的药材，可浸酒或煎汤服用；枝皮可剥取以编绳；也可以放养紫胶虫。播种、扦插繁殖。

来源与生长情况：引进种，生长良好，能正常开花结果，种子发育良好。

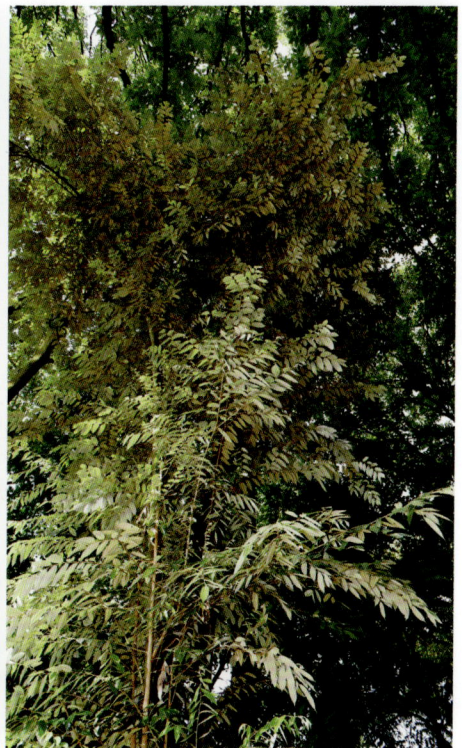

截裂翅子树 *Pterospermum truncatolobatum* Gagnep.

别　　名：截裂翻白叶树

形态特征：乔木，高达 16m，小枝幼嫩部分密被黄褐色星状绒毛。叶革质，矩圆状倒梯形，长 8 ~ 16cm，宽 3.5 ~ 11cm，顶端截形并有 3 ~ 5 裂，中间的裂片急尖或渐尖，长 1 ~ 2cm，叶的基部心形或斜心形，下面密被灰白色和黄褐色星状绒毛，基生脉 5 ~ 7 条。花腋生，单生，几无柄，花瓣 5 片，条状镰刀形；蒴果木质，卵圆形或卵状矩圆形，有明显的 5 棱和 5 条很深的沟，种子具翅，翅膜质，条形。花期 7 月，果期次年 4 月。

分　　布：产于云南金平和广西宁明、龙州等地，生于海拔 300 ~ 520m 的石灰岩山上密林中。

用途与繁殖方式：可以散瘀止血、补益，用于治外伤及跌打损伤肿痛。播种繁殖。

来源与生长情况：引进种，生长良好。

两广梭罗 *Reevesia thyrsoidea* Lindl.

形态特征：常绿乔木，树皮灰褐色，叶革质，矩圆形、椭圆形或矩圆状椭圆形，长 5 ~ 7cm，宽 2.5 ~ 3cm，顶端急尖或渐尖，基部圆形或钝，两面均无毛，叶柄两端膨大。聚伞状伞房花序顶生，被毛，花密集；萼钟状，5 裂，花瓣 5 片，白色，匙形。蒴果矩圆状梨形，有 5 棱，被短柔毛，种子有翅。花期 3 ~ 4 月，果期 9 月。

分　　布：产于广东中部、东部、南部和海南岛，广西南部和云南南部，生于海拔 500 ~ 1500m 的山坡上或山谷溪旁。

用途与繁殖方式：树形优美，花色淡雅，可作为园景树、行道树。播种、扦插繁殖。

来源与生长情况：引进种，生长良好，能正常开花结果。

假苹婆 *Sterculia lanceolata* Cav.　　　　　　　　　　　　　　　　　　　　　苹婆属

形态特征：乔木，小枝幼时被毛，叶椭圆形、披针形或椭圆状披针形，长9～20cm，宽3.5～8cm，顶端急尖，基部钝形或近圆形，侧脉每边7～9条。圆锥花序腋生，密集且多分枝，花淡红色，萼片5枚，仅于基部连合，向外开展如星状；蓇葖果鲜红色，长卵形或长椭圆形，顶端有喙，基部渐狭，密被短柔毛，种子黑褐色，椭圆状卵形，每果有种子2～4个。花期4～6月，果期8～9月。

分　　布：产于广东、广西、云南、贵州和四川南部，为我国产苹婆属中分布最广的一种，在华南山野间很常见，喜生于山谷溪旁。

用途与繁殖方式：茎皮纤维可作麻袋的原料，也可造纸；种子可食用，也可榨油。播种、扦插、根蘖苗繁殖。

来源与生长情况：引进种，生长良好，能正常开花结果，种子发育正常。

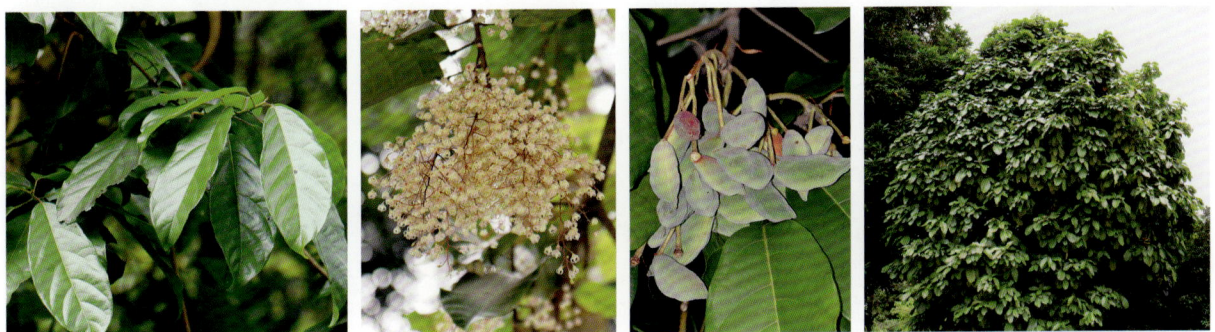

苹婆 *Sterculia nobilis* Sm.　　　　　　　　　　　　　　　　　　　　　　　苹婆属

形态特征：乔木，小枝幼时略有星状毛。叶薄革质，矩圆形或椭圆形，长8～25cm，宽5～15cm，顶端急尖或钝，基部浑圆或钝。圆锥花序顶生或腋生，柔弱且披散，萼初时乳白色，后转为淡红色，钟状，5裂，裂片条状披针形，先端渐尖且向内曲，在顶端互相粘合。蓇葖果鲜红色，厚革质，矩圆状卵形，顶端有喙，每果内有种子1～4个；种子椭圆形或矩圆形，黑褐色。花期4～5月，果期7月。

分　　布：产于广东、广西的南部、福建东南部、云南南部和台湾，喜生于排水良好的肥沃的土壤，且耐荫蔽。

用途与繁殖方式：苹婆的种子可食，煮熟后味如栗子，惜结实率不高；树冠浓密，叶常绿，树形美观，不易落叶，是一种很好的行道树。扦插、高压、根蘖繁殖和播种育苗法。

来源与生长情况：引进种，生长良好，能正常开花结果，种子发育正常。

木棉科 Bombacaceae

木棉 *Bombax malabaricum* DC.　　　　　　　　　　　　　　　　　　　　　　木棉属

形态特征：落叶大乔木，高可达 25m，幼树的树干通常有圆锥状的粗刺，分枝平展。掌状复叶，小叶 5 ~ 7 片，长圆形至长圆状披针形，长 10 ~ 16cm，宽 3.5 ~ 5.5cm，顶端渐尖，基部阔或渐狭，全缘，两面均无毛，羽状侧脉 15 ~ 17 对。花单生枝顶叶腋，通常红色，有时橙红色，萼杯状，萼齿 3 ~ 5，花瓣肉质。蒴果长圆形，钝，种子多数，倒卵形，光滑。花期 3 ~ 4 月，果夏季成熟。

分　　布：产于云南、四川、贵州、广西、江西、广东、福建、台湾等省区亚热带。

用途与繁殖方式：花可供蔬食；根皮祛风湿、理跌打；树皮为滋补药；果内绵毛可作枕、褥、救生圈等填充材料。花大而美，可作为园庭观赏树，行道树。嫁接、播种繁殖。

来源与生长情况：引进种，生长良好，能正常开花结果，种子发育良好。

美丽异木棉 *Ceiba speciosa* (A.St.-Hil.) Ravenna　　　　　　　　　　　　吉贝属

别　　名：美人树

形态特征：落叶大乔木，高 10 ~ 15m，树干下部膨大，幼树树皮浓绿色，密生圆锥状皮刺、侧枝放射状水平伸展或斜向伸展。掌状复叶有小叶 5 ~ 9 片；小叶椭圆形，花单生，花冠淡紫红色，中心白色，蒴果椭圆形。冬季为开花期，种子次年春季成熟。

分　　布：原产于南美洲。在我国广东、福建、广西、海南、云南、四川等南方城市广泛栽培。

用途与繁殖方式：可作庭院绿化和美化的高级树种；也可作为高级行道树。播种繁殖。

来源与生长情况：引进种，生长良好，能正常开花结果。

光瓜栗 *Pachira glabra* Pasq. **瓜栗属**

别　　名：马拉巴栗、发财树

形态特征：小乔木，高4～5m，树冠较松散，幼枝栗褐色，无毛。掌状复叶，小叶5～11，具短柄或近无柄，长圆形至倒卵状长圆形，渐尖，基部楔形，全缘。花单生枝顶叶腋，萼杯状，近革质，花瓣淡黄绿色，狭披针形至线形，上半部反卷。蒴果近梨形，果皮厚，木质，几黄褐色，外面无毛，内面密被长绵毛，开裂，每室种子多数。种子大，不规则的梯状楔形，表皮暗褐色，有白色螺纹。花期5～11月，果先后成熟，

分　　布：原产于中美墨西哥，云南、广西、广东、海南有引种栽培。

用途与繁殖方式：树形优美，可做园林绿化，小苗常盆栽室内观赏。播种、扦插繁殖。

来源与生长情况：引进种，生长良好，能正常开花结果。

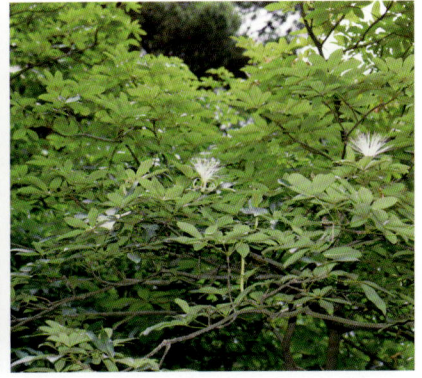

锦葵科 Malvaceae

咖啡黄葵 *Abelmoschus esculentus* (Linn.) Moench **秋葵属**

别　　名：秋葵、咖啡秋葵

形态特征：一年生草本，高1～2m，茎圆柱形，疏生散刺。叶掌状3～7裂，直径10～30cm，裂片阔至狭，边缘具粗齿及凹缺，两面均被疏硬毛；叶柄被长硬毛；托叶线形，被疏硬毛。花单生于叶腋间，花梗疏被糙硬毛；花萼钟形，较长于小苞片，密被星状短绒毛；花黄色，内面基部紫色。蒴果筒状尖塔形，顶端具长喙，疏被糙硬毛；种子球形，多数，具毛脉纹。花期5～9月。

分　　布：原产于印度，广泛栽培于热带和亚热带地区，我国湖南、湖北、广东、广西等省栽培面积也极广。

用途与繁殖方式：素有蔬菜王之称，有极高的经济用途和食用价值。播种繁殖。

来源与生长情况：引进种，生长良好，能正常开花结果，种子发育良好。

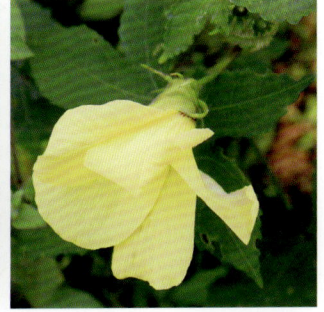

磨盘草 *Abutilon indicum* (L.) Sweet 　　　　　　　　　　　　　　　**苘麻属**

形态特征：一年生或多年生直立的亚灌木状草本，分枝多，全株均被灰色短柔毛。叶卵圆形或近圆形，长 3 ~ 9cm，宽 2 ~ 7cm，先端短尖或渐尖，基部心形，边缘具不规则锯齿，两面均密被灰色星状柔毛，托叶钻形。花单生于叶腋，花瓣 5。果为倒圆形似磨盘，黑色，分果爿 15 ~ 20，先端截形，具短芒，被星状长硬毛；种子肾形，被星状疏柔毛。花期 7 ~ 10 月。

分　　布：产于台湾、福建、广东、广西、贵州和云南等省区。常生于海拔 800m 以下的地带，如平原、海边、砂地、旷野、山坡、河谷及路旁等处。

用途与繁殖方式：本种皮层纤维可为麻类的代用品，供织麻布、搓绳索和加工成人造棉供织物和垫充料；全草供药用，有散风、清血热、开窍、活血之功，为治疗耳聋的良药。播种繁殖。

来源与生长情况：引进种，生长良好，能正常开花结果，种子发育良好。

木芙蓉 *Hibiscus mutabilis* Linn. 　　　　　　　　　　　　　　　　**木槿属**

别　　名：芙蓉花、芙蓉、醉酒芙蓉

形态特征：落叶灌木或小乔木，高 2 ~ 5m，小枝、叶柄、花梗和花萼均密被星状毛。叶宽卵形至圆卵形或心形，直径 10 ~ 15cm，常 5 ~ 7 裂，裂片三角形，先端渐尖，具钝圆锯齿，上面疏被星状细毛和点，下面密被星状细绒毛；主脉 7 ~ 11 条。花单生于枝端叶腋间，花初开时白色或淡红色，后变深红色，花瓣近圆形。蒴果扁球形，被淡黄色刚毛和绵毛，果爿 5。花期 8 ~ 10 月。

分　　布：辽宁、河北、山东、陕西、安徽、江苏、浙江、江西、福建、台湾、广东、广西、湖南、湖北、四川、贵州和云南等省区栽培。

用途与繁殖方式：本种花大色丽，为我国久经栽培的园林观赏植物。扦插、压条、分株繁殖。

来源与生长情况：引进种，生长良好，能正常开花结果。

朱槿 *Hibiscus rosa-sinensis* Linn.   木槿属

别　　名：扶桑、大红花

形态特征：常绿灌木，高约 1～3m，小枝圆柱形，疏被星状柔毛。叶阔卵形或狭卵形，长 4～9cm，宽 2～5cm，先端渐尖，基部圆形或楔形，边缘具粗齿或缺刻，托叶线形，被毛。花单生于上部叶腋间，常下垂，萼钟形，被星状柔毛，裂片 5，花冠漏斗形，玫瑰红色或淡红、淡黄等色，花瓣倒卵形。蒴果卵形，平滑无毛，有喙。花期全年。

分　　布：广东、云南、台湾、福建、广西、四川等省区栽培。

用途与繁殖方式：花大色艳，四季常开，主供园林观用。扦插、嫁接繁殖。

来源与生长情况：引进种，生长良好，能正常开花。

七彩朱槿 *Hibiscus Rosa-sinensis* L. Cv. 'Cooper'   木槿属

别　　名：七彩大红花、彩叶朱槿

形态特征：灌木，高约 1～3m，小枝圆柱形，疏被星状柔毛。叶白红绿相间，阔卵形或狭卵形，长 4～9cm，宽 2～5cm，先端渐尖，基部圆形或楔形，边缘具粗齿或缺刻，两面除背面沿脉上有少许疏毛外均无毛；叶柄上面被长柔毛，托叶线形，被毛。花单生于上部叶腋间，常下垂，小苞片 6～7，线形，疏被星状柔毛，花冠漏斗形，花柱枝 5。蒴果卵形，平滑无毛，有喙。花期全年。

分　　布：福建、台湾、广东、广西、云南、四川、海南等省区栽培。

用途与繁殖方式：观赏植物，常栽培或作绿篱。扦插繁殖。

来源与生长情况：引进种，生长良好，能正常开花。

吊灯扶桑 Hibiscus schizopetalus (Masters) Hook. f.　　　　　　　　　　　　　　**木槿属**

别　　名：吊灯花

形态特征：常绿直立灌木，高达 3m，小枝细瘦，常下垂，平滑无毛。叶椭圆形或长圆形，长 4 ~ 7cm，宽 1.5 ~ 4cm，先端短尖或短渐尖，基部钝或宽楔形，边缘具齿缺，两面均无毛。花单生于枝端叶腋间，花梗细瘦，下垂，花瓣 5，红色，深细裂作流苏状，向上反曲；雄蕊柱长而突出，下垂；蒴果长圆柱形。花期全年。

分　　布：产于中国台湾、福建、广东、广西和云南南部各地，均有栽培

用途与繁殖方式：花大色艳，四季常开，主供园林观用。扦插、嫁接繁殖。

来源与生长情况：引进种，生长良好，能正常开花。

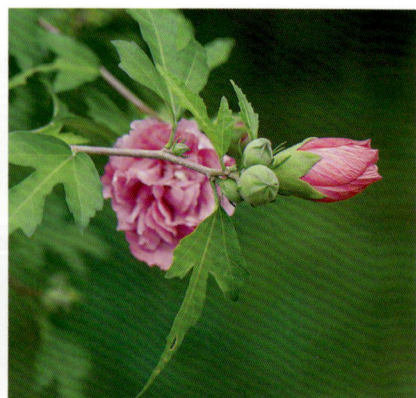

木槿 *Hibiscus syriacus* L.　　　　　　　　　　　　　　　　　　　　　　　　　**木槿属**

形态特征：落叶灌木，高 3 ~ 4m，小枝密被黄色星状绒毛，叶菱形至三角状卵形，长 3 ~ 10cm，宽 2 ~ 4cm，具深浅不同的 3 裂或不裂，先端钝，基部楔形，边缘具不整齐齿缺，叶柄上面被星状柔毛。花单生于枝端叶腋间，花萼钟形，裂片 5，花钟形，淡紫色。蒴果卵圆形，密被黄色星状绒毛；种子肾形，背部被黄白色长柔毛。花期 7 ~ 10 月。

分　　布：台湾、福建、广东、广西、云南、贵州、四川、湖南、湖北、安徽、江西、浙江、江苏、山东、河北、河南、陕西等省区，均有栽培，系我国中部各省原产。

用途与繁殖方式：园林观赏用，或作绿篱材料；茎皮富含纤维，供造纸原料。播种、压条、扦插、分株繁殖。

来源与生长情况：引进种，生长良好，能正常开花。

黄槿 *Hibiscus tiliaceus* Linn. 　　　　　　　　　　　　　　　　　　　　　　　　　　**木槿属**

形态特征：常绿灌木或乔木，高 4 ~ 10m，树皮灰白色。叶革质，近圆形或广卵形，直径 8 ~ 15cm，先端突尖，有时短渐尖，基部心形，全缘或具不明显细圆齿，上面绿色，下面密被灰白色星状柔毛，叶脉 7 或 9 条，托叶叶状，早落。花序顶生或腋生，常数花排列成聚散花序，花冠钟形，花瓣黄色，内面基部暗紫色。蒴果卵圆形，被绒毛，果爿 5，种子光滑，肾形。花期 6 ~ 8 月，果期 9 ~ 10 月。

分　　布：产于台湾、广东、广西、海南、福建等省。

用途与繁殖方式：树皮纤维供制绳索，嫩枝叶供蔬食；木材坚硬致密，耐朽力强，适于建筑、造船及家具等用。树冠浓密，可作行道树。播种、扦插繁殖。

来源与生长情况：引进种，生长良好，能正常开花结果。

大戟科 Euphorbiaceae

红桑 *Acalypha wilkesiana* Müll. Arg. 　　　　　　　　　　　　　　　　　　　　　　**铁苋菜属**

形态特征：灌木，高 1 ~ 4m，叶纸质，阔卵形，古铜绿色或浅红色，常有不规则的红色或紫色斑块，长 10 ~ 18cm，宽 6 ~ 12cm，顶端渐尖，基部圆钝，边缘具粗圆锯齿，下面沿叶脉具疏毛；基出脉 3 ~ 5 条。雌雄同株，通常雌雄花异序。蒴果具 3 个分果爿，疏生具基的长毛；种子球形，平滑。花期几全年。

分　　布：原产于太平洋岛屿（波利尼西亚或斐济），现广泛栽培于热带、亚热带地区，我国台湾、福建、广东、海南、广西和云南的公园和庭园有栽培。

用途与繁殖方式：为庭园赏叶植物。扦插繁殖。

来源与生长情况：引进种，生长良好，能正常开花。

红背山麻杆 *Alchornea trewioides* (Benth.) Müll. Arg.　　　　　　　　　　　　　　**山麻杆属**

形态特征：灌木，高 1 ~ 2m，小枝被灰色微柔毛，叶薄纸质，阔卵形，长 8 ~ 15cm，宽 7 ~ 13cm，顶端急尖或渐尖，基部浅心形或近截平，边缘疏生具腺小齿，基部具斑状腺体 4 个，基出脉 3 条，托叶钻状，具毛。雌雄异株，雄花序穗状，腋生或生于一年生小枝已落叶腋部；雌花序总状，顶生。蒴果球形，具 3 圆棱，果皮平坦，被微柔毛。花期 3 ~ 5 月，果期 6 ~ 8 月。

分　　布：产于福建南部和西部、江西南部、湖南南部、广东、广西、海南。生于海拔 15 ~ 400（1200）沿海平原或内陆山地矮灌丛中或疏林下或石灰岩山灌丛中。

用途与繁殖方式：枝、叶煎水，外洗治风疹。播种繁殖。

来源与生长情况：原生种，生长良好。

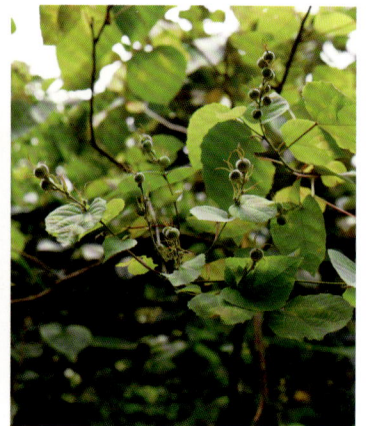

石栗 *Aleurites moluccanus* (L.) Willd.　　　　　　　　　　　　　　　　　　　　　　**石栗属**

形态特征：常绿乔木，高达 18m，嫩枝密被灰褐色星状微柔毛。叶纸质，卵形至椭圆状披针形，长 14 ~ 20cm，宽 7 ~ 17cm，顶端短尖至渐尖，基部阔楔形或钝圆，稀浅心形，全缘或 3 ~ 5 浅裂，嫩叶两面被星状微柔毛，基出脉 3 ~ 5 条，叶柄顶端有 2 枚扁圆形腺体。花雌雄同株，同序或异序，花瓣长圆形，乳白色至乳黄色。核果近球形或稍偏斜的圆球状，具 1 ~ 2 颗种子，种子圆球状，侧扁，种皮坚硬，有疣状突棱。花期 4 ~ 10 月。

分　　布：产于福建、台湾、广东、海南、广西、云南等省区。

用途与繁殖方式：我国南部一些城镇栽培作行道树或庭园绿化树种；种子含油量达 26%，系干性油，供工业用。播种、扦插繁殖。

来源与生长情况：引进种，生长良好，能正常开花结果。

五月茶 *Antidesma bunius* (L.) Spreng.   **五月茶属**

形态特征：乔木，高达 10m，小枝有明显皮孔。叶片纸质，长椭圆形、倒卵形或长倒卵形，长 8 ~ 23cm，宽 3 ~ 10cm，顶端急尖至圆，有短尖头，基部宽楔形或楔形，叶面深绿色，常有光泽，叶背绿色；侧脉每边 7 ~ 11 条。雄花序为顶生的穗状花序，雌花序为顶生的总状花序。核果近球形或椭圆形，成熟时红色。花期 3 ~ 5 月，果期 6 ~ 11 月。

分　　布：产于江西、福建、湖南、广东、海南、广西、贵州、云南和西藏等省区，生于海拔 200 ~ 1500m 山地疏林中。

用途与繁殖方式：果微酸，供食用及制果酱。叶供药用，治小儿头疮；根叶可治跌打损伤。叶深绿，红果累累，为美丽的观赏树。扦插、分枝和播种繁殖。

来源与生长情况：引进种，生长良好，能正常开花结果，种子发育良好。

方叶五月茶 *Antidesma ghaesembilla* Gaertn.   **五月茶属**

形态特征：乔木，高达 10m，除叶面外，全株各部均被柔毛或短柔毛。叶片长圆形、卵形、倒卵形或近圆形，长 3 ~ 9.5cm，宽 2 ~ 5cm，顶端圆、钝或急尖，有时有小尖头或微凹，基部圆、钝、截形或近心形，边缘微卷，侧脉每边 5 ~ 7 条。雄花黄绿色，多朵组成分枝的穗状花序；雌花多朵组成分枝的总状花序。核果近圆球形。花期 3 ~ 9 月，果期 6 ~ 12 月。

分　　布：产于广东、海南、广西、云南，生于海拔 200 ~ 1100m 山地疏林中。

用途与繁殖方式：供药用，叶可治小儿头痛；茎有通经之效；果可通便、泻泄作用。播种繁殖。

来源与生长情况：原生种，生长良好。

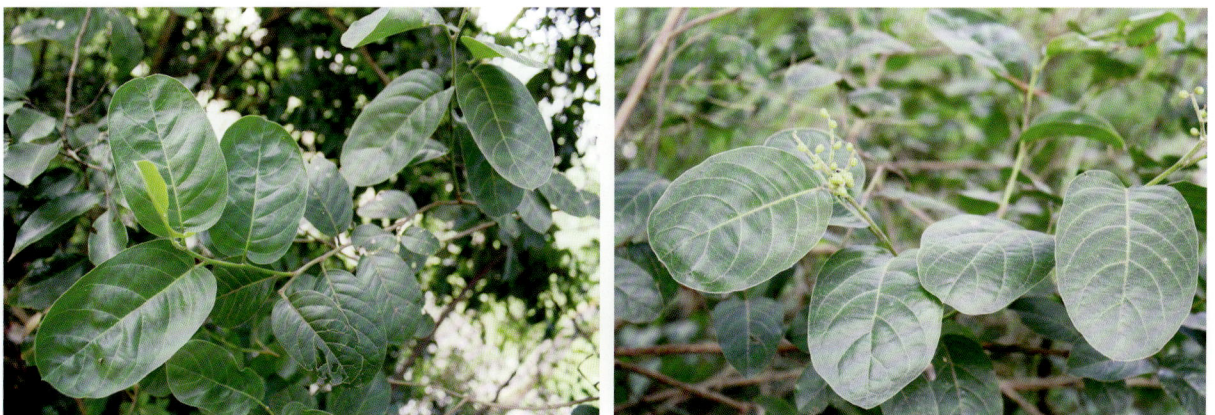

酸味子 *Antidesma japonicum* Sieb. et Zucc.　　　　　　　　　　　　　　　**五月茶属**

别　　名：日本五月茶

形态特征：乔木或灌木，高 2 ~ 8m；小枝初时被短柔毛，后变无毛。叶片纸质至近革质，椭圆形、长椭圆形至长圆状披针形，稀倒卵形，长 3.5 ~ 13cm，宽 1.5 ~ 4cm，顶端通常尾状渐尖，有小尖头，基部楔形、钝或圆，除叶脉上被短柔毛外，其余均无毛；侧脉每边 5 ~ 10 条。总状花序顶生，不分枝或有少数分枝；核果椭圆形。花期 4 ~ 6 月，果期 7 ~ 9 月。

分　　布：分布于我国长江以南各省区，生于海拔 300 ~ 1700m 山地疏林中或山谷湿润地方，为热带及亚热带森林中常见树种。

用途与繁殖方式：种子含油量 48%，为以亚麻酸为主的油脂。播种繁殖。

来源与生长情况：引进种，生长良好，能正常开花结果。

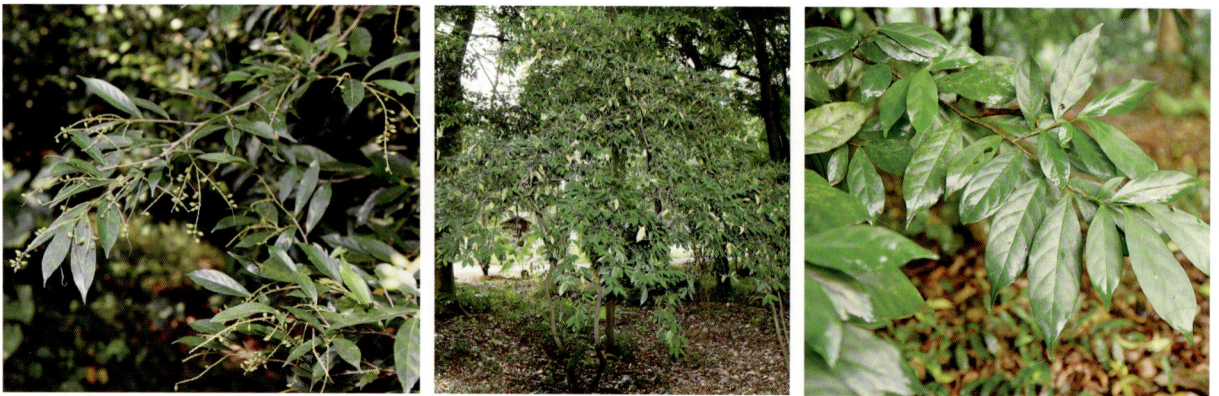

银柴 *Aporosa dioica* (Roxb.) Müll.Arg.　　　　　　　　　　　　　　　　**银柴属**

别　　名：大沙叶

形态特征：乔木，高达 9m，小枝被稀疏粗毛，叶片革质，椭圆形、长椭圆形、倒卵形或倒披针形，长 6 ~ 12cm，宽 3.5 ~ 6cm，顶端圆至急尖，基部圆或楔形，全缘或具有稀疏的浅锯齿，侧脉每边 5 ~ 7 条，叶柄顶端两侧各具 1 个小腺体。雄穗状花序长约 2.5cm，雌穗状花序长 4 ~ 12mm。蒴果椭圆状，被短柔毛，内有种子 2 颗。花果期几乎全年。

分　　布：产于广东、海南、广西、云南等省区，生于海拔 1000m 以下山地疏林中和林缘或山坡灌木丛中。

用途与繁殖方式：清热解毒，活血祛瘀；主治感冒发热、中暑、肝炎、跌打损伤、风毒疥癞。播种繁殖。

来源与生长情况：原生种，生长良好。

木奶果 *Baccaurea ramiflora* Lour.　　　　　　　　　　　　　　　　　　　　　　**木奶果属**

别　　名：火果、枝花木奶果

形态特征：常绿乔木，高5～15m，树皮灰褐色，叶片纸质，倒卵状长圆形、倒披针形或长圆形，长9～15cm，宽3～8cm，顶端短渐尖至急尖，基部楔形，全缘或浅波状，侧脉每边5～7条。花小，雌雄异株，无花瓣，总状圆锥花序腋生或茎生。浆果状蒴果卵状或近圆球状，黄色后变紫红色，不开裂，内有种子1～3颗；种子扁椭圆形或近圆形。花期3～4月，果期6～10月。

分　　布：产于广东、海南、广西和云南，生于海拔100～1300m的山地林中。

用途与繁殖方式：果实味道酸甜，成熟时可吃；木材可作家具和细木工用料；树形美观，可作行道树。播种、扦插、高压繁殖。

来源与生长情况：引进种，生长良好，能正常开花结果，种子发育良好。

秋枫 *Bischofia javanica* Bl.　　　　　　　　　　　　　　　　　　　　　　　　**秋枫属**

别　　名：常绿重阳木

形态特征：常绿或半常绿大乔木，高达40m，树皮砍伤后流出汁液红色，干凝后变瘀血状，小枝无毛。三出复叶，小叶片纸质，卵形、椭圆形、倒卵形或椭圆状卵形，长7～15cm，宽4～8cm，顶端急尖或短尾状渐尖，基部宽楔形至钝，边缘有浅锯齿。花小，雌雄异株，多朵组成腋生的圆锥花序。果实浆果状，圆球气形或近圆球形，淡褐色，种子长圆形。花期4～5月，果期8～10月。

分　　布：产于长江以南各等省区，常生于海拔800m以下山地潮湿沟谷林中或平原栽培，为热带和亚热带常绿季雨林中的主要树种。

用途与繁殖方式：木材可供建筑、桥梁、车辆、造船、矿柱、枕木等用；果肉可酿酒；树皮可提取红色染料；根有祛风消肿作用。播种繁殖。

来源与生长情况：引进种，生长良好，能正常开花结果，种子发育良好。

重阳木 *Bischofia polycarpa* (Lévl.) Airy Shaw. **秋枫属**

形态特征：落叶乔木，高达 15m，树皮褐色，纵裂，全株均无毛。三出复叶，顶生小叶通常较两侧的大，小叶片纸质，卵形或椭圆状卵形，有时长圆状卵形，长 5 ～ 9cm，宽 3 ～ 6cm，顶端突尖或短渐尖，基部圆或浅心形，边缘具钝细锯齿。花雌雄异株，春季与叶同时开放，组成总状花序。果实浆果状，圆球形，成熟时褐红色。花期 4 ～ 5 月，果期 10 ～ 11 月。

分　　布：产于秦岭、淮河流域以南至福建和广东的北部，生于海拔 1000m 以下山地林中或平原栽培。

用途与繁殖方式：木材适于建筑、造船、车辆、家具等用材；果肉可酿酒。播种繁殖。

来源与生长情况：引进种，生长良好，能正常开花结果。

黑面神 *Breynia fruticosa* (L.) Hook.f. **黑面神属**

别　　名：鬼划符、鬼画符

形态特征：灌木，高 1 ～ 3m，枝条上部常呈扁压状，紫红色，小枝绿色，全株均无毛。叶片革质，卵形、阔卵形或菱状卵形，长 3 ～ 7cm，宽 1.8 ～ 3.5cm，两端钝或急尖，侧脉每边 3 ～ 5 条。花小，单生或 2 ～ 4 朵簇生于叶腋内，雌花位于小枝上部，雄花则位于小枝的下部。蒴果圆球状，有宿存的花萼。花期 4 ～ 9 月，果期 5 ～ 12 月。

分　　布：产生浙江、福建、广东、海南、广西、四川、贵州、云南等省区，散生于山坡、平地旷野灌木丛中或林缘。

用途与繁殖方式：种子含脂肪油。根、叶供药用，可治肠胃炎、咽喉肿痛、风湿骨痛、湿疹、高血脂病等。播种繁殖。

来源与生长情况：原生种，生长良好。

禾串树 *Bridelia insulana* Hance.　　　　　　　　　　　　　　　　　　　　　**土蜜树属**

别　　名：大叶逼迫子

形态特征：乔木，高达17m，树干通直，树皮黄褐色。叶片近革质，椭圆形或长椭圆形，长5～25cm，宽1.5～7.5cm，顶端渐尖或尾状渐尖，基部钝，无毛或仅在背面被疏微柔毛，边缘反卷，侧脉每边5～11条。花雌雄同序，密集成腋生的团伞花序，核果长卵形，成熟时紫黑色，1室。花期3～8月，果期9～11月。

分　　布：产于福建、台湾、广东、海南、广西、四川、贵州、云南等省区，生于海拔300～800m山地疏林或山谷密林中。

用途与繁殖方式：可供建筑、家具、车辆、农具、器具等材料；树皮含鞣质，可提取栲胶。播种繁殖。

来源与生长情况：引进种，生长良好能正常开花结果。

土蜜树 *Bridelia tomentosa* Bl.　　　　　　　　　　　　　　　　　　　　　　**土蜜树属**

形态特征：直立灌木或小乔木，通常高为2～5m，树皮深灰色；枝条细长；叶片纸质，长圆形、长椭圆形或倒卵状长圆形，稀近圆形，顶端锐尖至钝，基部宽楔形至近圆，托叶线状披针形。花雌雄同株或异株，簇生于叶腋，核果近圆球形，2室，种子褐红色，长卵形，有纵槽，背面稍凸起，有纵条纹。花果期几乎全年。

分　　布：产于福建、台湾、广东、海南、广西和云南，生于海拔100～1500m山地疏林中或平原灌木林中。

用途与繁殖方式：药用，叶治外伤出血、跌打损伤；根治感冒、神经衰弱、月经不调等；树皮科提取栲胶。播种繁殖。

来源与生长情况：原生种，生长良好。

肥牛树 *BCephalomappa sinensis* (Chun et How) Kosterm.　　　　　　　　**肥牛树属**

形态特征：乔木，高达 25m，嫩枝被短柔毛，叶革质，长椭圆形或长倒卵形，长 6 ~ 15cm，宽 3 ~ 9cm，顶端渐尖或长渐尖，基部阔楔形，具 2 个细小斑状腺体，叶缘淡紫色，浅波状或疏生细齿；侧脉 5 ~ 6 对。花序无分枝或具 1 ~ 2 个短分枝，具 1 ~ 3 朵雌花和 1 ~ 3 个由 9 ~ 13 朵雄花排成的团伞花序。蒴果，具 3 个分果爿，密生三棱的瘤状刺，种子近球形，具浅褐色斑纹。花期 3 ~ 4 月，果期 5 ~ 7 月。

分　　布：产于广西西南部和西部，生于海拔 250 ~ 500m 石灰岩山常绿林中。

用途与繁殖方式：本种适于石灰岩地区绿化树种，其木材坚重，供做家具等，嫩枝、叶可作牛、马、羊饲料。播种、扦插繁殖。

来源与生长情况：引进种，生长良好。

蝴蝶果 *Cleidiocarpon cavaleriei* (Lévl.) Airy shaw　　　　　　　　**蝴蝶果属**

形态特征：乔木，高达 25m，叶纸质，椭圆形，长圆状椭圆形或披针形，长 6 ~ 22cm，宽 1.5 ~ 6cm，顶端渐尖，稀急尖，基部楔形；小托叶 2 枚，钻状，长 0.5mm，叶柄顶端枕状，有时基部外侧有 1 个腺体。圆锥状花序，各部均密生灰黄色微星状毛。果呈偏斜的卵球形或双球形，具微毛，基部骤狭呈柄状，花柱基喙状，种子近球形，种皮骨质。花果期 5 ~ 11 月。

分　　布：产于贵州南部、广西西北部、西部和西南部、云南东南部，生于海拔 150 ~ 750m 山地或石灰岩山的山坡或沟谷常绿林中。

用途与繁殖方式：种子含丰富的淀粉和油，煮熟并除去胚后可食用；木材适做家具等；树形美观，常绿，抗病力强，可作行道树或庭园绿化树。播种、扦插繁殖。

来源与生长情况：引进种，生长良好，能正常开花结果，种子发育良好。

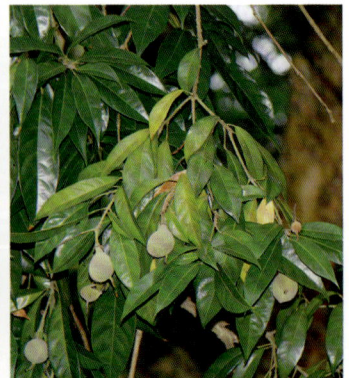

长棒柄花 *Cleidion javanicum* Bl.   **棒柄花属**

形态特征： 乔木，高 5～30m，小枝无毛。叶薄革质，互生，有时近对生，椭圆形、长圆状披针形或卵形，长 9～30cm，宽 4～14cm，顶端短渐尖、钝头，有时钝、具短尖，基部圆钝或楔形，具斑状腺体数个，叶下面侧脉腋具髯毛，叶缘具疏锯齿或波状齿；侧脉 5～9 对。雌雄异株，雄花序长腋生；雌花单朵、腋生。蒴果双球形，稀具 3 个分果爿，果皮无毛；种子近球形，具浅褐色斑纹。花期 4～6月，果期 5～10 月。

分　　布： 产于云南，生于海拔 600～850m 河谷或沟谷半常绿雨林或湿润常绿林中。

用途与繁殖方式： 可做园林观赏树种。

来源与生长情况： 引进种，引自云南，生长良好。

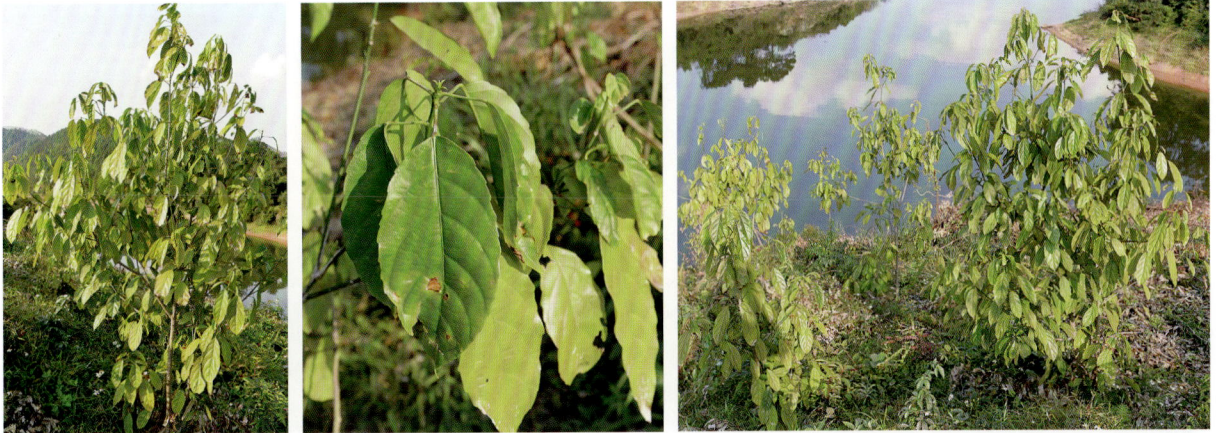

变叶木 *Codiaeum variegatum* (L.) Rumph. ex A.Juss.   **变叶木属**

别　　名： 洒金榕

形态特征： 灌木或小乔木，高可达 2m，叶薄革质，形状大小变异很大，线形、线状披针形、长圆形、椭圆形、披针形、卵形、匙形、提琴形至倒卵形，有时由长的中脉把叶片间断成上下两片。长 5～30cm，宽 0.5～8cm，顶端短尖、渐尖至圆钝，基部楔形、短尖至钝，边全缘、浅裂至深裂，两面无毛，绿色、淡绿色、紫红色、紫红与黄色相间、黄色与绿色相间，或有时在绿色叶片上散生黄色或金黄色斑点或斑纹。总状花序腋生，雌雄同株异序，雄花白色，雌花淡黄色。蒴果近球形，稍扁，无毛。花期 9～10 月。

分　　布： 原产于亚洲马来半岛至大洋洲，现广泛栽培于热带地区，我国南部各省区常见栽培。

用途与繁殖方式： 本种是热带、亚热带地区常见的庭园或公园观叶植物，易扦插繁殖，园艺品种多。扦插、播种、压条繁殖。

来源与生长情况： 引进种，生长良好。

巴豆 *Croton tiglium* Linn.　　　　　　　　　　　　　　　　　　　　巴豆属

形态特征：灌木或小乔木，高 3 ～ 6m，嫩枝被稀疏星状柔毛。叶纸质，卵形，稀椭圆形，长 7 ～ 12cm，宽 3 ～ 7cm，顶端短尖，稀渐尖，有时长渐尖，基部阔楔形至近圆形，稀微心形，边缘有细锯齿，有时近全缘，基出脉 3 条，侧脉 3 ～ 4 对，基部两侧叶缘上各有 1 枚盘状腺体。总状花序，顶生。蒴果椭圆状，被疏生短星状毛或近无毛；种子椭圆状，花期 4 ～ 6 月。

分　　布：产于浙江南部、福建、江西、湖南、广东、海南、广西、贵州、四川和云南等省区。

用途与繁殖方式：种子供药用，亦称巴豆，有大毒，作泻药，外用于恶疮、疥癣等；根、叶入药，治风湿骨痛等；民间用枝、叶作杀虫药或毒鱼。播种繁殖。

来源与生长情况：引进种，生长良好，能正常开花结果。

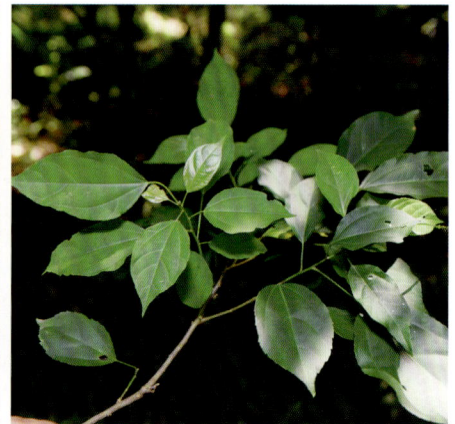

东京桐 *Deutzianthus tonkinensis* Gagnep.　　　　　　　　　　　　　　　东京桐属

国家 II 级重点保护植物

形态特征：乔木，高达 12m，叶椭圆状卵形至椭圆状菱形，长 10 ～ 15cm，宽 6 ～ 11cm，顶端短尖至渐尖，基部楔形、阔楔形至近圆形，全缘，侧脉每边 5 ～ 7 条，叶柄顶端有 2 枚腺体。雌雄异株，花序顶生，密被灰色柔毛。果稍扁球形，被灰色短毛，外果皮厚壳质，内果皮木质种子椭圆状，种皮硬壳质，平滑、有光泽。花期 4 ～ 6 月，果期 7 ～ 9 月。

分　　布：产于广西西南部、云南南部，生于海拔 900m 以下密林中。

用途与繁殖方式：树形优美，叶片光亮，可做园林观赏树种。播种繁殖。

来源与生长情况：引进种，生长良好。

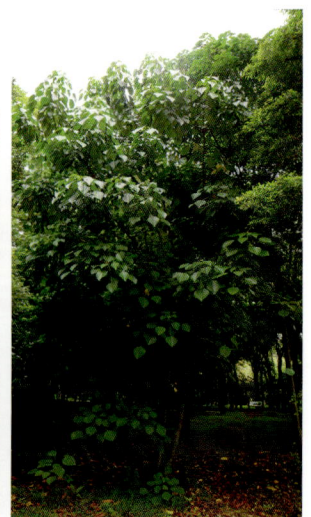

紫锦木 *Euphorbia cotinifolia* L.   **大戟属**

别　　名：俏黄栌、肖黄栌

形态特征：常绿小乔木，高达 12m，植株有白色乳汁，叶轮生，叶椭圆状卵形至椭圆状菱形，顶端短尖至渐尖，基部楔形、阔楔形至近圆形，全缘。雌雄异株，花序顶生，种皮硬壳质，平滑、有光泽。花期 4～6 月，果期 7～9 月。

分　　布：原产于热带美洲，我国福建、台湾近年有栽培。

用途与繁殖方式：做行道树，叶红色可观赏，北方温室亦开始栽培。扦插繁殖。

来源与生长情况：引进种，生长良好。

红背桂 *Excoecaria cochinchinensis* Lour.   **海漆属**

形态特征：常绿灌木，高达 1m 许，枝无毛，叶对生，稀兼有互生或近 3 片轮生，纸质，叶片狭椭圆形或长圆形，长 6～14cm，宽 1.2～4cm，顶端长渐尖，基部渐狭，边缘有疏细齿，两面均无毛，腹面绿色，背面紫红或血红色；侧脉 8～12 对，网脉不明显。花单性，雌雄异株，聚集成腋生或稀兼有顶生的总状花序。蒴果球形，基部截平，顶端凹陷，种子近球形。花期几乎全年。

分　　布：我国台湾、广东、广西、云南等地普遍栽培，广西龙州有野生，生于丘陵灌丛中。

用途与繁殖方式：叶两面异色，观赏价值高，可做绿篱。扦插、分根、播种、嫁接繁殖。

来源与生长情况：引进种，生长良好，能正常开花。

虎刺梅 *Euphorbia milii* var. *splendens* (Bojer ex Hook.) Ursch & Leandri　　　　　**大戟属**

别　　名：铁海棠

形态特征：蔓生灌木植物。茎多分枝，长60～100cm，具纵棱，密生硬而尖的锥状刺，常呈3～5列排列于棱脊上，呈旋转。叶互生，通常集中于嫩枝上，倒卵形或长圆状匙形，全缘。花序2或8个组成二歧状复花序，生于枝上部叶腋；柄基部具1枚膜质苞片，苞叶2枚，肾圆形，总苞钟状，边缘5裂，黄红色。蒴果三棱状卵形，种子卵柱状，灰褐色。花果期全年。

分　　布：原产于非洲马达加斯加，广泛栽培于旧大陆热带和温带，我国南北方均有栽培。

用途与繁殖方式：观赏植物，常做盆栽。扦插、嫁接繁殖。

来源与生长情况：引进种，生长良好，能正常开花。

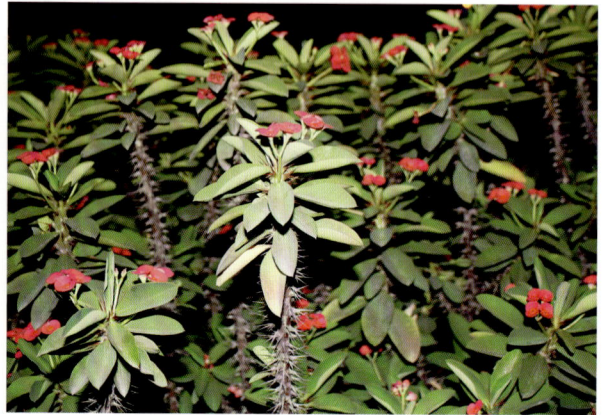

一品红 *Euphorbia pulcherrima* Willd. ex Klotzsch　　　　　**大戟属**

形态特征：灌木，根圆柱状，极多分枝，无毛。叶互生，卵状椭圆形、长椭圆形或披针形，长6～25cm，宽4～10cm，先端渐尖或急尖，基部楔形或渐狭，绿色，边缘全缘或浅裂或波状浅裂，叶面被短柔毛或无毛，叶背被柔毛；无托叶；苞叶5～7枚，狭椭圆形，朱红色；花序数个聚伞排列于枝顶，总苞坛状，淡绿色。蒴果，三棱状圆形，平滑无毛。种子卵状，灰色或淡灰色，近平滑。花果期10月～翌年4月。

分　　布：原产于中美洲，广泛栽培于热带和亚热带，我国绝大部分省区市均有栽培。

用途与繁殖方式：观赏，观花，常盆栽，或栽植于庭院。扦插繁殖。

来源与生长情况：引进种，生长良好，能正常开花。

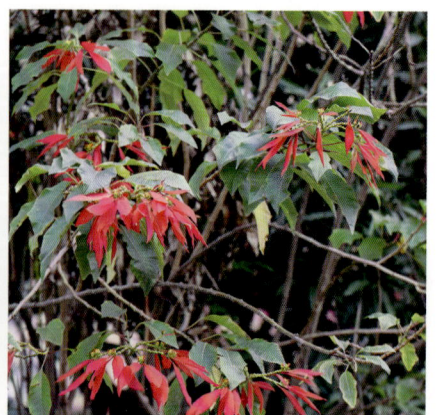

白饭树 *Flueggea virosa* (Roxb. ex Willd.) Royle ··· 白饭树属

形态特征：灌木，高1～6m，小枝具纵棱槽，全株无毛。叶片纸质，椭圆形、长圆形、倒卵形，长2～5cm，宽1～3cm，顶端圆至急尖，有小尖头，基部钝至楔形，全绿，下面白绿色；侧脉每边5～8条。花小，淡黄色，雌雄异株，多朵簇生于叶腋。蒴果浆果状，近圆球形，成熟时果皮淡白色，不开裂；种子栗褐色，具光泽，有小沈状凸起及网纹。花期3～8月，果期7～12月。

分　　布：产于华东、华南及西南各省区，生于海拔100～2000m山地灌木丛中。

用途与繁殖方式：药用，清热解毒，消肿止痛，止痒止血。播种繁殖。

来源与生长情况：原生种，生长良好。

毛果算盘子 *Glochidion eriocarpum* Champ. ex Benth. ······································· 算盘子属

形态特征：灌木，高达5m，小枝密被淡黄色、扩展的长柔毛。叶片纸质，卵形、狭卵形或宽卵形，长4～8cm，宽1.5～3.5cm，顶端渐尖或急尖，基部钝、截形或圆形，两面均被长柔毛，下面毛被较密，侧脉每边4～5条。花单生或2～4朵簇生于叶腋内，雌花生于小枝上部，雄花则生于下部。蒴果扁球状，具4～5条纵沟，密被长柔毛，顶端具圆柱状稍伸长的宿存花柱。花果期几乎全年。

分　　布：产于华南各省区，生于海拔130～1600m山坡、山谷灌木丛中或林缘。

用途与繁殖方式：全株或根、叶供药用，有解漆毒，收敛止泻、祛湿止痒的功效。治漆树过敏、剥脱性皮炎、麻疹、肠炎、痢疾、咽喉炎、乳腺炎、月经过多、皮肤湿疹、稻田性皮炎等。播种繁殖。

来源与生长情况：原生种，生长良好。

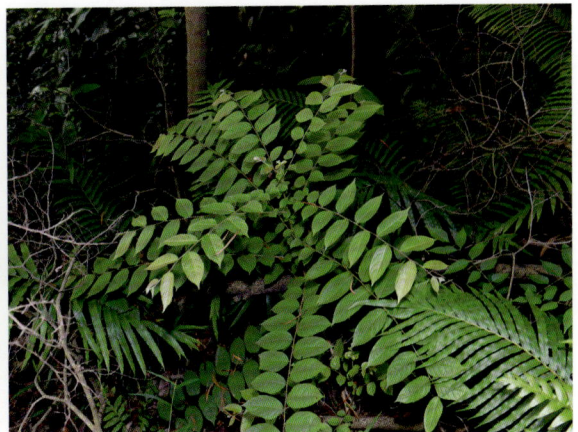

水柳 *Homonoia riparia* Lour.

别　　名：水柳仔、水杨梅

形态特征：灌木，高1～3m，小枝具棱，被柔毛。叶纸质，互生，线状长圆形或狭披针形，长6～20cm，宽1.2～2.5cm，顶端渐尖，具尖头，基部急狭或钝，全缘或具疏生腺齿，上面疏生柔毛或无毛，下面密生鳞片和柔毛；侧脉9～16对，网脉略明显。雌雄异株，花序腋生，雄花萼裂片3枚，雌花萼片5枚。蒴果近球形，被灰色短柔毛，种子近卵状。花期3～5月，果期4～7月。

分　　布：产于台湾、海南、广西、贵州南盘江沿岸、云南东南部至西南部、四川金沙江沿岸。趋流水植物，生于海拔20～1000m河流两岸冲积地、沙砾滩、河岸灌木林中或溪流两岸石隙。

用途与繁殖方式：根治腹泻，腹痛，口干咽燥。播种、扦插繁殖。

来源与生长情况：引进种，生长良好，能正常开花结果。

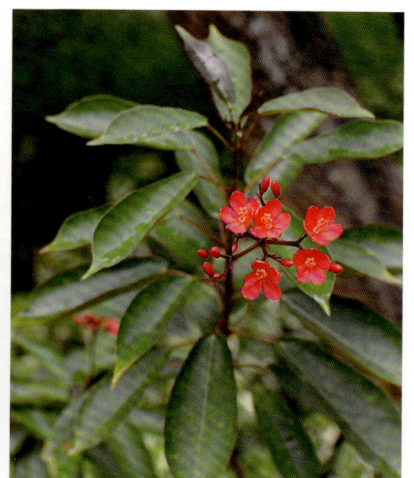

琴叶珊瑚 *Jatropha integerrima* Jacq.

形态特征：常绿灌木，植物体有乳汁，乳汁有毒。单叶互生，倒阔披针形，常丛生于枝条顶端。叶基有2～3对锐刺，叶端渐尖，叶面为浓绿色，叶背为紫绿色，叶柄具茸毛，叶面平滑。聚伞花序，花瓣5片，花冠红色，且为单性花，雌雄同株，自着生于不同的花序上，另有粉红品种，蒴果成熟时呈黑褐色。

分　　布：原产于中美洲，我国南方多有栽培。

用途与繁殖方式：花红色，花期长，适合于庭院栽植、大型盆栽。扦插繁殖。

来源与生长情况：引进种，生长良好，能正常开花结果。

麻风树 *Jatropha curcas* Linn.   **麻风树属**

形态特征：灌木或小乔木，高2～5m，具水状液汁，树皮平滑，枝条苍灰色，无毛，疏生突起皮孔，髓部大。叶纸质，近圆形至卵圆形，长7～18cm，宽6～16cm，顶端短尖，基部心形，全缘或3～5浅裂，掌状脉5～7。花序腋生，雄花萼片5枚，花瓣长圆形，黄绿色。蒴果椭圆状或球形，黄色，种子椭圆状，黑色。花期9～10月。

分　　布：原产于美洲热带，现广布于全球热带地区。我国福建、台湾、广东、海南、广西、贵州、四川、云南等省区有栽培或少量逸为野生。

用途与繁殖方式：种子含油量高，油供工业或医药用。播种、扦插繁殖。

来源与生长情况：引进种，生长良好，能正常开花结果。

中平树 *Macaranga denticulata* (Bl.) Muell. Arg.   **血桐属**

形态特征：乔木，高3～10m，嫩枝、叶、花序和花均被锈色或黄褐色绒毛。叶纸质或近革质，三角状卵形或卵圆形，长12～30cm，宽11～28cm，盾状着生，顶端长渐尖，基部钝圆或近截平，稀浅心形，两侧通常各具斑状腺体1～2个，叶缘微波状或近全缘，具疏生腺齿。花序圆锥状，蒴果双球形，具颗粒状腺体，宿萼3～4裂。花期4～6月，果期5～8月。

分　　布：产于海南、广西南部至西北部、贵州、云南东南部至西双版纳、西藏（墨脱），生于海拔50～1300m（西藏）低山次生林或山地常绿阔叶林中。

用途与繁殖方式：树皮纤维可编绳。播种繁殖。

来源与生长情况：原生种，生长良好。

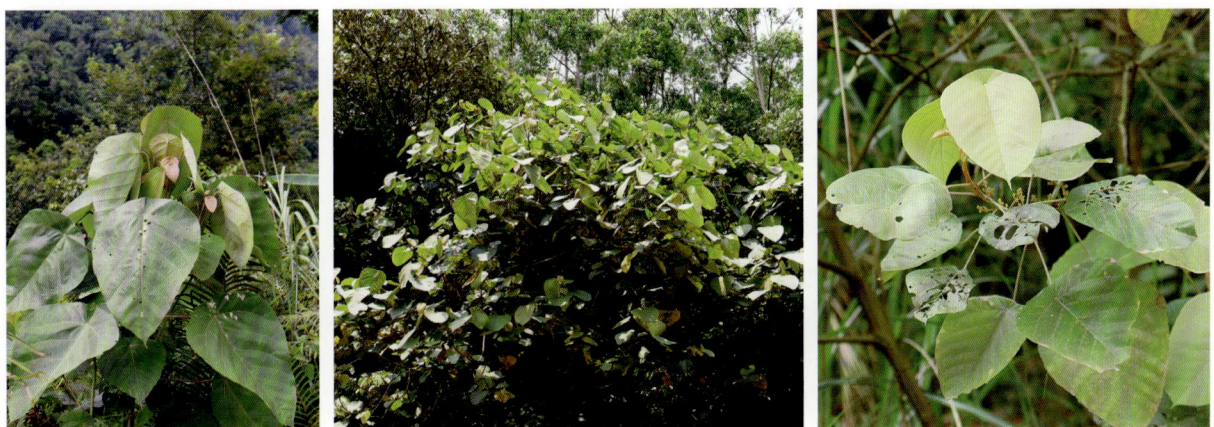

白背叶 *Mallotus apelta* (Lour.) Müll. Arg.　　　　　　　　　　　　　　**野桐属**

别　　名：白背桐

形态特征：灌木或小乔木，高 1 ~ 3m，小枝、叶柄和花序均密被淡黄色星状柔毛和散生橙黄色颗粒状腺体。叶互生，卵形或阔卵形，稀心形，长和宽均 6 ~ 16cm，顶端急尖或渐尖，基部截平或稍心形，边缘具疏齿，下面被灰白色星状绒毛，散生橙黄色颗粒状腺体，基部近叶柄处有褐色斑状腺体 2 个。花雌雄异株，雄花序为开展的圆锥花序或穗状，雌花序穗状。蒴果近球形，密生被灰白色星状毛的软刺，软刺线形，种子近球形，褐色或黑色。花期 6 ~ 9 月，果期 8 ~ 11 月。

分　　布：产于云南、广西、湖南、江西、福建、广东和海南，生于海拔 30 ~ 1000m 山坡或山谷灌丛中。

用途与繁殖方式：本种为撂荒地的先锋树种；茎皮可供编织。播种繁殖。

来源与生长情况：原生种，生长良好。

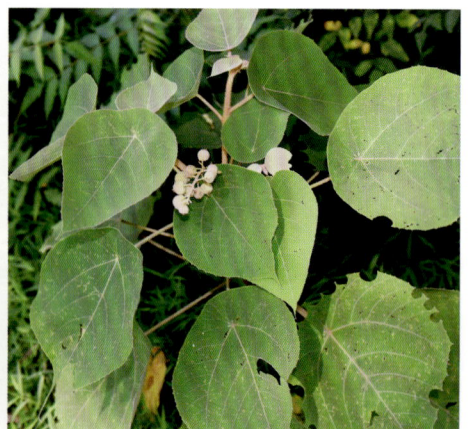

毛桐 *Mallotus barbatus* (Wall.) Müll. Arg.　　　　　　　　　　　　　　**野桐属**

形态特征：小乔木，高 3 ~ 4m，嫩枝、叶柄和花序均被黄棕色星状长绒毛。叶互生、纸质，卵状三角形或卵状菱形，长 13 ~ 35cm，宽 12 ~ 28cm，顶端渐尖，基部圆形或截形，边缘具锯齿或波状，上部有时具 2 裂片或粗齿，上面除叶脉外无毛，下面密被黄棕色星状长绒毛；近叶柄着生处有时具黑色斑状腺体数个。花雌雄异株，总状花序顶生。蒴果排列较稀疏，球形，密被淡黄色星状毛和紫红色的软刺，形成连续的厚毛层；种子卵形，黑色，光滑。花期 4 ~ 5 月，果期 9 ~ 10 月。

分　　布：产于云南、四川、贵州、湖南、广东和广西等地，生于海拔 400 ~ 1300m 林缘或灌丛中。

用途与繁殖方式：茎皮纤维可作制纸原料；木材质地轻软，可制器具。播种繁殖。

来源与生长情况：原生种，生长良好。

白楸 *Mallotus paniculatus* (Lam.) Muell. Arg.   野桐属

形态特征： 乔木或灌木，高 3 ~ 15m，小枝被褐色星状绒毛。叶互生，卵形、卵状三角形或菱形，长 5 ~ 15cm，宽 3 ~ 10cm 顶端长渐尖，基部楔形或阔楔形，边缘波状或近全缘，上部有时具 2 裂片或粗齿；嫩叶两面均被灰黄色或灰白色星状绒毛；基出脉 5 条，基部近叶柄处具斑状腺体 2 个。花雌雄异株，总状花序或圆锥花序，分枝广展，顶生。蒴果扁球形，被褐色星状绒毛和疏生钻形软刺，具毛；种子近球形，深褐色，常具皱纹。花期 7 ~ 10 月，果期 11 ~ 12 月。

分　　布： 产于云南、贵州、广西、广东、海南、福建和台湾，生于海拔 50 ~ 1 300m 林缘或灌丛中。

用途与繁殖方式： 木材质地轻软；种子油可作工业用油。播种繁殖。

来源与生长情况： 原生种，生长良好。

粗糠柴 *Mallotus philippensis* (Lam.) Muell. Arg.   野桐属

形态特征： 小乔木或灌木，高 2 ~ 18m，小枝、嫩叶和花序均密被黄褐色短星状柔毛。叶互生或有时小枝顶部的对生，近革质，卵形、长圆形或卵状披针形，长 5 ~ 18cm，宽 3 ~ 6cm，顶端渐尖，基部圆形或楔形，边近全缘，上面无毛，下面被灰黄色星状短绒毛，基出脉 3 条，侧脉 4 ~ 6 对，近基部有褐色斑状腺体 2 ~ 4 个。花雌雄异株，花序总状，顶生或腋生。蒴果扁球形，密被红色颗粒状腺体和粉末状毛；种子卵形或球形，黑色，具光泽。花期 4 ~ 5 月，果期 5 ~ 8 月。

分　　布： 产于四川、云南、贵州、湖北、江西、安徽、江苏、浙江、福建、台湾、湖南、广东、广西和海南，生于海拔 300 ~ 1600m 山地林中或林缘。

用途与繁殖方式： 木材淡黄色，为家具等用材；树皮可提取栲胶；种子的油可作工业用油。播种繁殖。

来源与生长情况： 原生种，生长良好。

余甘子 *Phyllanthus emblica* Linn. 叶下珠属

别　　名：牛甘果

形态特征：乔木，高达23m，树皮浅褐色。叶片纸质至革质，二列，线状长圆形，长8～20mm，宽2～6mm，顶端截平或钝圆，有锐尖头或微凹，基部浅心形而稍偏斜，边缘略背卷，侧脉每边4～7条。多朵雄花和1朵雌花或全为雄花组成腋生的聚伞花序。蒴果呈核果状，圆球形，外果皮肉质，绿白色或淡黄白色，内果皮硬壳质，种子略带红色。花期4～6月，果期7～9月。

分　　布：产于江西、福建、台湾、广东、海南、广西、四川、贵州和云南等省区，生于海拔200～2300m山地疏林、灌丛、荒地或山沟向阳处。

用途与繁殖方式：根系发达，可保持水土；树姿优美，可作庭园风景树；果实初食味酸涩，良久乃甘，故名"余甘子"，可生津止渴，润肺化痰，治咳嗽、喉痛，解河豚鱼中毒等。播种繁殖。

来源与生长情况：原生种，生长良好。

红蓖麻 *Ricinus communis* 'Sanguineus' 蓖麻属

形态特征：草质灌木，高达5m；植株红色，茎多液汁。叶轮廓近圆形，长和宽达40cm或更大，掌状7～11裂，裂缺几达中部，裂片卵状长圆形或披针形，顶端急尖或渐尖，边缘具锯齿。网脉明显；叶柄粗壮，中空，顶端具2枚盘状腺体，基部具盘状腺体。总状花序或圆锥花序，雄花花萼裂片卵状三角形，雄蕊束众多；雌花萼片卵状披针形，凋落。蒴果卵球形或近球形，果皮具软刺或平滑；种子椭圆形，微扁平，平滑，斑纹淡褐色或灰白色。花期几全年或6～9月。

分　　布：栽培种，我国华南有栽培。

用途与繁殖方式：株型美观，花果奇特，赏期长。播种繁殖。

来源与生长情况：引进种，生长良好，能正常开花结果。

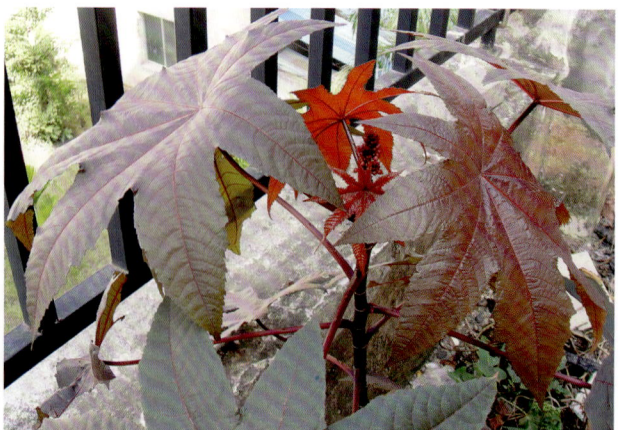

山乌桕 *Sapium discolor* (Champ. ex Benth.) Müll. Arg.　　　　　　　　　　乌桕属

形态特征：乔大或灌木，高 3 ~ 12m，各部均无毛，叶互生，纸质，嫩时呈淡红色，叶片椭圆形或长卵形，长 4 ~ 10cm，宽 2.5 ~ 5cm，顶端钝或短渐尖，基部短狭或楔形，背面近缘常有数个圆形的腺体；侧脉 8 ~ 12 对，叶柄顶端具 2 毗连的腺体。花单性，雌雄同株，密集成顶生总状花序，雌花生于花序轴下部，雄花生于花序轴上部。蒴果黑色，球形，分果爿脱落后而中轴宿存，种子近球形，外薄被蜡质的假种皮。花期 4 ~ 6 月，果期 10 ~ 11 月。

分　　布：云南、四川、贵州、湖南、广西、广东、江西、安徽、福建、浙江、台湾等省区，生于山谷或山坡棍交林中。

用途与繁殖方式：木材可制火柴枝和茶箱；根皮及叶药用，治跌打扭伤、毒蛇咬伤及便秘等。播种繁殖。

来源与生长情况：原生种，生长良好。

乌桕 *Sapium sebiferum* (L.) Roxb.　　　　　　　　　　　　　　　　乌桕属

形态特征：乔木，高可达 15m，各部均无毛而具乳状汁液，叶互生，纸质，叶片菱形、菱状卵形或稀有菱状倒卵形，长 3 ~ 8cm，宽 3 ~ 9cm，顶端骤然紧缩具长短不等的尖头，基部阔楔形或钝，全缘；侧脉 6 ~ 10 对，叶柄顶端具 2 腺体。花单性，雌雄同株，聚集成顶生的总状花序，雌花通常生于花序轴最下部，雄花生于花序轴上部。蒴果梨状球形，成熟时黑色，具 3 种子，分果爿脱落后而中轴宿存；种子扁球形，黑色，外被白色、蜡质的假种皮。花期 4 ~ 8 月。

分　　布：在我国主要分布于黄河以南各省区，北达陕西、甘肃，生于旷野、塘边或疏林中。

用途与繁殖方式：木材白色，坚硬，纹理细致，用途广；根皮治毒蛇咬伤；白色之蜡质层（假种皮）溶解后可制肥皂、蜡烛。播种、嫁接、根插繁殖。

来源与生长情况：原生种，生长良好。

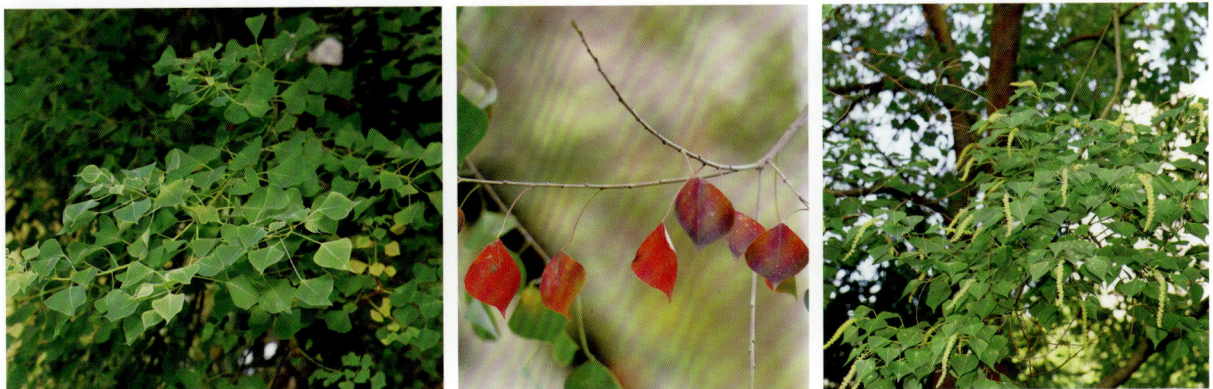

守宫木 *Sauropus bonii* Beille

守宫木属

别　　名：木枸杞、甜菜树、树仔菜、越南菜、天绿香

形态特征：灌木，高 1 ~ 1.5m，小枝绿色，无毛。叶 2 列，互生，披针形、卵形或卵状披针形，长 3 ~ 10cm，宽 1.5 ~ 3.5cm，薄纸质，光滑无毛。花单性，雌雄同株，无花瓣，数朵簇生于叶腋。蒴果扁球形，无毛，种子三棱形。花期 4 ~ 7 月，果期 7 ~ 12 月。

分　　布：海南、广西、广东、云南均有栽培。

用途与繁殖方式：嫩叶可食用，多作为蔬菜栽培，但过量或长期食用或生食均可中毒，可植于庭院，也适合花盆种植。扦插繁殖。

来源与生长情况：引进种，生长良好，能正常开花结果。

滑桃树 *Trewia nudiflora* Linn.

滑桃树属

形态特征：乔木，嫩枝被灰黄色绒毛或长柔毛。叶纸质，卵形或长圆形，顶端渐尖，基部心形或截平，稀钝圆，边近全缘，嫩叶两面均密生灰黄色长柔毛，成长叶上面沿叶脉被毛，下面被长柔毛；基出脉 3 ~ 5 条，侧脉 4 ~ 5 对，近基部有斑状腺体 2 ~ 4 个。雄花序密被浅黄色长柔毛，雌花常单生或 2 ~ 4 朵排成总状花序。果近球形，被绒毛或无毛，种子近球形。花期 12 月 ~ 翌年 3 月，果期 6 ~ 12 月。

分　　布：云南、广西和海南，生于海拔 100 ~ 800m 山谷、溪边疏林中。

用途与繁殖方式：本种为木材优良的速生树种。播种繁殖。

来源与生长情况：引进种，生长良好。

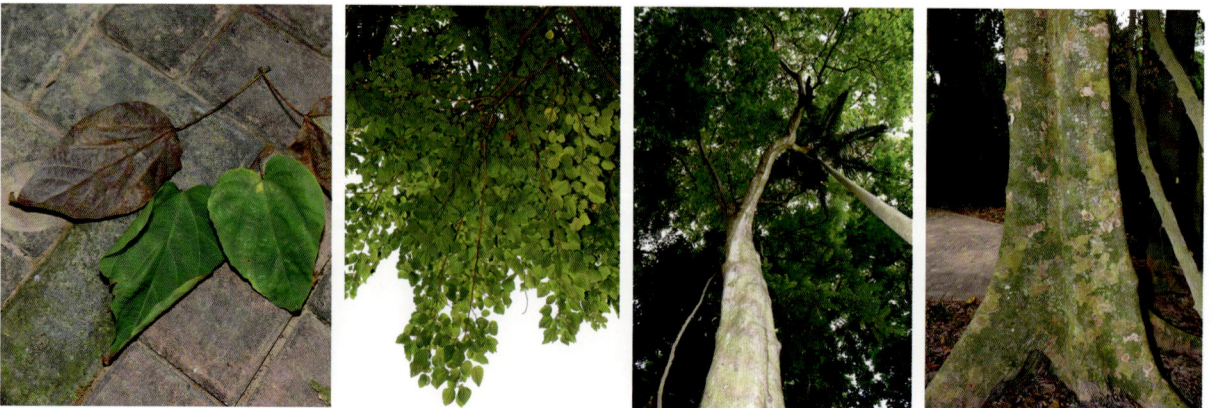

油桐 *Vernicia fordii* (Hemsl.) Airy Shaw   油桐属

别　　名：三年桐、光桐

形态特征：落叶乔木，高达10m，树皮灰色，近光滑。叶卵圆形，长8～18cm，宽6～15cm，顶端短尖，基部截平至浅心形，全缘，稀1～3浅裂，嫩叶上面被很快脱落微柔毛，下面被渐脱落棕褐色微柔毛；掌状脉5～7条；叶柄顶端有2枚腺体。花雌雄同株，先叶或与叶同时开放，花瓣白色，有淡红色脉纹。核果近球状，果皮光滑；种子3～4（8）颗，种皮木质。花期3～4月，果期8～9月。

分　　布：原产我国，长江流域以南各省区广为栽培。

用途与繁殖方式：我国重要的工业油料植物，桐油是我国的外贸商品。播种繁殖。

来源与生长情况：引进种，生长良好，能正常开花结果。

木油桐 *Vernicia montana* Lour.   油桐属

别　　名：千年桐、皱果桐

形态特征：落叶乔木，高达20m，叶阔卵形，长8～20cm，宽6～18cm，顶端短尖至渐尖，基部心形至截平，全缘或2～5裂，裂缺常有杯状腺体，掌状脉5条，叶柄顶端有2枚具柄的杯状腺体。花雌雄异株或有时同株异序，花瓣白色或基部紫红色且有紫红色脉纹。核果卵球状，具3条纵棱，棱间有粗疏网状皱纹，有种子3颗，种子扁球状，种皮厚，有疣突。花期4～5月，果期10月。

分　　布：分布于浙江、江西、福建、台湾、湖南、广东、海南、广西、贵州、云南等省区，生于海拔1300m以下的疏林中，本种在华南亚热带丘陵山地较多栽培。

用途与繁殖方式：我国重要的工业油料植物。播种繁殖。

来源与生长情况：引进种，生长良好，能正常开花结果。

虎皮楠科 Daphniphyllaceae

牛耳枫 *Daphniphyllum calycinum* Benth.　　　　　　　　　　　　　　　　　　虎皮楠属

形态特征：灌木，高 1.5～4m，小枝灰褐色，具稀疏皮孔。叶纸质，阔椭圆形或倒卵形，长 12～16cm，宽 4～9cm，先端钝或圆形，具短尖头，基部阔楔形，全缘，略反卷，叶面具光泽，叶背多少被白粉，具细小乳突体，侧脉 8～11 对。总状花序腋生；果卵圆形，较小，被白粉，具小疣状突起，先端具宿存柱头，基部具宿萼。花期 4～6 月，果期 8～11 月。

分　　布：产于广西、广东、福建、江西等省区，生于海拔（60）250～700 的疏林或灌丛中。

用途与繁殖方式：种子榨油可制肥皂或作润滑油；根和叶入药，有清热解毒、活血散瘀之效。播种繁殖。

来源与生长情况：原生种，生长良好。

脉叶虎皮楠 *Daphniphyllum paxianum* K.Rosenthal　　　　　　　　　　　　　　虎皮楠属

形态特征：小乔木或灌木，高 3～8m，小枝暗褐色。叶薄革质或纸质，长圆形或长圆状披针形或披针形，长 9～17cm，宽 3～6cm，先端镰状渐尖或短渐尖，基部楔形至阔楔形，边缘略成皱波状，叶面具光泽，叶背无粉或略具白粉，无乳突体，侧脉 11～13 对。雄花序长 2～3cm，雌花序长 3～5cm；果椭圆形，略具疣状皱纹，多少被白粉，先端具鸡冠状叉开的宿存柱头，基部具宿萼。花期 3～5 月，果期 8～11 月。

分　　布：产于四川、贵州、云南、广西、广东，生于海拔 475～2300m 的山坡或沟谷林中。

用途与繁殖方式：种子榨油供制皂；树形美观，常绿，可作绿化和观赏树种。播种繁殖。

来源与生长情况：引进种，生长良好，能正常开花结果。

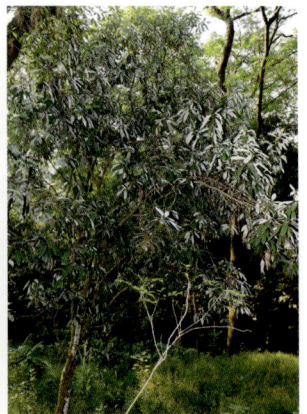

蔷薇科 Rosaceae

大花枇杷 *Eriobotrya cavaleriei* (H. Lév.) Rehder　　　　　　　　　　　　　　　枇杷属

形态特征：常绿乔木，高 4 ~ 6m，小枝粗壮，棕黄色，无毛。叶片集生枝顶，长圆形、长圆披针形或长圆倒披针形，长 7 ~ 18cm，宽 2.5 ~ 7cm，先端渐尖，基部渐狭，边缘具疏生内曲浅锐锯齿，近基部全缘，侧脉 7 ~ 14 对。圆锥花序顶生，总花梗和花梗有稀疏棕色短柔毛，花瓣白色。果实椭圆形或近球形，桔红色，肉质，具颗粒状突起，顶端有反折宿存萼片。花期 4 ~ 5 月，果期 7 ~ 8 月。

分　　布：产于四川、贵州、湖北、湖南、江西、福建、广西、广东，生于山坡、河边的杂木林中，海拔 500 ~ 2000m。

用途与繁殖方式：果实味酸甜，可生食，亦可酿酒。播种繁殖。

来源与生长情况：引进种，生长良好。

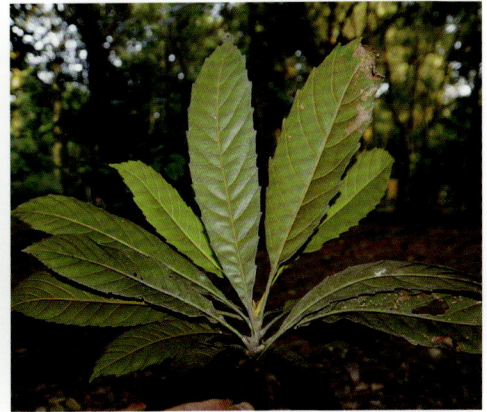

台湾枇杷 *Eriobotrya deflexa* (Hemsl.) Nakai　　　　　　　　　　　　　　　　枇杷属

形态特征：常绿乔木，高 5 ~ 12m，小枝粗壮，棕灰色，幼时密生棕色绒毛，以后脱落近无毛。叶片集生小枝顶端，长圆形或长圆披针形，长 10 ~ 19cm，宽 3 ~ 7cm，先端短尾尖或渐尖，基部楔形，边缘微向外卷，具疏生不规则内弯粗钝锯齿，侧脉 10 ~ 12 对。圆锥花序顶生，总花梗和花梗均密生棕色绒毛，花瓣白色，先端微缺至深裂。果实近球形，黄红色，无毛，种子 1 ~ 2，卵形或长椭圆形。花期 5 ~ 6 月，果期 6 ~ 8 月。

分　　布：产于广东、台湾，生于山坡及山谷阔叶杂木林中，海拔 1000 ~ 1800m。

用途与繁殖方式：果果实味甘美，含水分多，有治愈热病之效。播种繁殖。

来源与生长情况：引进种，生长良好。

枇杷 *Eriobotrya japonica* (Thunb.) Lindl.　　　　　　　　　　　　　　　　　　**枇杷属**

形态特征：常绿乔木，高5～7m，小枝粗壮，密被锈色或灰棕色绒毛。叶片革质，披针形、倒披针形、倒卵形或椭圆状长圆形，长10～30cm，宽3～9cm，先端急尖或渐尖，基部楔形或渐狭成叶柄，上部边缘有疏锯齿，基部全缘，上面光亮多皱，下面密生灰棕色绒毛，侧脉11～21对。圆锥花序顶生，具多花，总花梗和花梗密生锈色绒毛，花瓣白色。果实球形或长圆形，褐色，光亮，种皮纸质。花期10～12月，果期5～6月。

分　　布：广泛栽培于甘肃、陕西、河南、江苏、安徽、浙江、江西、湖北、湖南、四川、贵州、云南、广西、广东、福建、台湾。

用途与繁殖方式：美丽的观赏树木和著名果树，果味甘酸，供食用、制蜜饯和酿酒用；叶含皂甙、维生素B、葡萄糖、鞣质等，晒干去毛，入药有化痰止咳、和胃降气之效。播种、嫁接繁殖。

来源与生长情况：引进种，生长良好，能正常开花结果，种子发育良好。

腺叶桂樱 *Laurocerasus phaeosticta* (Hance) C. K. Schneid.　　　　　　　　　　　**桂樱属**

形态特征：常绿灌木或小乔木，高4～12m，小枝暗紫褐色，无毛。叶片近革质，狭椭圆形、长圆形或长圆状披针形，稀倒卵状长圆形，长6～12cm，宽2～4cm，先端长尾尖，基部楔形，叶边全缘，两面无毛，下面散生黑色小腺点，基部近叶缘常有2枚较大扁平基腺，侧脉6～10对。总状花序单生于叶腋，具花数朵至10余朵，花瓣近圆形，白色。果实近球形或横向椭圆形，或横径稍大于纵径，紫黑色，无毛。花期4～5月，果期7～10月。

分　　布：产于湖南、江西、浙江、福建、台湾、广东、广西、贵州、云南，生于海拔300～2000m地区的疏密杂木林内或混交林中，也见于山谷、溪旁或路边。

用途与繁殖方式：木材可作木梳、手杖、农具柄等用。播种繁殖。

来源与生长情况：引进种，生长良好，能正常开花结果。

大叶桂樱 *Laurocerasus zippeliana* (Miq.) Browicz

形态特征：常绿乔木，高 10 ~ 25m，小枝灰褐色至黑褐色。叶片革质，宽卵形至椭圆状长圆形或宽长圆形，长 10 ~ 19cm，宽 4 ~ 8cm，先端急尖至短渐尖，基部宽楔形至近圆形，叶边具稀疏或稍密粗锯齿，齿顶有黑色硬腺体，侧脉 7 ~ 13 对。总状花序单生或 2 ~ 4 个簇生于叶腋，花瓣近圆形，白色。果实长圆形或卵状长圆形，顶端急尖并具短尖头，黑褐色，无毛。花期 7 ~ 10 月，果期冬季。

分　　布：产于甘肃、陕西、湖北、湖南、江西、浙江、福建、台湾、广东、广西、贵州、四川、云南，生于石灰岩山地阳坡杂木林中或山坡混交林下，海拔 600 ~ 2400m。

用途与繁殖方式：树干优美，可做园林绿化树种。播种、扦插繁殖。

来源与生长情况：引进种，生长良好，能正常开花结果，种子发育良好。

闽粤石楠 *Photinia benthamiana* Hance

形态特征：灌木或小乔木，高 3 ~ 10m，小枝密生灰色柔毛，以后脱落。叶片纸质，倒卵状长圆形或长圆披针形，长 5 ~ 11cm，宽 2 ~ 5cm，先端急尖或圆钝，基部渐狭，边缘有疏锯齿，幼时两面均疏生白色长柔毛，后无毛，或仅在下面脉上具少数柔毛，侧脉 5 ~ 8 对。花多数，成顶生复伞房花序，花瓣白色，倒卵形或圆形；果实卵形，或近球形，有淡黄色疏柔毛。花期 4 ~ 5 月，果期 7 ~ 8 月。

分　　布：产于广东、福建、湖南、浙江，生于山坡或村落旁，海拔 1000m 以下低山。

用途与繁殖方式：树形优美秀气，可做园林观赏树种。播种、扦插繁殖。

来源与生长情况：引进种，生长良好。

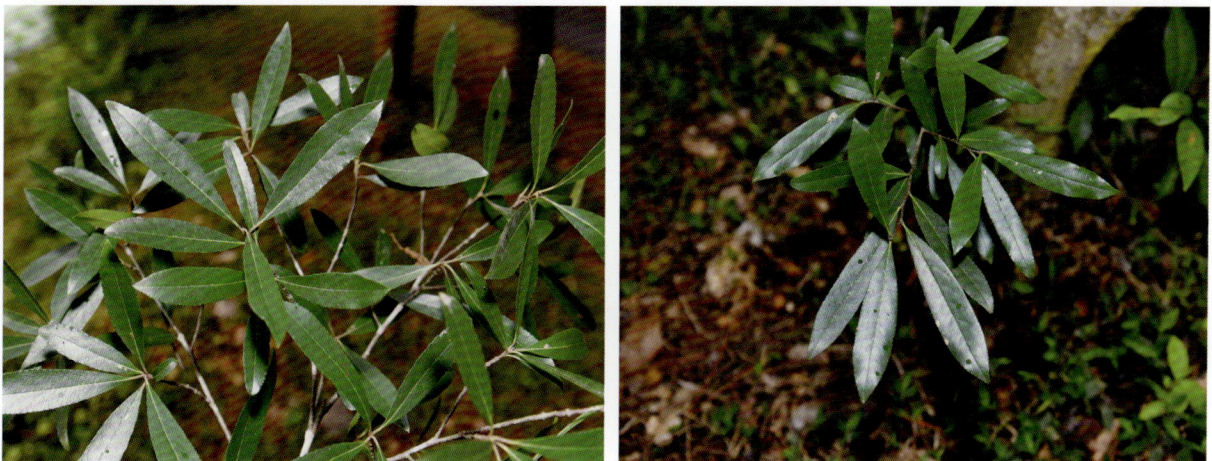

倒卵叶石楠 *Photinia lasiogyna* (Franch.) C. K. Schneid.   石楠属

形态特征：灌木或小乔木，高 1 ~ 2m，小枝幼时疏生柔毛，老时无毛。叶片革质，倒卵形或倒披针形，长 5 ~ 10cm，宽 2.5 ~ 3.5cm，先端圆钝，或有凸尖，基部楔形或渐狭，边缘微卷，有不显明的锯齿，上面光亮，两面皆无毛，侧脉 9 ~ 11 对。花成顶生复伞房花序，有绒毛，花瓣白色。果实卵形，红色，有显明斑点。花期 5 ~ 6 月，果期 9 ~ 11 月。

分　　布：产于江西、湖南、浙江、四川、云南、贵州，生于海拔 1960 ~ 2550m 丛林中。

用途与繁殖方式：可做园林观赏树种。播种、扦插繁殖。

来源与生长情况：引进种，生长良好。

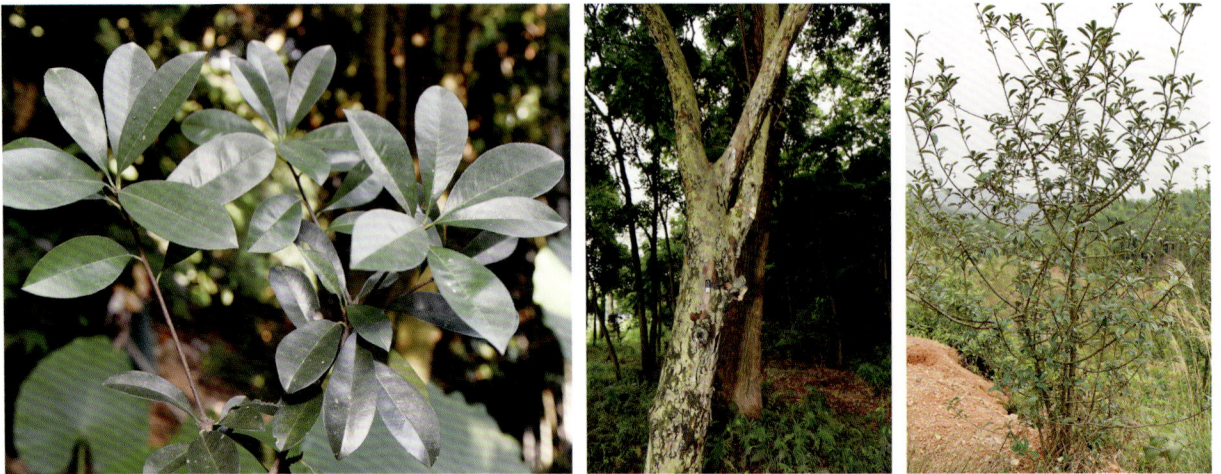

桃叶石楠 *Photinia prunifolia* (Hook. & Arn.) Lindl.   石楠属

形态特征：常绿乔木，高 10 ~ 20m；叶片革质，长圆形或长圆披针形，长 7 ~ 13cm，宽 3 ~ 5cm，先端渐尖，基部圆形至宽楔形，边缘有密生具腺的细锯齿，上面光亮，下面满布黑色腺点，两面均无毛，侧脉 13 ~ 15 对；叶柄长无毛，具多数腺体，有时且有锯齿。花多数，密集成顶生复伞房花序，花瓣白色，倒卵形。果实椭圆形，红色，内有 2（3）种子。花期 3 ~ 4 月，果期 10 ~ 11 月。

分　　布：产于广东、广西、福建、浙江、江西、湖南、贵州、云南，生于海拔 900 ~ 1100m 疏林中。

用途与繁殖方式：树形优美，可做园林观赏树种。播种、扦插繁殖。

来源与生长情况：引进种，生长良好。

石楠 *Photinia serrulata* Lindl.　　　　　　　　　　　　　　　　　　　石楠属

形态特征:常绿灌木或小乔木,高 4 ~ 6m,枝褐灰色,无毛。叶片革质,长椭圆形、长倒卵形或倒卵状椭圆形,长 9 ~ 22cm,宽 3 ~ 6.5cm,先端尾尖,基部圆形或宽楔形,边缘有疏生具腺细锯齿,近基部全缘,上面光亮,侧脉 25 ~ 30 对。复伞房花序顶生,花密生,花瓣白色。果实球形,红色,后成褐紫色,有 1 粒种子;种子卵形,棕色。花期 4 ~ 5 月,果期 10 月。

分　　布:产于陕西、甘肃、河南、江苏、安徽、浙江、江西、湖南、湖北、福建、台湾、广东、广西、四川、云南、贵州,生于杂木林中,海拔 1000 ~ 2500m。

用途与繁殖方式:本种具圆形树冠,叶丛浓密,嫩叶红色,花白色、密生,冬季果实红色,鲜艳著目,是常见的栽培树种。播种、扦插繁殖。

来源与生长情况:引进种,生长良好。

日本樱花 *Cerasus yedoensis* (Matsum.) T. T. Yu & C. L. Li　　　　　　　　樱属

别　　名:东京樱花

形态特征:乔木,高 4 ~ 16m,树皮灰色,小枝淡紫褐色。叶片椭圆卵形或倒卵形,长 5 ~ 12cm,宽 2.5 ~ 7cm,先端渐尖或骤尾尖,基部圆形,稀楔形,边有尖锐重锯齿,齿端渐尖,有小腺体,有侧脉 7 ~ 10 对,叶柄顶端有 1 ~ 2 个腺体或有时无腺体;托叶披针形,有羽裂腺齿,早落。花序伞形总状,有花 3 ~ 4 朵,先叶开放,花瓣白色或粉红色。核果近球形,黑色,核表面略具棱纹。花期 4 月,果期 5 月。

分　　布:原产于日本,国内众多城市庭园栽培。

用途与繁殖方式:园艺品种很多,供观赏用。播种、扦插、压条、嫁接繁殖。

来源与生长情况:引进种,生长良好,能正常开花。

桃 *Amygdalus persica* L.　　　　　　　　　　　　　　　　　　　　　　　　　**桃属**

形态特征：乔木，高 3 ~ 8m，树皮暗红褐色，老时粗糙呈鳞片状。叶片长圆披针形、椭圆披针形或倒卵状披针形，长 7 ~ 15cm，宽 2 ~ 3.5cm，先端渐尖，基部宽楔形，上面无毛，下面在脉腋间具少数短柔毛或无毛，叶边具细锯齿或粗锯齿，齿端具腺体或无腺体；叶柄常具 1 至数枚腺体。花单生，先于叶开放，花瓣粉红色，罕为白色。果实形状和大小均有变异，卵形、宽椭圆形或扁圆形，色泽变化由淡绿白色至橙黄色。花期 3 ~ 4 月，果实成熟期因品种而异，通常为 7 ~ 8 月。

分　　布：原产于我国，各省区广泛栽培。

用途与繁殖方式：果可食用，也供药用，有破血、益气之效，花色艳丽，做观赏用。嫁接、扦插、播种、压条繁殖。

来源与生长情况：引进种，生长良好，能正常开花。

臀形果 *Pygeum topengii* Merr.　　　　　　　　　　　　　　　　　　　　　　**臀果木属**

别　　名：臀果木

形态特征：乔木，高可达 25m，树皮深灰色至灰褐色，叶片革质，卵状椭圆形或椭圆形，长 6 ~ 12cm，宽 3 ~ 5.5cm，先端短渐尖而钝，基部宽楔形，两边略不相等，全缘，近基部有 2 枚黑色腺体，侧脉 5 ~ 8 对。总状花序有花 10 余朵，单生或 2 至数个簇生于叶腋，花瓣长圆形，先端稍钝。果实肾形，顶端常无突尖而凹陷，无毛，深褐色。花期 6 ~ 9 月，果期冬季。

分　　布：产于福建、广东、广西、云南、贵州，生于山野间，常见于海拔 100 ~ 1600m 的山谷、路边、溪旁或疏密林内及林缘。

用途与繁殖方式：种子可供榨油。播种繁殖。

来源与生长情况：引进种，生长良好。

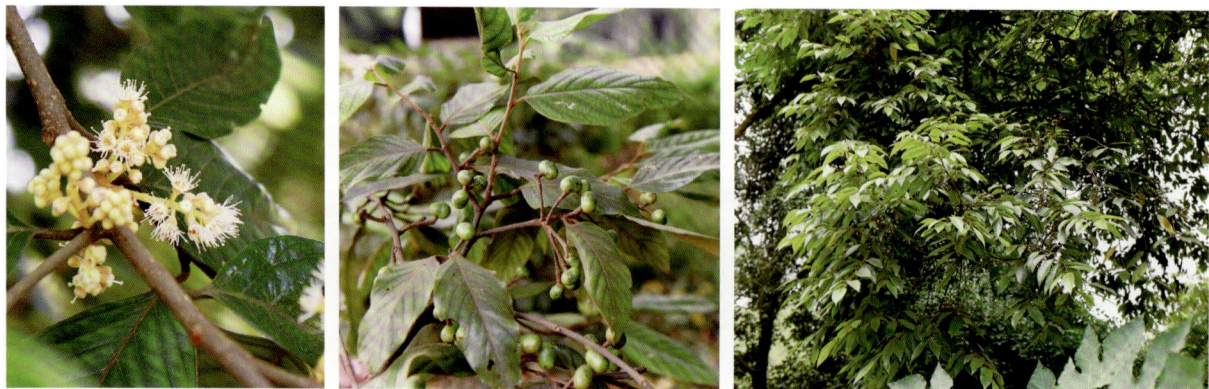

豆梨 *Pyrus calleryana* Dcne.　　　　　　　　　　　　　　　　　　　　　　　**梨属**

形态特征：乔木，高 5 ～ 8m；小枝粗壮，圆柱形；冬芽三角卵形，微具绒毛。叶片宽卵形至卵形，稀长椭卵形，长 4 ～ 8cm，宽 3.5 ～ 6cm，先端渐尖，稀短尖，基部圆形至宽楔形，边缘有钝锯齿，两面无毛。伞形总状花序，具花 6 ～ 12 朵，花瓣卵形，白色。梨果球形，黑褐色，有斑点，萼片脱落，2 (3) 室，有细长果梗。花期 4 月，果期 8 ～ 9 月。

分　　布：产于山东、河南、江苏、浙江、江西、安徽、湖北、湖南、福建、广东、广西。适生于温暖潮湿气候，生于海拔 80 ～ 1800m 的山坡、平原或山谷杂木林中。

用途与繁殖方式：木材致密可作器具；通常用作沙梨砧木。播种、嫁接繁殖。

来源与生长情况：引进种，生长良好，能正常开花结果。

石斑木 *Rhaphiolepis indica* (L.) Lindl. ex Ker　　　　　　　　　　　　　　　**石斑木属**

别　　名：车轮梅

形态特征：常绿灌木，稀小乔木，幼枝初被褐色绒毛，以后逐渐脱落近于无毛。叶片集生于枝顶，卵形、长圆形，稀倒卵形或长圆披针形，长 4 ～ 8cm，宽 1.5 ～ 4cm，先端圆钝，急尖、渐尖或长尾尖，基部渐狭连于叶柄，边缘具细钝锯齿，网脉明显。顶生圆锥花序或总状花序，花瓣 5，白色或淡红色，倒卵形或披针形。果实球形，紫黑色。花期 4 月，果期 7 ～ 8 月。

分　　布：产于安徽、浙江、江西、湖南、贵州、云南、福建、广东、广西、台湾，生于海拔 150 ～ 1600m 的山坡、路边或溪边灌木林中。

用途与繁殖方式：木材带红色，质重坚韧，可作器物；果实可食。播种繁殖。

来源与生长情况：引进种，生长良好。

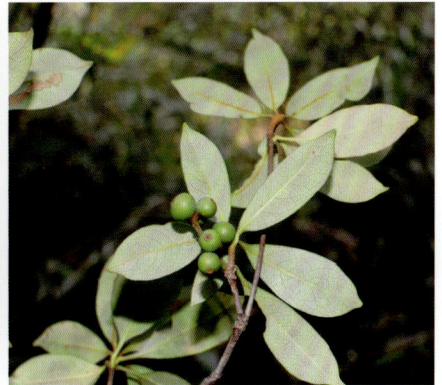

蛇泡筋 *Rubus cochinchinensis* Tratt.　　　　　　　　　　　　　　　　　悬钩子属

别　　名：越南悬钩子

形态特征：攀援灌木，枝、叶柄、花序和叶片下面中脉上疏生弯曲小皮刺，枝幼时有黄色绒毛，逐渐脱落。掌状复叶常具 5 小叶，上部有时具 3 小叶，小叶片椭圆形、倒卵状椭圆形或椭圆状披针形，长 5～10cm，宽 2～3.5cm，顶生小叶比侧生者稍宽大，顶端短渐尖，基部楔形，上面无毛，下面密被褐黄色绒毛，边缘有不整齐锐锯齿。花成顶生圆锥花序，或腋生近总状花序，花瓣近圆形，白色。果实球形，幼时红色，熟时变黑色。花期 3～5 月，果期 7～8 月。

分　　布：产于广东、广西，在低海拔至中海拔灌木林中常见。

用途与繁殖方式：根有散瘀活血、祛风湿之效。扦插、分蘖繁殖。

来源与生长情况：原生种，生长良好。

腊梅科 Calycanthaecae

腊梅 *Chimonanthus praecox* (L.) Link　　　　　　　　　　　　　　　　　蜡梅属

形态特征：落叶灌木，高达 4m，幼枝四方形，老枝近圆柱形，灰褐色。叶纸质至近革质，卵圆形、椭圆形、宽椭圆形至卵状椭圆形，有时长圆状披针形，长 5～25cm，宽 2～8cm，顶端急尖至渐尖，有时具尾尖，基部急尖至圆形。花着生于第二年生枝条叶腋内，先花后叶，芳香。果托近木质化，坛状或倒卵状椭圆形，口部收缩，并具有钻状披针形的被毛附生物。花期 11 月至翌年 3 月，果期 4～11 月。

分　　布：野生于山东、江苏、安徽、浙江、福建、江西、湖南、湖北、河南、陕西、四川、贵州、云南等省，广西、广东等省区均有栽培。

用途与繁殖方式：花芳香美丽，是园林绿化植物；根、叶可药用，理气止痛、散寒解毒，治跌打、腰痛、风湿麻木、风寒感冒。压条、分根、播种繁殖。

来源与生长情况：引进种，生长良好，能正常开花结果。

含羞草科 Mimosaceae

大叶相思 *Acacia auriculiformis* A. Cunn. ex Benth.　　　　　　　　　　　　　金合欢属

形态特征：常绿乔木，枝条下垂，树皮平滑，灰白色，小枝无毛，皮孔显著。叶状柄镰状长圆形，长 10 ~ 20cm，宽 1.5 ~ 4cm，两端渐狭，比较显著的主脉有 3 ~ 7 条。穗状花序长 3.5 ~ 8cm，1 至数枝簇生于叶腋或枝顶，花橙黄色，荚果成熟时旋卷，果瓣木质，每一果内有种子约 12 颗；种子黑色，围以折叠的珠柄。花期 11 月，果期次年 4 ~ 5 月。

分　　布：原产于澳大利亚北部及新西兰，广东、广西、福建有引种。

用途与繁殖方式：材用或绿化树种；生长迅速，萌生力极强。播种、扦插、分根繁殖。

来源与生长情况：引进种，生长良好，能正常开花结果。

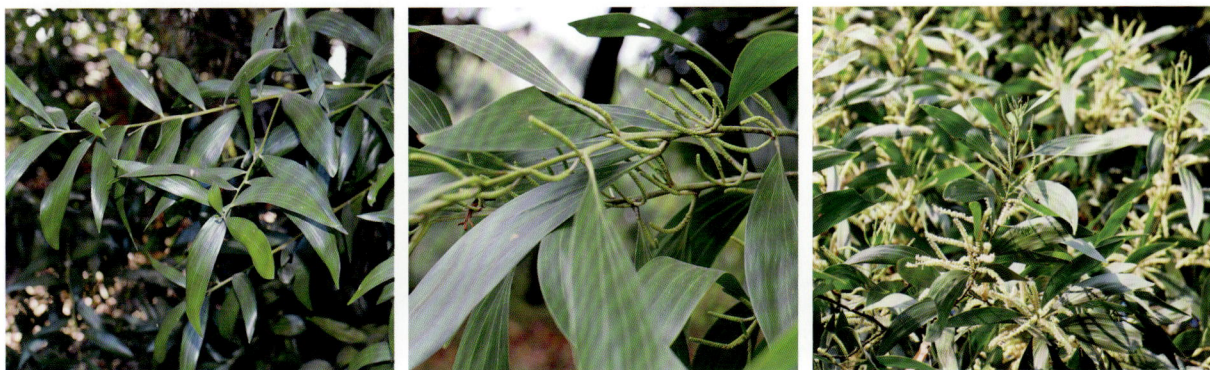

台湾相思 *Acacia confusa* Merr.　　　　　　　　　　　　　　　　　　　　　　金合欢属

形态特征：常绿乔木，高 6 ~ 15m，无毛，枝灰色或褐色，小枝纤细。苗期第一片真叶为羽状复叶，长大后小叶退化，叶柄变为叶状柄，叶状柄革质，披针形，长 6 ~ 10cm，宽 5 ~ 13mm，直或微呈弯镰状，两端渐狭，先端略钝，有明显的纵脉 3 ~ 5（8）条。头状花序球形，单生或 2 ~ 3 个簇生于叶腋，花金黄色，有微香。荚果扁平，干时深褐色，有光泽，种子 2 ~ 8 颗，椭圆形，压扁。花期 3 ~ 10 月；果期 8 ~ 12 月。

分　　布：产于我国台湾、福建、广东、广西、云南。

用途与繁殖方式：生长迅速，耐干旱，为华南地区荒山造林、水土保持和沿海防护林的重要树种。材质坚硬，可为车轮，桨橹及农具等用。播种繁殖。

来源与生长情况：引进种，生长良好，能正常开花结果，种子发育良好。

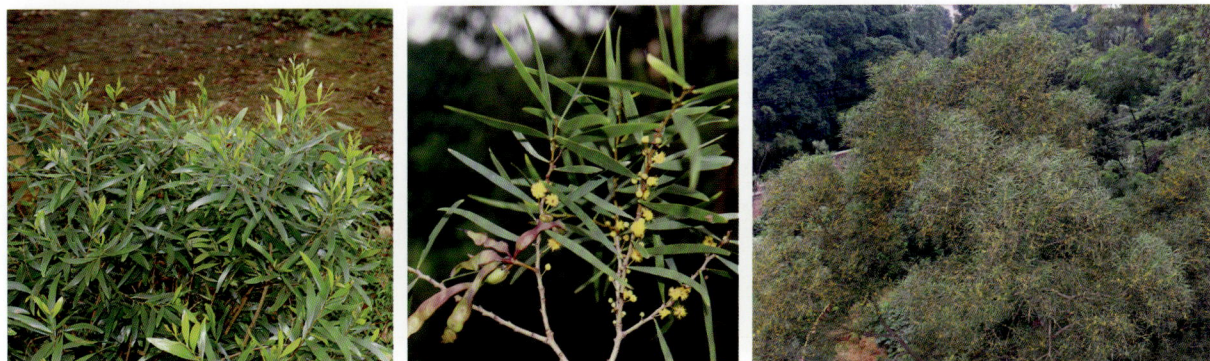

马占相思 *Acacia mangium* Willd.　　　　　　　　　　　　　　　**金合欢属**

形态特征：常绿乔木，高达 18m，树皮粗糙，主干通直，树型整齐，小枝有棱，叶大，生长迅速。叶状柄纺锤形，中部宽，两端收窄，纵向平行脉 4 条。穗状花序腋生，下垂，花淡黄白色，荚果扭曲。花期 10 月，果期次年 4 月。

分　　布：原产于澳大利亚、巴布亚新几内亚和印度尼西亚，我国海南、广东、广西、福建等省有引种。

用途与繁殖方式：木材可作纸浆材、人造板、家具，树皮可提取栲胶，树叶可制作饲料。播种繁殖。

来源与生长情况：引进种，生长良好，能正常开花结果。

厚荚相思 *Acacia crassicarpa* Benth.　　　　　　　　　　　　　**金合欢属**

形态特征：常绿乔木，高达 15m，树皮粗糙，棕褐色，纵向深裂。主干通直，叶大，生长迅速。叶状柄镰状长圆形，两端收窄，两面有白粉；纵向平行脉 4 ~ 5 条。穗状花序腋生，直立，花淡黄色，荚果扭曲。花期 11 月，果期翌年 4 ~ 5 月。

分　　布：原产于澳大利亚、巴布亚新几内亚和印尼等地，我国广西、广东、海南有 31 种栽培。

用途与繁殖方式：具有速生、干形通直、耐干旱贫瘠的特点，适用于用材树种栽培。播种繁殖。

来源与生长情况：引进种，生长良好，能正常开花结果。

珍珠相思树 *Acacia podalyriifolia* A. Cunn. ex G. Don　　　　　　　　　　**金合欢属**

别　　名：银叶金合欢

形态特征：灌木或小乔木，树皮粗糙，褐色，多分枝，小枝常呈"之"字形弯曲。叶状柄卵形，表面被白色柔毛，边缘全缘。头状花序1或2～3个簇生于叶腋，花黄色，有香味，荚果膨胀，近圆柱状。花期3～6月，果期7～11月。

分　　布：原产于热带美洲，现广布于热带地区，我国华南南部有引种栽培。

用途与繁殖方式：树型美观俊挺，球状花金黄色，常用做园林庭院树种。播种繁殖。

来源与生长情况：引进种，生长良好，能正常开花。

海红豆 *Adenanthera microsperma* Teijsm. & Binn.　　　　　　　　　　**海红豆属**

别　　名：孔雀豆

形态特征：落叶乔木，高5～20余m，嫩枝被微柔毛。二回羽状复叶，无腺体；羽片3～5对，小叶4～7对，互生，长圆形或卵形，长2.5=3.5cm，宽1.5～2.5cm，两端圆钝，两面均被微柔毛，具短柄。总状花序单生于叶腋或在枝顶排成圆锥花序，花小，白色或黄色，有香味。荚果狭长圆形，盘旋，开裂后果瓣旋卷；种子近圆形至椭圆形，鲜红色，有光泽。花期4～7月，果期7～10月。

分　　布：产于云南、贵州、广西、广东、福建和台湾，多生于山沟、溪边、林中或栽培于园庭。

用途与繁殖方式：心材暗褐色，质坚而耐腐，可为支柱、船舶、建筑用材和箱板；种子鲜红色而光亮，甚为美丽，可作装饰品。播种、扦插繁殖。

来源与生长情况：引进种，生长良好，能正常开花结果，种子发育良好。

南洋楹 *Albizia falcataria* (L.) Fosberg　　　　　　　　　　　　　　　　合欢属

形态特征：常绿大乔木，树干通直，嫩枝圆柱状或微有棱，被柔毛。羽片6～20对，上部的通常对生，下部的有时互生；总叶柄基部及叶轴中部以上羽片着生处有腺体；小叶6～26对，无柄，菱状长圆形，长1～1.5cm，宽3～6mm，先端急尖，基部圆钝或近截形；中脉偏于上边缘。穗状花序腋生，单生或数个组成圆锥花序，花初白色，后变黄。荚果带形，熟时开裂，种子多颗。花期4～7月。

分　　布：原产于马六甲及印度尼西亚马鲁古群岛，我国福建、广东、广西有栽培。

用途与繁殖方式：生长迅速，是一种很好的速生树种，多植为庭园树和行道树；木材适于作一般家具、室内建筑、箱板、农具、火柴等。播种繁殖。

来源与生长情况：引进种，生长良好，能正常开花结果，种子发育良好。

光叶合欢 *Albizia lucidior* (Steud.) I.C. Nielsen ex H. Hara.　　　　　　　合欢属

形态特征：乔木，高可达20m，树皮灰白色，粗糙，小枝有棱无毛。二回羽状复叶，羽片1对，总叶柄上及顶部一对小叶着生处各有腺体1枚；小叶1～2对，膜质，椭圆形或长圆形，长5～11cm，宽2～6cm，先端急尖，基部渐狭至近圆形，上面光亮，中脉居中，基部对称。头状花序排成腋生的伞形圆锥花序，花萼钟状，与花冠同被长柔毛。荚果带状，黄色，顶端具小尖头，基部渐狭；种子6～9颗，圆形，淡棕色。花期3～5月。

分　　布：产于云南、广西、台湾，生于次生林及灌丛中。

用途与繁殖方式：观赏树种；木材供制器具用。播种繁殖。

来源与生长情况：引进种，生长良好。

香合欢 *Albizia odoratissima* (Linn. f.) Benth.　　　　　　　　　　　　　　**合欢属**

别　　名：黑格

形态特征：常绿大乔木，高5～15m，小枝初被柔毛。二回羽状复叶，总叶柄近基部和叶轴的顶部1～2对羽片间各有腺体1枚；羽片2～4对，小叶6～14对，纸质，长圆形，长2～3cm，宽7～14mm，先端钝，有时有小尖头，基部斜截形，中脉偏于上缘，无柄。头状花序排成顶生、疏散的圆锥花序，花无梗，淡黄色，有香味。荚果长圆形，扁平，种子6～12颗。花期4～7月；果期6～10月。

分　　布：产于福建、广东、广西、贵州、云南，为低海拔疏林中常见植物。

用途与繁殖方式：木材深棕色、坚硬，纹理致密，特别适用于制造车轮、油磨和家具。播种繁殖。

来源与生长情况：引进种，生长良好。

棋子豆 *Archidendron robinsonii* (Gagnep.) I. C. Nielsen　　　　　　　　　**棋子豆属**

形态特征：乔木，高8～9m，小枝圆柱形，无毛。二回羽状复叶，羽片1对；总叶柄顶端或上部及第一或第二对小叶着生处具扁平、圆形腺体，小叶3对，对生或近对生，椭圆形，披针形或倒卵形，长5～14cm，宽3～5cm，顶端渐尖，基部楔形或急尖，侧脉3～4对。花4～5朵组成头状花序，头状花序再排成长达20cm的腋生圆锥花序，花冠漏斗状或钟状。荚果劲直，圆柱形，果瓣革质，棕色，种子达7颗，两端的陀螺形，中部的棋子形，种皮脆壳质，棕色。

分　　布：产于我国广西，生于山谷密林中，海拔350～650m。

用途与繁殖方式：树形优美，果实别致，可做园林观赏树种。播种繁殖。

来源与生长情况：引进种，生长良好，能正常开花结果。

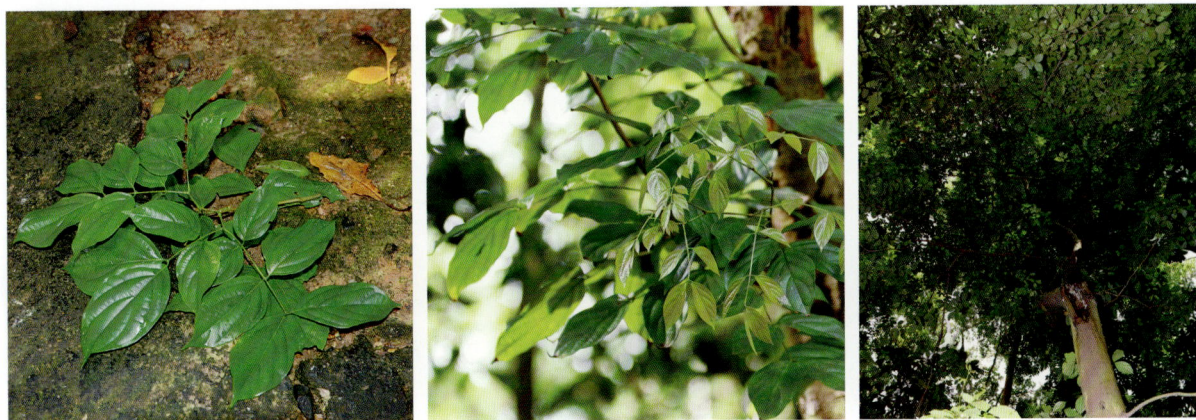

朱樱花 *Calliandra haematocephala* Hassk.　　　　　　　　　　　　　　　　**朱缨花属**

别　　名：红绒球

形态特征：落叶灌木或小乔木，高 1 ~ 3m，小枝圆柱形，褐色，托叶卵状披针形，宿存。二回羽状复叶，羽片 1 对，小叶 7 ~ 9 对，斜披针形，长 2 ~ 4cm，宽 7 ~ 15mm，中上部的小叶较大，下部的较小，先端钝而具小尖头，基部偏斜，边缘被疏柔毛，中脉略偏上缘。头状花序腋生，有花约 25 ~ 40 朵，花冠管淡紫红色。荚果线状倒披针形，暗棕色，成熟时由顶至基部沿缝线开裂；种子 5 ~ 6 颗，长圆形，棕色。花期 8 ~ 9 月，果期 10 ~ 11 月。

分　　布：原产于南美，我国台湾、福建、广东有引种，栽培供观赏。

用途与繁殖方式：花艳丽，花期长，栽培供观赏。扦插、播种繁殖。

来源与生长情况：引进种，生长良好，能正常开花。

榼藤 *Entada phaseoloides* (L.) Merr.　　　　　　　　　　　　　　　　　　**榼藤属**

别　　名：过江龙

形态特征：常绿、木质大藤本，茎扭旋，枝无毛。二回羽状复叶，羽片通常 2 对，顶生 1 对羽片变为卷须；小叶 2 ~ 4 对，对生，革质，长椭圆形或长倒卵形，长 3 ~ 9cm，宽 1.5 ~ 4.5cm，先端钝，微凹，基部略偏斜，主脉稍弯曲。穗状花序，单生或排成圆锥花序式，花细小，白色，密集，略有香味。荚果长达 1m，弯曲，扁平，木质，成熟时逐节脱落，每节内有 1 粒种子，种子近圆形，扁平，暗褐色，有光泽，具网纹。花期 3 ~ 6 月，果期 8 ~ 11 月。

分　　布：产于台湾、福建、广东、广西、云南、西藏等省区，生于山涧或山坡混交林中，攀援于大乔木上。

用途与繁殖方式：茎皮及种子均含皂素，可作肥皂的代用品；茎皮的浸液有催吐、下泻作用，有强烈的刺激性，误入眼中可引起结膜炎；全株有毒。播种、扦插繁殖。

来源与生长情况：引进种，生长良好。

象耳豆 *Enterolobium cyclocarpum* (Jacq.) Grieseb.　　　　　　　　　　　　　　　　**象耳豆属**

形态特征： 落叶大乔木，嫩枝、嫩叶及花序均被白色疏柔毛，小枝绿色，有明显皮孔。羽片 4 ~ 9 对，通常在总叶柄上及最上二对羽片着生处有腺体 2 ~ 3 个，小叶 12 ~ 25 对，近无柄，镰状长圆形，长 8 ~ 14mm，宽 3 ~ 6mm，先端具小尖头，基部截平。头状花序圆球形，有花 10 余朵，簇生或呈总状花序式排列，花绿白色。荚果弯曲成耳状，熟时黑褐色，每一荚果内有种子 10 ~ 20 颗，种子长椭圆形，棕褐色，质硬，有光泽。花期 4 ~ 6 月。

分　　布： 原产于南美洲及中美洲，我国广东、广西、福建沿海、江西、浙江南部有栽培。

用途与繁殖方式： 本种生长迅速，枝叶广展，可作行道树及庭园绿化树种。嫩枝可作绿肥；成熟的荚果亦供洗涤用。播种繁殖。

来源与生长情况： 引进种，生长良好。

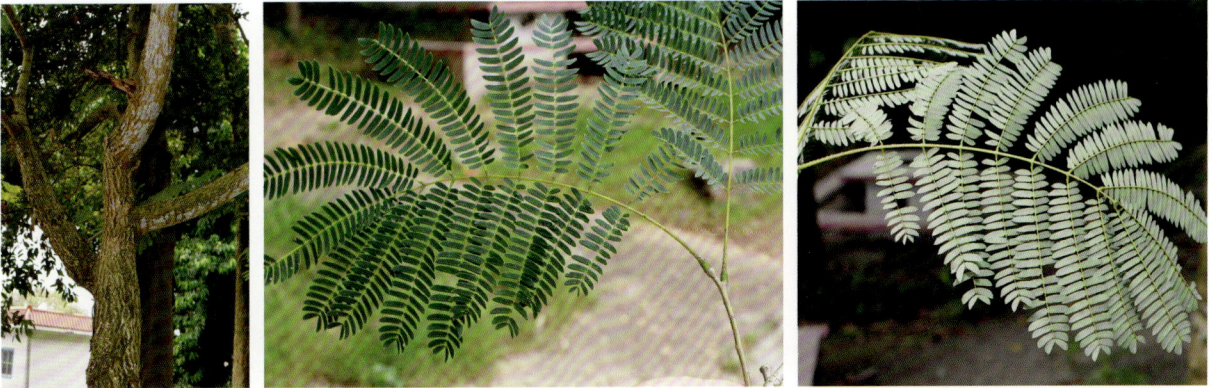

银合欢 *Leucaena leucocephala* (Lam.) de Wit　　　　　　　　　　　　　　　　　　**银合欢属**

形态特征： 灌木或小乔木，高 2 ~ 6m，羽片 4 ~ 8 对，叶轴被柔毛，在最下一对羽片着生处有黑色腺体 1 枚；小叶 5 ~ 15 对，线状长圆形，长 7 ~ 13mm，宽 1.5 ~ 3mm，先端急尖，基部楔形，边缘被短柔毛，中脉偏向小叶上缘，两侧不等宽。头状花序通常 1 ~ 2 个腋生，花白色。荚果带状，顶端凸尖，基部有柄，纵裂；种子 6 ~ 25 颗，卵形，褐色，扁平，光亮。花期 4 ~ 7 月，果期 8 ~ 10 月。

分　　布： 原产于热带美洲，我国台湾、福建、广东、广西和云南有分布，生于低海拔的荒地或疏林中。

用途与繁殖方式： 耐旱力强，适为荒山造林树种，亦可作咖啡或可可的荫蔽树种或植作绿篱；木质坚硬，为良好之薪炭材。播种繁殖。

来源与生长情况： 原生种，生长良好。

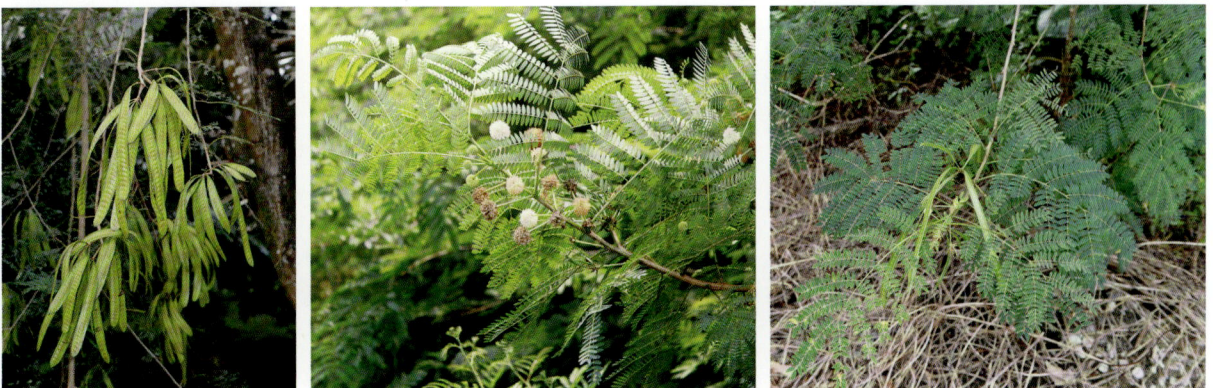

含羞草 *Mimosa pudica* L.

形态特征：披散、亚灌木状草本，茎圆柱状，具分枝，有散生、下弯的钩刺及倒生刺毛。托叶披针形，有刚毛。羽片和小叶触之即闭合而下垂；羽片通常 2 对，指状排列于总叶柄之顶端，小叶 10 ~ 20 对，线状长圆形，长 8 ~ 13mm，宽 1.5 ~ 2.5mm，先端急尖，边缘具刚毛。头状花序圆球形，单生或 2 ~ 3 个生于叶腋，花小，淡红色。荚果长圆形，扁平，稍弯曲，荚缘波状，具刺毛，种子卵形。花期 3 ~ 10 月，果期 5 ~ 11 月。

分　　布：产于台湾、福建、广东、广西、云南等地，生于旷野荒地、灌木丛中，长江流域常有栽培供观赏。

用途与繁殖方式：全草供药用，有安神镇静的功能，鲜叶捣烂外敷治带状疱疹。播种繁殖。

来源与生长情况：逸为野生，生长良好。

猴耳环 *Archidendron clypearia* (Jack) I. C. Nielsen

别　　名：围诞树

形态特征：乔木，高可达 10m，小枝无刺，有明显的棱角，密被黄褐色绒毛。二回羽状复叶，羽片通常 4 ~ 5 对，叶轴上及叶柄近基部处有腺体；小叶革质，斜菱形，长 1 ~ 7cm，宽 0.7 ~ 3cm，顶部的最大，往下渐小。花数朵聚成小头状花序，再排成顶生和腋生的圆锥花序，花冠白色或淡黄色。荚果旋卷，边缘在种子间溢缩，种子 4 ~ 10 颗，椭圆形或阔椭圆形，黑色，种皮皱缩。花期 2 ~ 6 月；果期 4 ~ 8 月。

分　　布：产于浙江、福建、台湾、广东、广西、云南，生于林中。

用途与繁殖方式：树皮含单宁，可提制栲胶。播种繁殖。

来源与生长情况：引进种，生长良好。

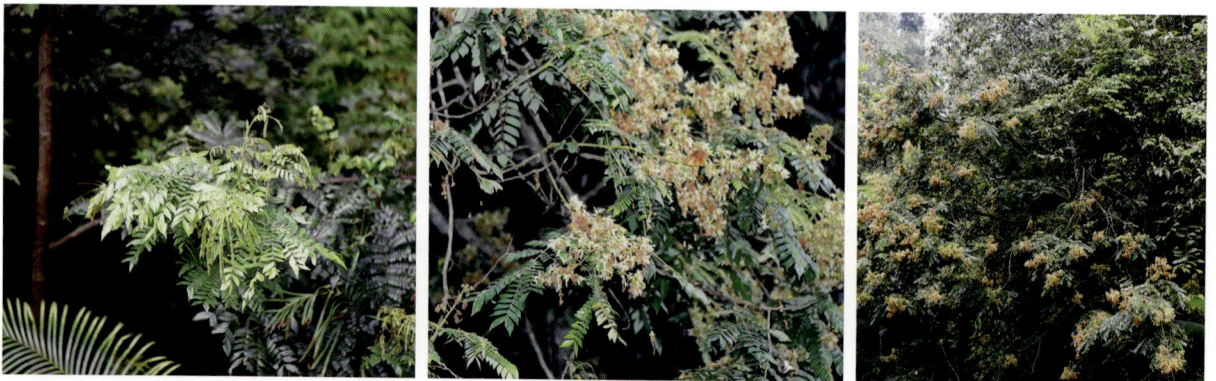

亮叶猴耳环 *Pithecellobium lucidum* Benth.　　　　　　　　　　　　　　　　　　**猴耳环属**

别　　名：亮叶围诞树

形态特征：乔木，高 4 ~ 10m，小枝无刺，嫩枝、叶柄和花序均被褐色短茸毛。羽片 1 ~ 2 对，总叶柄近基部、每对羽片下和小叶片下的叶轴上均有圆形而凹陷的腺体，小叶斜卵形或长圆形，长 5 ~ 9cm，宽 2 ~ 4.5cm，顶生的一对最大，对生，先端渐尖而具钝小尖头，基部略偏斜。头状花序球形，有花 10 ~ 20 朵，排成腋生或顶生的圆锥花序，花瓣白色。荚果旋卷成环状，边缘在种子间缢缩，种子黑色。花期 4 ~ 6 月；果期 7 ~ 12 月。

分　　布：产于浙江、台湾、福建、广东、广西、云南、四川等省区，生于疏或密林中或林缘灌木丛中。

用途与繁殖方式：木材用作薪炭；枝叶入药，能消肿祛湿；果有毒。播种繁殖。

来源与生长情况：引进种，生长良好。

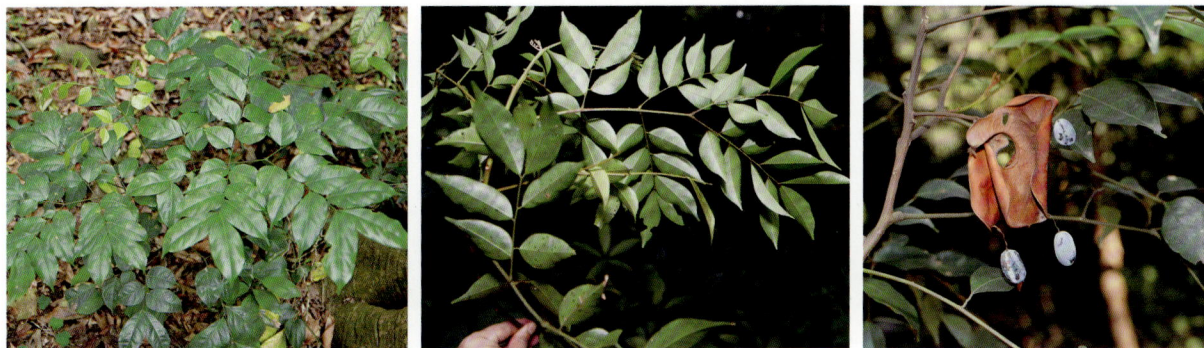

苏木科 Caesalpiniaceae

顶果树 *Acrocarpus fraxinifolius* Arn.　　　　　　　　　　　　　　　　　　　**顶果树属**

别　　名：格朗央、顶果木、广西顶果木

形态特征：高大无刺乔木，枝下高可达 30m 以上，二回羽状复叶，叶轴和羽轴被黄褐色微柔毛，变秃净；小叶 4 ~ 8 对，对生，近革质，卵形或卵状长圆形，长 7 ~ 13cm，宽 4 ~ 7cm，先端渐尖或急尖，基部稍偏斜，阔楔形或圆钝，边全缘。总状花序腋生，具密集的花，花大，猩红色，初时直立，后下垂。荚果扁平，紫褐色，沿腹缝线具狭翅，种子 14 ~ 18 颗，淡褐色。花期 4 ~ 5 月，果期 7 月。

分　　布：产于广西（隆林、田林、德保）和云南（景东、西双版纳、河口），生于海拔 1000 ~ 1200m 疏林中。

用途与繁殖方式：植株高大，可作四旁绿化、防风固土和用材；其木材特别适用于制作耐水湿的用具，在产地常用于制造摆渡船。播种繁殖。

来源与生长情况：引进种，生长良好，能正常开花结果。

红花羊蹄甲 *Bauhinia blakeana* Dunn
羊蹄甲属

形态特征：乔木，分枝多，小枝细长，被毛。叶革质，近圆形或阔心形，长 8.5 ~ 13cm，宽 9 ~ 14cm，基部心形，有时近截平，先端 2 裂约为叶全长的 1/4 ~ 1/3，裂片顶钝或狭圆，基出脉 11 ~ 13 条。总状花序顶生或腋生，有时复合成圆锥花序，花大，美丽，花瓣红紫色，近轴的 1 片中间至基部呈深紫红色，能育雄蕊 5 枚，其中 3 枚较长；退化雄蕊 2 ~ 5 枚。通常不结果，花期全年，3 ~ 4 月为盛花期。

分　　布：世界各地广泛栽植。

用途与繁殖方式：美丽的观赏树木，花大，紫红色，盛开时繁英满树，为华南地区主要的庭园树之一。扦插、嫁接繁殖。

来源与生长情况：引进种，生长良好，能正常开花。

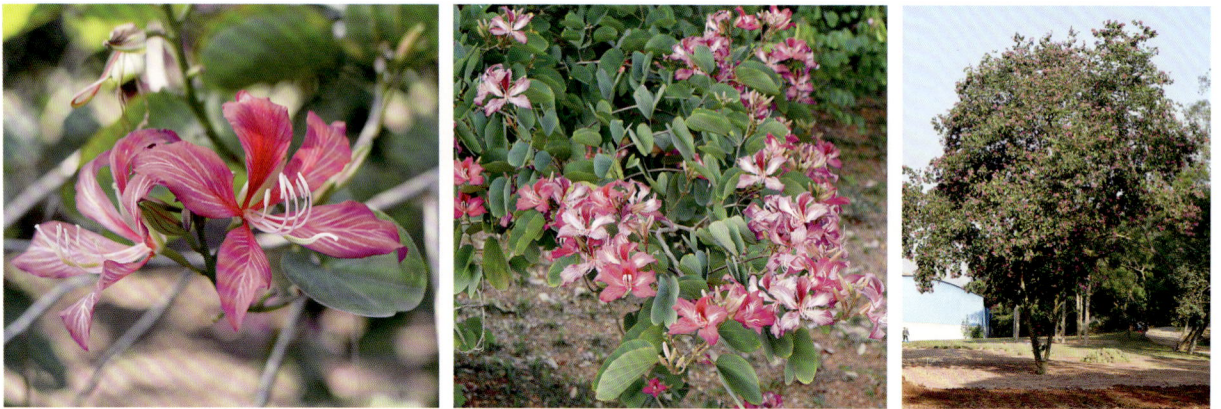

羊蹄甲 *Bauhinia purpurea* L.
羊蹄甲属

形态特征：乔木或直立灌木，高 7 ~ 10m，树皮厚，近光滑，灰色至暗褐色。叶硬纸质，近圆形，长 10 ~ 15cm，宽 9 ~ 14cm，基部浅心形，先端分裂达叶长的 1/3 ~ 1/2，裂片先端圆钝或近急尖，基出脉 9 ~ 11 条。总状花序侧生或顶生，少花，花瓣桃红色，能育雄蕊 3。荚果带状，扁平，略呈弯镰状，成熟时开裂；种子近圆形，扁平，种皮深褐色。花期 9 ~ 11 月，果期 2 ~ 3 月。

分　　布：产于我国南部。

用途与繁殖方式：世界亚热带地区广泛栽培于庭园供观赏及作行道树；树皮、花和根供药用，为烫伤及脓疮的洗涤剂、嫩叶汁液或粉末可治咳嗽，但根皮剧毒，忌服。扦插繁殖。

来源与生长情况：引进种，生长良好。

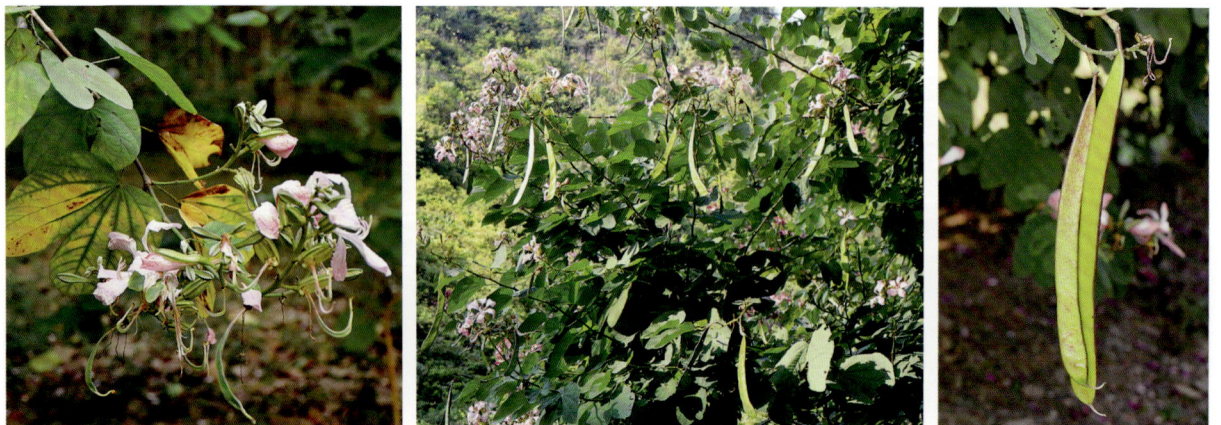

洋紫荆 *Bauhinia variegata* Linn.   羊蹄甲属

别　　名：宫粉紫荆

形态特征：落叶乔木，树皮暗褐色，近光滑，幼嫩部分常被灰色短柔毛。叶近革质，广卵形至近圆形，宽度常超过于长度，长 5～9cm，宽 7～11cm，基部浅至深心形，有时近截形，先端 2 裂达叶长的 1/3，裂片阔，钝头或圆，基出脉 9～13 条。总状花序侧生或顶生，多少呈伞房花序式，少花，花瓣倒卵形或倒披针形，紫红色或淡红色，能育雄蕊 5，退化雄蕊 1～5。荚果带状，扁平，具长柄及喙，种子 10～15 颗，近圆形，扁平。花期全年，3 月最盛。

分　　布：分布于福建、广东、广西、云南。

用途与繁殖方式：花美丽而略有香味，花期长，生长快，为良好的观赏及蜜源植物。扦插、嫁接繁殖。

来源与生长情况：引进种，生长良好，能正常开花结果，种子发育良好。

洋金凤 *Caesalpinia pulcherrima* (L.) Sw.   苏木属

形态特征：大灌木或小乔木，枝光滑，绿色或粉绿色，散生疏刺。二回羽状复叶，羽片 4～8 对，对生，小叶 7～11 对，长圆形或倒卵形，长 1～2cm，宽 4～8mm，顶端凹缺，有时具短尖头，基部偏斜；小叶柄短。总状花序近伞房状，顶生或腋生，疏松，花瓣橙红色或黄色，花丝红色，远伸出于花瓣外。荚果狭而薄，无翅，先端有长喙，成熟时黑褐色，种子 6～9 颗。花果期几乎全年。

分　　布：我国云南、广西、广东和台湾均有栽培。

用途与繁殖方式：为热带地区有价值的观赏树木之一。播种繁殖。

来源与生长情况：引进种，生长良好，能正常开花结果。

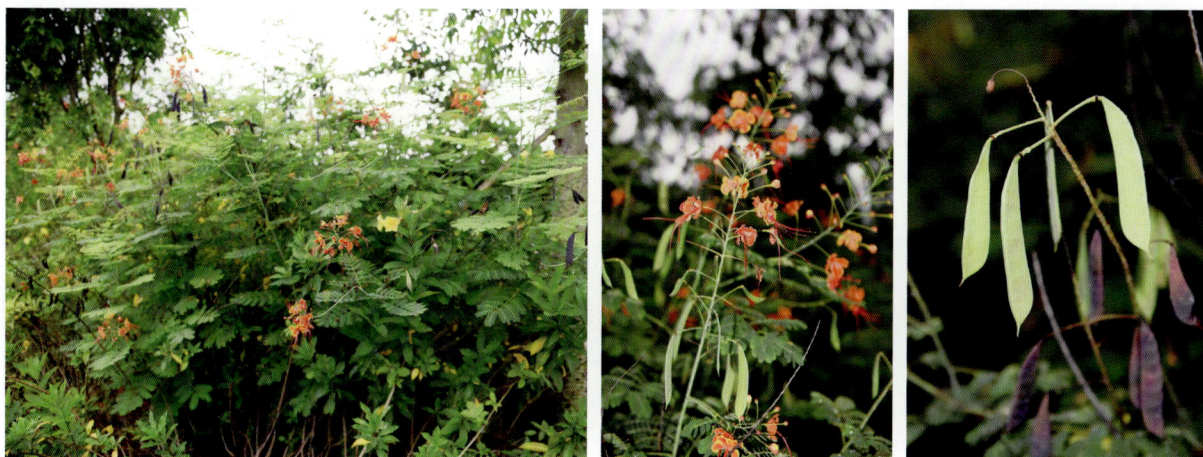

苏木 *Caesalpinia sappan* Linn.   苏木属

形态特征：小乔木，高5～13m，树干常有疏生的小刺，幼枝被细柔毛，后变无毛。二回羽状复叶，羽片10～13对，小叶10～17对，长圆形或菱状长圆形，纸质，长10～15mm，宽6～10mm，先端圆或微凹，基部偏斜。圆锥花序顶生或腋生，花瓣黄色，不等大，4片相似，上面1片较小。荚果阔长圆形或倒卵状长圆形，偏斜，有外弯的喙，果瓣木质而厚，不开裂，无毛，种子3～4粒。花期5～10月，果期7月～翌年3月。

分　　布：四川西南部、云南、贵州、广东、广西、海南、福建、台湾等省区有栽培。

用途与繁殖方式：心材及菌核入药，为清血剂，有祛痰、止痛、活血散风之效；可提取苏木素，为红色染料，用于生物制片染色。播种繁殖。

来源与生长情况：引进种，生长良好，能正常开花结果。

翅荚决明 *Cassia alata* Linn.   决明属

形态特征：直立灌木，高1.5～3m，枝粗壮，绿色。在靠腹面的叶柄和叶轴上有二条纵棱条，有狭翅，托叶三角形；小叶6～12对，薄革质，倒卵状长圆形或长圆形，长8～15cm，宽3.5～7.5cm，顶端圆钝而有小短尖头，基部斜截形。花序顶生和腋生，具长梗，单生或分枝；花瓣黄色，有明显的紫色脉纹；荚果长带状，每果瓣的中央顶部有直贯至基部的翅，翅纸质，具圆钝的齿；种子50～60颗，扁平，三角形。花期11～1月，果期12～翌年2月。

分　　布：原产于美洲热带地区，国内分布于广东和云南南部地区；生于疏林或较干旱的山坡上。

用途与繁殖方式：有较高观赏价值。播种繁殖。

来源与生长情况：引进种，生长良好，能正常开花结果。

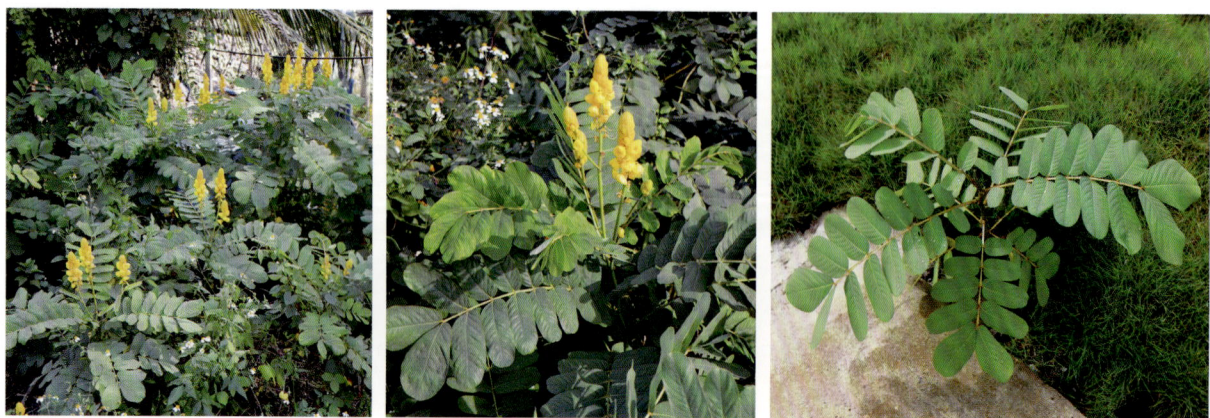

双荚决明 *Cassia bicapsularis* L.　　　　　　　　　　　　　　　　　　　决明属

别　　名：双荚槐

形态特征：直立灌木，多分枝，无毛。一回羽状复叶，小叶 3～4 对，小叶倒卵形或倒卵状长圆形，膜质，长 2.5～3.5cm，宽约 1.5cm，顶端圆钝，基部渐狭，偏斜，在最下方的一对小叶间有黑褐色线形而钝头的腺体 1 枚。总状花序生于枝条顶端的叶腋间，常集成伞房花序状，花鲜黄色，荚果圆柱状，缝线狭窄，种子二列。花期 10～11 月，果期 11 月～翌年 3 月。

分　　布：原产于美洲热带地区，栽培于广东、广西等省区。

用途与繁殖方式：可作绿肥，绿篱及观赏植物。播种、扦插繁殖。

来源与生长情况：引进种，生长良好，能正常开花结果。

腊肠树 *Cassia fistula* Linn.　　　　　　　　　　　　　　　　　　　　决明属

别　　名：猪肠豆

形态特征：落叶乔木，高可达 15m，树皮幼时光滑，灰色，老时粗糙，暗褐色。一回羽状复叶，小叶 3～4 对，小叶对生，薄革质，阔卵形、卵形或长圆形，长 8～13cm，宽 3.5～7cm，顶端短渐尖而钝，基部楔形，边全缘。总状花序疏散，下垂，花与叶同时开放，花瓣黄色，倒卵形。荚果圆柱形，黑褐色，不开裂，有 3 条槽纹；种子 40～100 颗，为横隔膜所分开。花期 6～8 月，果期 10 月。

分　　布：原产于印度、缅甸和斯里兰卡，我国南部和西南部各省区均有栽培。

用途与繁殖方式：南方常见的庭园观赏树木；根、树皮、果瓤和种子均可入药作缓泻剂。播种繁殖。

来源与生长情况：引进种，生长良好，能正常开花结果。

爪哇决明 *Cassia javanica* L.　　　　　　　　　　　　　　　　　　　　　　　决明属

别　　名：粉花山扁豆

形态特征：乔木，小枝纤细，下垂，薄被灰白色丝状绵毛。一回羽状复叶，叶轴和叶柄薄被丝状绵毛，无腺体，有小叶 6～13 对；小叶长圆状椭圆形，近革质，长 2～5cm，宽 1.2～2cm，顶端圆钝，微凹，边全缘。伞房状总状花序腋生，花瓣粉色，长卵形。荚果圆筒形，黑褐色，有明显环状节。花期 5～6 月，果期 8～9 月。

分　　布：我国华南南部有栽培。

用途与繁殖方式：本植物除作观赏树外，木材坚硬而重，可作家具用材。播种繁殖。

来源与生长情况：引进种，生长良好，能正常开花结果。

望江南 *Cassia occidentalis* Linn　　　　　　　　　　　　　　　　　　　　　　决明属

别　　名：羊角菜、羊角豆

形态特征：直立、少分枝的亚灌木或灌木，无毛，高 0.8～1.5m；枝带草质，有棱；叶柄近基部有大而带褐色、圆锥形的腺体 1 枚；小叶 4～5 对，膜质，卵形至卵状披针形，长 4～9cm，宽 2～3.5cm，顶端渐尖；托叶膜质，早落。花数朵组成伞房状总状花序，腋生和顶生，花瓣黄色。荚果带状镰形，褐色，压扁，稍弯曲，边较淡色，加厚，有尖头；种子 30～40 颗，种子间有薄隔膜。花期 4～8 月，果期 6～10 月。

分　　布：分布于中国东南部、南部及西南部各省区。常生于河边滩地、旷野或丘陵的灌木林或疏林中，也是村边荒地习见植物。

用途与繁殖方式：嫩叶可食用。播种繁殖。

来源与生长情况：引进种，生长良好，能正常开花结果，种子发育良好。

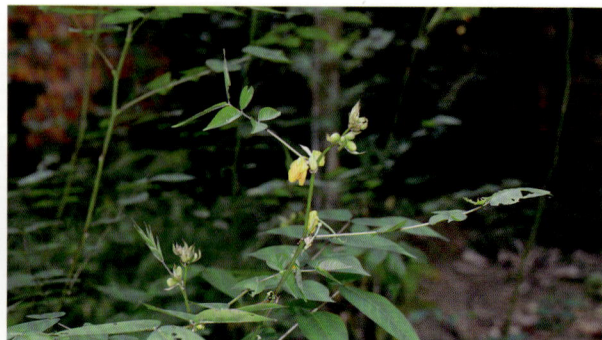

铁刀木 *Cassia siamea* Lam.　　　　　　　　　　　　　　　　　　　　　　　　　　**决明属**

形态特征：乔木，高约 10m 左右，树皮灰色，近光滑，稍纵裂。叶轴与叶柄无腺体，被微柔毛，小叶对生，6 ～ 10 对，革质，长圆形或长圆状椭圆形，长 3 ～ 6.5cm，宽 1.5 ～ 2.5cm，顶端圆钝，常微凹，有短尖头，基部圆形，上面光滑无毛，下面粉白色，边全缘。总状花序生于枝条顶端的叶腋，并排成伞房花序状，花瓣黄色。荚果扁平，边缘加厚，熟时带紫褐色；种子 10 ～ 20 颗。花期 10 ～ 11 月，果期 12 月 ～ 翌年 1 月。

分　　布：除云南有野生外，南方各省区均有栽培。

用途与繁殖方式：本种在我国栽培历史悠久，木材坚硬致密，耐水湿，不受虫蛀，为上等家具原料。因其生长迅速，萌芽力强，枝干易燃，火力旺，在云南大量栽培作薪炭林。播种繁殖。

来源与生长情况：引进种，生长良好，能正常开花结果。

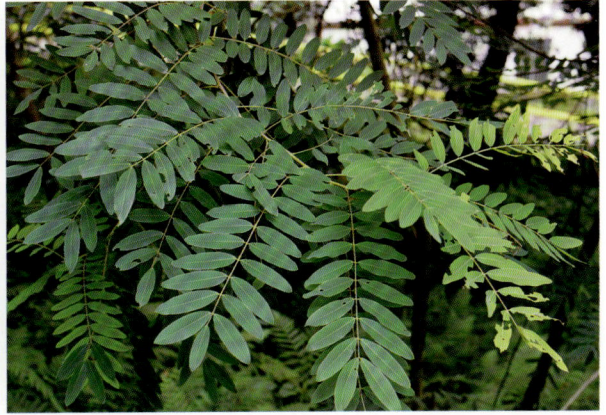

黄槐 *Cassia surattensis* Burm.f.　　　　　　　　　　　　　　　　　　　　　　　　**决明属**

形态特征：灌木或小乔木，高 5 ～ 7m，树皮颇光滑，灰褐色，嫩枝、叶轴、叶柄被微柔毛。叶长 10 ～ 15cm；叶轴及叶柄呈扁四方形，在叶轴上面最下 2 或 3 对小叶之间和叶柄上部有棍棒状腺体 2 ～ 3 枚；小叶 7 ～ 9 对，长椭圆形或卵形，长 2 ～ 5cm，宽 1 ～ 1.5cm，下面粉白色，被疏散紧贴的长柔毛，边全缘。总状花序生于枝条上部的叶腋内，花瓣鲜黄至深黄色。荚果扁平，带状，开裂，顶端具细长的喙，种子 10 ～ 12 颗，有光泽。花果期几全年。

分　　布：栽培于广西、广东、福建、台湾等省区。

用途与繁殖方式：常作绿篱和园观赏植物。播种、扦插繁殖。

来源与生长情况：引进种，生长良好，能正常开花结果，种子发育良好。

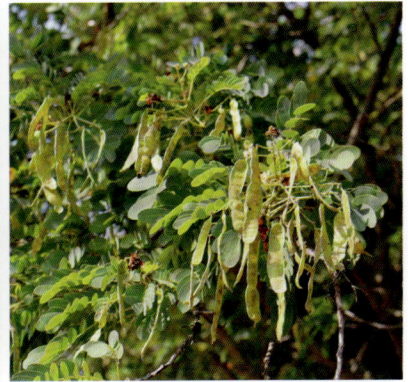

决明 *Cassia tora* Linn

决明属

形态特征：一年生半灌木状草本；高 1 ~ 2m。羽状复叶具小叶 6 枚；叶柄无腺体，在叶轴上两小叶之间有一个腺体；小叶倒卵形至倒卵状矩圆形，长 1.5 ~ 6.5cm，宽 0.8 ~ 3cm，幼时两面疏生长柔毛。花通常 2 朵生于叶腋；总花梗极短；萼片 5，分离；花冠黄色，花瓣倒卵形，最下面的两个花瓣稍长；荚果条形，种子多数，近菱形，淡褐色，有光泽。8 ~ 11 月开花结果

分　　布：分布于长江以南各省区，河北等地有栽培，生于或栽培于山坡、河边。

用途与繁殖方式：种子药用，有清肝明目、润肠祛风、强壮利尿之效。播种繁殖。

来源与生长情况：原生种，生长良好。

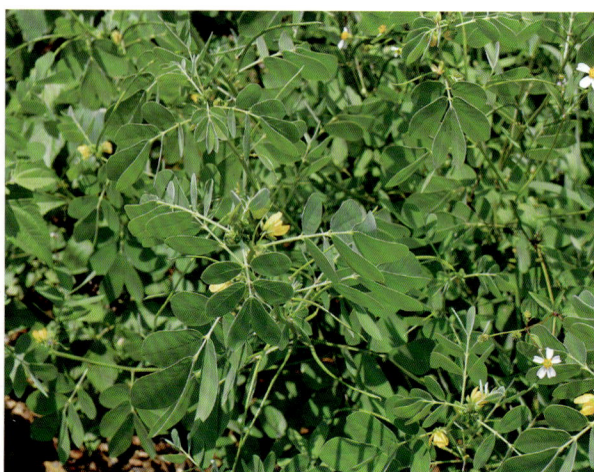

凤凰木 *Delonix regia* (Boj.) Raf.

凤凰木属

别　　名：凤凰花、红花楹

形态特征：高大落叶乔木，高达 20 余 m，树冠扁圆形，分枝多而开展，叶为二回偶数羽状复叶，具托叶，下部的托叶明显地羽状分裂，羽片对生，15 ~ 20 对，小叶 25 对，密集对生，长圆形，长 4 ~ 8mm，宽 3 ~ 4mm，先端钝，基部偏斜，边全缘。伞房状总状花序顶生或腋生，花大而美丽，鲜红至橙红色，花瓣 5，匙形，红色，具黄及白色花斑。荚果带形，扁平，稍弯曲，成熟时黑褐色，顶端有宿存花柱，种子 20 ~ 40 颗。花期 6 ~ 7 月，果期 8 ~ 10 月。

分　　布：原产于马达加斯加，我国云南、广西、广东、福建、台湾等省栽培。

用途与繁殖方式：本种在我国南方城市的植物园和公园栽种颇盛，作为观赏树或行道树。树冠扁圆而开展，枝叶密茂，花大而色泽鲜艳，盛开时红花与绿叶相映，色彩夺目，特别艳丽，故名凤凰木。播种繁殖。

来源与生长情况：引进种，生长良好，能正常开花结果，种子发育良好。

格木 *Erythrophleum fordii* Oliv.　　　　　　　　　　　　　　　　　　　　　　**格木属**

国家Ⅱ级重点保护植物

形态特征：乔木，通常高约 13m，嫩枝和幼芽被铁锈色短柔毛。叶互生，二回羽状复叶，羽片通常 3 对，对生或近对生，每羽片有小叶 8 ～ 12 片；小叶互生，卵形或卵状椭圆形，长 5 ～ 8cm，宽 2.5 ～ 4cm，先端渐尖，基部圆形，两侧不对称，边全缘。由穗状花序所排成的圆锥花序，花瓣 5，淡黄绿色。荚果长圆形，扁平，厚革质，有网脉，种子长圆形，种皮黑褐色。花期 5 ～ 6 月，果期 8 ～ 10 月。

分　　布：产于广西、广东、福建、台湾、浙江等省区，生于山地密林或疏林中。

用途与繁殖方式：木材暗褐色，质硬而亮，纹理致密，为国产著名硬木之一。播种繁殖。

来源与生长情况：引进种，生长良好，能正常开花结果，种子发育良好。

滇皂荚 *Gleditsia japonica* var. *delavayi* (Franch.) L. C. Li.　　　　　　　　　　**皂荚属**

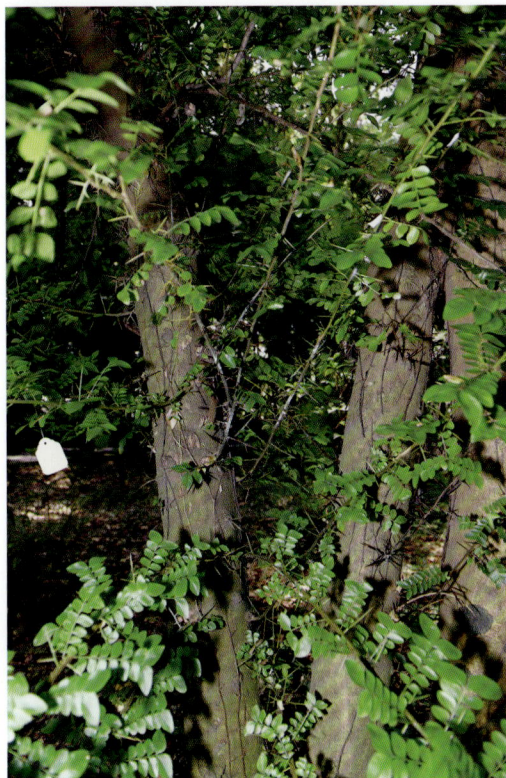

别　　名：云南皂荚

形态特征：落叶乔木或小乔木，高可达 30m，枝灰色至深褐色，刺粗壮，圆柱形。叶为一回羽状复叶，纸质，卵状披针形至长圆形，先端急尖或渐尖，顶端圆钝，边缘具细锯齿。花杂性，黄白色，组成总状花序，花序腋生或顶生，荚果。花期 3 ～ 5 月，果期 5 ～ 12 月。。

分　　布：产于云南、贵州，生于山坡林中或路边村旁，海拔 1200 ～ 2500m。

用途与繁殖方式：心材红褐色，边材淡黄褐色，供建筑、家具及农具用。播种繁殖。

来源与生长情况：引进种，生长良好。

华南皂荚 *Gleditsia fera* (Lour.) Merr.　　　　　　　　　　　　　**皂荚属**

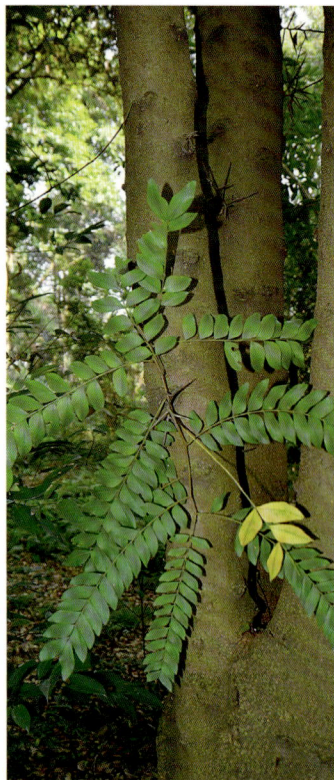

形态特征：乔木，枝灰褐色，刺粗壮，具分枝。叶为一回羽状复叶，叶轴具槽，槽及两边无毛或被疏柔毛；小叶5～9对，纸质至薄革质，斜椭圆形至菱状长圆形，长2～7cm，宽1～3cm，先端圆钝而微凹，有时急尖，基部斜楔形或圆钝而偏斜，边缘具圆齿，有时为浅钝齿。花杂性，绿白色，数朵组成小聚伞花序，再由多个聚伞花序组成腋生或顶生。荚果扁平，劲直或稍弯，偶有扭转，果瓣革质，种子多数，光滑，棕色至黑棕色。花期4～5月，果期6～12月。

分　　布：产于江西、湖南、福建、台湾、广东和广西，生于山地缓坡、山谷林中或村旁路边阳处，海拔300～1000m。

用途与繁殖方式：荚果含皂素，煎出的汁可代肥皂用以洗涤，果又可作杀虫药。播种繁殖。

来源与生长情况：引进种，生长良好。

短萼仪花 *Lysidice brevicalyx* Wei　　　　　　　　　　　　　　**仪花属**

别　　名：麻轧木

形态特征：乔木，高10～20m，小叶3～4(5)对，近革质，长圆形、倒卵状长圆形或卵状披针形，长6～12cm，宽2～5.5cm，先端钝或尾状渐尖，基部楔形或钝。圆锥花序，披散，苞片和小苞片白色，花瓣紫色。荚果长圆形或倒卵状长圆形，二缝线等长或近等长，开裂，果瓣平或稍扭转，种子7～10颗，栗褐色或微带灰绿，光亮。花期4～5月，果期8～9月。

分　　布：产于广东茂名、封开、云浮、高要、广州、香港，广西隆林、田林、百色、都安、龙州、容县，贵州贞丰、望谟、安龙以及云南等。生于海拔500～1000m的疏林或密林中，常见于山谷、溪边。

用途与繁殖方式：木材黄白色，坚硬，是优良建筑用材；花美丽，是优良的庭园绿化树种。播种、扦插繁殖。

来源与生长情况：引进种，生长良好，能正常开花结果，种子发育良好。

银珠 *Peltophorum tonkinensis* (Pierre) Gagnep.　　　　　　　　　　　盾柱木属

形态特征：乔木，高 12 ~ 20m，幼嫩部分和花序密被锈色毛。二回偶数羽状复叶，羽片 6 ~ 13 对，与小叶均为对生，羽轴上面有槽，基部膨大，小叶 5 ~ 14 对，长圆形，长 1.5 ~ 2cm，宽 0.6 ~ 1cm，先端钝圆、微凹或有凸尖，基部渐狭，两侧不对称。总状花序近顶生，花黄色，大而芳香。荚果薄革质，纺锤形，两端不对称，渐尖，老时红褐色，种子 3 ~ 4 颗，扁平，成熟时黄色。花期 3 ~ 6 月，果期 4 ~ 10 月。

分　　布：产于海南白沙、陵水、保亭、崖县和东方等县，生于海拔 300 或 400m，山地疏林。

用途与繁殖方式：花密集艳丽，可做园林绿化，用于道路绿化。播种、扦插繁殖。

来源与生长情况：引进种，生长良好，能正常开花。

中国无忧花 *Saraca dives* Pierre　　　　　　　　　　　　　　　　　　无忧花属

别　　名：无忧花、火焰花、四方木

形态特征：乔木，高 5 ~ 20m，叶有小叶 5 ~ 6 对，嫩叶略带紫红色，下垂；小叶近革质，长椭圆形、卵状披针形或长倒卵形，长 15 ~ 35cm，宽 5 ~ 12cm，先端渐尖、急尖或钝，基部楔形，侧脉 8 ~ 11 对。花序腋生，较大，花黄色，后部分变红色，两性或单性。荚果棕褐色，扁平，果瓣卷曲，种子 5 ~ 9 颗，形状不一，扁平，两面中央有一浅凹槽。花期 4 ~ 5 月，果期 7 ~ 10 月。

分　　布：产于云南东南部至广西西南部、南部和东南部，普遍生于海拔 200 ~ 1000m 的密林或疏林中，常见于河流或溪谷两旁。

用途与繁殖方式：本种可放养紫胶虫，且是一优良的紫胶虫寄主；树皮入药，可治风湿和月经过多；由于花大而美丽，又是一良好的庭园绿化和观赏树种。播种、扦插、压条繁殖。

来源与生长情况：引进种，生长良好，能正常开花结果，种子发育良好。

油楠 *Sindora glabra* Merr. ex de Wit.

油楠属

别　　名：蚌壳树

形态特征：乔木，高8～20m，一回羽状复叶，有小叶2～4对；小叶对生，革质，椭圆状长圆形，很少卵形，长5～10cm，宽2.5～5cm，顶端钝急尖或短渐尖，基部钝圆稍不等边，侧脉纤细不明显。圆锥花序生于小枝顶端之叶腋，密被黄色柔毛，萼片4，两面均被黄色柔毛，2型，花瓣1枚。荚果圆形或椭圆形，外面有散生硬直的刺，受伤时伤口常有胶汁流出；种子1颗，扁圆形，黑色。花期4～5月，果期6～8月。

分　　布：分布于海南，生于中海拔山地的混交林内。

用途与繁殖方式：木材性质优良，可供建筑、车辆及家具用材；树脂用于照明。播种繁殖。

来源与生长情况：引进种，生长良好，能正常开花结果。

东京油楠 *Sindora tonkinensis* A. Cheval. ex K. et S. S.

油楠属

别　　名：越南油楠

形态特征：乔木，高可达15m，枝条无毛，托叶早落。有小叶4～5对，小叶革质，无毛，卵形、长卵形或椭圆状披针形，长6～12cm，宽3.5～6cm，两侧不对称，上侧较狭，下侧较阔，顶端渐尖或短渐尖，基部圆形或阔楔形，边全缘。圆锥花序生于小枝顶端的叶腋，密被黄色柔毛，萼片4枚，外面密被黄色柔毛，无刺，花瓣肥厚。荚果近圆形或椭圆形，顶端鸟喙状，外面光滑无刺；种子2～5颗，黑色。花期5～6月；果期8～9月。

分　　布：分布于中南半岛，广西、广东有栽培。

用途与繁殖方式：枝叶婆娑、美观，是优良的观赏树种，可广泛用于城镇绿化。播种、扦插繁殖。

来源与生长情况：引进种，生长良好，能正常开花。

任豆 *Zenia insignis* Chun.　　　　　　　　　　　　　　　　　　　　　　　任豆属

国家Ⅱ级重点保护植物

别　　名：翅荚木

形态特征：乔木，高15～20m，树皮粗糙，成片状脱落。一回羽状复叶，叶轴及叶柄多少被黄色微柔毛，小叶薄革质，长圆状披针形，长6～9cm，阔2～3cm，基部圆形，顶端短渐尖或急尖，边全缘。圆锥花序顶生，总花梗和花梗被黄色或棕色糙伏毛，花红色。荚果长圆形或椭圆状长圆形，红棕色，有翅；种子圆形，平滑，有光泽，棕黑色。花期5月，果期6～8月。

分　　布：分布于广东、广西，生长于海拔200～950m的山地密林或疏林中。

用途与繁殖方式：任豆树为速生树种，材质细致，易加工，干后不易开裂适作家具和建筑用材，并可作为紫胶虫的寄主。播种繁殖。

来源与生长情况：引进种，生长良好，能正常开花结果，种子发育良好。

蝶形花科 Papilionacaae

广州相思子 *Abrus cantoniensis* Hance　　　　　　　　　　　　　　　相思子属

别　　名：鸡骨草、地香根

形态特征：攀援灌木，高1～2m。枝细直，平滑，被白色柔毛，老时脱落。羽状复叶互生；小叶6～11对，膜质，长圆形或倒卵状长圆形，长0.5～1.5cm，宽0.3～0.5cm，先端截形或稍凹缺，具细尖，上面被疏毛，下面被糙伏毛。总状花序腋生，花小，花冠紫红色或淡紫色。荚果长圆形，扁平，顶端具喙，成熟时浅褐色，有种子4～5粒；种子黑褐色，种阜蜡黄色。花期8月，果期12月。

分　　布：产于湖南、广东、广西，生于海拔约200m的疏林、灌丛或山坡。

用途与繁殖方式：全株及种子均供药用，可清热利湿，舒肝止痛，用于急慢性肝炎及乳腺炎。播种繁殖。

来源与生长情况：引进种，生长良好。

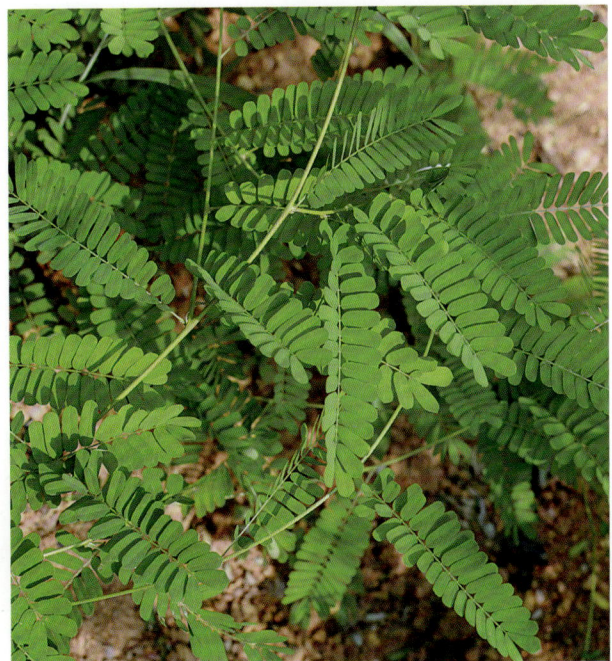

木豆 *Cajanus cajan* (L.) Millsp.

木豆属

形态特征： 直立灌木，1～3m，多分枝，小枝有明显纵棱，被灰色短柔毛。叶具羽状3小叶，小叶纸质，披针形至椭圆形，长5～10cm，宽1.5～3cm，先端渐尖或急尖，常有细凸尖，上面被极短的灰白色短柔毛，下面较密，呈灰白色，有不明显的黄色腺点。总状花序，花数朵生于花序顶部或近顶部，花冠黄色。荚果线状长圆形，于种子间具明显凹入的斜横槽，先端渐尖，具长的尖头；种子3～6颗，近圆形，种皮暗红色。花、果期2～11月。

分　　布： 产于云南、四川、江西、湖南、广西、广东、海南、浙江、福建、台湾、江苏。

用途与繁殖方式： 为平民的主粮和菜肴之一，常作包点馅料，叫豆蓉；叶可作家畜饲料、绿肥；根入药能清热解毒；亦为紫胶虫的优良寄主植物。播种繁殖。

来源与生长情况： 原生种，生长良好，能正常开花结果。

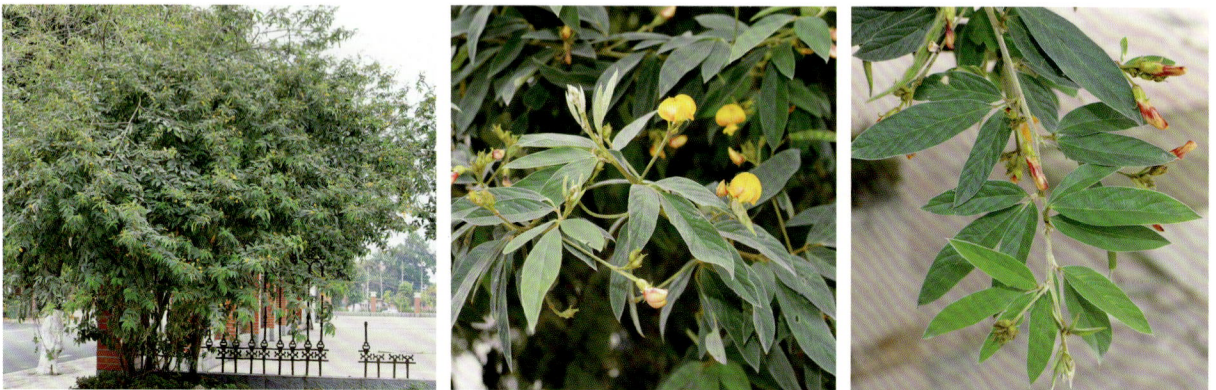

翅荚香槐 *Cladrastis platycarpa* (Maxim.) Makino.

香槐属

形态特征： 大乔木，高30m，树皮暗灰色，多皮孔，一年生枝被褐色柔毛。奇数羽状复叶，小叶3～4对，互生或近对生，长椭圆形或卵状长圆形基部的最小，顶生的最大，通常长4～10cm，宽3～5.5cm，先端渐尖，基部钝圆或宽楔形，侧生小叶基部稍偏斜，侧脉6～8对。圆锥花序，花冠白色，芳香，荚果扁平，长椭圆形或长圆形，两侧具翅，不开裂，有种子1～2粒，种子长圆形，压扁，种皮深褐色或黑色。花期4～6月，果期7～10月。

分　　布： 产于江苏、浙江、湖南、广东、广西、贵州、云南，生于海拔1000m以下的山谷疏林中和村庄附近的山坡杂木林中。

用途与繁殖方式： 材质致密坚重，可作建筑用材或提取黄色染色。播种繁殖。

来源与生长情况： 引进种，生长良好，能正常开花。

大猪屎豆 *Crotalaria assamica* Benth.

形态特征：直立高大草本，高达 1.5m，茎枝粗状，圆柱形，被锈色柔毛。托叶细小，线形，贴伏于叶柄两旁；单叶，叶片质薄，倒披针形或长椭圆形，先端钝圆，具细小短尖，基部楔形，长 5 ~ 15cm，宽 2 ~ 4cm，上面无毛，下面被锈色短柔毛。总状花序顶生或腋生，有花 20 ~ 30 朵，花冠黄色，荚果长圆形，种子 20 ~ 30 颗。花果期 5 ~ 12 月间。

分　　布：产于台湾、广东、海南、广西、贵州、云南，生海拔 50 ~ 3000m 的山坡路边及山谷草丛中。

用途与繁殖方式：可供药用，可祛风除湿、消肿止痛，治风湿麻痹，关节肿痛等症。播种繁殖。

来源与生长情况：原生种，生长良好。

猪屎豆 *Crotalaria pallida* Aiton

形态特征：多年生草本，或呈灌木状，茎枝圆柱形，密被紧贴的短柔毛。托叶极细小，刚毛状，早落；叶三出，柄长 2 ~ 4cm；小叶长圆形或椭圆形，长 3 ~ 6cm，宽 1.5 ~ 3cm，先端钝圆或微凹，基部阔楔形，上面无毛，下面略被丝光质短柔毛，两面叶脉清晰。总状花序顶生，花冠黄色，伸出萼外。荚果长圆形，幼时被毛，成熟后脱落，果瓣开裂后扭转；种子 20 ~ 30 颗。花果期 9 ~ 12 月间。

分　　布：产于福建、台湾、广东、广西、四川、云南、山东、浙江，湖南亦有栽培，生于海拔 100 ~ 1000m 的荒山草地及沙质土壤之中。

用途与繁殖方式：可供药用，全草有散结、清湿热等作用。播种繁殖。

来源与生长情况：原生种，生长良好。

南岭黄檀 *Dalbergia balansae* Prain.　　　　　　　　　　　　　　　　**黄檀属**

形态特征：乔木，高 6 ~ 15m，树皮灰黑色，粗糙，有纵裂纹。羽状复叶长 10 ~ 15cm；叶轴和叶柄被短柔毛；托叶披针形；小叶 6 ~ 7 对，皮纸质，长圆形或倒卵状长圆形，长 2 ~ 3cm，宽约 2cm，先端圆形，有时近截形，常微缺，基部阔楔形或圆形。圆锥花序腋生，疏散，花冠白色，荚果舌状或长圆形，两端渐狭，通常有种子 1 粒。花期 6 月，果期 10 ~ 11 月。

分　　布：产于浙江、福建、广东、海南、广西、四川、贵州，生于海拔 300 ~ 900m 的山地杂木林中或灌丛中。

用途与繁殖方式：我国南部城市常植为蔽荫树或风景树，又为紫胶虫寄主植物。播种繁殖。

来源与生长情况：引进种，生长良好，能正常开花结果，种子发育良好。

黄檀 *Dalbergia hupeana* Hance　　　　　　　　　　　　　　　　　　**黄檀属**

形态特征：乔木，高 10 ~ 20m，树皮暗灰色，呈薄片状剥落。羽状复叶，小叶 3 ~ 5 对，近革质，椭圆形至长圆状椭圆形，长 3.5 ~ 6cm，宽 2.5 ~ 4cm，先端钝，或稍凹入，基部圆形或阔楔形，两面无毛。圆锥花序顶生或生于最上部的叶腋间，花密集，花冠白色或淡紫色，长倍于花萼。荚果长圆形或阔舌状，顶端急尖，基部渐狭成果颈，果瓣薄革质，有 1 ~ 2 粒种子；种子肾形。花期 5 ~ 7 月。

分　　布：产于山东、江苏、安徽、浙江、江西、福建、湖北、湖南、广东、广西、四川、贵州、云南，生于海拔 600 ~ 1400m 的山地林中或灌丛中。

用途与繁殖方式：木材黄色或白色，材质坚密，能耐强力冲撞，常用作车轴、榨油机轴心、枪托、各种工具柄等；根药用，可治疗疮。播种繁殖。

来源与生长情况：引进种，生长良好。

钝叶黄檀 *Dalbergia obtusifolia* (Baker) Prain.　　　　　　黄檀属

别　　名：牛肋巴

形态特征：乔木，高 13 ~ 17m，分枝扩展，幼枝下垂，无毛。羽状复叶，小叶 2 ~ 3 对，近革质，椭圆形或倒卵形，有时复叶基部的小叶近圆形，顶生的最大，长 5 ~ 14cm，宽 4.5 ~ 8cm，两端圆形或先端有时微缺，基部阔楔形。圆锥花序顶生或腋生，花冠淡黄色，花瓣具稍长的柄。荚果长圆形至带状，果瓣革质，对种子部分有明显网纹，有种子 1 ~ 2 粒；种子肾形，种皮棕色，平滑。

分　　布：产于云南，生于海拔 800 ~ 1300m 的山地疏林或河谷灌丛中。

用途与繁殖方式：优良的紫胶虫寄主树之一，树形优美，可做园林绿化植物。播种繁殖。

来源与生长情况：引进种，生长良好，能正常开花结果。

降香黄檀 *Dalbergia odorifera* T. C. Chen　　　　　　黄檀属

国家 II 级重点保护植物

别　　名：降香

形态特征：乔木，高 10 ~ 15m，树皮褐色或淡褐色，粗糙，有纵裂槽纹。羽状复叶，小叶 4 ~ 5 对，近革质，卵形或椭圆形，长 4 ~ 7cm，宽 2 ~ 3.5cm，复叶顶端的 1 枚小叶最大，往下渐小，先端渐尖或急尖，钝头，基部圆或阔楔形。圆锥花序腋生，分枝呈伞房花序状，花冠乳白色或淡黄色。荚果舌状长圆形，顶端钝或急尖，果瓣革质，有种子 1 ~ 2 粒。花期 5 月，果期 11 月。

分　　布：产于海南中部和南部，生于中海拔有山坡疏林中、林缘或村旁旷地上。

用途与繁殖方式：木材质优，边材淡黄色，质略疏松，心材红褐色，坚重，纹理致密，为上等家具良材；根部心材名降香，供药用，为良好的镇痛剂，又治刀伤出血。播种、扦插繁殖。

来源与生长情况：引进种，生长良好，能正常开花结果，种子发育良好。

多体蕊黄檀 *Dalbergia polyadelpha* Prain　　　　　　　　　　　　　　**黄檀属**

形态特征：乔木，高 4～10m，羽状复叶，叶轴、叶柄密被锈色茸毛；小叶通常 4 对，纸质，卵形至卵状披针形，长 1.5～4cm，宽 8～16mm，先端渐尖或钝，有时具凸尖，基部楔形或有时圆形。圆锥花序腋生或腋下生，呈聚伞花序状，花冠白色。荚果长圆形至带状，果瓣革质，对种子部分有明显网纹，有种子 1～2 粒；种子肾形至肾状长圆形，种皮黑色，有光泽。

分　　布：产于广西、贵州、云南，生于海拔 1000～2000m 的山坡密林或灌丛中。

用途与繁殖方式：树形秀丽，可做园林观赏。播种繁殖。

来源与生长情况：引进种，生长良好。

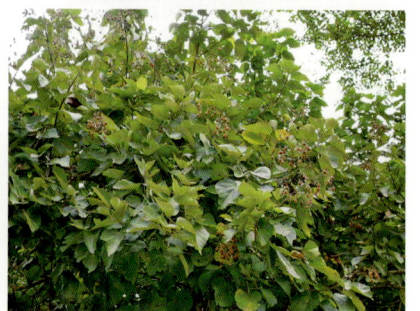

印度黄檀 *Dalbergia sissoo* DC.　　　　　　　　　　　　　　**黄檀属**

形态特征：乔木，树皮灰色，粗糙，厚而深裂；分枝多，平展。枝被白色短柔毛。羽状复叶长 12～15cm；托叶披针形；小叶近圆形或有时菱状倒卵形。圆锥花序近伞房状，分枝与花序轴被柔毛，基生小苞片披针形。花芳香，具极短花梗，花萼筒状；花冠淡黄色或白色。荚果线状长圆形至带状，有种子 1～2 粒，种子肾形，扁平。花期 3～4月，果期 9 月。

分　　布：我国福建、广东、海南均有栽培。

用途与繁殖方式：树冠开展，花芳香，可作庭园观赏树；心材褐色，坚硬不易开裂，宜作雕刻、细工、地板及家具用材。播种繁殖。

来源与生长情况：引进种，生长良好。

假木豆 *Dendrolobium triangulare* (Retz.) Schindl.　　　　　　　　　　　**假木豆属**

形态特征：灌木，高1～2m，叶为三出羽状复叶，小叶硬纸质，顶生小叶倒卵状长椭圆形，长7～15cm，宽3～6cm，先端渐尖，基部钝圆或宽楔形，侧生小叶略小，基部略偏斜，上面无毛，下面被长丝状毛，脉上毛尤密，侧脉每边10～17条。花序腋生，伞形花序有花20～30朵，花冠白色或淡黄色。荚果有荚节3～6，被贴伏丝状毛；种子椭圆形。花期8～10月，果期10～12月。

分　　布：产于广东、海南、广西、贵州、云南及台湾等省区，生于海拔100～1400m沟边荒草地或山坡灌丛中。

用途与繁殖方式：根入药，有强筋骨之效。播种繁殖。

来源与生长情况：原生种，生长良好，能正常开花结果。

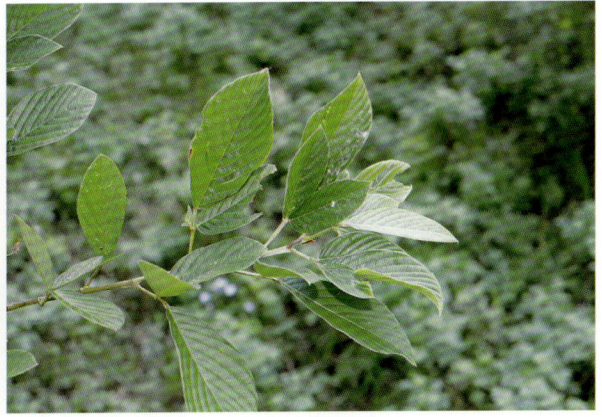

刺桐 *Erythrina variegata* Linn.　　　　　　　　　　　**刺桐属**

形态特征：大乔木，高可达20m，树皮灰褐色，枝有短圆锥形的黑色直刺。羽状复叶具3小叶，常密集枝端，叶柄长10～15cm，通常无刺；小叶膜质，宽卵形或菱状卵形，长宽15～30cm，先端渐尖而钝，基部宽楔形或截形；基脉3条，侧脉5对。总状花序顶生，花萼佛焰苞状，花冠红色。荚果黑色，肥厚，种子间略缢缩；种子1～8颗，肾形，暗红色。花期3月，果期8月。

分　　布：台湾、福建、广东、广西等省区有栽培，常见于树旁或近海溪边，或栽于公园。

用途与繁殖方式：花美丽，可栽作观赏树木；树皮或根皮入药，称海桐皮，祛风湿，舒筋通络，治风湿麻木，腰腿筋骨疼痛，跌打损伤。扦插、播种繁殖。

来源与生长情况：引进种，生长良好，能正常开花。

鸡冠刺桐 *Erythrina crista-galli* Linn.　　　　　　　　　　　　　　　　　**刺桐属**

形态特征：落叶小乔木，茎和叶柄稍具皮刺。小叶长卵形或披针状长椭圆形，长 7 ~ 10cm，宽 3 ~ 4.5cm，先端钝，基部近圆形。花与叶同出，总状花序顶生，每节有花 1 ~ 3 朵；花深红色，稍下垂或与花序轴成直角；花萼钟状，荚果褐色，种子间缢缩，种子大，亮褐色。花果期 5 ~ 11 月。

分　　布：原产于巴西，云南、广西、广东、海南等省区有栽培。

用途与繁殖方式：花开时红色，且花期长，故适于庭院观赏，也用于道路中央绿化。播种、扦插繁殖。

来源与生长情况：引进种，生长良好，能正常开花结果。

美丽胡枝子 *Lespedeza formosa* (Vogel) Koehne　　　　　　　　　　　　　**胡枝子属**

形态特征：直立灌木，高 1 ~ 2m，多分枝，枝伸展，被疏柔毛。小叶椭圆形、长圆状椭圆形或卵形，稀倒卵形，两端稍尖或稍钝，长 2.5 ~ 6cm，宽 1 ~ 3cm，上面绿色，稍被短柔毛，下面淡绿色，贴生短柔毛。总状花序单一，腋生，或构成顶生的圆锥花序，花冠红紫色。荚果倒卵形或倒卵状长圆形，表面具网纹且被疏柔毛。花期 7 ~ 9 月，果期 9 ~ 10 月。

分　　布：产于河北、陕西、甘肃、山东、江苏、安徽、浙江、江西、福建、河南、湖北、湖南、广东、广西、四川、云南等省区，生于海拔 2800m 以下山坡、路旁及林缘灌丛中。

用途与繁殖方式：花色艳丽，充满野趣，可做园林观赏。播种、扦插繁殖。

来源与生长情况：原生种，生长良好。

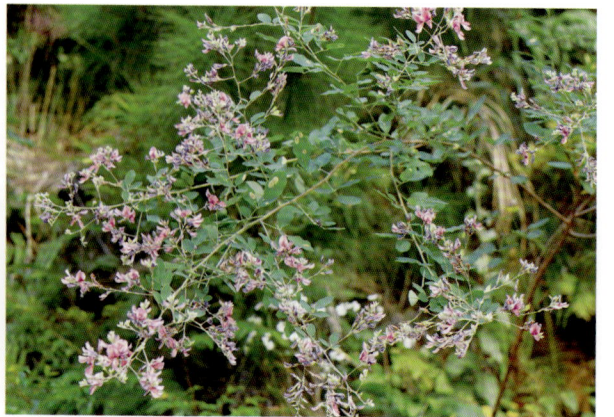

大果油麻藤 *Mucuna macrocarpa* Wall.

形态特征：大型木质藤本，茎具纵棱脊和褐色皮孔，羽状复叶具3小叶，小叶纸质或革质，顶生小叶椭圆形、卵状椭圆形、卵形或稍倒卵形，长10～19cm，宽5～10cm，先端急尖或圆，具短尖头，基部圆或稍微楔形；侧生小叶极偏斜，侧脉每边5～6。花序通常生在老茎上，花多聚生于顶部，常有恶臭，花冠暗紫色，但旗瓣带绿白色。果木质，带形，近念珠状，直或稍微弯曲，密被直立红褐色细短毛，具不规则的脊和皱纹，具6～12颗种子，种子黑色，盘状。花期4～5月，果期6～7月。

分　　布：产于云南、贵州、广东、海南、广西、台湾，生于海拔800～2500m的山地或河边常绿或落叶林中。

用途与繁殖方式：花大而下垂，颜色艳丽，可做园林观赏。扦插、压条、播种繁殖。

来源与生长情况：引进种，生长良好，能正常开花结果。

肥荚红豆 *Ormosia fordiana* Oliv.

形态特征：乔木，高达17m，树皮深灰色，浅裂，幼枝、幼叶密被锈褐色柔毛。奇数羽状复叶，小叶3～4对，薄革质，倒卵状披针形或倒卵状椭圆形，稀椭圆形，顶生小叶较大，长6～20cm，宽1.5～7cm，先端急尖或尾尖，基部楔形或略圆。圆锥花序生于新枝梢，花冠淡紫红色。荚果半圆形或长圆形，先端有斜歪的喙，种子处凸起，果瓣木质，开裂，有种子1～4粒；种子大，长椭圆形，两端钝圆，种皮鲜红色。花期6～7月，果期11月。

分　　布：产于广东、海南、广西、云南，生于海拔100～1400m的山谷、山坡路旁、溪边杂木林中，散生。

用途与繁殖方式：木材纹理略通直，可作一般建筑和家具用材料。播种繁殖。

来源与生长情况：引进种，生长良好，能正常开花结果，种子发育良好。

光叶红豆 *Ormosia glaberrima* Y. C. Wu.　　　　　　　　　　　　　　　　　　红豆属

形态特征:常绿乔木,高可达15m,树皮灰绿色,平滑,小枝绿色。奇数羽状复叶,小叶2~3对,革质或薄革质,卵形或椭圆状披针形,长4~9.5cm,宽1.4~3.6cm,先端渐尖,钝或微凹,基部圆,两面均无毛,侧脉9~10对。圆锥花序顶生或腋生。荚果扁平,椭圆形或长椭圆形,两端急尖,顶端有短而略弯的喙,有种子1~4粒;种子扁圆形或长圆形,种皮鲜红色,有光泽,种脐椭圆形,凹陷。花期6月,果期10月。

分　　布:产于湖南、江西、广东、海南、广西,生于海拔200~750m的稍湿或干燥的山地、沟谷疏林中。

用途与繁殖方式:材质优良,为海南三类珍贵用材。播种繁殖。

来源与生长情况:引进种,生长良好。

花榈木 *Ormosia henryi* Prain.　　　　　　　　　　　　　　　　　　　　　红豆属

国家Ⅱ级重点保护植物

形态特征:常绿乔木,高16m,树皮灰绿色,平滑,小枝、叶轴、花序密被茸毛。奇数羽状复叶,小叶2~3对,革质,椭圆形或长圆状椭圆形,长4.3~13.5cm,宽2.3~6.8cm,先端钝或短尖,基部圆或宽楔形,叶缘微反卷,下面及叶柄均密被黄褐色绒毛。圆锥花序顶生,或总状花序腋生,密被淡褐色茸毛,花冠中央淡绿色,边缘绿色微带淡紫。荚果扁平,长椭圆形,顶端有喙,有种子4~8粒;种子椭圆形或卵形,种皮鲜红色,有光泽。花期7~8月,果期10~11月。

分　　布:产于安徽、浙江、江西、湖南、湖北、广东、四川、贵州、云南。生于海拔100~1300m的山坡、溪谷两旁杂木林内。

用途与繁殖方式:木材致密质重,纹理美丽,可作轴承及细木家具用材;根、枝、叶入药,能祛风散结,解毒去瘀;又为绿化或防火树种。播种繁殖。

来源与生长情况:引进种,生长良好,能正常开花结果,种子发育良好。

红豆树 *Ormosia hosiei* Hemsl. & E. H. Wilson　　　　　　　　　　　　　　红豆属

国家Ⅱ级重点保护植物

形态特征：常绿或落叶乔木，高达 20～30m，小枝绿色，幼时有黄褐色细毛，后变光滑。奇数羽状复叶，小叶 2～4 对，薄革质，卵形或卵状椭圆形，稀近圆形，长 3～10.5cm，宽 1.5～5cm，先端急尖或渐尖，基部圆形或阔楔形，上面深绿色，下面淡绿色，侧脉 8～10 对。圆锥花序顶生或腋生，下垂，有香气，花冠白色或淡紫色。荚果近圆形，扁平，先端有短喙，果瓣近革质，有种子 1～2 粒；种子近圆形或椭圆形，种皮红色。花期 4～5 月，果期 10～11 月。

分　　布：产于陕西、甘肃、江苏、安徽、浙江、江西、福建、湖北、四川、贵州，生于海拔 200～900m 的河旁、山坡、山谷林内，稀达 1350m。

用途与繁殖方式：木材坚硬细致，纹理美丽，有光泽，心材耐腐朽，为优良的木雕工艺及高级家具等用材；树姿优雅，为很好的庭园树种。播种繁殖。

来源与生长情况：引进种，生长良好。

海南红豆 *Ormosia pinnata* (Lour.) Merr.　　　　　　　　　　　　　　红豆属

形态特征：常绿乔木，高 3～18m，树皮灰色或灰黑色，幼枝被淡褐色短柔毛，渐变无毛。奇数羽状复叶，小叶 3～4 对，薄革质，披针形，长 12～15cm，宽约 4cm，先端钝或渐尖，两面均无毛，侧脉 5～7 对。圆锥花序顶生，花冠粉红色而带黄白色。荚果有种子 1～4 粒，如具单粒种子时，其基部有明显的果颈，呈镰状，如具数粒种子时，则肿胀而微弯曲，种子间缢缩；种子椭圆形，种皮红色。花期 7～8 月。

分　　布：产于广东、海南、广西，生于中海拔及低海拔的山谷、山坡、路旁森林中。

用途与繁殖方式：木材纹理通直，易加工，不耐腐，可作一般家具、建筑用材。树冠浓绿美观，近年用作行道树，甚受欢迎。播种繁殖。

来源与生长情况：引进种，生长良好。

软荚红豆 *Ormosia semicastrata* Hance　　　　　　　　　　　　　　　　　　　**红豆属**

形态特征：常绿乔木，高达 12m，树皮褐色，小枝具黄色柔毛。奇数羽状复叶，小叶 1 ~ 2 对，革质，卵状长椭圆形或椭圆形，长 4 ~ 14.2cm，宽 2 ~ 5.7cm，先端渐尖或急尖，钝头或微凹，基部圆形或宽楔形，两面无毛或有时下面有白粉，侧脉 10 ~ 11 对；叶轴、叶柄及小叶柄有灰褐色柔毛，后渐尖脱落。圆锥花序顶生，花冠白色。荚果小，近圆形，稍肿胀，革质，光亮，干时黑褐色，顶端具短喙，有种子 1 粒；种子扁圆形，鲜红色。花期 4 ~ 5 月，果期 10 月。

分　　布：分布于我国江西、福建、广东、广西等地。

用途与繁殖方式：枝叶繁茂，树冠开阔，是南方著名的观赏树种，宜作庭荫树、行道树。播种繁殖。

来源与生长情况：引进种，生长良好，能正常开花结果。

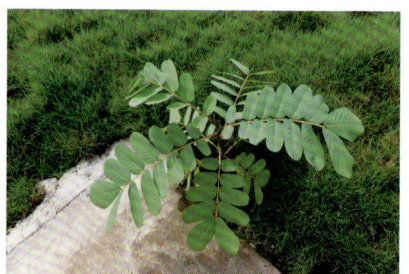

毛排钱树 *Phyllodium elegans* (Lour.) Desv.　　　　　　　　　　　　　　　　**排钱树属**

形态特征：灌木，高 0.5 ~ 1.5m，茎、枝和叶柄均密被黄色绒毛。小叶革质，顶生小叶卵形、椭圆形至倒卵形，长 7 ~ 10cm，宽 3 ~ 5cm，侧生小叶斜卵形，长约为顶生小叶的一半，两端钝，两面均密被绒毛，下面尤密，侧脉每边 9 ~ 10 条，直达叶缘，边缘呈浅波状。花通常 4 ~ 9 朵组成伞形花序生于叶状苞片内，叶状苞片排列成总状圆锥花序状，顶生或侧生，苞片与总轴均密被黄色绒毛；花冠白色或淡绿色，荚果密被银灰色绒毛，通常有荚节 3 ~ 4 个，种子椭圆形。花期 7 ~ 8 月，果期 10 ~ 11 月。

分　　布：产于福建、广东、海南、广西及云南等省区，生于海拔 40 ~ 1100m 的平原、丘陵荒地或山坡草地、疏林或灌丛中。

用途与繁殖方式：根、叶供药用，有消炎解毒、活血利尿之效。播种繁殖。

来源与生长情况：原生种，生长良好。

水黄皮 *Pongamia pinnata* (L.) Merr.　　　　　　　　　　　　　　　　　　　　　　　　　　**水黄皮属**

形态特征：乔木，高 8 ~ 15m，嫩枝通常无毛。羽状复叶有小叶 2 ~ 3 对，近革质，卵形，阔椭圆形至长椭圆形，长 5 ~ 10cm，宽 4 ~ 8cm，先端短渐尖或圆形，基部宽楔形、圆形或近截形。总状花序腋生，通常 2 朵花簇生于花序总轴的节上，花冠白色或粉红色。荚果表面有不甚明显的小疣凸，顶端有微弯曲的短喙，不开裂，有种子 1 粒；种子肾形。花期 5 ~ 6 月，果期 8 ~ 10 月。

分　　布：产于福建、广东、海南，生于溪边、塘边及海边潮汐能到达的地方。

用途与繁殖方式：木材纹理致密美丽，可制作各种器具；沿海地区可作堤岸护林和行道树。播种、扦插繁殖。

来源与生长情况：引进种，生长良好，能正常开花结果。

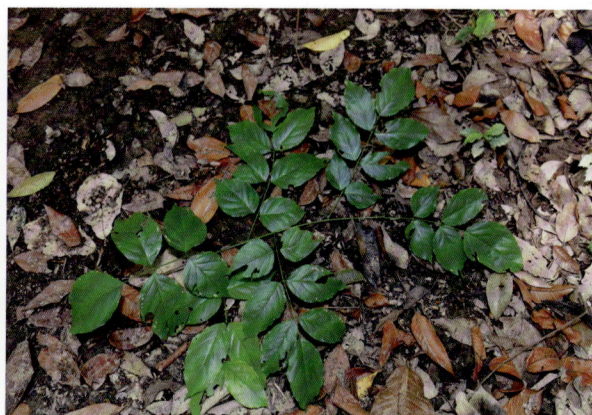

野葛 *Pueraria lobata* (Willd.) Ohwi　　　　　　　　　　　　　　　　　　　　　　　　　　**葛属**

形态特征：粗壮藤本，全体被黄色长硬毛，茎基部木质，有粗厚的块状根。羽状复叶具 3 小叶；小叶三裂，偶尔全缘，顶生小叶宽卵形或斜卵形，长 7 ~ 15cm，宽 5 ~ 12cm，先端长渐尖，侧生小叶斜卵形，稍小，上面被淡黄色、平伏的蔬柔毛，下面较密。总状花序，中部以上有颇密集的花，花冠紫色。荚果长椭圆形，扁平，被褐色长硬毛。花期 9 ~ 10 月，果期 11 ~ 12 月。

分　　布：产于我国南北各地，除新疆、青海及西藏外，分布几遍全国，生于山地疏或密林中。

用途与繁殖方式：葛根供药用，有解表退热、生津止渴、止泻的功能；茎皮纤维供织布和造纸用，古代应用甚广，葛衣、葛巾均为平民服饰，葛纸、葛绳应用亦久，葛粉用于解酒；也是一种良好的水土保持植物。播种、扦插繁殖。

来源与生长情况：原生种，生长良好。

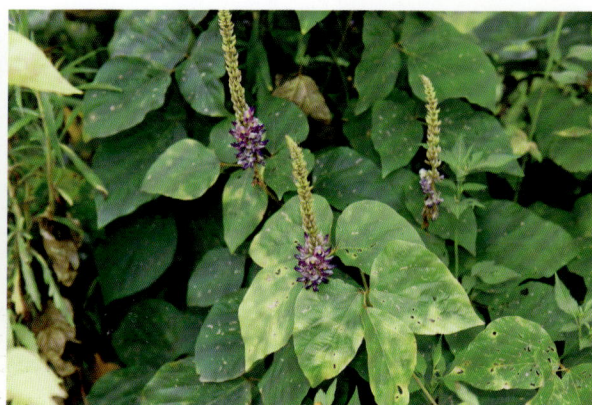

鹿藿 *Rhynchosia volubilis* Lour. 　　　　　　　　　　　　　　　　　　　　　鹿藿属

形态特征：缠绕草质藤本，全株各部多少被灰色至淡黄色柔毛。叶为羽状或有时近指状 3 小叶，托叶小，小叶纸质，顶生小叶菱形或倒卵状菱形，长 3 ~ 8cm，宽 3 ~ 5.5cm，先端钝，或为急尖，常有小凸尖，基部圆形或阔楔形，两面均被灰色或淡黄色柔毛，下面尤密，并被黄褐色腺点；基出脉 3。总状花序长 1 ~ 3 个腋生，花冠黄色。荚果长圆形，红紫色，极扁平，在种子间略收缩，种子通常 2 颗，椭圆形或近肾形，黑色，光亮。花期 5 ~ 8 月，果期 9 ~ 12 月。

分　　布：分布于江苏、安徽、浙江、江西、福建、台湾、湖北、湖南、广东、广西、四川、贵州等地。

用途与繁殖方式：药用，具有祛风除湿、活血、解毒、消积散结、消肿止痛、舒筋活络的功效。播种繁殖。

来源与生长情况：原生种，生长良好。

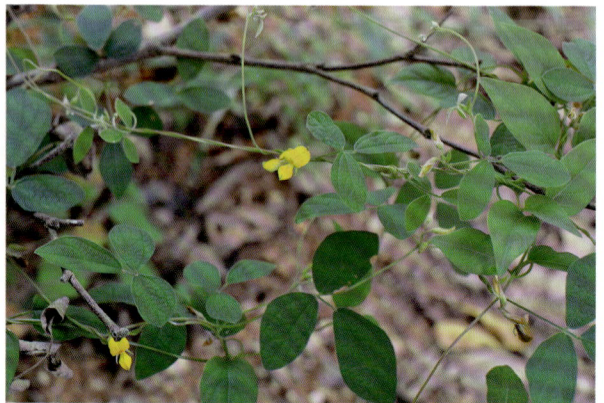

金缕梅科 Papilionacaae

阿丁枫 *Altingia chinensis* (Champ.) Oliv. ex Hance. 　　　　　　　　　　　　　蕈树属

别　　名：蕈树

形态特征：常绿乔木，高 20m，树皮灰色，稍粗糙。叶革质或厚革质，二年生，倒卵状矩圆形，长 7 ~ 13cm，宽 3 ~ 4.5cm；先端短急尖，有时略钝，基部楔形；侧脉约 7 对，在上下两面均突起，边缘有钝锯齿。雄花短穗状花序，常多个排成圆锥花序；雌花头状花序单生或数个排成圆锥花序。头状果序近于球形，基底平截，不具宿存花柱；种子多数，褐色有光泽。

分　　布：分布于广东、广西、贵州、云南东南部富宁、湖南、福建、江西、浙江。

用途与繁殖方式：木材供建筑及制家具用，在森林里亦常被砍倒作放养香菇的母树。播种繁殖。

来源与生长情况：引进种，生长良好，能正常开花结果。

瑞木 *Corylopsis multiflora* Hance　　　　　　　　　　　　　　　　　　　　**蜡瓣花属**

形态特征：落叶或半常绿小乔木，嫩枝有绒毛，老枝秃净，灰褐色。叶薄革质，倒卵形，倒卵状椭圆形，或为卵圆形，长 7 ~ 15cm，宽 4 ~ 8cm，先端尖锐或渐尖，基部心形，近于等侧；上面干后绿色，略有光泽，脉上常有柔毛，下面带灰白色，有星毛，或仅脉上有星毛；侧脉 7 ~ 9 对，在上面下陷，在下面突起，边缘有锯齿，齿尖突出。总状花序，外面有灰白色柔毛；蒴果硬木质，果皮厚，无毛，有短柄，颇粗壮。种子黑色，长达 1cm。

分　　布：分布于福建、台湾、广东、广西、贵州、湖南、湖北及云南等省区，是本属当中分布最广的种类。

用途与繁殖方式：庭院观赏、丛植。播种、扦插、压条繁殖。

来源与生长情况：引进种，生长良好。

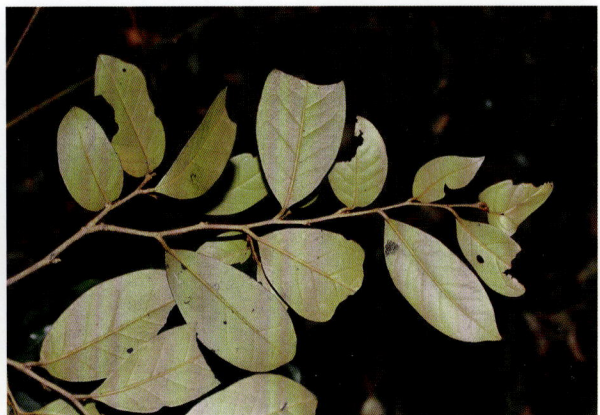

蚊母树 *Distylium racemosum* Sieb. et Zucc.　　　　　　　　　　　　　　　**蚊母树属**

形态特征：常绿灌木或中乔木，嫩枝有鳞垢，老枝秃净。叶革质，椭圆形或倒卵状椭圆形，长 3 ~ 7cm，宽 1.5 ~ 3.5cm，先端钝或略尖，基部阔楔形，下面初时有鳞垢，以后变秃净，侧脉 5 ~ 6 对，边缘无锯齿。总状花序，花雌雄同在一个花序上，雌花位于花序的顶端。蒴果卵圆形，先端尖，外面有褐色星状绒毛，上半部两片裂开，不具宿存萼筒；种子卵圆形，深褐色、发亮。

分　　布：分布于福建、浙江、台湾、广东、海南岛，华东各地有栽培。

用途与繁殖方式：树皮含鞣质，可制栲胶；木材坚硬，可制家具等。播种、扦插繁殖。

来源与生长情况：引进种，生长良好。

马蹄荷 *Exbucklandia populnea* (R. Br. ex Griff.) R. W. Brown　　　　　　　　　　**马蹄荷属**

形态特征：乔木高 20m，小枝被短柔毛，节膨大。叶革质，阔卵圆形，全缘，或嫩叶有掌状 3 浅裂，长 10 ~ 17cm，宽 9 ~ 13cm，嫩叶有时更大；先端尖锐，基部心形，或偶为短的阔楔形，上面深绿色，发亮，下面无毛；掌状脉 5 ~ 7 条。头状花序单生或数枝排成总状花序，有花 8 ~ 12 朵，花两性或单性。头状果序，有蒴果 8 ~ 12 个，蒴果椭圆形，上半部 2 片裂开，果皮表面平滑，不具小瘤状突起。

分　　布：分布于我国西藏、云南、贵州及广西的山地常绿林。

用途与繁殖方式：树干通直，树形优美，叶大而有光泽。适作庭荫树或在山地营造风景林，孤植、丛植、群植均宜。播种繁殖。

来源与生长情况：引进种，生长良好，能正常开花结果。

枫香 *Liquidambar formosana* Hance.　　　　　　　　　　**枫香树属**

形态特征：乔木，高达 40m，树皮幼时平滑灰色，老则转暗褐，粗糙而厚。叶轮廓三角形至心形，掌状 3 裂，极稀卵圆形不裂，新条上幼叶或为 5 裂，中央裂片较长，卵形，先端尾状渐尖，两侧裂片较短，基部浅心形，掌状脉 3 ~ 5 条，边缘有具腺锯齿。全花序在侧生短枝上顶生，雄花短穗状花序聚成总状花序；雌花聚成 1 ~ 2 个头状花序，在下部。头状果序圆球形，木质，蒴果 2 瓣裂开，具宿存花柱及刺状萼齿。种子多数，多角形，细小，褐色。

分　　布：产于我国秦岭及淮河以南各省，北起河南、山东，东至台湾，西至四川、云南及西藏，南至广东。性喜阳光，多生于平地、村落附近，及低山的次生林。

用途与繁殖方式：树脂供药用，能解毒止痛，止血生肌；根、叶及果实亦入药，有祛风除湿，通络活血功效；木材稍坚硬，可制家具及贵重商品的装箱；叶秋季变红，可做园林观赏。播种繁殖。

来源与生长情况：引进种，生长良好。

红花檵木 *Loropetalum chinense* var. rubrum Yieh.　　　　　　　　　　檵木属

形态特征：常绿灌木或小乔木，树皮暗灰或浅灰褐色，多分枝。嫩枝红褐色，密被星状毛。叶革质互生，卵圆形或椭圆形，长 2～5cm，先端短尖，基部圆而偏斜，不对称，两面均有星状毛，全缘，暗红色。花 3～8 朵簇生在总梗上呈顶生头状花序，花瓣 4 枚，紫红色线形。蒴果褐色，近卵形。花期 4～5 月，花期长，果期 8 月。

分　　布：分布于我国中部、南部及西南各省。

用途与繁殖方式：常作园林绿化植物，用红花檵木密植成色篱起到围挡以及分隔空间的作用。播种、扦插、嫁接、高压繁殖。

来源与生长情况：引进种，生长良好，能正常开花。

壳菜果 *Mytilaria laosensis* Lecomte.　　　　　　　　　　壳菜果属

别　　名：米老排

形态特征：常绿乔木，高达 30m，小枝粗壮，无毛，节膨大，有环状托叶痕。叶革质，阔卵圆形，全缘，或幼叶先端 3 浅裂，长 10～13cm，宽 7～10cm，先端短尖，基部心形，掌状脉 5 条。肉穗状花序顶生或腋生，单独。花多数，紧密排列在花序轴，花瓣带状舌形，白色。蒴果外果皮厚，黄褐色，松脆易碎，内果皮木质或软骨质，较外果皮为薄。种子褐色，有光泽。

分　　布：分布于云南的东南部、广西的西部及广东的西部。

用途与繁殖方式：是我国南方速生用材树种，可作箱柜、家具、房屋板料、造船等用材。播种繁殖。

来源与生长情况：引进种，生长良好，能正常开花结果，种子发育良好。

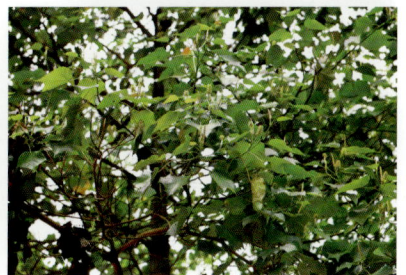

红苞木 *Rhodoleia championii* Hook. f.   **红花荷属**

别　　名：红花荷

形态特征：常绿乔木，高 12m，嫩枝颇粗壮，无毛。叶厚革质，卵形，长 7 ~ 13cm，宽 4.5 ~ 6.5cm，先端钝或略尖，基部阔楔形，有三出脉，上面深绿色，发亮，下面灰白色，无毛，干后有多数小瘤状突起，侧脉 7 ~ 9 对。头状花序常弯垂，花瓣匙形，红色。头状果序，有蒴果 5 个，蒴果卵圆形，无宿存花柱，果皮薄木质，干后上半部 4 片裂开；种子扁平，黄褐色。花期 3 ~ 4 月，果期 10 月。

分　　布：产于我国南方，分布于广东中部及西部。

用途与繁殖方式：宜做庭园和生态风景林，也适合家庭盆栽养护。播种繁殖。

来源与生长情况：引进种，生长良好。

杜仲科 Eucommiaceae

杜仲 *Eucommia ulmoides* Oliv.   **杜仲属**

形态特征：落叶乔木，高达 20m，树皮灰褐色，粗糙，内含橡胶，折断拉开有多数细丝。叶椭圆形、卵形或矩圆形，薄革质，长 6 ~ 15cm，宽 3.5 ~ 6.5cm；基部圆形或阔楔形，先端渐尖，老叶略有皱纹，侧脉 6 ~ 9 对，边缘有锯齿。花生于当年枝基部，雄花无花被，雌花单生。翅果扁平，长椭圆形，先端 2 裂，基部楔形，周围具薄翅；坚果位于中央，稍突起。种子扁平，线形，两端圆形。早春开花，秋后果实成熟。

分　　布：分布于陕西、甘肃、河南、湖北、四川、云南、贵州、湖南及浙江等省区，现各地广泛栽种。在自然状态下，生长于海拔 300 ~ 500m 的低山，谷地或低坡的疏林里，对土壤的选择并不严格。

用途与繁殖方式：树皮药用，作为强壮剂及降血压，并能医腰膝痛，风湿及习惯性流产等；木材供建筑及制家具。播种、扦插、压条、嫁接繁殖。

来源与生长情况：引进种，生长良好。

黄杨科 Buxaceae

雀舌黄杨 *Buxus bodinieri* Lévl.　　　　　　　　　　　　　　　　　　　　　　黄杨属

形态特征：灌木，高 3～4m；枝圆柱形，小枝四棱形。叶薄革质，通常匙形，亦有狭卵形或倒卵形，大多数中部以上最宽，长 2～4cm，宽 8～18mm，先端圆或钝，往往有浅凹口或小尖凸头，基部狭长楔形，有时急尖，叶面绿色，光亮，叶背苍灰色。花序腋生，头状，雄花约 10 朵。蒴果卵形，宿存花柱直立。花期 2 月，果期 5～8 月。

分　　布：产于云南、四川、贵州、广西、广东、江西、浙江、湖北、河南、甘肃、陕西，生于海拔 400～2700m 的平地或山坡林下。

用途与繁殖方式：常用于绿篱、花坛和盆栽，是优良盆景树种。扦插、压条繁殖。

来源与生长情况：引进种，生长良好。

杨柳科 Buxaceae

垂柳 *Salix babylonica* Linn.　　　　　　　　　　　　　　　　　　　　　　　柳属

形态特征：乔木，高达 12～18m，树冠开展而疏散。树皮灰黑色，不规则开裂；枝细，下垂，淡褐黄色、淡褐色或带紫色，无毛。叶狭披针形或线状披针形，长 9～16cm，宽 0.5～1.5cm，先端长渐尖，基部楔形两面无毛或微有毛，上面绿色，下面色较淡，锯齿缘。花序先叶开放，或与叶同时开放。蒴果带绿黄褐色。花期 3～4 月，果期 4～5 月。

分　　布：产于长江流域与黄河流域，其他各地均栽培，为道旁、水边等绿化树种。耐水湿，也能生于干旱处。

用途与繁殖方式：为优美的绿化树种；木材可供制家具；枝条可编筐；叶可作羊饲料。扦插、播种繁殖。

来源与生长情况：引进种，生长良好。

河柳 *Salix chaenomeloides* Kimura.　　　　　　　　　　　　　　　　　　　　**柳属**

形态特征：小乔木，枝暗褐色或红褐色，有光泽。叶椭圆形、卵圆形至椭圆状披针形，长 4 ~ 8cm，宽 1.8 ~ 3.5cm，先端急尖，基部楔形，稀近圆形，两面光滑，上面绿色，下面苍白色或灰白色，边缘有腺锯齿；托叶半圆形或肾形，边缘有腺锯齿，早落，萌枝上的很发育。雄花序的梗和轴有柔毛，苞片小；雌花序轴被绒毛。蒴果卵状椭圆形。花期 4 月，果期 5 月。

分　　布：产辽宁（丹东）及黄河下、中游流域诸省，多生于海拔 1000m 以下的山沟水旁。

用途与繁殖方式：木材供制器具，树皮可提栲胶，纤维供纺织及作绳索，又为蜜源植物。播种繁殖。

来源与生长情况：引进种，生长良好。

桦木科 Betulaceae

台湾桤木 *Alnus formosana* (Burkill) Makino.　　　　　　　　　　　　　　　**桤木属**

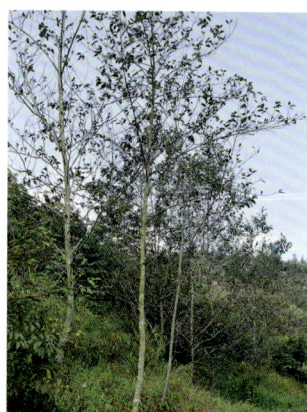

形态特征：大乔木，高可达 20m，树皮暗灰褐色，枝条紫褐色，无毛，具条棱。叶椭圆形至矩圆披针形，较少卵状矩圆形，长 6 ~ 12cm，宽 2 ~ 5cm，顶端渐尖或锐尖，基部圆形或宽楔形，边缘具不规则的细锯齿，两面均近无毛，有时下面的脉腋间具稀疏的髯毛，侧脉 6 ~ 7 对。雄花序春季开放，3 ~ 4 枚并生；果序 1 ~ 4 枚，排成总状，椭圆形。小坚果倒卵形，具厚纸质的翅。

分　　布：我国台湾特有种，广西、福建、广东有引种栽培。

用途与繁殖方式：生产木地板、家具等的优质木材，也可作密度刨花板、造纸原料。播种繁殖。

来源与生长情况：引进种，生长良好，能正常开花结果。

西桦 *Alnus formosana* (Burkill) Makino.　　　　　　　　　　　　　　　　　　　**桦木属**

别　　名：西南桦

形态特征：乔木，叶矩圆状卵形，长 4 ~ 12cm，边缘有不规则刺毛状疏生锯齿，上面无毛，下面疏生长柔毛和腺点，侧脉 10 ~ 13 对。雄花序长下垂。果序长圆柱状，3 ~ 5 个排成总状，下垂，果序柄密生短柔毛；果苞小，外面密生短柔毛，中裂片矩圆形，侧裂片通常不甚发育；翅果倒卵形，膜质翅与果等宽或比果稍宽。

分　　布：分布于浙江、广西和云南，生于山坡林中。

用途与繁殖方式：树皮含鞣质，可提取单宁；可生产木地板、家具等的优质木材。播种繁殖。

来源与生长情况：引进种，生长良好。

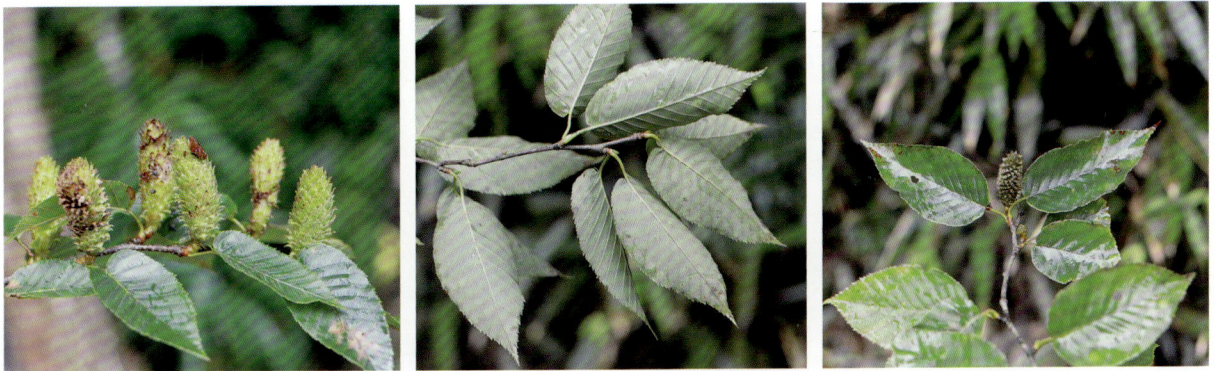

榛木科 Corylaceae

雷公鹅耳枥 *Carpinus viminea* Wall.　　　　　　　　　　　　　　　　　　　**鹅耳枥属**

形态特征：乔木，高 10 ~ 20m，树皮深灰色，小枝棕褐色，密生白色皮孔，无毛。叶厚纸质，椭圆形、矩圆形、卵状披针形，长 6 ~ 11cm，宽 3 ~ 5cm，顶端渐尖、尾状渐尖至长尾状，基部圆楔形、圆形兼有微心形，有时两侧略不等，边缘具规则或不规则的重锯齿，侧脉 12 ~ 15 对。果序下垂，序轴纤细；果苞内外侧基部均具裂片，近无毛。小坚果宽卵圆形，无毛，有时上部疏生小树脂腺体和细柔毛，具少数细肋。

分　　布：产于西藏南部和东南部、云南、贵州、四川、湖北、湖南、广西、江西、福建、浙江、江苏、安徽，生于海拔 700 ~ 2600m 的山坡杂木林中。

用途与繁殖方式：材用树种，木材可用于家具、板材等。播种繁殖。

来源与生长情况：引进种，生长良好。

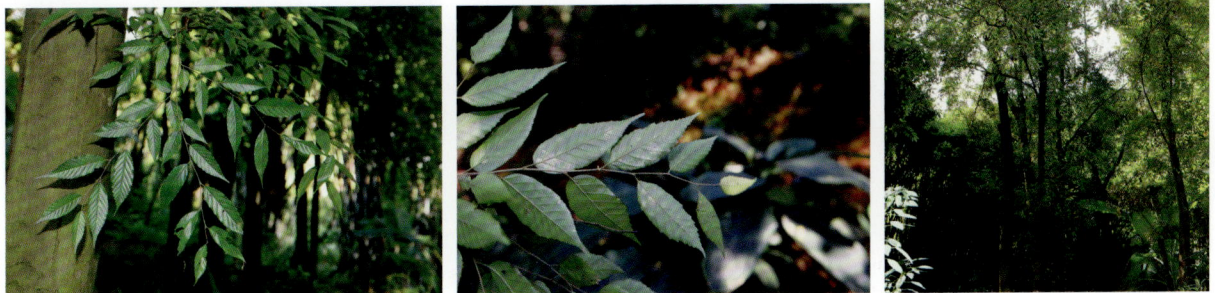

壳斗科 Fagaceae

板栗 *Castanea mollissima* Bl.　　　　　　　　　　　　　　　　　　　　　　　　栗属

形态特征：落叶乔木，高达 15m，树皮深灰色，不规则深纵裂，幼枝被灰褐色绒毛。叶长椭圆形至长椭圆状披针形，长 9 ~ 18cm，宽 4 ~ 7cm，顶端渐尖或短尖，基部圆形或宽楔形，边缘有锯齿，齿端有芒状尖头，背面被灰白色短柔毛，侧脉 10 ~ 18 对。雄花每簇有花 3 ~ 5 朵，雌花常生于雄花序下部，2 ~ 3 朵生于 1 总苞内。成熟总苞苞片针刺形，密被紧贴星状柔毛，坚果通常 2 ~ 3 个，扁球形，侧生两个为半球形，暗褐色。花期 4 ~ 6 月，果熟期 9 ~ 10 月。

分　　布：辽宁以南各省除青藏高原外均有栽培，常栽在海拔 800 ~ 2500m 丘陵、山地，宜在向阳山坡、土层深厚、排水良好的砂壤土栽培。

用途与繁殖方式：板栗是一种经济价值很高的干果；木材纹理直，质坚而硬，耐水湿，供建筑、桩木、地板、矿柱等用材。播种、嫁接繁殖。

来源与生长情况：引进种，生长良好，能正常开花结果。

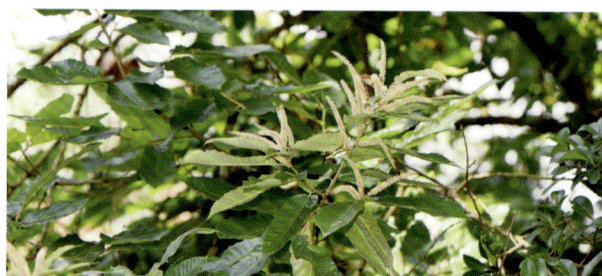

桂林锥 *Castanopsis chinensis* (Sprengel.) Hance.　　　　　　　　　　　　　　　　锥属

别　　名：桂林栲

形态特征：乔木，高 10 ~ 20m，树皮纵裂，片状脱落，枝、叶均无毛。叶厚纸质或近革质，披针形，稀卵形，长 7 ~ 18cm，宽 2 ~ 5cm，顶部长尖，基部近于圆或短尖，叶缘至少在中部以上有锐裂齿，中脉在叶面凸起，侧脉每边 9 ~ 12 条，直达齿端。雄穗状花序或圆锥花序花序轴无毛，雌花序生于当年生枝的顶部，每壳斗有雌花一朵。果序壳斗圆球形，通常整齐的 3 ~ 5 瓣开裂；坚果圆锥形，无毛，或在顶部有稀疏伏毛，果脐在坚果底部。花期 5 ~ 7 月，果翌年 9 ~ 11 月成熟。

分　　布：产于广东、广西、贵州西南部、云南东南部，生于海拔 1 500m 以下山地或平地杂木林中。

用途与繁殖方式：材质较轻，结构略粗，纹理直，属黄锥类，为广东及广西较常见的用材树种。播种繁殖。

来源与生长情况：引进种，生长良好。

高山栲 *Castanopsis delavayi* Franch.　　　　　　　　　　　　　　　　　　　　　**锥属**

别　　名：高山锥

形态特征：乔木，高达 20m，树皮深裂且较厚，块状剥落。叶近革质，干后略硬而脆，倒卵形、倒卵状椭圆形或同时兼有卵形或椭圆形的叶，长 5 ~ 13cm，宽 3 ~ 7cm，顶部甚短尖或圆，基部短尖或近于圆，叶缘常自中部或下部起有锯齿状，侧脉 6 ~ 9 条。嫩叶叶背有黄棕色、糠秕状略松散的腊鳞层，成长叶呈灰白或银灰色。雄穗状花序很少单穗腋生，壳斗阔卵形或近圆球形，2 或 3 瓣开裂；坚果阔卵形，顶端柱座四周有稀疏细伏毛。花期 4 ~ 5 月，果翌年 9 ~ 11 月成熟。

分　　布：产于四川西南部、云南、贵州西南部，生于海拔 1500 ~ 2800m 山地杂木林中，常为亚高山松栎林的主要树种。

用途与繁殖方式：适作桩、柱、建筑及家具材。播种繁殖。

来源与生长情况：引进种，生长良好。

栲树 *Castanopsis fargesii* Franch.　　　　　　　　　　　　　　　　　　　　　　**锥属**

形态特征：乔木，高达 30m，树皮灰白色，平滑，小枝无毛。叶宽披针形、长椭圆形至卵状披针形，长 9 ~ 13cm，宽 2.5 – 3.5cm，顶端渐尖，基部楔形或圆形，全缘或顶端具 1 ~ 3 对钝锯齿，背面密生深褐色至锈色鳞秕，侧脉 12—15 对。雄花序圆锥状，轴生锈色鳞秕，总苞近球形，苞片下部结合成刺轴，排成间断的 4 ~ 6 环；坚果球形，果脐和基部等大。花期 4 ~ 5 月，果熟期翌年 10 ~ 11 月。

分　　布：分布于我国贵州、广西、云南、四川、广东、湖南、湖北、福建、江西、浙江、安徽等省区，常生于海拔 1200 – 2000m 的森林中或溪边土层深厚处。

用途与繁殖方式：适于建筑、家具等用材，可供食用或酿酒，也是栽培香菇的好材料，是优良的菇木树种。播种繁殖。

来源与生长情况：引进种，生长良好。

黧蒴栲 *Castanopsis fissa* (Champ. ex Benth.) Rehd. et Wils.　　　　　　**锥属**

别　　名:大叶栎

形态特征:乔木,高达20m。芽鳞、幼枝及幼枝下面均被易脱落红褐色粉状蜡鳞层及褐黄色微柔毛。叶长椭圆形或倒卵状长椭圆形,长17～25cm,先端钝尖,基部楔形,具波状钝齿,侧脉16～20对。壳斗幼时被暗红色粉状蜡鳞,几全包果或包果大部分,小苞片组成具稀疏脊肋或疣突3～5圆环,不规则2～3瓣裂,裂瓣常卷曲,果椭圆形或近球形。花期4～6月,果期9～11月。

分　　布:产于福建、江西、湖南、贵州四省的南部,广东,海南,香港,广西及云南东南部,生于海拔约1600m以下山地疏林中,阳坡较常见,为森林砍伐后萌生林的先锋树种之一。

用途与繁殖方式:适作一般的门、窗、家具与箱板材,山区群众有用以放养香菇及其它食用菌类。播种繁殖。

来源与生长情况:引进种,生长良好,能正常开花结果,种子发育良好。

毛栲 *Castanopsis fordii* Hance.　　　　　　**锥属**

别　　名:南岭栲

形态特征:乔木,通常高8～15m,一年生枝、叶柄、叶背及花序轴均密被棕色或红褐色稍粗糙的长绒毛。叶革质,长椭圆形或长圆形,或兼有倒披针状长椭圆形,长9～18cm,宽3～6cm,顶端急尖,或甚短尖,稀圆形,基部心形或浅耳垂状,全缘,侧脉每边14～18条,嫩叶叶背红棕色,成长叶棕灰色或灰白色。雄穗状花序常多穗排成圆锥花序,壳斗密聚于果序轴上,每壳斗有坚果1个,整齐的4瓣开裂;坚果扁圆锥形。花期3～4月,果翌年9～10月成熟。

分　　布:产于浙江、江西、福建、湖南四省南部,广东,广西东南部,生于海拔约1200m以下山地灌木或乔木林中,在河溪两岸有时成小面积纯林,是萌生林的先锋树种之一。

用途与繁殖方式:材质坚重,有弹性,结构略粗,纹理直,为南方较常见的用材树种。播种繁殖。

来源与生长情况:引进种,生长良好。

红锥 *Castanopsis hystrix* Hook. f. & Thomson ex A. DC.　　　　　　　　　　锥属

形态特征： 乔木，高达 25m，当年生枝紫褐色，纤细。叶纸质或薄革质，披针形，有时兼有倒卵状椭圆形，长 4 ～ 9cm，宽 1.5 ～ 4cm，顶部短至长尖，基部甚短尖至近于圆，一侧略短且稍偏斜，全缘或有少数浅裂齿，侧脉每边 9 ～ 15 条，嫩叶背面沿中脉被脱落性的短柔毛，兼有红棕色或棕黄色细片状腊鳞层。雄花序为圆锥花序或穗状花序；雌穗状花序单穗位于雄花序之上部叶腋间。壳斗有坚果 1 个，整齐的 4 瓣开裂；坚果宽圆锥形，果脐位于坚果底部。花期 4 ～ 6 月，果翌年 8 ～ 11 月成熟。

分　　布： 产于福建东南部、湖南西南部、广东、海南、广西、贵州及云南南部、西藏东南部，生于海拔 30 ～ 1600m 缓坡及山地常绿阔叶林中，稍干燥及湿润地方。

用途与繁殖方式： 木材坚硬耐腐，色泽和纹理美观，是高级家具、工艺雕刻等优质用材。播种繁殖。

来源与生长情况： 引进种，生长良好，能正常开花结果。

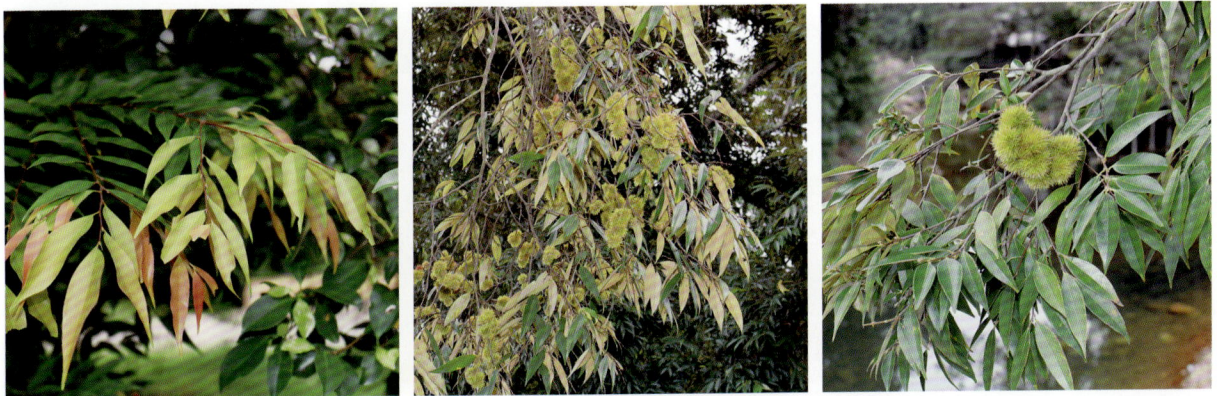

印度栲 *Castanopsis indica* (Roxb. ex Lindl.) A.DC.　　　　　　　　　　锥属

别　　名： 印度锥

形态特征： 乔木，高 8 ～ 25m，树皮暗灰黑色，厚，纵裂。叶厚纸质，卵状椭圆形，椭圆形或有时兼有倒卵状椭圆形，长 9 ～ 20cm，宽 4 ～ 10cm，顶部短尖或渐尖，基部阔楔形或近于圆，一侧略短且稍偏斜，叶缘常自下半部起有锯齿状锐齿，侧脉每边 15 ～ 25 条，直达齿端。雄花序多为圆锥花序，成熟壳斗密集，每壳斗有 1 坚果，壳斗圆球形，整齐的 4 瓣开裂，刺在下部合生成刺束，坚果阔圆锥形。花期 3 ～ 5 月，果翌年 9 ～ 11 月成熟。

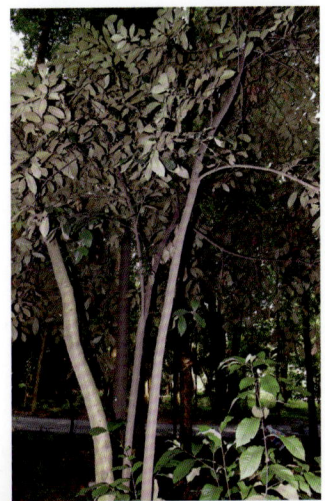

分　　布： 产于广东、海南、广西、云南四省区的南部及西藏东南部，生于海拔约 1500m 以下山地常绿阔叶林中，常为上层树种。

用途与繁殖方式： 材质略坚重，纹理通直，密致，干后不易爆裂，是建筑及家具良材。播种繁殖。

来源与生长情况： 引进种，生长良好。

吊皮锥 Castanopsis kawakamii Hayata.　　　　　　　　　　　　**锥属**

别　　名：青钩栲

形态特征：乔木，高 15～28m，树皮脱落前为长条如蓑衣状吊在树干上，枝、叶均无毛。叶革质，卵形或披针形，长 6～12cm，宽 2～5cm，顶部长尖，基部阔楔形或近于圆，对称或一侧略短且偏斜，全缘，很少在近顶部有 1～3 小裂齿，侧脉每边 9～12 条。雄花序多为圆锥花序。果序短，壳斗有坚果 1 个，圆球形，刺束将壳壁完全遮蔽，成熟时 4 瓣开裂，坚果扁圆形，果脐占坚果面积的 1/3 或很少约近一半。花期 3～4 月，果翌年 8～10 月成熟。

分　　布：产于台湾、福建、江西三省南部，广东，广西东南部，生于海拔约 1000m 以下山地疏或密林中。

用途与繁殖方式：木材年轮分明，心材大，深红色，质坚重，易加工，是优质的家具及建筑材。播种繁殖。

来源与生长情况：引进种，生长良好。

鹿角锥 Castanopsis lamontii Hance　　　　　　　　　　　　**锥属**

形态特征：乔木，高达 25m，枝、叶、花序轴均无毛。叶椭圆形或卵状长椭圆形，长 12～30cm，宽 4～10cm，先端短尖或长渐尖，基部或宽楔形稍圆，常一侧稍偏斜，全缘或近顶部疏生浅齿，侧脉 8～15 对。雄穗状花序生于近枝顶叶腋，与新叶同时抽出，雄花具 12 雄蕊；雌花序常生于雄花序之上的叶腋。壳斗近球形，壳斗不整齐开裂，刺鹿角状分叉；每壳斗具 2～3 果；果宽圆锥形。花期 3～5 月，果期翌年 9～11 月。

分　　布：产于福建、江西、湖南、贵州四省南部，广东全境，广西大部及云南东南部。生于海拔 500～2500m 山地疏或密林中。

用途与繁殖方式：木材灰黄色至淡棕黄色，坚硬度中等，干时少爆裂，颇耐腐。播种繁殖。

来源与生长情况：引进种，生长良好。

扁刺锥 *Castanopsis platyacantha* Rehd. et Wils.　　　　　　　　　　　　　　**锥属**

别　　名： 扁刺栲

形态特征： 乔木，高达 20m，树皮灰褐黑色，枝、叶均无毛。叶革质，卵形，长椭圆形，长 10 ～ 18cm，宽 3 ～ 6cm，顶端短尖或弯斜的长尖，基部近于圆或阔楔形，通常一侧略偏斜，叶缘中或上部有锯齿状裂齿，侧脉每边 9 ～ 13 条，嫩叶叶背有红棕色细片状易抹落的蜡鳞层。花序自叶腋抽出，雄花序穗状或为圆锥花序，果序壳斗近圆球形或阔椭圆形，不规则 2 ～ 4 瓣开裂，每壳斗有坚果 1 ～ 3 个；坚果阔圆锥形，果脐约占坚果面积的 1/3。花期 5 ～ 6 月，果翌年 9 ～ 11 月成熟。

分　　布： 贵州西北部、四川、云南东北部，生于海拔约 1500 ～ 2500 m 山地疏或密林中，干燥或湿润地方。

用途与繁殖方式： 材用树种，是优质的家具及建筑材。播种繁殖。

来源与生长情况： 引进种，生长良好，能正常开花结果。

苦槠 *Castanopsis sclerophylla* (Lindl.) Schott.　　　　　　　　　　　　　　**锥属**

别　　名： 苦槠栲

形态特征： 乔木，高 5 ～ 10m，树皮浅纵裂，片状剥落，小枝灰色，散生皮孔，当年生枝红褐色，略具棱，枝、叶均无毛。叶二列，叶片革质，长椭圆形，卵状椭圆形或兼有倒卵状椭圆形，长 7 ～ 15cm，宽 3 ～ 6cm，顶部渐尖或骤狭急尖，短尾状，基部近于圆或宽楔形，通常一侧略短且偏斜，叶缘在中部以上有锯齿状锐齿。花序轴无毛，雄穗状花序通常单穗腋生，壳斗有坚果 1 个，圆球形或半圆球形，全包或包着坚果的大部分，不规则瓣状爆裂；坚果近圆球形。花期 4 ～ 5 月，果当年 10 ～ 11 月成熟。

分　　布： 产于长江以南五岭以北各地，见于海拔 200 ～ 1000m 丘陵或山坡疏或密林中，喜阳光充足，耐旱。

用途与繁殖方式： 叶片脆嫩多汁，无毒害、无异味，猪喜食，山羊、绵羊和牛乐食。播种、分蘖繁殖。

来源与生长情况： 引进种，生长良好。

钩栲 *Castanopsis tibetana* Hance

形态特征：乔木，高达 30m，树皮灰褐色，粗糙，小枝干后黑或黑褐色，枝、叶均无毛。叶革质，卵状椭圆形，卵形，长椭圆形或倒卵状椭圆形，长 15～30cm，宽 5～10cm，顶部渐尖，短突尖或尾状，基部近于圆或短楔尖，对称或有时一侧略短且偏斜，叶缘至少在近顶部有锯齿状锐齿，侧脉每边 15～18 条。雄穗状花序或圆锥花序，壳斗有坚果 1 个，整齐的 4 瓣开裂，通常在基部合生成刺束，将壳壁完全遮蔽；坚果扁圆锥形，果脐占坚果面积约 1/4。花期 4～5 月，果翌年 8～10 月成熟。

分　　布：产于浙江、安徽二省南部、湖北西南部、江西、福建、湖南、广东、广西、贵州、云南东南部。生于海拔 1500m 以下山地杂木林中较湿润地方或平地路旁。

用途与繁殖方式：材质坚重，耐水湿，适作坑木，梁、柱、建筑及家具材，是长江以南较常见的主要用材树种。播种繁殖。

来源与生长情况：引进种，生长良好。

饭甑青冈 *Cyclobalanopsis fleuryi* (Hick. et A. Camus) Chun ex Q. F. Zheng.

形态特征：常绿乔木，高达 25m，小枝粗壮，幼时被棕色长绒毛，后渐无毛。叶片革质，长椭圆形或卵状长椭圆形，长 14～27cm，宽 4～9cm，顶端急尖或短渐尖，基部楔形，全缘或顶端有波状锯齿，幼时密被黄棕色绒毛，老时无毛，叶背粉白色，侧脉每边 10～12 条。雄花序全体被褐色绒毛，壳斗钟形或近圆筒形，包着坚果约 2/3，小苞片合生成 10～13 条同心环带，环带近全缘。坚果柱状长椭圆形，密被黄棕色绒毛，果脐凸起。花期 3～4 月，果期 10～12 月。

分　　布：产于江西、福建、广东、海南、广西、贵州、云南等省区，生于海拔 500～1500m 的山地密林中。

用途与繁殖方式：种子含淀粉，可酿酒或浆纱；壳斗、树皮含鞣质；木质坚韧，可为用材。播种、扦插繁殖。

来源与生长情况：引进种，生长良好，能正常开花结果。

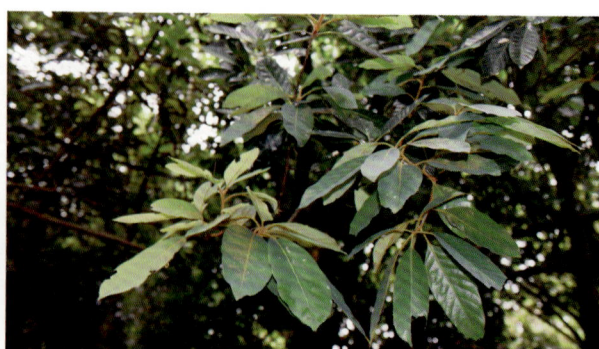

青冈 *Cyclobalanopsis glauca* (Thunb.) Oerst.　　　　　　　　　　**青冈属**

别　　名：青冈栎

形态特征：常绿乔木，高达 20m，小枝无毛。叶片革质，倒卵状椭圆形或长椭圆形，长 6～13cm，宽 2～5.5cm，顶端渐尖或短尾状，基部圆形或宽楔形，叶缘中部以上有疏锯齿，侧脉每边 9～13 条，叶面无毛，叶背有整齐平伏白色单毛，老时渐脱落，常有白色鳞秕。壳斗碗形，包着坚果 1/3～1/2，小苞片合生成 5～6 条同心环带，环带全缘或有细缺刻，排列紧密。坚果卵形、长卵形或椭圆形，果脐平坦或微凸起。花期 4～5 月，果期 10 月。

分　　布：产于陕西、甘肃、江苏、安徽、浙江、江西、福建、台湾、河南、湖北、湖南、广东、广西、四川、贵州、云南、西藏等省区。生于海拔 60～2600m 的山坡或沟谷，组成常绿阔叶林或常绿阔叶与落叶、阔叶混交林。

用途与繁殖方式：木材坚韧，可供桩柱、车船、工具柄等用材；种子含淀粉 60%～70%，可作饲料、酿酒。播种、扦插繁殖。

来源与生长情况：引进种，生长良好，能正常开花结果，种子发育良好。

雷公青冈 *Cyclobalanopsis hui* (Chun) Chun ex Hsu & Jen　　　　　　**青冈属**

别　　名：雷公椆

形态特征：常绿乔木，高 10～15m，幼时密被黄色卷曲绒毛，后渐无毛。叶片薄革质，长椭圆形、倒披针形或椭圆状披针形，长 7～13cm，宽 1.5～3cm，顶端圆钝稀渐尖，基部楔形，略偏斜，全缘或顶端有数对不明显浅锯齿，侧脉每边 6～10 条，叶背初被黄色绒毛，后渐脱落。雄花序 2～4 个簇生，全体被黄棕色绒毛。壳斗浅碗形至深盘形，小苞片合生成 4～6 条同心环带，环带边缘呈小齿状。坚果扁球形，幼时密生黄褐色绒毛，柱座凸起，果脐凹陷，花期 4～5 月，果期 10～12 月。

分　　布：产于湖南、广东、广西等省区，生于海拔 250～1200m 的山地杂木林或湿润密林中。

用途与繁殖方式：果实含淀粉，可酿酒或浆纱；壳斗、树皮含鞣质；木质坚韧，可作用材。播种繁殖。

来源与生长情况：引进种，生长良好，能正常开花结果，种子发育良好。

毛叶青冈 *Cyclobalanopsis kerrii* (Craib) Hu　　　　　　　　　青冈属

形态特征：常绿乔木，高达 20m，小枝密生黄褐色绒毛。叶片长椭圆状披针形、长椭圆形或长倒披针形，长 9 ~ 18cm，宽 3 ~ 7cm，顶端圆钝或短渐尖，基部圆形或宽楔形，叶缘 1/3 以上有钝锯齿。侧脉每边 10 ~ 14 条，幼时两面密被黄褐色绒毛，老时仅叶背被易脱落之星状绒毛或无毛。壳斗盘形，深浅不一，包着坚果基部或达 1/2；小苞片合生成 7 ~ 11 条同心环带，环带边缘有细锯齿或全缘。坚果扁球形，顶端中央凹陷或平坦，柱座凸起，被绢质灰色短柔毛。花期 3 ~ 5 月，果期 10 ~ 11 月。

分　　布：产于海南、广西、贵州和云南等省区，生于海拔 160 ~ 1800m 的山地疏林中。

用途与繁殖方式：果实含淀粉，可酿酒或浆纱；木材坚韧，为建筑、车辆用材。播种繁殖。

来源与生长情况：引进种，生长良好。

毛果青冈 *Cyclobalanopsis pachyloma* (Seem.) Schott.　　　　青冈属

形态特征：常绿乔木，高 5 ~ 12m，幼枝有黄色曲柔毛。叶革质，倒卵状长椭圆形至倒披针形，长 7 ~ 14cm，宽 2 ~ 5cm，先端渐尖或尾尖，基部楔形，边缘中部以上疏有钝锯齿，幼时有黄色曲柔毛，老时无毛，侧脉 8 ~ 9 对。壳斗半球形或杯形，包围坚果 1/2 ~ 2/3，密生黄褐色绒毛，内面中部以下的毛为深褐色；苞片合生成 7 ~ 8 条同心环带，环带全缘；坚果长椭圆形至长倒卵形，幼时密生黄褐色绒毛，老时毛逐渐脱落；果脐略突起。

分　　布：分布于福建、台湾、广东、广西和贵州，生于海拔 150 ~ 800m 的湿润山地和山谷林中。

用途与繁殖方式：木材坚韧，为建筑、车辆用材。播种繁殖。

来源与生长情况：引进种，生长良好。

托盘青冈 *Cyclobalanopsis patelliformis* (Chun) Hsu & Jen　　　　　　**青冈属**

形态特征：常绿乔木，高达 25m，树皮灰褐色，片状剥裂，小枝无毛，有明显棱脊。叶片革质，椭圆形、长椭圆形或卵状披针形，长 5 ~ 12cm，宽 2.5 ~ 6cm，顶端长渐尖，基部楔形稀近圆形，有时两侧不对称，叶缘具短尖锯齿，侧脉每边 9 ~ 11 条。坚果单生于果序轴上，壳斗盘形，包着坚果约 1/3；小苞片合生成 8 ~ 9 条同心环带，除顶部 2 ~ 3 环全缘外其余均有裂齿。坚果扁球形，被灰黄色微柔毛，柱座凸起。花期 5 ~ 6 月，果期翌年 10 ~ 11 月。

分　　布：产于江西（南部）、广东、广西等省区，生于海拔 400 ~ 1000m 的常绿阔叶林中，喜湿润。

用途与繁殖方式：木材坚韧，为建筑、车辆用材。播种繁殖。

来源与生长情况：引进种，生长良好。

烟斗柯 *Lithocarpus corneus* (Lour.) Rehd.　　　　　　**柯属**

形态特征：乔木，高达 15m，小枝无毛或被短柔毛。叶椭圆形、倒卵状长椭圆形或卵形，长 4 ~ 20cm，先端短尾尖，基部楔形，基部以上具锯齿或浅波状，稀近全缘，两面同色，下面被半透明腺鳞，侧脉 9 ~ 20 对。雌花 3 朵簇生雄花序基部，壳斗每 3 个成簇或单生；壳斗碗状或半球形，被三角形或四菱形鳞片；果陀螺状或半球形，顶端圆、平或中央稍凹下，果脐凸起，占果面 1/2 以上。花期 4 ~ 7 月，果期翌年 9 ~ 11 月。

分　　布：分布于广东、广西和云南，越南、老挝也有，生于海拔 500 ~ 1500m 的山地密林或疏林中，阳坡或较干燥地方也常见，为次生林常见树种。

用途与繁殖方式：种子含淀粉，可食用；材质好，可做材用树种。播种繁殖。

来源与生长情况：引进种，生长良好，能正常开花结果，种子发育良好。

柯 *Lithocarpus glaber* (Thunb.) Nakai　　　　　　　　　　　　　　　　柯属

别　　名：石栎、稠

形态特征：乔木，高15m，一年生枝、嫩叶叶柄、叶背及花序轴均密被灰黄色短绒毛。叶革质或厚纸质，倒卵形、倒卵状椭圆形或长椭圆形，长6～14cm，宽2.5～5.5cm，顶部突急尖，短尾状，或长渐尖，基部楔形，上部叶缘有2～4个浅裂齿或全缘，成长叶背面无毛或几无毛，有较厚的蜡鳞层。雄穗状花序多排成圆锥花序或单穗腋生，壳斗碟状或浅碗状，小苞片三角形，覆瓦状排列或连生成圆环，密被灰色微柔毛；坚果椭圆形，顶端尖，有淡薄的白色粉霜。花期7～11月，果翌年同期成熟。

分　　布：产于秦岭南坡以南各地，但北回归线以南极少见，海南和云南南部不产。生于海拔约1500m以下坡地杂木林中，阳坡较常见。

用途与繁殖方式：适作家具，农具等材。播种繁殖。

来源与生长情况：引进种，生长良好，能正常开花结果，种子发育良好。

庵耳柯 *Lithocarpus haipinii* Chun　　　　　　　　　　　　　　　　柯属

别　　名：庵耳石栎

形态特征：乔木，高达30m，当年生枝、叶柄、叶背及花序轴均密被灰白或灰黄色长柔毛，二年生枝的毛较稀疏且变污黑色。叶厚硬且质脆，宽椭圆形，卵形，倒卵形或倒卵状椭圆形，长8～15cm，宽4～8cm，顶端圆或短突尖，有时短尾状，基部圆或阔楔形，常一侧略短，叶缘背卷，侧脉每边9～13。幼嫩壳斗全包幼小的坚果，苞片短线状，成熟壳斗碟状或盆状，小苞片稍增长的短线状，顶端弯勾；坚果近圆球形而略扁，底部平坦，嫩时被灰白色粉霜，柱座短突起。花期7～8月，果翌年同期成熟。

分　　布：产于湖南南部、广东、香港、广西、贵州南部，生于海拔约1000m以下的山地杂木林中。

用途与繁殖方式：果实含淀粉，可酿酒。播种繁殖。

来源与生长情况：引进种，生长良好。

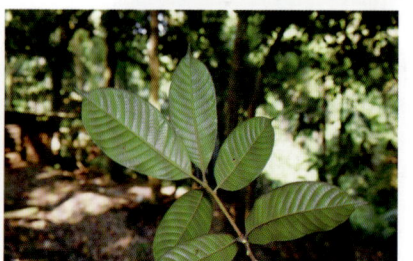

木姜叶柯 *Lithocarpus litseifolius* (Hance) Chun

形态特征： 乔木，高可达 20m，枝、叶无毛，叶片纸质至近革质，很少狭长椭圆形，顶部渐尖或短突尖，基部楔形至宽楔形，中脉在叶面凸起，支脉纤细，两面同色或叶背带苍灰色，雄穗状花序多穗排成圆锥花序，有时雌雄同序，花柱比花被裂片稍长，干后常油润有光泽。果序轴纤细，壳斗浅碟状或上宽下窄的短漏斗状，小苞片三角形，覆瓦状排列，坚果为顶端锥尖的宽圆锥形或近圆球形，栗褐色或红褐色，5～9月开花，翌年6～10月成熟结果。

分　　布： 分布于我国秦岭南坡以南各省区，为山地常绿林的常见树种，生长最高限约在海拔 2200m。

用途与繁殖方式： 木材坚硬，供建筑用材；嫩叶有甜味，嚼烂时为粘胶质，长江以南多数山区居民用其叶作茶叶代品，通称甜茶。播种繁殖。

来源与生长情况： 引进种，生长良好，能正常开花结果。

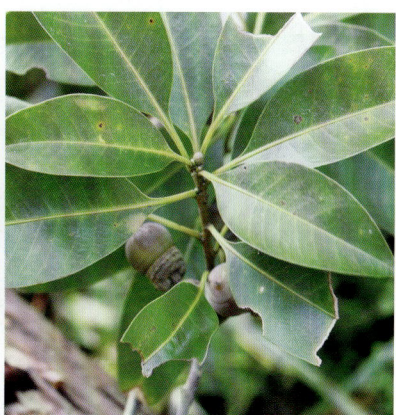

光叶柯 *Lithocarpus mairei* (Schott.) Rehd.

形态特征： 乔木，高稀达 10m，小枝及花序轴被棕黄或黄灰色蜡鳞，枝、叶无毛。叶质硬而脆，披针形或长椭圆形，长5～10cm，宽15～40mm，顶部渐尖，基部楔尖，沿叶柄下延，全缘，侧脉每边6～10条，叶背干后黄棕色，有较厚的蜡鳞层。雄圆锥花序，有时为穗状花序；雌花序每3朵一簇，壳斗碗状，包着坚果约一半，小苞片鳞片状，三角形，覆瓦状排列；坚果宽圆锥形或略扁圆形，淡黄棕色，无毛，果脐微凹陷。花期8～9月，果翌年同期成熟。

分　　布： 产自云南中部以北各地，东北部最常见。

用途与繁殖方式： 大树可作用材，果实淀粉含量44%。播种繁殖。

来源与生长情况： 引进种，生长良好，能正常开花结果。

水仙柯 *Lithocarpus naiadarum* (Hance) Chun　　　　　　　　　　　　　　　**柯属**

形态特征：乔木，高 4 ~ 10m，一年生枝有透明的薄蜡层，枝、叶无毛。叶硬纸质，狭长椭圆形或长披针形，长通常为其宽度的 5 ~ 10 倍，宽 1 ~ 3cm，顶部短渐尖，钝头，基部渐狭尖，沿叶柄下延，侧脉纤细，每边 11 ~ 15 条，支脉一再分枝并连结成格状网脉。雄穗状花序多穗排成圆锥花序，壳斗浅碟状，包着坚果底部，小苞片三角形，通常连生成圆环状；坚果宽圆锥形，顶部锥尖或平缓，栗褐色，未完全成熟时有淡薄的白粉。花期 7 ~ 8 月，果翌年 8 ~ 9 月成熟。

分　　布：产海南，常见于低海拔沿河溪两岸较湿润地方，有时生于溪旁。

用途与繁殖方式：材用树种。播种繁殖。

来源与生长情况：引进种，生长良好。

南川柯 *Lithocarpus rosthornii* (Schottky) Barnett　　　　　　　　　　　　**柯属**

别　　名：皱叶石栎

形态特征：乔木，高 10 ~ 15m，当年生新枝、嫩叶叶柄被甚早脱落的卷曲柔毛及棕黄色细片状蜡鳞，二、三年生枝的蜡鳞层灰黄或灰白色。叶片倒卵状椭圆形或倒披针形，长 12 ~ 30cm，宽 4 ~ 10cm，全缘，顶部突狭的短或长尾状，侧脉每边 14 ~ 22 条。雄花序呈圆锥状，稀单穗腋生；雌花序的顶部常着生少数雄花。壳斗包着坚果约 3/4 ~ 1/2，小苞片三角形，覆瓦状排列，其钻尖状的顶部伏贴壳壁或稍斜展；坚果扁圆锥形，无毛，栗褐色，深 1/2 ~ 1mm。花期 8 ~ 10 月，果翌年同期成熟。

分　　布：产于广东中部至西南部、广西南部及西南部、贵州东北部、四川。在两广地区生于海拔 300 ~ 900m，在西南地区见于海拔 800 ~ 1500m 山地杂木林中。

用途与繁殖方式：材用树种。播种繁殖。

来源与生长情况：引进种，生长良好。

麻栎 *Quercus acutissima* Carruth   **栎属**

形态特征：落叶乔木，高达 30m，树皮深灰褐色，深纵裂，幼枝被灰黄色柔毛，后渐脱落。叶片形态多样，通常为长椭圆状披针形，长 8 ~ 19cm，宽 2 ~ 6cm，顶端长渐尖，基部圆形或宽楔形，叶缘有刺芒状锯齿，侧脉每边 13 ~ 18 条。雄花序常数个集生于当年生枝下部叶腋；壳斗杯形，包着坚果约 1/2；小苞片钻形或扁条形，向外反曲，被灰白色绒毛。坚果卵形或椭圆形，顶端圆形，果脐突起。花期 3 ~ 4 月，果期翌年 9 ~ 10 月。

分　　布：产辽宁、河北、山西、山东、江苏、安徽、浙江、江西、福建、河南、湖北、湖南、广东、海南、广西、四川、贵州、云南等省区，生于海拔 60 ~ 2200m 的山地阳坡。

用途与繁殖方式：木材为环孔材，边材淡红褐色，心材红褐色，材质坚硬，供枕木、坑木、桥梁、地板等用材；种子含淀粉 56.4%，可作饲料和工业用淀粉；壳斗、树皮可提取栲胶。播种繁殖。

来源与生长情况：引进种，生长良好，能正常开花结果，种子发育良好。

白栎 *Quercus fabri* Hance   **栎属**

形态特征：落叶乔木，高达 20m，树皮灰褐色，深纵裂，小枝密生灰色至灰褐色绒毛。叶片倒卵形、椭圆状倒卵形，长 7 ~ 15cm，宽 3 ~ 8cm，顶端钝或短渐尖，基部楔形或窄圆形，叶缘具波状锯齿或粗钝锯齿，幼时两面被灰黄色星状毛，侧脉每边 8 ~ 12 条。壳斗杯形，包着坚果约 1/3；小苞片卵状披针形，排列紧密。坚果长椭圆形或卵状长椭圆形，果脐突起。花期 4 月，果期 10 月。

分　　布：产于陕西、江苏、安徽、浙江、江西、福建、河南、湖北、湖南、广东、广西、四川、贵州、云南等省区，生于海拔 50 ~ 1900m 的丘陵、山地杂木林中。

用途与繁殖方式：木材为环孔材。供制造车船、农具、地板、室内装饰等用材。

来源与生长情况：引进种，生长良好，能正常开花结果，种子发育良好。

栓皮栎 *Quercus variabilis* Bl.

栎属

形态特征：落叶乔木，高达 30m，树皮黑褐色，深纵裂，木栓层发达。小枝灰棕色，无毛。叶片卵状披针形或长椭圆形，长 8～15 cm，宽 2～6 cm，顶端渐尖，基部圆形或宽楔形，叶缘具刺芒状锯齿，叶背密被灰白色星状绒毛，侧脉每边 13～18 条，直达齿端。壳斗杯形，包着坚果 2/3；小苞片钻形，反曲。坚果近球形或宽卵形，顶端圆，果脐突起。花期 3～4 月，果期翌年 9～10 月。

分　　布：原产于辽宁、河北、山西、陕西、甘肃、山东、江苏、安徽、浙江、江西、福建、台湾、河南、湖北、湖南、广东、广西、四川、贵州、云南等省区。

用途与繁殖方式：木材为环孔材，可做材用树种；树皮木栓层发达，是我国生产软木的主要原料；壳斗、树皮富含单宁，可提取栲胶。播种繁殖。

来源与生长情况：引进种，生长良好，能正常开花结果，种子发育良好。

木麻黄科 Casuarinaceae

木麻黄 *Casuarina equisetifolia* Linn.

木麻黄属

别　　名：马尾树

形态特征：乔木，高达 30m，树干通直，树皮在幼树上的赭红色，老树的树皮粗糙，不规则纵裂。枝红褐色，有密集的节，最末次分出的小枝灰绿色，纤细，直径 0.8～0.9mm，长 10～27cm，常柔软下垂，具 7～8 条沟槽及棱，节脆易抽离。鳞片状叶每轮常 7 枚，少为 6 或 8 枚，披针形或三角形。花雌雄同株或异株，雄花序棒状圆柱形，雌花序通常顶生于近枝顶的侧生短枝上。球果状果序椭圆形；小苞片变木质，阔卵形，背无隆起的棱脊。花期 4～5 月，果期 7～10 月。

分　　布：原于产澳大利亚和太平洋岛屿，广西、广东、福建、台湾等沿海地区普遍栽培。

用途与繁殖方式：本种生长迅速，萌芽力强；由于它的根系深广，具有耐干旱、抗风沙和耐盐碱的特性，因此成为热带地区海岸防风固沙的优良先锋树种。插条、播种繁殖。

来源与生长情况：引进种，生长良好，能正常开花结果。

榆科 Ulmaceae

糙叶树 *Aphananthe aspera* (Thunb.) Planch.　　　　　　　　　　　　　　　糙叶树属

形态特征： 落叶乔木，高达25m，树皮灰褐色，纵裂，粗糙。叶纸质，卵形或卵状椭圆形，长5～10cm，宽3～5cm，先端渐尖或长渐尖，基部宽楔形或浅心形，有的稍偏斜，边缘锯齿有尾状尖头，基部3出脉，其侧生的一对直伸达叶的中部边缘，侧脉6～10对，近平行地斜直伸达齿尖。雄聚伞花序生于新枝的下部叶腋，雄花被裂片倒卵状圆形。核果近球形、椭圆形或卵状球形，由绿变黑，具宿存的花被和柱头。花期3～5月，果期8～10月。

分　　布： 产于山西、山东、江苏、安徽、浙江、江西、福建、台湾、湖南、湖北、广东、广西、四川东南部、贵州和云南东南部。

用途与繁殖方式： 枝皮纤维供制人造棉、绳索用；木材坚硬细密，不易拆裂，可供制家具、农具和建筑用。播种繁殖。

来源与生长情况： 引进种，生长良好，能正常开花结果。

假玉桂 *Celtis timorensis* Span.　　　　　　　　　　　　　　　　　　　　　朴属

形态特征： 常绿乔木，高达20m，树皮灰白色，木材有恶臭，当年生小枝幼时有金褐色短毛。叶革质，卵状椭圆形或卵状长圆形，长5～13cm，宽2.5～6.5cm，先端渐尖至尾尖，基部宽楔形至近圆开，稍不对称，基部一对侧脉延伸达3/4以上，近全缘至中部以上具浅钝齿。小聚伞圆锥花序具10朵花左右，在小枝下部的花序全生雄花，在小枝上部的花序为杂性。果宽卵状，先端残留花柱基部而成一短喙状，成熟时黄色、橙红色至红色；核椭圆状球形，乳白色，四条肋较明显。

分　　布： 产于西藏南部、云南、四川、贵州、广西、广东、海南、福建。多生于路旁，山坡、灌丛至林中都有，海拔50～140m。

用途与繁殖方式： 树形优美，可做园林观赏。播种繁殖。

来源与生长情况： 引进种，生长良好。

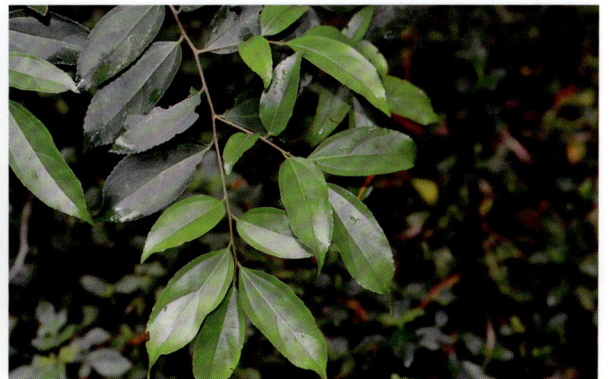

朴树 *Celtis sinensis* Pers.   **朴属**

形态特征：落叶乔木，树皮平滑，灰色；一年枝被密毛。叶革质，宽卵形至狭卵形，长 3 ~ 10cm，中部以上边缘有浅锯齿，三出脉，下面无毛或有毛；叶柄长 3 ~ 10mm。花杂性，1 ~ 3 朵生于当年枝的叶腋；花被片 4，被毛；雄蕊 4；柱头 2。核果近球形，直径 4 ~ 5mm，红褐色；果柄较叶柄近等长；果核有穴和突肋。

分　布：分布于河南、山东、长江中下游和以南诸省区以及台湾，多生于路旁、山坡、林缘，海拔 100 ~ 1500m。

用途与繁殖方式：皮部纤维为麻绳、造纸、人造棉的原料；果榨油作润滑剂；根皮入药，治腰痛。播种繁殖。

来源与生长情况：引进种，生长良好，能正常开花结果，种子发育良好。

光叶山黄麻 *Trema cannabina* Lour.   **山黄麻属**

形态特征：灌木或小乔木，小枝纤细，黄绿色，被贴生的短柔毛。叶近膜质，卵形或卵状矩圆形，稀披针形，长 4 ~ 9cm，宽 1.5 ~ 4cm，先端尾状渐尖或渐尖，基部圆或浅心形，边缘具圆齿状锯齿，基部有明显的三出脉，其侧生的二条长达叶的中上部，侧脉 2 ~ 3 对。花单性，雌雄同株，雌花序常生于花枝的上部叶腋，雄花序常生于花枝的下部叶腋，或雌雄同序，聚伞花序一般长不过叶柄。核果近球形，微压扁，熟时桔红色，有宿存花被。花期 3 ~ 6 月，果期 9 ~ 10 月。

分　布：分布于湖北、四川、贵州、湖南、广东、江西、浙江和福建，生于向阳山坡灌丛中，海拔 600 ~ 1100m。

用途与繁殖方式：韧皮纤维供制麻绳、纺织和造纸用，种子油供制皂和作润滑油用。播种繁殖。

来源与生长情况：原生种，生长良好，能正常开花结果，种子发育良好。

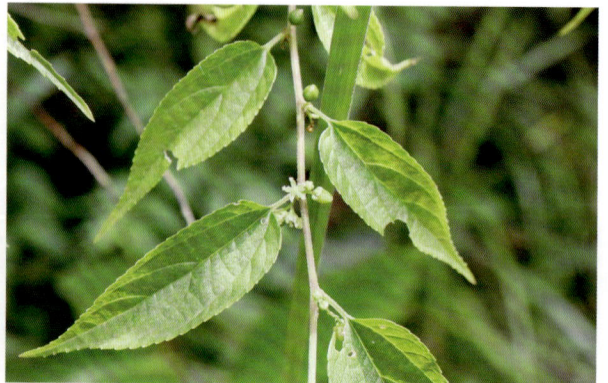

山黄麻 *Trema tomentosa* (Roxb.) H. Hara　　　　　　　　　　　　　　　　　　　　**山黄麻属**

形态特征： 小乔木，高达 10m，树皮灰褐色，平滑或细龟裂。叶纸质或薄革质，宽卵形或卵状矩圆形，稀宽披针形，长 7 ~ 15cm，宽 3 ~ 7cm，先端渐尖至尾状渐尖，稀锐尖，基部心形，明显偏斜，边缘有细锯齿，叶面极粗糙，叶背有直立的灰色短绒毛，基出脉 3，侧脉 4 ~ 5 对。核果宽卵珠状，压扁，表面无毛，成熟时具不规则的蜂窝状皱纹，褐黑色或紫黑色，具宿存的花被。种子阔卵珠状，压扁，两侧有棱。花期 3 ~ 6 月，果期 9 ~ 11 月，在热带地区，几乎四季开花。

分　　布： 产于福建南部、台湾、广东、海南、广西、四川西南部和贵州、云南和西藏东南部，生于海拔 100 ~ 2 000m 湿润的河谷和山坡混交林中，或空旷的山坡。

用途与繁殖方式： 韧皮纤维可作人造棉、麻绳和造纸原料；也常成为次生林的先锋植物。播种、扦插繁殖。

来源与生长情况： 原生种，生长良好，能正常开花结果，种子发育良好。

常绿榆 *Ulmus lanceaefolia* Roxb. ex Wall　　　　　　　　　　　　　　　　　　　　**榆属**

形态特征： 常绿乔木，高达 30m，树皮淡黄灰色或栗褐色。叶宿存或第二年春季脱落，披针形、卵状披针形或长圆状披针形，稀长椭圆形、长圆形或卵形，质地厚，长 5 ~ 10cm，宽 2 ~ 3.5cm，中脉两侧不对称，先端长渐尖，基部偏斜，边缘具钝而整齐的单锯齿。花出自花芽，常 3 ~ 11 排成簇状聚伞花序，翅果常明显偏斜，倒卵形或长圆状倒卵形，果核部分位于翅果中上部，宿存花被上部杯状。花果期 2 月下旬至 4 月初，成熟后不立即脱落，可在树上宿存数月之久。

分　　布： 分布于云南南部至西部，生于海拔 500 ~ 1500m 地带的山坡、溪旁的常绿阔叶林中。

用途与繁殖方式： 可供建筑、家具、器具、车辆、造船及农具等用材。播种繁殖。

来源与生长情况： 引进种，生长良好。

233

大叶榉树 *Zelkova schneideriana* Hand.-Mazz. 　　　　　　　　　　**榉属**

国家 Ⅱ 级重点保护植物

别　　名：大叶榉木

形态特征：乔木，高达 35m，树皮灰褐色至深灰色，呈不规则的片状剥落。叶厚纸质，大小形状变异很大，卵形至椭圆状披针形，长 3 ~ 10cm，宽 1.5 ~ 4cm，先端渐尖、尾状渐尖或锐尖，基部稍偏斜，圆形、宽楔形、稀浅心形，密被柔毛，边缘具圆齿状锯齿，侧脉 8 ~ 15 对。雄花 1 ~ 3 朵簇生于叶腋，雌花或两性花常单生于小枝上部叶腋。花期 4 月，果期 9 ~ 11 月。

分　　布：产于陕西南部、甘肃南部、江苏、安徽、浙江、江西、福建、河南南部、湖北、湖南、广东、广西、四川东南部、贵州、云南，常生于海拔 200 ~ 1100m 的溪间水旁或山坡土层较厚的疏林中。

用途与繁殖方式：木材致密坚硬，纹理美观，不易伸缩与反挠，耐腐力强，为供造船、桥梁、车辆、家具、器械等用的上等木材。播种繁殖。

来源与生长情况：引进种，生长良好。

桑科 Moraceae

见血封喉 *Antiaris toxicaria* Lesch. 　　　　　　　　　　**见血封喉属**

别　　名：箭毒木

形态特征：乔木，高 25 ~ 40m，大树偶见有板根，树皮灰色，略粗糙，小枝幼时被棕色柔毛，干后有绉纹。叶椭圆形至倒卵形，幼时被浓密的长粗毛，达缘具锯齿，成长之叶长椭圆形，长 7 ~ 19cm，宽 3 ~ 6cm，先端渐尖，基部圆形至浅心形，两侧不对称，背面密被长粗毛，侧脉 10 ~ 13 对。雄花序托盘状；雌花单生，藏于梨形花托内。核果梨形，具宿存苞片，成熟鲜红至紫红色；种子无胚乳，外种皮坚硬。花期 3 ~ 4 月，果期 5 ~ 6 月。

分　　布：产于广东、海南、广西、云南南部，多生于海拔 1500m 以下雨林中。

用途与繁殖方式：树液有剧毒，树液尚可以制毒箭猎兽用；茎皮纤维可作绳索。播种繁殖。

来源与生长情况：引进种，生长良好。

波罗蜜 *Artocarpus heterophyllus* Lam.   **波罗蜜属**

别　　名：木波罗、树波罗

形态特征：常绿乔木，高 10 ~ 20m，树皮厚，黑褐色，托叶抱茎环状，遗痕明显。叶革质，螺旋状排列，椭圆形或倒卵形，长 7 ~ 15cm 或更长，宽 3 ~ 7cm，先端钝或渐尖，基部楔形，成熟之叶全缘，或在幼树和萌发枝上的叶常分裂，侧脉羽状，每边 6 ~ 8 条。花雌雄同株，花序生老茎或短枝上。聚花果椭圆形至球形，或不规则形状，幼时浅黄色，成熟时黄褐色，表面有坚硬六角形瘤状凸体和粗毛；核果长椭圆形。花期 2 ~ 3 月，果期 7 ~ 8 月。

分　　布：我国广东、海南、广西、云南常有栽培。

用途与繁殖方式：果形大，味甜，芳香；核果可煮食，富含淀粉；木材黄，可提取桑色素。播种、芽接、高空压条繁殖。

来源与生长情况：引进种，生长良好，能正常开花结果。

白桂木 *Artocarpus hypargyreus* Hance ex Benth.   **波罗蜜属**

别　　名：胭脂木

形态特征：大乔木，高 10 ~ 25m，树皮深紫色，片状剥落。叶互生，革质，椭圆形至倒卵形，长 8 ~ 15cm，宽 4 ~ 7cm，先端渐尖至短渐尖，基部楔形，全缘，幼树之叶常为羽状浅裂，表面深绿色，仅中脉被微柔毛，背面绿色或绿白色，被粉末状柔毛，侧脉每边 6 ~ 7 条。花序单生叶腋，雄花序椭圆形至倒卵圆形，聚花果近球形，浅黄色至橙黄色，表面被褐色柔毛，微具乳头状凸起。花期春夏。

分　　布：产于广东及沿海岛屿、海南、福建、江西、湖南、云南东南部，生于低海拔 160 ~ 1630m 的常绿阔叶林中。

用途与繁殖方式：乳汁可以提取硬性胶，木材可作家具。播种、扦插繁殖。

来源与生长情况：引进种，生长良好。

桂木 *Artocarpus nitidus* Trécul subsp. *lingnanensis* (Merr.) F. M. Jarrett　　　　　波罗蜜属

别　　名：红桂木

形态特征：乔木，高可达17m，主干通直，树皮黑褐色，纵裂，叶互生，革质，长圆状椭圆形至倒卵椭圆形，长7～15cm，宽3～7cm，先端短尖或具短尾，基部楔形或近圆形，全缘或具不规则浅疏锯齿，表面深绿色，背面淡绿色，两面均无毛，侧脉6～10对。雄花序头状，倒卵圆形至长圆形，雌花序近头状。聚花果近球形，表面粗糙被毛，成熟红色，肉质，苞片宿存；小核果10～15颗。花期4～5月，果期8月。

分　　布：产于广东、海南、广西等地，生于中海拔湿润的杂木林中。

用途与繁殖方式：成熟聚合果可食。木材坚硬，纹理细微，可供建筑用材或家具等原料用材。播种繁殖。

来源与生长情况：引进种，生长良好，能正常开花结果。

藤构 *Broussonetia kaempferi* var. *australis* Suzuki　　　　　构属

形态特征：蔓生藤状灌木，树皮黑褐色，小枝显著伸长，幼时被浅褐色柔毛，后脱落。叶互生，螺旋状排列，椭圆形至卵状椭圆形，不裂，稀为2—3裂，长3.5—8cm，宽2—3cm，先端渐尖至尾尖，基部心形至截状心形，边缘锯齿细，齿尖具腺体，叶面无毛，稍粗。花雌雄异株，雄花序为短穗状，雌花序球形头状。聚花果球形。花期4—6月，果期5—7月。

分　　布：浙江、安徽、湖北、湖南、江西、福建、广东、海南、广西、云南、贵州、四川、台湾等地均有分布，多生于海拔310—1000m的山谷灌丛中或沟边、山坡路旁。

用途与繁殖方式：韧皮纤维为造纸原料。播种繁殖。

来源与生长情况：原生种，生长良好。

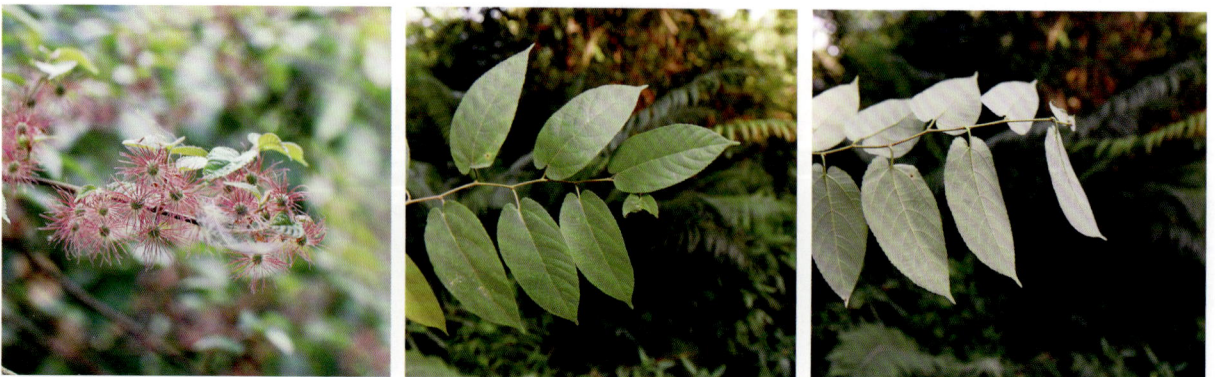

构树 *Broussonetia papyrifera* (L.) L'Hér. ex Vent.　　　　　　　　　　　　　**构属**

形态特征：乔木，高 10 ~ 20m，小枝密生柔毛。叶螺旋状排列，广卵形至长椭圆状卵形，长 6 ~ 18cm，宽 5 ~ 9cm，先端渐尖，基部心形，两侧常不相等，边缘具粗锯齿，不分裂或 3 ~ 5 裂，小树之叶常有明显分裂，表面粗糙，疏生糙毛，背面密被绒毛，基生叶脉三出，侧脉 6 ~ 7 对。花雌雄异株，雄花序为柔荑花序，粗壮；雌花序球形头状，苞片棍棒状。聚花果成熟时橙红色，肉质，瘦果具与等长的柄，表面有小瘤。花期 4 ~ 5 月，果期 6 ~ 7 月。

分　　布：产我国南北各地。

用途与繁殖方式：本种韧皮纤维可作造纸材料。播种、扦插繁殖。

来源与生长情况：原生种，生长良好。

号角树 *Cecropia peltata* L.　　　　　　　　　　　　　　　　　　　　　　　**号角树属**

别　　名：蚁栖树

形态特征：叶呈盾状形的掌状裂叶，叶表粗糙、叶背色泽较偏淡白色并披有绒毛，叶片外型像早期留声机的筒状喇叭。雌雄异株，花序为腋生。生长迅速，若树型偏向某个方向，此方向的支持根数量便会增多，气生根非常奇特而且发达。

分　　布：原产于墨西哥，广州庭园栽培，广西、云南有引种。

用途与繁殖方式：药用。播种繁殖。

来源与生长情况：引进种，生长良好。

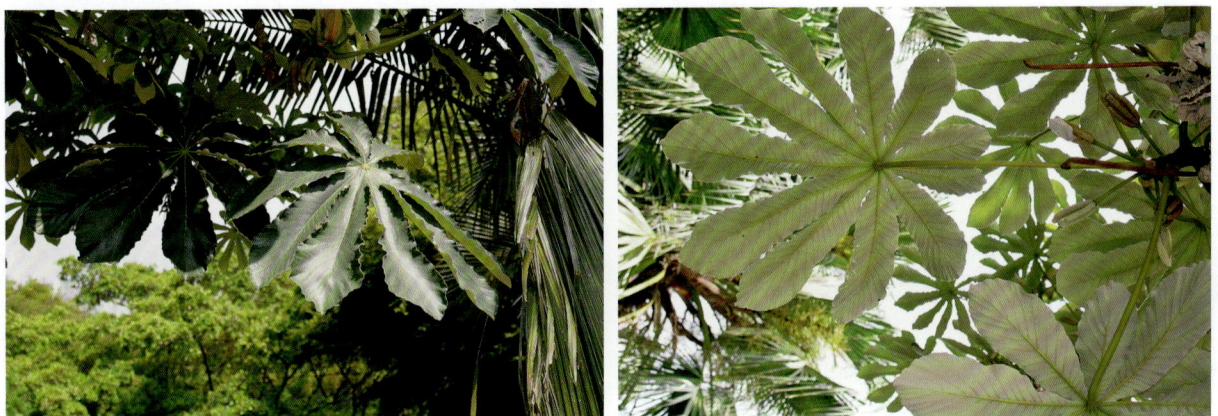

高山榕 *Ficus altissima* Blume   榕属

形态特征：大乔木，高 25 ～ 30m，树皮灰色，平滑；幼枝绿色，被微柔毛。叶厚革质，广卵形至广卵状椭圆形，长 10 ～ 19cm，宽 8 ～ 11cm，先端钝，急尖，基部宽楔形，全缘，两面光滑，无毛，基生侧脉延长，侧脉 5 ～ 7 对。榕果成对腋生，椭圆状卵圆形，幼时包藏于早落风帽状苞片内，成熟时红色或带黄色。雌花无柄，花被片与瘿花同数。瘦果表面有瘤状凸体，花柱延长。花期 3 ～ 4 月，果期 5 ～ 7 月。

分　　布：产于海南、广西、云南、四川，生于海拔 100 ～ 1600m 山地或平原。

用途与繁殖方式：供庭园观赏。播种、扦插繁殖。

来源与生长情况：引进种，生长良好，能正常开花结果。

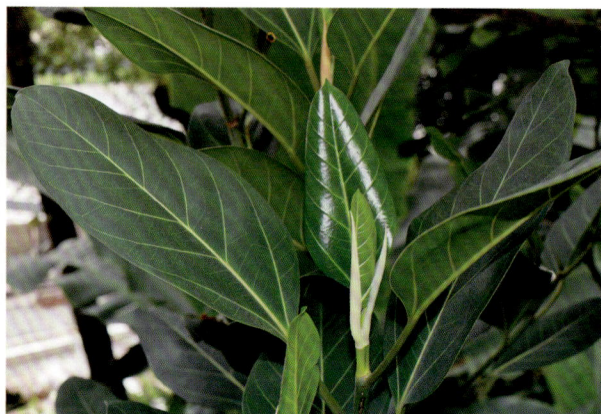

大果榕 *Ficus auriculata* Lour.   榕属

形态特征：乔木，高 3 ～ 10m，叶宽卵形或近圆形，长 15 ～ 36cm，宽 15 ～ 27cm，先端钝或短渐尖，基部心形或圆形，全缘或有疏齿，基出脉 5 条，侧脉 4 ～ 5 对，其间的小脉并行，叶柄长 6 ～ 12cm。花序托具梗，簇生于老枝或无叶的枝上，倒梨形或陀螺形，被柔毛，具 8 ～ 10 条纵棱，顶部截形，脐状突起大；花单性；雄花和瘿花同生于一花序托内；雄花无梗，瘿花具梗，花被片下部合生，上部 2 或 3 裂，花柱顶生，雌花生另一花序托内。

分　　布：分布在广东、广西、云南和贵州南部，生于山谷林中。

用途与繁殖方式：可供庭园观赏；花序托可食。播种、扦插繁殖。

来源与生长情况：原生种，生长良好。

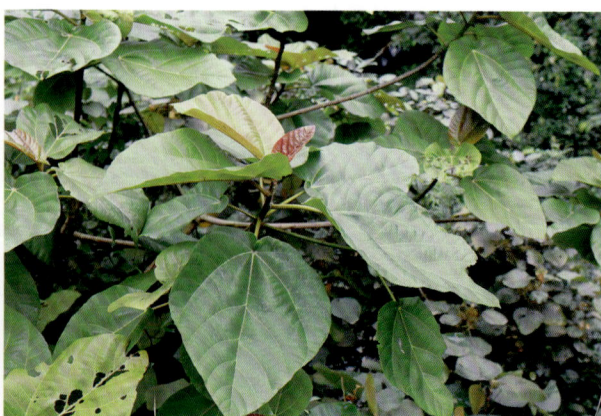

垂叶榕 *Ficus benjamina* L.　　　　　　　　　　　　　　　　　　　　　　**榕属**

形态特征：大乔木，高达 20m，树冠广阔，树皮灰色，平滑，小枝下垂。叶薄革质，卵形至卵状椭圆形，长 4 ~ 8cm，宽 2 ~ 4cm，先端短渐尖，基部圆形或楔形，全缘，一级侧脉与二级侧脉难于区分，平行展出，直达近叶边缘，网结成边脉，两面光滑无毛。榕果成对或单生叶腋，基部缢缩成柄，球形或扁球形，光滑，成熟时红色至黄色；雄花、瘿花、雌花同生于一榕果内。瘦果卵状肾形，短于花柱，花柱近侧生。花期 8 ~ 11 月。

分　　布：产于广东、海南、广西、云南、贵州，在云南生于海拔 500 ~ 800m 湿润的杂木林中。

用途与繁殖方式：树形婆娑优美，做园林观赏。扦插、高压繁殖。

来源与生长情况：引进种，生长良好。

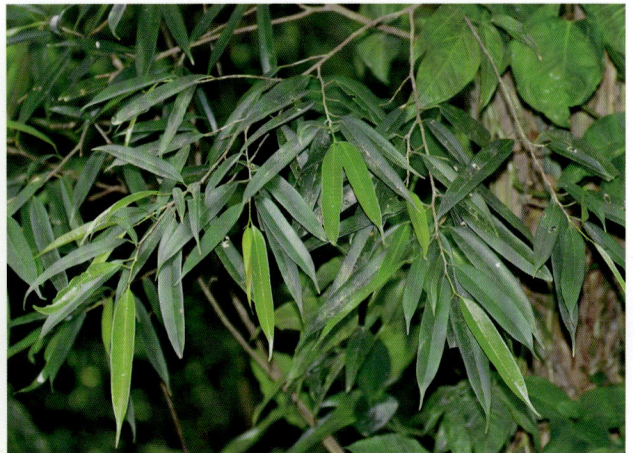

柳叶榕 *Ficus binnendijkii* Miq.　　　　　　　　　　　　　　　　　　　**榕属**

形态特征：大乔木，树冠广阔，树皮灰色，平滑，小枝下垂。叶薄革质，卵形至卵状椭圆形，先端短渐尖，基部圆形或楔形，全缘，侧脉平行展出，两面光滑无毛；叶柄上面有沟槽，托叶披针形。榕果成对或单生叶腋，球形或扁球形，光滑，成熟时红色至黄色，雄花、瘿花、雌花同生于一榕果内。雄花极少数，具柄，瘿花具柄，多数，雌花无柄，瘦果卵状肾形。花期 8 ~ 11 月。

分　　布：我国广东、广西、海南、云南等省有分布和栽培。

用途与繁殖方式：树形优美，适合庭植美化、行道树。播种、扦插繁殖。

来源与生长情况：引进种，生长良好。

硬皮榕 *Ficus callosa* Willd.　　　　　　　　　　　　　　　　　　　　　　　**榕属**

形态特征：高大乔木，树干通直，高 25 ～ 35m，树皮灰色至浅灰色，坚硬。叶革质，广椭圆形或卵状椭圆形，长 15 ～ 30cm，宽 8 ～ 20cm，先端钝或具短尖，基部圆形至宽楔形，全缘，侧脉 8 ～ 11 对，网脉两面突起。榕果单生或成对生叶腋，梨状椭圆形，幼时被短柔毛，后无毛，淡绿色，成熟时黄色；雄花两型，散生榕果内壁或近口部；瘿花和雌花相似，花被下部合生，上部深裂 3 ～ 5 裂；瘿花柱头极短，瘦果倒卵圆形。花期秋季。

分　　布：产于云南，常见于海拔 600 ～ 800m 林内或林缘，或引种栽培为庭园风景树。

用途与繁殖方式：引种栽培为庭园风景树，可作家具或建筑用材。播种、扦插繁殖。

来源与生长情况：原生种，生长良好，能正常开花结果。

无花果 *Ficus carica* Linn.　　　　　　　　　　　　　　　　　　　　　　　**榕属**

形态特征：落叶灌木，高 3 ～ 10m，多分枝；树皮灰褐色，皮孔明显；小枝直立，粗壮。叶互生，厚纸质，广卵圆形，长宽近相等，10 ～ 20cm，通常 3 ～ 5 裂，小裂片卵形，边缘具 不规则钝齿，表面粗糙，背面密生细小钟乳体及灰色短柔毛，基部浅心形，基生侧脉 3 ～ 5 条，侧脉 5 ～ 7 对；叶柄粗壮，托叶卵状披针形，红色。雌雄异株，雄花和瘿花同生于一榕果内壁，雄花生内壁口部；榕果单生叶腋，大而梨形。花果期 5 ～ 7 月。

分　　布：原产于地中海沿岸，分布于土耳其至阿富汗，现南北均有栽培。

用途与繁殖方式：榕果味甜可食或作蜜饯，又可作药用；也供庭园观赏。嫁接、扦插繁殖。

来源与生长情况：引进种，生长良好，能正常开花结果。

印度橡胶榕 *Ficus elastica* Roxb. ex Hornem.　　　　　　　　　　　　　　　**榕属**

别　　名：印度橡胶树
形态特征：乔木，高达 20 ～ 30m，树皮灰白色，平滑；幼小时附生，
小枝粗壮。叶厚革质，长圆形至椭圆形，长 8 ～ 30cm，宽 7 ～ 10cm，
先端急尖，基部宽楔形，全缘，侧脉多，不明显，平行展出；托叶膜质，
深红色，长达 10cm。榕果成对生于已落叶枝的叶腋，卵状长椭圆形，
黄绿色；雄花、瘿花、雌花同生于榕果内壁。瘦果卵圆形，表面有小瘤体，
花柱长，宿存，柱头膨大，近头状。花期冬季。
分　　布：原产于不丹、锡金、尼泊尔、印度东北部，我国华南南部有
引种栽培。
用途与繁殖方式：树冠广阔，可做风景树。扦插繁殖。
来源与生长情况：引进种，生长良好，能正常开花结果。

天仙果 *Ficus erecta* Thunb.　　　　　　　　　　　　　　　　　　　　　**榕属**

形态特征：落叶小乔木或灌木，高 2 ～ 7m；树皮灰褐色，小枝密生硬毛。叶厚纸质，倒卵状椭圆形，
长 7 ～ 20cm，宽 3 ～ 9cm，先端短渐尖，基部圆形至浅心形，全缘或上部偶有疏齿，表面较粗糙，
疏生柔毛，背面被柔毛，侧脉 5 ～ 7 对，弯拱向上，基生脉延长；叶柄长 1 ～ 4cm，纤细，密被灰白
色短硬毛；托叶三角状披针形，膜质，早落。榕果单生叶腋，球形，无毛。花果期 5 ～ 6 月。
分　　布：产于广东、广西、贵州、湖北、湖南、江西、福建、浙江、台湾。
用途与繁殖方式：茎皮纤维可供造纸。播种、扦插繁殖。
来源与生长情况：原生种，生长良好。

241

黄毛榕 *Ficus esquiroliana* Lévl.   **榕属**

形态特征：小乔林或灌木，高约 4 ~ 10m，幼枝中空，被褐黄色硬长毛。叶纸质，广卵形，长17 ~ 27cm，宽12 ~ 20cm，先端急尖，具长尖尾，基部浅心形，全缘或 3 ~ 5 裂，边缘具细锯齿，齿尖被长柔毛，叶面疏生贴伏长糙毛，背面密被黄褐色开展长毛。榕果腋生，圆锥状椭圆形，表面疏或密生浅褐色长毛；雄花生于榕果内壁近口部，具柄；瘿花生于雄花之下。瘦果斜卵圆形，表面有瘤点。花期 5 ~ 6 月，果期 6 ~ 7 月。

分　　布：西藏、四川、贵州、广西、云南、广东、海南有分布，生海拔 500 ~ 1850m 的密林中。

用途与繁殖方式：根皮有健脾益气，活血祛风的功效。播种、扦插繁殖。

来源与生长情况：原生种，生长良好。

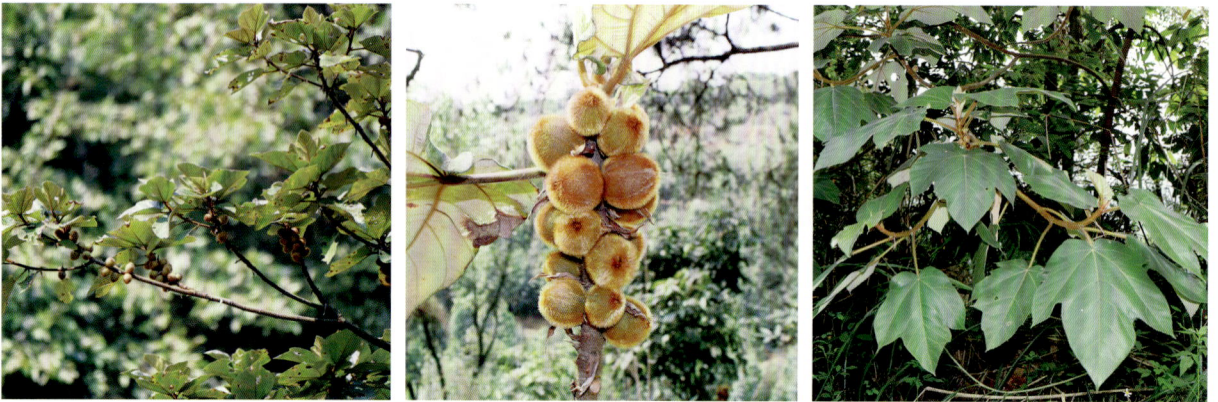

粗叶榕 *Ficus hirta* Vahl   **榕属**

形态特征：灌木或小乔木，嫩枝中空，小枝,叶和榕果均被金黄色开展的长硬毛。叶互生,纸质,多型,长椭圆状披针形或广卵形，长 10 ~ 25cm，边缘具细锯齿，有时全缘或 3 ~ 5 深裂，先端急尖或渐尖，基部圆形，浅心形或宽楔形，背面密或疏生开展的白色或黄褐色绵毛和糙毛，基生脉 3 ~ 5条。榕果成对腋生或生于已落叶枝上，球形或椭圆球形，雌花果球形，雄花及瘿花果卵球形。瘦果椭圆球形，表面光滑，花柱贴生于一侧微凹处，细长，柱头棒状。

分　　布：产于云南、贵州、广西、广东、海南、湖南、福建、江西，常见于村寨附近旷地或山坡林边，或附生于其他树干。

用途与繁殖方式：药用治风气，去红肿;根、果祛风湿，益气固表;茎皮纤维制麻绳。播种、扦插繁殖。

来源与生长情况：原生种，生长良好。

对叶榕 *Ficus hispida* L.　　　　　　　　　　　　　　　　　　　　　　　**榕属**

形态特征：灌木或小乔木，被糙毛，叶通常对生，厚纸质，卵状长椭圆形或倒卵状矩圆形，长 10 ~ 25cm，宽 5 ~ 10cm，全缘或有钝齿，顶端急尖或短尖，基部圆形或近楔形，表面被短粗毛，背面被灰色粗糙毛，侧脉 6 ~ 9 对；榕果腋生或生于落叶枝上，或老茎发出的下垂枝上，陀螺形，熟黄色，雄花生于其内壁口部，多数；瘿花无花被，花柱近顶生，粗短；雌花无花被，柱头侧生，被毛。花果期 6 ~ 7 月。

分　　布：产于广东、海南、广西、云南，贵州，喜生于沟谷潮湿地带。

用途与繁殖方式：水土保持。播种、扦插繁殖。

来源与生长情况：原生种，生长良好。

榕树 *Ficus microcarpa* L.f.　　　　　　　　　　　　　　　　　　　　　　**榕属**

形态特征：大乔木，高达 15 ~ 25m，冠幅广展；老树常有锈褐色气根。树皮深灰色。叶薄革质，狭椭圆形，长 4 ~ 8cm，宽 3 ~ 4cm，先端钝尖，基部楔形，表面深绿色，干后深褐色，有光泽，全缘，基生叶脉延长，侧脉 3 ~ 10 对。榕果成对腋生或生于已落叶枝叶腋，成熟时黄或微红色，扁球形；雄花、雌花、瘿花同生于一榕果内。瘦果卵圆形。花期 5 ~ 6 月。

分　　布：产于台湾、浙江、福建、广东、广西、湖北、贵州、云南。

用途与繁殖方式：树冠宽广饱满，适合做庭荫树、行道树。扦插、压条繁殖。

来源与生长情况：引进种，生长良好，能正常开花结果，种子发育良好。

黄金榕 *Ficus microcarpa* cv.Golden Leaves.   **榕属**

形态特征: 常绿小乔木,树冠广阔,树干多分枝。单叶互生,叶形为椭圆形或倒卵形,叶表光滑,叶缘整齐,叶有光泽,嫩叶呈金黄色,老叶则为深绿色。球形的隐头花序,其中有雄花及雌花聚生。桑科的果实中,常有寄生蜂寄生其中。

分　　布: 分布于我国台湾及华南地区,东南亚及澳洲也有分布。

用途与繁殖方式: 枝叶茂密,树冠扩展耐修剪,是华南地区做绿篱的良好树种。扦插繁殖。

来源与生长情况: 引进种,生长良好,能正常开花结果。

琴叶榕 *Ficus pandurata* Hance   **榕属**

形态特征: 小灌木,高 1 ~ 2m,小枝、嫩叶幼时被白色柔毛。叶纸质,提琴形或倒卵形,长 4 ~ 8cm,先端急尖有短尖,基部圆形至宽楔形,中部缢缩,表面无毛,背面叶脉有疏毛和小瘤点,基生侧脉 2,侧脉 3 ~ 5 对。榕果单生叶腋,鲜红色,椭圆形或球形,顶部脐状突起,雄花有柄,生榕果内壁口部;瘿花有柄或无柄;雌花花被片 3 ~ 4,椭圆形。花期 6 ~ 8 月。

分　　布: 产于广东、海南、广西、福建、湖南、湖北、江西、安徽、浙江,生于山地、旷野或灌丛林下。

用途与繁殖方式: 水土保持植物,茎富含纤维,可做绳索。扦插、高压繁殖。

来源与生长情况: 原生种,生长良好。

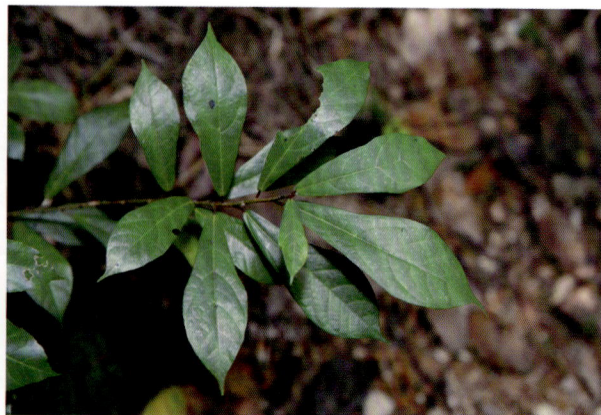

聚果榕 *Ficus racemosa* L. 　　　　　　　　　　　　　　　　　　　　**榕属**

形态特征：乔木，高达 25 ～ 30m，树皮灰褐色，平滑，幼枝嫩叶和果被平贴毛，小枝褐色。叶薄革质，椭圆状倒卵形至椭圆形或长椭圆形，长 10 ～ 14cm，宽 3.5 ～ 4.5cm，先端渐尖或钝尖，基部楔形或钝形，全缘，基生叶脉三出，侧脉 4 ～ 8 对。榕果聚生于老茎瘤状短枝上，稀成对生于落叶枝叶腋，梨形，顶部脐状，压平，基部缢缩成柄，成熟榕果橙红色。花期 5 ～ 7 月。

分　　布：产于广西南部、云南南部、贵州。喜生于潮湿地带，常见于河畔、溪边，偶见生长在溪沟中。

用途与繁殖方式：榕果成熟味甜可食；为良好紫胶虫寄主树。扦插、压条繁殖。

来源与生长情况：原生种，生长良好。

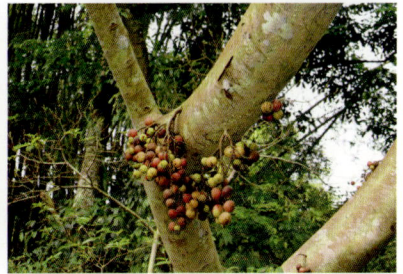

菩提树 *Ficus religiosa* L. 　　　　　　　　　　　　　　　　　　　　**榕属**

别　　名：菩提榕

形态特征：大乔木，幼时附生于其他树上，高达 15 ～ 25m，树皮灰色，平滑或微具纵纹，冠幅广展；小枝灰褐色，幼时被微柔毛。叶革质，三角状卵形，长 9 ～ 17cm，宽 8 ～ 12cm，表面深绿色，光亮，背面绿色，先端骤尖，顶部延伸为尾状，尾尖长 2 ～ 5cm，基部宽截形至浅心形，全缘或为波状，基生叶脉三出，侧脉 5 ～ 7 对。榕果球形至扁球形，成熟时红色，光滑；雄花，瘿花和雌花生于同一榕果内壁。花期 3 ～ 4 月，果期 5 ～ 6 月。

分　　布：广东、广西、云南多有栽培。

用途与繁殖方式：优良的观赏树种、庭院行道和污染区的绿化树种。播种、插条、扦插繁殖。

来源与生长情况：引进种，生长良好，能正常开花结果，种子发育良好。

斜叶榕 *Ficus tinctoria* subsp. *gibbosa* (Bl.) Corner　　　　　　　　　　　　　**榕属**

形态特征： 乔木或附生。叶革质，变异很大，卵状椭圆形或近菱形，两侧极不相等，在同一树上有全缘的也有具角棱和角齿的，大小幅度相差很大，大树叶一般长不到 13cm，宽不到 5cm，而附生的叶长超过 13cm，宽 5 ~ 6cm，质薄，侧脉 5 ~ 7 对，干后黄绿色。榕果径 6 ~ 8mm。花的结构与原种记载相符合。花果期 6 ~ 7 月。

分　　布： 分布于福建、台湾、广东、海南、广西、贵州、云南等地。

用途与繁殖方式： 根、皮、叶入药，性寒，味苦。具清热、消炎、解痉之功效。播种、扦插繁殖。

来源与生长情况： 原生种，生长良好。

变叶榕 *Ficus variolosa* Lindl. ex Benth.　　　　　　　　　　　　　　　　　　**榕属**

形态特征： 灌木或小乔木，光滑，高 3 ~ 10m，树皮灰褐色；小枝节间短。叶薄革质，狭椭圆形至椭圆状披针形，长 5 ~ 12cm，宽 1.5 ~ 4cm，先端钝或钝尖，基部楔形，全缘，侧脉 7 ~ 11 对。榕果成对或单生叶腋，球形，表面有瘤体，顶部苞片脐状突起，基生苞片 3；瘿花子房球形，花柱短，侧生，瘦果表面有瘤体。花期 12 月 ~ 翌年 6 月。

分　　布： 产于浙江、江西、福建、广东、广西、湖南、贵州、云南。

用途与繁殖方式： 茎清热利尿，叶敷跌打损伤，根亦入药；茎皮纤维可作人造棉、麻袋。播种、扦插繁殖。

来源与生长情况： 原生种，生长良好。

黄葛树 *Ficus virens* Aiton var. *sublanceolata* (Miq.) Corner

榕属

别　　名：黄葛榕

形态特征：乔木，叶互生，坚纸质，狭矩圆形、矩圆形或倒卵状矩圆形，先端钝或短渐尖，基部钝或圆形，全缘，具基生三出脉；托叶早落；花序托球形，有梗，单生或成对腋生或簇生于枝干上，淡红色，有白色斑点，成熟时橙红色；花期 5 ~ 8 月，果期 8 ~ 11 月。

分　　布：在我国产于陕西南部，湖北、贵州、广西、四川、云南等地，常生于海拔 400 ~ 2200m，为我国西南部常见树种。

用途与繁殖方式：可作行道树；叶有解毒杀虫之效。扦插、播种、压条繁殖。

来源与生长情况：引进种，生长良好，能正常开花结果，种子发育良好。

牛筋藤 *Malaisia scandens* (Lour.) Planch.

牛筋藤属

形态特征：攀援灌木，幼枝被灰色短毛，小枝圆柱形，褐色，皮孔圆形，白色。叶互生，纸质，长椭圆形或椭圆状倒卵形，长 5 ~ 12cm，宽 2 ~ 4.5cm，先端急尖，具短尖，基部圆形至浅心形，两侧不对称，全缘或疏生浅锯齿，侧脉 7 ~ 12 对。雄花无梗，花被 3 ~ 4 裂；雌花序近球形，花被壶形，子房内藏。核果卵圆形，红色，无柄。花期春夏季。

分　　布：产于台湾、广东、海南、广西、云南东南部，常生于丘陵地区灌木丛中。

用途与繁殖方式：纤维含量高，可做绳索。播种繁殖。

来源与生长情况：原生种，生长良好。

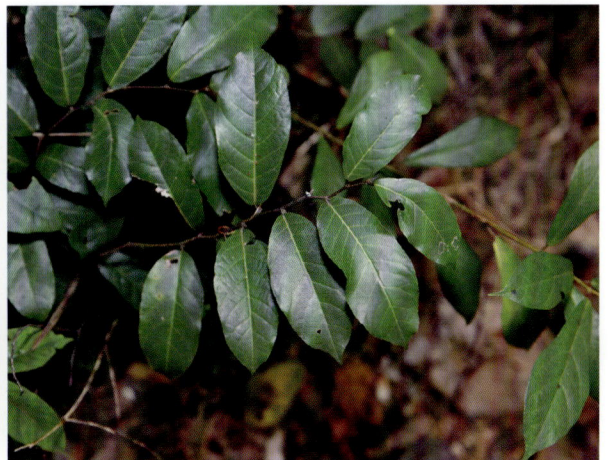

247

桑树 *Morus alba* L.   桑属

形态特征：乔木或为灌木，高 3 ~ 10m 或更高，树皮厚，灰色，具不规则浅纵裂。叶卵形或广卵形，长 5 ~ 15cm，宽 5 ~ 12cm，先端急尖、渐尖或圆钝，基部圆形至浅心形，边缘锯齿粗钝，有时叶为各种分裂，表面鲜绿色，无毛，背面沿脉有疏毛，脉腋有簇毛。花单性，腋生或生于芽鳞腋内，与叶同时生出，雄花序下垂；雌花序被毛，雌花无梗，无花柱。聚花果卵状椭圆形，成熟时红色或暗紫色。花期 4 ~ 5 月，果期 5 ~ 8 月。

分　　布：原产于我国中部和北部，现由东北至西南各省区、西北直至新疆均有栽培。

用途与繁殖方式：树皮纤维柔细，可作纺织原料、造纸原料；叶为养蚕的主要饲料；桑椹可以酿酒，称桑子酒。播种、嫁接、压条繁殖。

来源与生长情况：引进种，生长良好。

假鹊肾树 *Streblus indicus* (Bur.) Corner   鹊肾树属

形态特征：无刺乔木，高可达 15m，有乳状树液，树皮褐色，平滑。叶革质，排为两列，椭圆状披针形，幼树枝之叶狭椭圆状披针形，长 7 ~ 15cm，宽 2.5 ~ 4cm，全缘，尖端钝尖或为尾状，基部楔形，侧脉羽状，多数。花雌雄同株或同序，雄花为腋生蝎尾形聚伞花序，单生或成对；雌花单生叶腋或生于雄花序上。核果球形，中部以下渐狭，基部一边肉质，包围在增大的花被内。花期 10 ~ 翌 1 月。

分　　布：产于广东、海南、广西、云南，常生于海拔 650 ~ 1400m 山地林中或阴湿地区。

用途与繁殖方式：消炎止血，镇痛祛瘀。扦插繁殖。

来源与生长情况：引进种，生长良好。

荨麻科 Urticaceae

小叶冷水花 Pilea microphylla (L.) Liebm.　　　　　　　　　　　　　　　　　冷水花属

形态特征：纤细小草本，无毛，铺散或直立。茎肉质，多分枝，高 3 ~ 17cm，粗 1 ~ 1.5mm，干时常变蓝绿色，密布条形钟乳体。叶很小，同对的不等大，倒卵形至匙形，长 3 ~ 7 毫 m，宽 1.5 ~ 3mm，先端钝，基部楔形或渐狭，边缘全缘。雌雄同株，有时同序，聚伞花序密集成近头状。瘦果卵形，熟时变褐色，光滑。花期夏秋季，果期秋季。

分　　布：原产于南美洲热带，在我国广东、广西、福建、江西、浙江和台湾低海拔地区已成为广泛的归化植物。常生长于路边石缝和墙上阴湿处。

用途与繁殖方式：植物体小嫩绿秀丽，可作栽培观赏用。播种、扦插繁殖。

来源与生长情况：归化种，生长良好，正常开花结果，种子发育良好。

花叶冷水花 Pilea cadierei Gagnep.　　　　　　　　　　　　　　　　　　　冷水花属

形态特征：多年生草本，具匍匐根茎，茎肉质，下部多少木质化。叶多汁，倒卵形，长 2.5 ~ 6cm，宽 1.5 ~ 3cm，先端骤凸，基部楔形或钝圆，边缘自下部以上有数枚不整齐的浅牙齿或啮蚀状，上面深绿色，中央有两条间断的白斑，下面淡绿色，钟乳体梭形。花雌雄异株，雄花序头状，常成对生于叶腋；雌花花被片 4，近等长，略短于子房。花期 9 ~ 11 月。

分　　布：原产于越南中部山区，因叶有美丽的白色花斑，我国各地温室与中美洲常有栽培供观赏用。

用途与繁殖方式：花叶冷水花可作为室内吸收有毒物质的植物，也可栽培为观赏植物。扦插、分株繁殖。

来源与生长情况：引进种，生长良好，能正常开花结果。

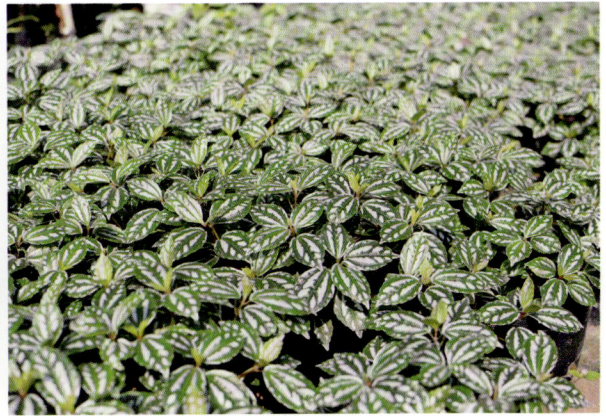

冬青科 Aquifoliaceae

梅叶冬青 *Ilex asprella* (Hook. et Arn.) Champ. ex Benth.　　　　　　　　　冬青属

别　　名：秤星树

形态特征：落叶灌木，高达 3m，具长枝和宿短枝，叶膜质，在长枝上互生，在缩短枝上，1～4 枚簇生枝顶，卵形或卵状椭圆形，长 4～6cm，宽 2～3.5cm，先端尾状渐尖，基部钝至近圆形，边缘具锯齿，侧脉 5～6 对。雄花序 2 或 3 花呈束状或单生于叶腋或鳞片腋内，位于腋芽与叶柄之间，花冠白色，辐状；雌花序单生于叶腋或鳞片腋内。果球形，熟时变黑色，具纵条纹及沟。花期 3 月，果期 4～10 月。

分　　布：产于浙江、江西、福建、台湾、湖南、广东、广西、香港等地，生于海拔 400～1000m的山地疏林中或路旁灌丛中。

用途与繁殖方式：本种的根、叶入药，有清热解毒、生津止渴、消肿散瘀之功效。播种繁殖。

来源与生长情况：原生种，生长良好。

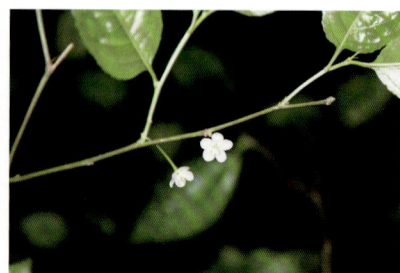

枸骨 *Ilex cornuta* Lindl. & Paxton　　　　　　　　　　　　　　　　　　　冬青属

形态特征：常绿灌木或小乔木，幼枝具纵脊及沟。叶片厚革质，二型，四角状长圆形或卵形，长 4～9cm，宽 2～4cm，先端具 3 枚尖硬刺齿，中央刺齿常反曲，基部圆形或近截形，两侧各具 1～2 刺齿，有时全缘，侧脉 5 或 6 对。花序簇生于二年生枝的叶腋内，基部宿存鳞片近圆形，花淡黄色，4 基数。果球形，成熟时鲜红色，基部具四角形宿存花萼，顶端宿存柱头盘状，明显 4 裂。分核 4，遍布皱纹和皱纹状纹孔，背部中央具 1 纵沟。花期 4～5 月，果期 10～12 月。

分　　布：产于江苏、上海、安徽、浙江、江西、湖北、湖南等地区，生于海拔 150～1900m 的山坡、丘陵等的灌丛、疏林中以及路边、溪旁和村舍附近。

用途与繁殖方式：树形美丽，果实秋冬红色，挂于枝头，供庭园观赏；其根、枝叶和果入药，根有滋补强壮、活络、清风热、祛风湿之功效。播种繁殖。

来源与生长情况：引进种，生长良好，能正常开花结果。

扣树 *Ilex kaushue* S. Y. Hu   冬青属

别　　名：苦丁茶

形态特征：常绿乔木，高 8m，小枝粗壮，近圆柱形，褐色，具纵棱及沟槽。叶片革质，长圆形至长圆状椭圆形，长 10 ~ 18cm，宽 4.5 ~ 7.5cm，先端急尖或短渐尖，基部钝或楔形，边缘具重锯齿或粗锯齿，侧脉 14 ~ 15 对。聚伞状圆锥花序或假总状花序生于当年生枝叶腋内，芽时密集成头状。果球形，成熟时红色，外果皮干时脆；宿存花萼伸展。分核 4，轮廓长圆形，具网状条纹及沟，侧面多皱及洼点。花期 5 ~ 6 月，果期 9 ~ 10 月。

分　　布：产于湖北、湖南、广东、广西、海南、四川和云南东南部，生于海拔 1000 ~ 1200m 的密林中。

用途与繁殖方式：嫩叶可炒制成茶泡饮。播种繁殖。

来源与生长情况：引进种，生长良好，能正常开花结果。

铁冬青 *Ilex rotunda* Thunb.   冬青属

别　　名：救必应

形态特征：常绿灌木或乔木，高可达 20m，树皮灰色至灰黑色。叶片薄革质或纸质，卵形、倒卵形或椭圆形，长 4 ~ 9cm，宽 1.8 ~ 4cm，先端短渐尖，基部楔形或钝，全缘，稍反卷，主脉在叶面凹陷，背面隆起，侧脉 6 ~ 9 对。聚伞花序或伞形状花序具 4 ~ 63 花，单生于当年生枝的叶腋内。雄花序花白色，4 基数；雌花序花白色，5 基数，花冠辐状。果近球形或稀椭圆形，成熟时红色，宿存花萼平展；分核 5 ~ 7，椭圆形，背面具 3 纵棱及 2 沟。花期 4 月，果期 8 ~ 12 月。

分　　布：产于江苏、安徽、浙江、江西、福建、台湾、湖北、湖南、广东、香港、广西、海南、贵州和云南等省区，生于海拔 400 ~ 1100m 的山坡常绿阔叶林中和林缘。

用途与繁殖方式：叶和树皮入药，凉血散血，有清热利湿、消炎解毒，消肿镇痛之功效，治暑季外感高热等；树形优美，果成熟时秀丽，做园林观赏。播种繁殖。

来源与生长情况：引进种，生长良好，能正常开花结果，种子发育良好。

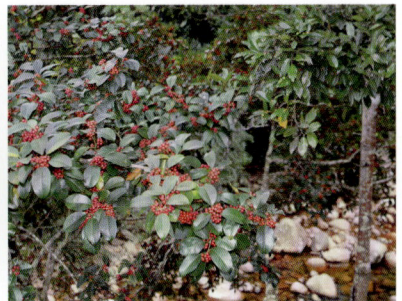

卫矛科 Celastraceae

扶芳藤 *Euonymus fortunei* (Turcz.) Hand.-Mazz.　　　　　　　　　　　　　　　　　**卫矛属**

形态特征: 常绿藤本灌木,小枝方棱不明显。叶薄革质,椭圆形、长方椭圆形或长倒卵形,宽窄变异较大,可窄至近披针形,长 3.5 ~ 8cm,宽 1.5 ~ 4cm,先端钝或急尖,基部楔形,边缘齿浅不明显。聚伞花序 3 ~ 4 次分枝,花白绿色,4 数。蒴果粉红色,果皮光滑,近球状;种子长方椭圆状,棕褐色,假种皮鲜红色。花期 6 月,果期 10 月。

分　　布: 产于江苏、浙江、安徽、江西、湖北、湖南、四川、陕西等省,生长于山坡丛林中。

用途与繁殖方式: 扶芳藤为地而覆盖的最佳绿化观叶植物,特别是它的彩叶变异品种,更有较高的观赏价值;茎叶散瘀止血,舒筋活络,用于风湿性关节痛。扦插繁殖。

来源与生长情况: 原生种,生长良好。

茶茱萸科 Icacinaceae

肖榄 *Platea latifolia* Blume.　　　　　　　　　　　　　　　　　　　　　　　　　　**肖榄属**

别　　名: 阔叶肖榄

形态特征: 大乔木,高 6 ~ 25m,小枝、芽、幼叶背面及花序密被锈色星状鳞秕。叶椭圆形或长圆形,长 10 ~ 19cm,宽 4 ~ 9cm,先端渐尖,基部圆或钝,表面深绿色,背面淡绿,薄革质至革质,中脉在表面微凹,背面与侧脉均隆起,侧脉 6 ~ 14 条。雌雄异株,雄花为大型圆锥花序,腋生,密被锈色星状鳞秕和绒毛,花瓣绿色。雌花为腋生短总状花序。果序被锈色星状鳞秕,核果椭圆状卵形,顶端为盘状柱头,具增大的宿存萼。种子 1 枚。花期 2 ~ 4 月,果期 6 ~ 11 月。

分　　布: 产于云南、广西、海南,生于海拔 900 ~ 1300m 的沟谷密林中。

用途与繁殖方式: 树形优美,可做园林观赏树种。播种繁殖。

来源与生长情况: 引进种,生长良好。

桑寄生科 Icacinaceae

广寄生 *Taxillus chinensis* (DC.) Danser   钝果寄生属

形态特征：灌木，高 0.5 ~ 1m，嫩枝、叶密被锈色星状毛，小枝灰褐色，具细小皮孔。叶对生或近对生，厚纸质，卵形至长卵形，长 3 ~ 6cm，宽 2.5 ~ 4cm，顶端圆钝，基部楔形或阔楔形；侧脉 3 ~ 4 对,略明显。伞形花序,1 ~ 2 个腋生或生于小枝已落叶腋部,具花 1 ~ 4 朵,通常 2 朵。果椭圆状或近球形，果皮密生小瘤体，具疏毛，成熟果浅黄色，果皮变平滑。花果期 4 月 ~ 翌年 1 月。
分　　布：产于广西、广东、福建南部，生于海拔 20 ~ 400m 平原或低山常绿阔叶林中，寄生于桑树、桃树、龙眼、荔枝、杨桃、油茶、油桐、榕树、木棉或马尾松、水松等多种植物上。
用途与繁殖方式：全株入药，药材称"广寄生"，系中药材桑寄生主要品种，可治风湿痹痛、腰膝酸软、胎动、胎漏、高血压等，民间草药以寄生于桑树、桃树、马尾松的疗效较佳。播种繁殖。
来源与生长情况：原生种，生长良好。

寄生藤 *Dendrotrophe frutescens* (Champ. ex Benth.) Danser   寄生藤属

形态特征：木质藤本，常呈灌木状，枝长 2 ~ 8m，三棱形，扭曲。叶厚，多少软革质，倒卵形至阔椭圆形，长 3 ~ 7cm，宽 2 ~ 4.5cm，顶端圆钝，有短尖，基部收狭而下延成叶柄，基出脉 3 条，侧脉大致沿边缘内侧分出，干后明显。花通常单性，雌雄异株;雄花球形，5 ~ 6 朵集成聚伞状花序；雌花或两性花通常单生。核果卵状或卵圆形,带红色,顶端有内拱形宿存花被,成熟时棕黄色至红褐色。花期 1 ~ 3 月，果期 6 ~ 8 月。
分　　布：产于福建、广东、广西、云南。生长于海拔 100 ~ 300m 山地灌丛中，常攀援于树上。
用途与繁殖方式：全株供药用，外敷治跌打刀伤。分株繁殖。
来源与生长情况：原生种，生长良好。

鼠李科 Rhamnaceae

枳椇 *Hovenia acerba* Lindl.　　　　　　　　　　　　　　　　　　　　枳椇属

别　　名：拐枣

形态特征：高大乔木，高 10 ~ 25m，小枝褐色或黑紫色。叶互生，厚纸质至纸质，宽卵形、椭圆状卵形或心形，长 8 ~ 17cm，宽 6 ~ 12cm，顶端长渐尖或短渐尖，基部截形或心形，稀近圆形或宽楔形，边缘常具整齐浅而钝的细锯齿，上部或近顶端的叶有不明显的齿，稀近全缘。二歧式聚伞圆锥花序，顶生和腋生，花两性。浆果状核果近球形，成熟时黄褐色或棕褐色；果序轴明显膨大；种子暗褐色或黑紫色。花期 5 ~ 7 月，果期 8 ~ 10 月。

分　　布：产于甘肃、陕西、河南、安徽、江苏、浙江、江西、福建、广东、广西、湖南、湖北、四川、云南、贵州，生于海拔 2100m 以下的开旷地、山坡林缘或疏林中，庭院宅旁常有栽培。

用途与繁殖方式：木材细致坚硬，为建筑和制细木工用具的良好用材。果序轴肥厚、含丰富的糖，可生食、酿酒、熬糖，民间常用以浸制"拐枣酒"，能治风湿。播种繁殖。

来源与生长情况：引进种，生长良好，能正常开花结果，种子发育良好。

马甲子 *Paliurus ramosissimus* (Lour.) Poir.　　　　　　　　　　　　　马甲子属

形态特征：灌木，高达 6m，小枝褐色或深褐色，被短柔毛，稀近无毛。叶互生，纸质，宽卵少队卵状椭圆形或近圆形，长 3 ~ 5.5cm，宽 2.2 ~ 5cm，顶端钝或圆形，基部宽楔形、楔形或近圆形，稍偏斜，边缘具钝细锯齿或细锯齿，基生三出脉；叶柄基部有 2 个紫红色斜向直立的针刺。腋生聚伞花序，被黄色绒毛，花盘圆形，边缘 5 或 10 齿裂。核果杯状，被黄褐色或棕褐色绒毛，周围具木栓质 3 浅裂的窄翅，种子紫红色或红褐色。花期 5 ~ 8 月，果期 9 ~ 10 月。

分　　布：产于江苏、浙江、安徽、江西、湖南、湖北、福建、台湾、广东、广西、云南、贵州、四川，生于海拔 2000 以下的山地和平原，野生或栽培。

用途与繁殖方式：分枝密且具针刺，常栽培作绿篱；根、枝、叶、花、果均供药用，有解毒消肿、止痛活血之效，治痈肿溃脓等症。播种繁殖。

来源与生长情况：原生种，生长良好。

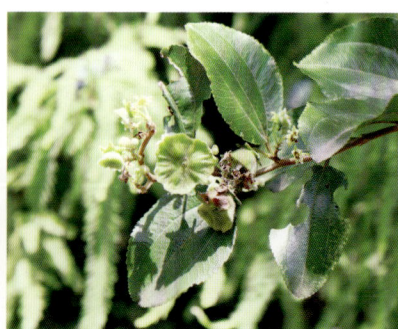

雀梅藤 *Sageretia thea* (Osbeck) M. C. Johnst.　　　　　　　　　　　　　　**雀梅藤属**

形态特征：藤状或直立灌木，小枝具刺，互生或近对生。叶纸质，近对生或互生，通常椭圆形，矩圆形或卵状椭圆形，稀卵形或近圆形，长 1 ~ 4.5cm，宽 0.7 ~ 2.5cm，顶端锐尖，钝或圆形，基部圆形或近心形，边缘具细锯齿，侧脉每边 3 ~ 4 条。花无梗，黄色，有芳香，通常 2 至数个簇生排成顶生或腋生疏散穗状或圆锥状穗状花序。核果近圆球形，成熟时黑色或紫黑色，具 1 ~ 3 分核，味酸；种子扁平，二端微凹。花期 7 ~ 11 月，果期翌年 3 ~ 5 月。

分　　布：产于安徽、江苏、浙江、江西、福建、台湾、广东、广西、湖南、湖北、四川、云南，常生于海拔 2100m 以下的丘陵、山地林下或灌丛中。

用途与繁殖方式：本种的叶可代茶，也可供药用，治疮疡肿毒；由于此植物枝密集具刺，在南方常栽培作绿篱。扦插繁殖。

来源与生长情况：原生种，生长良好。

葡萄科 Vitaceae

翅茎白粉藤 *Cissus hexangularis* Thorel ex Planch.　　　　　　　　　　　　**白粉藤属**

形态特征：木质藤本，小枝近圆柱形，具 6 翅棱，翅棱间有纵棱纹，卷须不分枝。叶卵状三角形，长 6 ~ 10cm，宽 4 ~ 8cm，顶端骤尾尖，基部截形或近截形，边缘有 5 ~ 8 个细牙齿，有时齿不明显；基出脉通常 3，中脉有侧脉 3 ~ 4 对。花序为复二歧聚伞花序，顶生或与叶对生；果实近球形，有种子 1 颗，稀 2 颗；种子近倒卵圆形，顶端圆形，基部有短喙。花期 9 ~ 11 月，果期 12 月~翌年 2 月。

分　　布：产于福建、广东、广西，生于海拔 50 ~ 400m 的溪边林中。

用途与繁殖方式：常栽培作绿篱；根、枝、叶、花、果均供药用，种子榨油可制烛。扦插繁殖。

来源与生长情况：引进种，生长良好。

爬山虎 *Parthenocissus tricuspidata* (Siebold & Zucc.) Planch.　　　　　　地锦属

别　　名：地锦

形态特征：木质藤本，小枝圆柱形，几无毛或微被疏柔毛，卷须 5 ~ 9 分枝。叶为单叶，通常着生在短枝上为 3 浅裂，时有着生在长枝上者小型不裂，叶片通常倒卵圆形，长 4.5 ~ 17cm，宽 4 ~ 16cm，顶端裂片急尖，基部心形，边缘有粗锯齿，基出脉 5，中央脉有侧脉 3 ~ 5 对。花序形成多歧聚伞花序，果实球形，有种子 1 ~ 3 颗；种子倒卵圆形，顶端圆形，基部急尖成短喙。花期 5 ~ 8 月，果期 9 ~ 10 月。

分　　布：产于吉林、辽宁、河北、河南、山东、安徽、江苏、浙江、福建、台湾，生于海拔 150 ~ 1200m 的山坡崖石壁或灌丛，

用途与繁殖方式：早为著名的垂直绿化植物，枝叶茂密，分枝多而斜展，秋季叶变红。播种、扦插、压条繁殖。

来源与生长情况：原生种，生长良好。

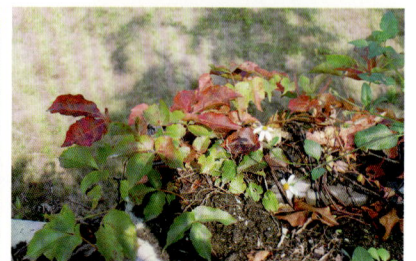

扁担藤 *Tetrastigma planicaule* (Hook.) Gagnep.　　　　　　崖爬藤属

形态特征：木质大藤本，茎扁压，深褐色。小枝圆柱形或微扁，有纵棱纹，卷须不分枝，相隔 2 节间断与叶对生。叶为掌状 5 小叶，小叶长圆披针形、披针形、卵披针形，长 9 ~ 16cm，宽 3 ~ 6cm，顶端渐尖或急尖，基部楔形，边缘每侧有 5 ~ 9 个锯齿，锯齿不明显或细小，侧脉 5 ~ 6 对。花序腋生，二级和三级分枝，集生成伞形。果实近球形，多肉质，有种子 1 ~ 2 颗；种子长椭圆形，顶端圆形，基部急尖，腹部中棱脊扁平。花期 4 ~ 6 月，果期 8 ~ 12 月。

分　　布：产于福建、广东、广西、贵州、云南、西藏东南部，生于海拔 100 ~ 2100m 山谷林中或山坡岩石缝中。

用途与繁殖方式：藤茎供药用，有祛风湿之效。扦插繁殖。

来源与生长情况：引进种，生长良好。

锦屏藤 *Cissus sicyoides* L.   **白粉藤属**

别　　名： 一帘幽梦

形态特征： 多年生常绿草质藤蔓植物，具卷须，与叶对生，攀援茎，气生根线形，着生于茎节处，短截的气生根可分生多条侧根，下垂生长。初生气根紫红色，质地光滑脆嫩；单叶片互生，叶色深绿，阔卵形，叶尖渐尖，叶基心形，叶缘微具钝齿，叶柄绿色，叶脉为羽状脉，叶面平展；多歧聚伞花序，花小，呈白绿色，两性花。花冠十字形，花盘杯状，萼片基部合生，雄蕊与花瓣对生，浆果圆形，果顶有针状突出，单核。

分　　布： 原产于热带美洲，我国的云南、广西、广东、海南、台湾等热带亚热带地区有零星分布。

用途与繁殖方式： 适合作绿廊、绿墙或阴棚。扦插、高压繁殖。

来源与生长情况： 引进种，生长良好。

芸香科 Rutaceae

山油柑 *Acronychia pedunculata* (L.) Miq.   **山油柑属**

形态特征： 乔木，树高 5 ~ 15m。树皮灰白色至灰黄色，平滑，剥开时有柑橘叶香气。叶片椭圆形至长圆形，或倒卵形至倒卵状椭圆形，长 7 ~ 18cm，宽 3.5 ~ 7cm，或有较小的，全缘；叶柄长 1 ~ 2cm，基部略增大呈叶枕状。花两性，黄白色，花瓣狭长椭圆形。果序下垂，果淡黄色，半透明，近圆球形而略有棱角，有小核 4 个，每核有 1 种子；种子倒卵形，种皮褐黑色、骨质。花期 4 ~ 8 月，果期 8 ~ 12月。

分　　布： 产于台湾、福建、广东、海南、广西、云南六省区南部，生于较低丘陵坡地杂木林中，为次生林常见树种之一。

用途与繁殖方式： 根、叶、果用作中草药，有柑橘叶香气。化气、活血、去瘀、消肿、止痛、治支气管炎、感冒、咳嗽。播种繁殖。

来源与生长情况： 原生种，生长良好。

柚 *Citrus maxima* (Burm.) Osbeck.　　　　　　　　　　柑橘属

形态特征： 乔木，嫩叶通常暗紫红色，嫩枝扁且有棱。叶质颇厚，色浓绿，阔卵形或椭圆形，连翼叶长 9 ~ 16cm，宽 4 ~ 8cm，或更大，顶端钝或圆，有时短尖，基部圆，翼叶长 2 ~ 4cm，宽 0.5 ~ 3cm，个别品种的翼叶甚狭窄。总状花序，有时兼有腋生单花，花蕾淡紫红色，稀乳白色。果圆球形，扁圆形，梨形或阔圆锥状，淡黄或黄绿色，果皮甚厚或薄，海绵质，瓢囊 10 ~ 15 或多至 19 瓣；种子多达 200 余粒，亦有无子的，有明显纵肋棱。花期 4 ~ 5 月，果期 9 ~ 12 月。

分　　布： 长江以南各地，最北限见于河南省信阳及南阳一带，全为栽培。

用途与繁殖方式： 果肉含维生素 C 较高，有消食、解酒毒功效，常做果树栽培。嫁接、播种繁殖。

来源与生长情况： 引进种，生长良好，能正常开花结果，种子发育良好。

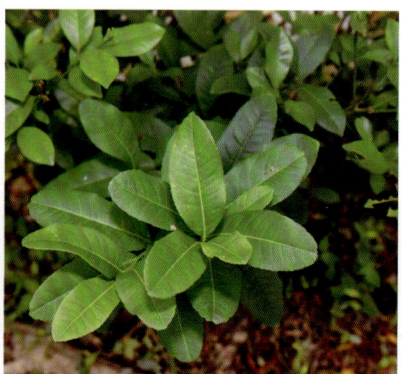

柠檬 *Citrus limon* (L.) Burm. F.　　　　　　　　　　　柑橘属

形态特征： 小乔木，枝少刺或近于无刺，嫩叶及花芽暗紫红色，叶片厚纸质，卵形或椭圆形，长 8 ~ 14cm，宽 4 ~ 6cm，顶部通常短尖，边缘有明显钝裂齿。单花腋生或少花簇生，花萼杯状，4 ~ 5 浅齿裂；花瓣外面淡紫红色，内面白色。果椭圆形或卵形，两端狭，顶部通常较狭长并有乳头状突尖，果皮厚，通常粗糙，柠檬黄色，难剥离，富含柠檬香气的油点，瓢囊 8 ~ 11 瓣，种子小，卵形，端尖。花期 4 ~ 5 月，果期 9 ~ 11 月。

分　　布： 产于长江以南。

用途与繁殖方式： 柠檬中含有丰富的柠檬酸，果实汁多肉脆，有浓郁的芳香气，作为上等调味料，用来调制饮料菜肴、化妆品和药品。播种、嫁接、压条繁殖和组织培养。

来源与生长情况： 引进种，生长良好，能正常开花结果。

柑橘 *Citrus reticulata* Blanco   柑橘属

形态特征：小乔木，分枝多，枝扩展或略下垂，刺较少。单身复叶，翼叶通常狭窄，或仅有痕迹，叶片披针形，椭圆形或阔卵形，大小变异较大，顶端常有凹口，中脉由基部至凹口附近成叉状分枝，叶缘至少上半段通常有钝或圆裂齿。花单生或 2～3 朵簇生。果形种种，通常扁圆形至近圆球形，果皮甚薄而光滑，或厚而粗糙，淡黄色，朱红色或深红色，果肉酸或甜，或有苦味，或另有特异气味；种子或多或少数。花期 4～5 月，果期 10～12 月。

分　　布：产于秦岭南坡以南，向东南至台湾，南至海南岛，西南至西藏东南部海拔较低地区。广泛栽培，很少半野生。

用途与繁殖方式：果实营养丰富，色香味兼优，既可鲜食，又可加工成以果汁为主的各种加工制品。嫁接、播种繁殖。

来源与生长情况：引进种，生长良好，能正常开花结果。

黄皮 *Clausena lansium* (Lour.) Skeels   黄皮属

形态特征：小乔木，高达 12m，小枝、叶轴、花序轴、尤以未张开的小叶背脉上散生甚多明显凸起的细油点且密被短直毛。叶有小叶 5～11 片，小叶卵形或卵状椭圆形，常一侧偏斜，长 6～14cm，宽 3～6cm，基部近圆形或宽楔形，两侧不对称，边缘波浪状或具浅的圆裂齿。圆锥花序顶生，花蕾有 5 条稍凸起的纵脊棱。果圆形、椭圆形或阔卵形，淡黄至暗黄色，果肉乳白色，半透明，有种子 1～4 粒。花期 4～5 月，果期 7～8 月。

分　　布：我国南部，台湾、福建、广东、海南、广西、贵州南部、云南及四川金沙江河谷均有栽培。

用途与繁殖方式：我国南方果品之一，除鲜食外尚可盐渍或糖渍成凉果，有消食、顺气、除暑热功效。嫁接、播种繁殖。

来源与生长情况：引进种，生长良好，能正常开花结果，种子发育良好。

细叶黄皮 *Clausena anisum-olens* (Blanco) Merr.　　　　　　　　　　　　**黄皮属**

别　　名：鸡皮果

形态特征：乔木，高 3 ~ 6m，小枝细，圆，暗灰色，无毛。羽状复叶，小叶 7 ~ 15；小叶片纸质，斜长圆形或长圆状披针形，长 5 ~ 12cm，宽 1.5 ~ 3.5cm，顶端渐尖，钝头，微凹，基部楔形，两侧不对称，两面无毛，腺点在背面明显，全缘或具甚细小的圆锯齿。顶生圆锥花序，大型，花小，白色，芳香。果球形至长圆形，淡棕色至暗紫色，果皮薄，有细小透明腺点；果可食，内有种子 1—4 粒，种子扁圆形至球形。花期 2—3 月，果期 5—6 月。

分　　布：广东、广西及云南均有栽种，生于海拔 190 ~ 680m 的阳坡村寨、山谷。

用途与繁殖方式：鲜果可食，味酸甜，多吃引致轻度麻舌感，民间将熟果晒干，用酒泡浸，谓有化痰止咳功效，枝、叶作草药，祛风除湿。播种、嫁接繁殖。

来源与生长情况：引进种，生长良好，能正常开花结果，种子发育良好。

楝叶吴茱萸 *Evodia glabrifolia* (Champ. ex Benth.) Huang　　　　　　　　**吴茱萸属**

别　　名：楝叶吴萸

形态特征：乔木，树高达 20m，树皮灰白色，不开裂。叶有小叶 7 ~ 11 片，很少 5 片或更多，小叶斜卵状披针形，通常长 6 ~ 10cm，宽 2.5 ~ 4cm，少有更大的，两侧明显不对称，油点不显或甚稀少且细小，在放大镜下隐约可见，叶背灰绿色，干后略呈苍灰色，叶缘有细钝齿或全缘。花序顶生，花甚多，花瓣白色。分果瓣淡紫红色，油点疏少但较明显，外果皮的两侧面被短伏毛，内果皮肉质，有成熟种子 1 粒。花期 7 ~ 9 月，果期 10 ~ 12 月。

分　　布：产于台湾、福建、广东、海南、广西及云南南部，生于海拔 500 ~ 800m 或平地常绿阔叶林中，在山谷较湿润地方常成为主要树种。

用途与繁殖方式：树干通直，速生，成材快，抗旱，抗风，在广东西南部一些地区为营造速生杂木林及"四边地"的主要树种之一。播种繁殖。

来源与生长情况：引进种，生长良好，能正常开花结果，种子发育良好。

吴茱萸 *Evodia rutaecarpa* (Juss.) Benth.

吴茱萸属

别　　名： 茶辣

形态特征： 小乔木或灌木，高 3 ~ 5m，嫩枝暗紫红色，与嫩芽同被灰黄或红锈色绒毛。叶有小叶 5 ~ 11 片，小叶薄至厚纸质，卵形、椭圆形或披针形，长 6 ~ 18cm，宽 3 ~ 7cm，两侧对称或一侧的基部稍偏斜，边全缘或浅波浪状，小叶两面及叶轴被长柔毛，毛密如毡状，油点大且多。花序顶生，雄花序的花彼此疏离，雌花序的花密集或疏离。果密集或疏离，暗紫红色，有大油点，每分果瓣有 1 种子；种子近圆球形，褐黑色，有光泽。花期 4 ~ 6 月，果期 8 ~ 11 月。

分　　布： 产于秦岭以南各地，生于平地至海拔 1500m 山地疏林或灌木丛中，多见于向阳坡地。

用途与繁殖方式： 嫩果经泡制凉干后即是传统中药吴茱萸，简称吴萸，是苦味健胃剂和镇痛剂，又作驱蛔虫药。扦插、播种、分蘖繁殖。

来源与生长情况： 引进种，生长良好。

山橘树 *Glycosmis cochinchinensis* (Lour.) Pierre ex Engl.

山小橘属

形态特征： 小乔木或灌木，新梢常呈两侧压扁状。叶为单叶，纸质或近革质，形状及大小差异甚大；近圆形，阔椭圆形，卵形，长圆形或披针形，长 4 ~ 26cm，宽 2 ~ 8cm，顶部圆、钝、短尖至渐尖，基部圆、钝、楔尖至渐狭尖，全缘，无毛。花序腋生或腋生兼顶生，花瓣白色。果径 8 ~ 14mm，淡红色，果皮有半透明油点。花、果期几乎全年。

分　　布： 产于海南、广西西南部、云南南部，生于海拔约 1000m 以下山地或旷野杂木林下或灌木丛中。

用途与繁殖方式： 果药用，主治风寒咳嗽，胃气痛，食积胀满，疝气。播种、嫁接繁殖。

来源与生长情况： 原生种，生长良好。

三桠苦 *Melicope pteleifolia* (Champ. ex Benth.) Hartley　　　　　　　　　**蜜茱萸属**

形态特征：乔木，树皮灰白或灰绿色，光滑，纵向浅裂，枝、叶、树皮等都有类似柑橘叶的香气。3小叶，有时偶有2小叶或单小叶同时存在，叶柄基部稍增粗，小叶长椭圆形，两端尖，有时倒卵状椭圆形，长6～20cm，宽2～8cm，全缘，油点多。花序腋生，很少同时有顶生，花瓣淡黄或白色，常有透明油点。分果瓣散生肉眼可见的透明油点，每分果瓣有1种子；种子蓝黑色，有光泽。花期4～6月，果期7～10月。

分　　布：产于台湾、福建、江西、广东、海南、广西、贵州及云南南部，生于平地至海拔2000m山地，常见于较阴蔽的山谷湿润地方，阳坡灌木丛中偶有生长。

用途与繁殖方式：根、叶、果都用作草药，味苦，性寒，一说其根有小毒。在我国及越南、老挝、柬埔寨均用作清热解毒剂。播种繁殖。

来源与生长情况：原生种，生长良好。

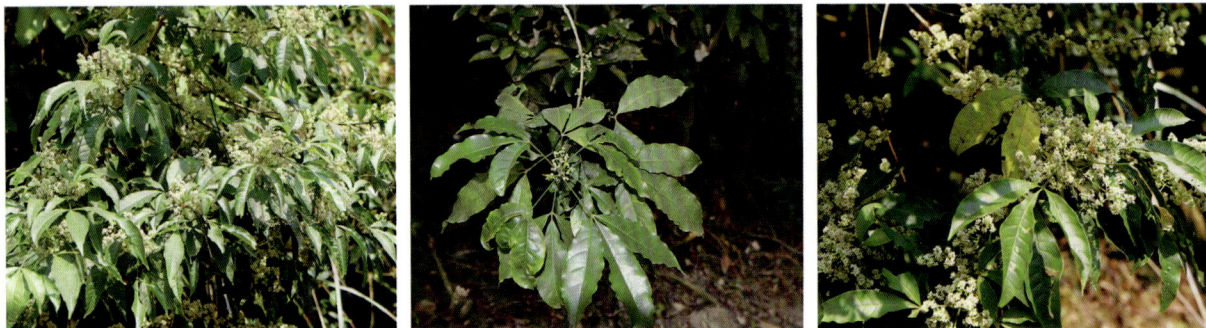

九里香 *Murraya paniculata* (L.) Jack.　　　　　　　　　　　　　　　　　**九里香属**

别　　名：千里香

形态特征：小乔木，树干及小枝白灰或淡黄灰色。幼苗期的叶为单叶，其后为单小叶及二小叶，成长叶有小叶3～5片，小叶深绿色，卵形或卵状披针形，长3～9cm，宽1.5～4cm，顶部狭长渐尖，稀短尖，基部短尖，两侧对称或一侧偏斜，边全缘，波浪状起伏。花序腋生及顶生，花瓣白色，散生淡黄色半透明油点。果橙黄至朱红色，有甚多干后凸起但中央窝点状下陷的油点，种子1～2粒。花期4～9月，也有秋、冬开花，果期9～12月。

分　　布：产于台湾、福建、广东、海南及湖南、广西、贵州、云南四省区的南部。生于低丘陵或海拔高的山地疏林或密林中，石灰岩地区较常见。

用途与繁殖方式：根、叶用作草药；花芳香，可栽植庭院做园林观赏。播种、扦插、压条繁殖。

来源与生长情况：引进种，生长良好。

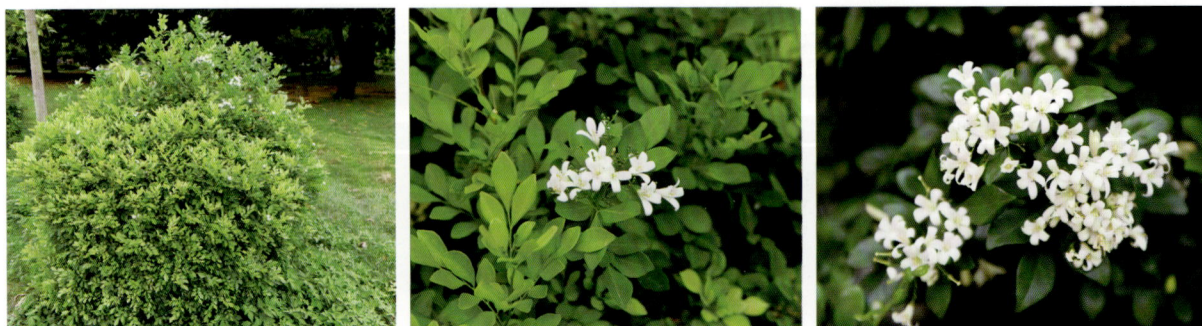

飞龙掌血 *Toddalia asiatica* (L.) Lam.　　　　　　　　　　　　　　　　**飞龙掌血属**

形态特征：多年生木质藤本，茎枝及叶轴有甚多向下弯钩的锐刺。小叶无柄，对光透视可见密生的透明油点，揉之有类似柑橘叶的香气，卵形、倒卵形、椭圆形或倒卵状椭圆形，长 5～9cm，宽 2～4cm，顶部尾状长尖或急尖而钝头，有时微凹缺，叶缘有细裂齿，侧脉甚多而纤细。花淡黄白色，雄花序为伞房状圆锥花序，雌花序呈聚伞圆锥花序。果橙红或朱红色，有 4～8 条纵向浅沟纹；种子种皮褐黑色，有极细小的窝点。花期几乎全年，果期多在秋冬季。

分　　布：产于秦岭南坡以南各地，从平地至海拔 2000m 山地，较常见于灌木、小乔木的次生林中，攀援于其他树上，石灰岩山地也常见。

用途与繁殖方式：全株用作草药，多用其根。播种繁殖。

来源与生长情况：原生种，生长良好。

蚬壳花椒 *Zanthoxylum dissitum* Hemsl.　　　　　　　　　　　　　　　　**花椒属**

别　　名：单面针

形态特征：木质藤本，茎上具锐尖皮刺，刺下弯。奇数羽状复叶，小叶互生，稀对生，小叶片狭长圆形或为长圆状披针形或卵状长圆形，长 7～16cm，宽 3～6cm，顶端渐尖或尾状渐尖，稀为短渐尖，基部楔尖或阔楔形。聚伞圆锥花序，腋生。果序密集成团，常腋生于老枝的叶腋内，心皮 2～4，淡褐色，分果瓣外形似蚬；种子大如黑豆，包被于开裂的果瓣之内，通常不外露，扁圆形。花期 3～5 月，果期 9～11 月。

分　　布：产于湖北、陕西、四川、贵州、广西、云南、广东、湖南、甘肃。

用途与繁殖方式：根入药，泡酒治跌打瘀伤。扦插繁殖。

来源与生长情况：原生种，生长良好。

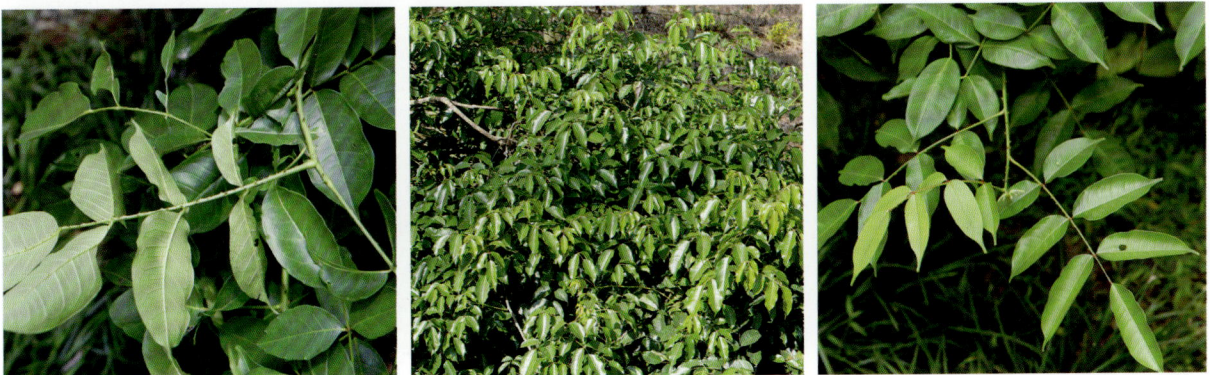

苦木科 Simaroubaceae

鸦胆子 *Brucea javanica* (L.) Merr.   鸦胆子属

别　　名：老鸦胆

形态特征：灌木或小乔木，嫩枝、叶柄和花序均被黄色柔毛。叶长 20 ～ 40cm，有小叶 3 ～ 15 片；小叶卵形或卵状披针形，长5 ～ 10cm，宽 2.5 ～ 5cm，先端渐尖，基部宽楔形至近圆形，通常略偏斜，边缘有粗齿，两面均被柔毛，背面较密；小叶柄短，长4 ～ 8mm。花组成圆锥花序，花细小，暗紫色。核果 1 ～ 4，分离，长卵形，成熟时灰黑色，干后有不规则多角形网纹，外壳硬骨质而脆，种仁黄白色，含油丰富，味极苦。花期夏季，果期 8 ～ 10 月。

分　　布：产于福建、台湾、广东、广西、海南和云南等省区。

用途与繁殖方式：本种之种子称鸦胆子，作中药，味苦，性寒，有清热解毒、止痢疾等功效。播种繁殖。

来源与生长情况：引进种，生长良好。

橄榄科 Burseraceae

橄榄 *Canarium album* (Lour.) Rauesch.   橄榄属

别　　名：黄榄、黄榄果

形态特征：乔木，高 10 ～ 25m，有托叶，仅芽时存在，着生于近叶柄基部的枝干上。小叶 3 ～ 6 对，纸质至革质，披针形或椭圆形，长 6 ～ 14cm，宽 2 ～ 5.5cm，背面有极细小疣状突起；先端渐尖至骤狭渐尖；基部楔形至圆形，偏斜，全缘；侧脉 12 ～ 16 对。花序腋生，雄花序为聚伞圆锥花序，雌花序为总状。果卵圆形至纺锤形，横切面近圆形，无毛，成熟时黄绿色;果核渐尖，横切面圆形至六角形。花期 4 ～ 5 月,果 10 ～ 12 月成熟。

分　　布：产于福建、台湾、广东、广西、云南，野生于海拔 1 300m 以下的沟谷和山坡杂木林中，或栽培于庭园、村旁。

用途与繁殖方式：为很好的防风树种及行道树；木材可造船，作枕木、制家具、农具等；果可生食或渍制；药用治喉头炎、咳血、烦渴、肠炎腹泻。播种、嫁接繁殖。

来源与生长情况:引进种，生长良好，能正常开花结果。

三角榄 *Canarium bengalense* Roxb.　　　　　　　　　　　　　　**橄榄属**

别　　名：方榄

形态特征：乔木，高15～25m，小枝幼部被稀疏的灰色短柔毛，有托叶，钻形，被柔毛，早落。小叶5～6对，长圆形至倒卵状披针形，长10～20cm，宽4.5～6cm，坚纸质，叶面无毛，背面被柔毛；顶端骤狭渐尖，基部圆形，偏斜，常一侧下延，边缘波状或全缘。花序腋上生，雄花序为狭的聚伞圆锥花序，果序腋上生或腋生，总状，果绿色，纺锤形具3凸肋；果核急尖至钝或下凹，切面锐三角形至圆形，种子1～2颗。果期7～10月。

分　　布：产于广西、云南，生于海拔400～1300m的杂木林中。

用途与繁殖方式：果可食；种子油可制肥皂或作润滑油。播种、嫁接繁殖。

来源与生长情况：引进种，生长良好，能正常开花结果。

乌榄 *Canarium pimela* Leenh.　　　　　　　　　　　　　　**橄榄属**

别　　名：黑榄

形态特征：乔木，高达20m，无托叶。小叶4～6对，纸质至革质，无毛，宽椭圆形、卵形或圆形，稀长圆形，长6～17cm，宽2～7.5cm，顶端急渐尖，尖头短而钝；基部圆形或阔楔形，偏斜，全缘；侧脉11对，网脉明显。花序腋生，为疏散的聚伞圆锥花序，无毛，雄花序多花，雌花序少花。果成熟时紫黑色，狭卵圆形，横切面圆形至不明显的三角形；外果皮较薄，干时有细皱纹。果核横切面近圆形，种子1～2。花期4～5月，果期5～11月。

分　　布：产于广东、广西、海南、云南，生长于海拔1280m以下的杂木林内。

用途与繁殖方式：果可生食，果肉腌制"榄角"作菜，榄仁为饼食及肴菜配料佳品。播种、嫁接繁殖。

来源与生长情况：原生种，生长良好。

嘉榄 *Garuga pinnata* Roxb.　　　　　　　　　　　　　　　　　　　　嘉榄属

别　　名：羽叶白头树

形态特征：乔木，高 4 ~ 10m，树皮灰褐色，粗糙。叶有小叶 9 ~ 23，叶轴及小叶两面被粗的长柔毛，嫩叶及脉上最密；小叶椭圆形、长圆形至披针形，长 5 ~ 11cm，宽 2 ~ 3cm，顶端常狭渐尖，基部圆形，有时楔形，偏斜，边缘有疏锯齿；侧脉 10 ~ 15 对。圆锥花序腋生和侧生，花较大，白色、黄白色或绿黄色。果近球形，成熟时黄色，有时被柔毛。花期 3 ~ 4 月，果期 4 ~ 10 月。

分　　布：产于广西、四川、云南；生于海拔 400 ~ 1370m 的河谷灌丛、山坡疏林或杂木林中。

用途与繁殖方式：树皮含鞣质，可提制栲胶。播种繁殖。

来源与生长情况：引进种，生长良好。

楝科 Meliaceae

四季米兰 *Aglaia duperreana* Pierre　　　　　　　　　　　　　　　　米仔兰属

别　　名：四季米仔兰

形态特征：灌木至小乔木，奇数羽状复叶，两侧及叶轴具翅；小叶 5 ~ 7 片，纸质至近革质，倒卵形至倒披针形，长 2 ~ 5.5cm，宽 1 ~ 1.5cm，基部一对常较小，先端圆，基部楔形，等侧，渐下延至着生处以致无小叶柄，侧脉每边 4 ~ 6 条。总状花序，花小，球形，花瓣黄色。浆果近球形，熟时红色，果皮肉质，种子通常 1 颗。花期几乎全年。

分　　布：广东、福建、云南、广西、四川。

用途与繁殖方式：花极芳香，常用以熏茶，本种花期颇长，在广州栽培几乎全年开花，故有四季米仔兰之称。扦插、高枝压条、播种繁殖。

来源与生长情况：引进种，生长良好，能正常开花结果。

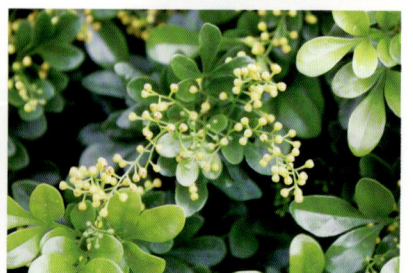

米仔兰 *Aglaia odorata* Lour.

形态特征： 灌木或小乔木，茎多小枝，幼枝顶部被星状锈色的鳞片。叶轴和叶柄具狭翅，有小叶 3 ～ 5 片；小叶对生，厚纸质，长 2 ～ 7cm，宽 1 ～ 3.5cm，顶端 1 片最大，下部的远较顶端的为小，先端钝，基部楔形，两面均无毛，侧脉每边约 8 条。圆锥花序腋生，花芳香，花瓣 5，黄色。果为浆果，卵形或近球形，初时被散生的星状鳞片；种子有肉质假种皮。花期 5 ～ 12 月，果期 7 月～翌年 3 月。

分　　布： 产于广东、广西，常生于低海拔山地的疏林或灌木林中；福建、四川、贵州和云南等省常有栽培。

用途与繁殖方式： 用其花作熏茶的香料，亦可提取芳香油。扦插、压条繁殖。

来源与生长情况： 引进种，生长良好，能正常开花结果。

大叶山楝 *Aphanamixis grandifolia* Blume

形态特征： 乔木，高达 30m，叶通常为奇数羽状复叶，小叶对生，革质，无毛，长椭圆形，长 17 ～ 26cm，宽 6 ～ 10cm，先端渐尖而钝，基部一侧圆形，另一侧楔形，偏斜，最下部的小叶较小，卵形，基部圆形，侧脉 13 ～ 20 对，广展，于近边缘处连结。花序腋上生，雄花组成圆锥花序式；雌花和两性花组成穗状花序，花球形。蒴果球状梨形，种子黑褐色，扁圆形。花期 6 ～ 8 月，果期 10 月～翌年 4 月。

分　　布： 产于广东、广西、云南等省区；生于低海拔至中海拔山地沟谷密林或疏林中，目前已引为栽培。

用途与繁殖方式： 种仁含油率为 54% ～ 60%，出油率 25% ～ 30%，油可供制肥皂及润滑油。播种繁殖。

来源与生长情况： 引进种，生长良好，能正常开花结果。

麻楝 *Chukrasia tabularis* A. Juss.　　　　　　　　　　　　　　　　　　　　　**麻楝属**

形态特征：乔木，高达 25m，老茎树皮纵裂，叶通常为偶数羽状复叶，无毛；小叶互生，纸质，卵形至长圆状披针形，长 7 ~ 12cm，宽 3 ~ 5cm，先端渐尖，基部圆形，偏形，偏斜，下侧常短于上侧，两面均无毛或近无毛，侧脉每边 10 ~ 15 条。圆锥花序顶生，花瓣黄色或略带紫色。蒴果灰黄色或褐色，近球形或椭圆形，表面粗糙而有淡褐色的小疣点；种子扁平，椭圆形，有膜质的翅。花期 4 ~ 5 月，果期 7 月~翌年 1 月。

分　　布：产于广东、广西、云南和西藏，生于海拔 380 ~ 1530m 的山地杂木林或疏林中。

用途与繁殖方式：木材黄褐色，芳香，坚硬，易加工，耐腐，为建筑、造船、家具等良好用材。播种繁殖。

来源与生长情况：引进种，生长良好，能正常开花结果。

灰毛浆果楝 *Cipadessa cinerascens* (Pellegr.) Hand.-Mazz.　　　　　　　　　**浆果楝属**

形态特征：灌木或小乔木，通常高 1 ~ 4m，嫩枝灰褐色，被黄色柔毛。叶轴和叶柄圆柱形，被黄色柔毛；小叶通常 4 ~ 6 对，对生，纸质，卵形至卵状长圆形，长 5 ~ 10cm，宽 3 ~ 5cm，先端渐尖或急尖，基部圆形或宽楔形，偏斜，两面均被紧贴的灰黄色柔毛，背面尤密，侧脉每边 8 ~ 10 条。圆锥花序腋生，分枝伞房花序式，花瓣白色至黄色。核果小，球形，熟后紫黑色。花期 4 ~ 10 月，果期 8 ~ 12 月。

分　　布：产于广西、四川、贵州、云南等省区，多生长在山地疏林或灌木林中。

用途与繁殖方式：根、叶入药，有祛风化湿、行气止痛之功能；种子油可制肥皂。播种繁殖。

来源与生长情况：引进种，生长良好。

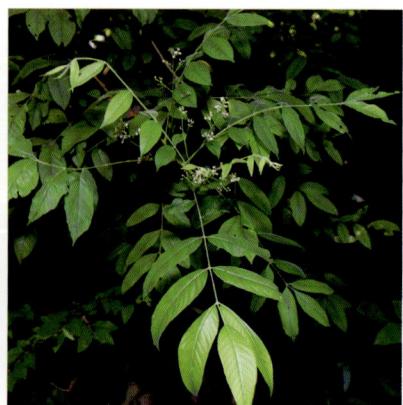

鹧鸪花 *Trichilia connaroides* (Wight et Arn.) Bentv.　　　　　　　　鹧鸪花属

别　　名：小果海木

形态特征：乔木，高 5 ~ 10m，叶为奇数羽状复叶，通常长 20 ~ 36cm，有小叶 3 ~ 4 对，叶轴圆柱形或具棱角，无毛；小叶对生，膜质，披针形或卵状长椭圆形，长 8 ~ 16cm，宽 3.5 ~ 5cm，先端渐尖，基部下侧楔形，上侧宽楔形或圆形，偏斜，叶面无毛，背面苍白色，侧脉每边 8 ~ 12 条。圆锥花序略短于叶，腋生，由多个聚伞花序所组成，花瓣 5，有时 4，白色或淡黄色。蒴果椭圆形，有柄，无毛；种子 1 粒，具假种皮，干后黑色。花期 4 ~ 6 月，果期 5 ~ 6 月和 11 ~ 12 月。

分　　布：产于广西和云南，生于山地林中。

用途与繁殖方式：清热解毒，祛风湿，利咽喉。播种繁殖。

来源与生长情况：引进种，生长良好。

非洲楝 *Khaya senegalensis* (Desr.) A. Juss.　　　　　　　　非洲楝属

别　　名：非洲桃花心木

形态特征：乔木，高达 20m 或更高，树皮呈鳞片状开裂。叶互生，叶轴和叶柄圆柱形，无毛，小叶 6 ~ 16，近对生或互生，顶端 2 对小叶对生，长圆形或长圆状椭圆形，下部小叶卵形，长 7 ~ 17cm，宽 3 ~ 6cm，先端短渐尖或急尖，基部宽楔形或略圆形，稍不对称，侧脉 9 ~ 14 对。圆锥花序顶生或腋上生，短于叶，无毛。蒴果球形，成熟时自顶端室轴开裂，果壳厚；种子边缘具膜质翅。

分　　布：原产于非洲热带地区和马达加斯加，我国福建、台湾、广东、广西及海南等地有栽培。

用途与繁殖方式：本植物除用作庭园树和行道树外，木材尚可作胶合板的材料。播种繁殖。

来源与生长情况：引进种，生长良好。

苦楝 *Melia azedarach* L.   **楝属**

别　　名：楝

形态特征：落叶乔木，高达10余m，树皮灰褐色，纵裂。叶为2~3回奇数羽状复叶，小叶对生，卵形、椭圆形至披针形，顶生一片通常略大，长3~7cm，宽2~3cm，先端短渐尖，基部楔形或宽楔形，多少偏斜，边缘有钝锯齿，幼时被星状毛，后两面均无毛，侧脉每边12~16条。圆锥花序约与叶等长，无毛或幼时被鳞片状短柔毛，花芳香，花瓣淡紫色。核果球形至椭圆形，内果皮木质，4~5室，每室有种子1颗。花期4~5月，果期10~12月。

分　　布：产于我国黄河以南各省区，较常见，生于低海拔旷野、路旁或疏林中，目前已广泛引为栽培。

用途与繁殖方式：边材黄白色，心材黄色至红褐色，纹理粗而美，质轻软，有光泽，施工易，是家具、建筑、农具、舟车、乐器等良好用材。播种繁殖。

来源与生长情况：原生种，生长良好。

红椿 *Toona ciliata* M. Roem.   **香椿属**

国家Ⅱ级重点保护植物

形态特征：大乔木，高可达20余m，小枝初时被柔毛，有稀疏的苍白色皮孔。叶为偶数或奇数羽状复叶，小叶对生或近对生，纸质，长圆状卵形或披针形，长8~15cm，宽2.5~6cm，先端尾状渐尖，基部一侧圆形，另一侧楔形，不等边，边全缘，两面均无毛或仅于背面脉腋内有毛，侧脉每边12~18条。圆锥花序顶生，花瓣5，白色。蒴果长椭圆形，木质，干后紫褐色，有苍白色皮孔；种子两端具翅，翅扁平，膜质。花期4~6月，果期10~12月。

分　　布：产于福建、湖南、广东、广西、四川和云南等省区，多生于低海拔沟谷林中或山坡疏林中。

用途与繁殖方式：木材赤褐色，纹理通直，耐腐，适宜建筑、茶箱、家具、雕刻等用材。播种繁殖。

来源与生长情况：引进种，生长良好，能正常开花结果。

香椿 *Toona sinensis* (A. Juss.) Roem.　　　　　　　　　　　　　　　香椿属

形态特征：乔木，树皮粗糙，深褐色，片状脱落。偶数羽状复叶，小叶对生或互生，纸质，卵状披针形或卵状长椭圆形，长 9 ~ 15cm，宽 2.5 ~ 4cm，先端尾尖，基部不对称，边全缘或有疏离的小锯齿，背面常呈粉绿色，侧脉每边 18 ~ 24 条。圆锥花序与叶等长或更长，小聚伞花序生于短的小枝上，多花；花瓣5，白色。蒴果狭椭圆形，深褐色，有小而苍白色的皮孔，果瓣薄；种子上端有膜质的长翅，下端无翅。花期 6 ~ 8 月，果期 10 ~ 12 月。

分　　布：产华北、华东、中部、南部和西南部各省区；生于山地杂木林或疏林中，各地也广泛栽培。

用途与繁殖方式：幼芽嫩叶芳香可口，供蔬食；木材黄褐色而具红色环带，纹理美丽，质坚硬，有光泽，易施工，为优良木材。播种、分株繁殖。

来源与生长情况：引进种，生长良好，能正常开花结果，种子发育良好。

割舌树 *Walsura robusta* Roxb.　　　　　　　　　　　　　　　　　割舌树属

形态特征：乔木，高 10 ~ 25m，枝褐色，具皮孔，无毛。叶有 3 ~ 5 小叶；小叶对生，纸质或薄革质，长椭圆形或披针形，顶生小叶长 7 ~ 16cm，宽 3 ~ 7cm，侧生小叶长 5 ~ 14cm，宽 1.5 ~ 5cm，先端渐尖，基部楔形，两面无毛，叶面光亮，侧脉 5 ~ 8 对。圆锥花序分枝呈伞房花序式，花瓣白色。浆果球形或卵形，密被黄褐色柔毛，有种子 1 ~ 2 颗。花期 2 ~ 3 月，果期 4 ~ 6 月。

分　　布：产于广东、云南等省，生于山地密林或疏林中。

用途与繁殖方式：果实可食用。播种繁殖。

来源与生长情况：引进种，生长良好，能正常开花。

无患子科 Sapindaceae

细子龙 *Amesiodendron chinense* (Merr.) Hu   **细子龙属**

形态特征： 乔木，高 5 ~ 25m，树皮暗灰色，近平滑。小叶 3 ~ 7 对，通常 4 ~ 6 对，薄革质，第一对卵形，其余的长圆形或长圆状披针形，有时披针形，两侧稍不对称，长 6 ~ 12cm，宽 1.5 ~ 3cm，顶端短渐尖或有时骤尖，钝头，基部阔楔形，边缘皱波状，有深割的锯齿，侧脉 10 ~ 12 对。花序常几个丛生于小枝的顶端，间有单个腋生，花瓣白色。蒴果的发育果爿近球状，黑色或茶褐色，外面有瘤状凸起和密集的淡褐色皮孔。花期 5 月，果期 8 ~ 9 月。

分　布： 产于广东、海南、云南南部，生于海拔 300 ~ 1000m 的密林中，为海南常见树种之一。

用途与繁殖方式： 木材坚硬，耐腐蚀，不受虫蛀，为一级硬木，缺点是加工较难，是家具优质材。播种繁殖。

来源与生长情况： 引进种，生长良好，能正常开花结果，种子发育良好。

滨木患 *Arytera littoralis* Bl.   **滨木患属**

形态特征： 常绿小乔木或灌木，高 3 ~ 10m，小枝圆柱状，有直纹；小叶 2 或 3 对，很少 4 对，近对生。薄革质，长圆状披针形至披针状卵形，长 8 ~ 18cm，宽 2.5 ~ 7.5cm，顶端骤尖，钝头，基部阔楔形至近圆钝，两面无毛或背面侧脉腋内的腺孔上被毛；侧脉 7 ~ 10 对。花序常紧密多花，花芳香，花瓣 5。蒴果的发育果爿椭圆形，红色或橙黄色，种子枣红色，假种皮透明。花期夏初，果期秋季。

分　布： 产于云南、广西和广东三省区之南部，海南各地常见。

用途与繁殖方式： 木材坚韧，可制农具。播种繁殖。

来源与生长情况： 引进种，生长良好。

黄梨木 *Boniodendron minus* (Hemsl.) T. Chen　　　　　　　　　　**黄梨木属**

别　　名：小叶栾树

形态特征：小乔木，高 2 ～ 15m，树皮暗褐色，具纵裂纹。叶聚生于小枝先端，一回偶数羽状复叶，小叶 10 ～ 20 片，纸质，披针形或椭圆形，长 2 ～ 3cm，宽 1 ～ 1.5cm，顶端钝，基部偏斜，一侧楔形，他侧圆或钝，边缘有钝锯齿。聚伞圆锥花序顶生，花淡黄色至近白色。蒴果轮廓近球形，具 3 翅，顶端凹入并具宿存花柱。花期 5 ～ 6 月，果期 7 ～ 8 月。

分　　布：产于广东、广西、湖南、贵州、云南等省区，多生于石灰岩山地的疏林或密林中。

用途与繁殖方式：木材供建筑用，种子油工业用。播种繁殖。

来源与生长情况：引进种，生长良好。

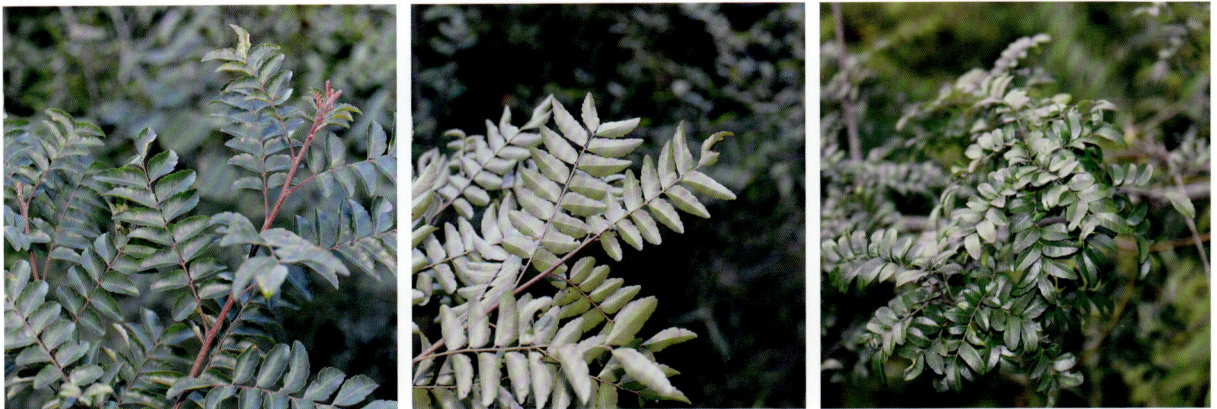

茶条木 *Delavaya toxocarpa* Franch.　　　　　　　　　　　　　　**茶条木属**

形态特征：灌木或小乔木，高 3 ～ 8m，树皮褐红色，小枝无毛。小叶薄革质，中间一片椭圆形或卵状椭圆形，有时披针状卵形，长 8 ～ 15cm，宽 1.5 ～ 4.5cm，顶端长渐尖，基部楔形，侧生的较小，卵形或披针状卵形，近无柄，全部小叶边缘均有稍粗的锯齿，很少全缘。花序狭窄，柔弱而疏花，花瓣白色或粉红色。蒴果深紫色。花期 4 月，果期 8 月。

分　　布：产于云南大部分地区、广西西部和西南部，生于海拔 500 ～ 2000m 处的密林中，有时亦见于灌丛。

用途与繁殖方式：种子含油率很高，因含有毒素，不能食，可供制肥皂等用。播种繁殖。

来源与生长情况：引进种，生长良好。

龙眼 *Dimocarpus longan* Lour.

别　　名：桂圆、圆眼

形态特征：常绿乔木，高通常 10 余 m，小叶 4 ～ 5 对，薄革质，长圆状椭圆形至长圆状披针形，两侧常不对称，长 6 ～ 15cm，宽 2.5 ～ 5cm，顶端短尖，有时稍钝头，基部极不对称，上侧阔楔形至截平，几与叶轴平行，下侧窄楔尖；侧脉 12 ～ 15 对。花序大型，多分枝，顶生和近枝顶腋生，密被星状毛，花瓣乳白色。果近球形，通常黄褐色或有时灰黄色，外面有微凸的小瘤体；种子茶褐色，光亮，全部被肉质的假种皮包裹。花期春夏间，果期夏季。

分　　布：我国西南部至东南部栽培很广，云南及广东、广西南部亦见野生或半野生于疏林中。

用途与繁殖方式：经济用途以作果品为主；木材坚实，暗红褐色，耐水湿，是造船、家具、细工等的优良材。播种、嫁接繁殖。

来源与生长情况：引进种，生长良好，能正常开花结果，种子发育良好。

复羽叶栾树 *Koelreuteria bipinnata* Franch.

别　　名：国庆树

形态特征：乔木，高可达 20 余 m，叶平展，二回羽状复叶，小叶 9 ～ 17 片，互生，很少对生，纸质或近革质，斜卵形，长 3.5 ～ 7cm，宽 2 ～ 3.5cm，顶端短尖至短渐尖，基部阔楔形或圆形，略偏斜，边缘有内弯的小锯齿，两面无毛或上面中脉上被微柔毛，下面密被短柔毛。圆锥花序大型，分枝广展，花瓣 4，黄色。蒴果椭圆形或近球形，具 3 棱，淡紫红色，老熟时褐色；种子近球形。花期 7 ～ 9 月，果期 8 ～ 10 月。

分　　布：产于云南、贵州、四川、湖北、湖南、广西、广东等省区，生于海拔 400 ～ 2500m 的山地疏林中。

用途与繁殖方式：速生树种，常栽培于庭园供观赏。木材可制家具。播种繁殖。

来源与生长情况：引进种，生长良好，能正常开花结果，种子发育良好。

荔枝 *Litchi chinensis* Sonn.   荔枝属

形态特征：常绿乔木，高通常不超过 10m，树皮灰黑色；小叶 2 或 3 对，薄革质或革质，披针形或卵状披针形，有时长椭圆状披针形，长 6 ~ 15cm，宽 2 ~ 4cm，顶端骤尖或尾状短渐尖，全缘，腹面深绿色，有光泽，背面粉绿色，两面无毛；侧脉常纤细。花序顶生，阔大，多分枝。果卵圆形至近球形，成熟时通常暗红色至鲜红色；种子全部被肉质假种皮包裹。花期春季，果期夏季。

分　　布：产于我国西南部、南部和东南部，尤以广东和福建南部栽培最盛。

用途与繁殖方式：荔枝果实除食用外，核入药为收敛止痛剂；木材坚实，深红褐色，纹理雅致、耐腐，历来为上等名材；花多，是重要的蜜源植物。播种、嫁接繁殖。

来源与生长情况：引进种，生长良好，能正常开花结果，种子发育良好。

韶子 *Nephelium chryseum* Bl.   韶子属

形态特征：常绿乔木，高达 20m，小枝嫩部被锈色柔毛。小叶 4 对，长圆形，长 6 ~ 18cm，全缘，下面粉绿色，被柔毛，侧脉 9 ~ 14 对，在上面近平或微凹，在下面凸起。花序多分枝，雄花序与叶近等长，雌花序较短。果椭圆形，红色，连刺长 4 ~ 5cm，宽 3 ~ 4cm，两侧扁，基部宽，顶端尖，弯钩状。花期春季，果期夏季。

分　　布：云南南部。

用途与繁殖方式：果实可食用。播种繁殖。

来源与生长情况：引进种，生长良好，能正常开花结果，种子发育良好。

红毛丹 *Nephelium lappaceum* Linn.　　　　　　　　　　　　　　　　　　韶子属

别　　名： 毛荔枝

形态特征： 常绿乔木，高 10 余 m，小枝圆柱形，有皱纹，灰褐色，仅嫩部被锈色微柔毛。小叶 2 或 3 对，薄革质，椭圆形或倒卵形，长 6～18cm，宽 4～7.5cm，顶端钝或微圆，有时近短尖，基部楔形，全缘，两面无毛；侧脉 7～9 对。花序常多分枝，与叶近等长或更长，被锈色短绒毛，无花瓣。果阔椭圆形，红黄色，由刺。花期夏初，果期秋初。

分　　布： 我国广东南部和台湾有少量栽培。

用途与繁殖方式： 大型热带果树，果实可食用。实生繁殖和无性繁殖。

来源与生长情况： 引进种，生长良好，能正常开花结果。

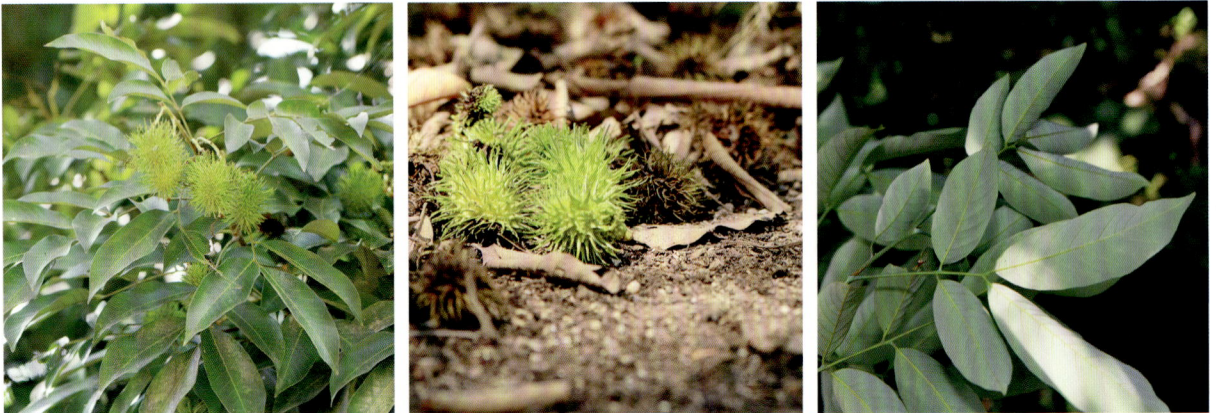

番龙眼 *Pometia pinnata* J. R. et G. Frost.　　　　　　　　　　　　　　　番龙眼属

形态特征： 常绿大乔木，高 20 余 m，树冠阔大，有发达的板根。叶甚大，叶轴和小叶近无毛至被绒毛；小叶密挤，5～9 对，近对生，第一对小，圆形、基部心形、托叶状，其余的长圆形或上部的近楔形，长 15～40cm，宽 5～10cm，顶端短尖或渐尖，边缘有整齐的锯齿。花序顶生或腋生，主轴和分枝均粗壮而坚挺，果椭圆形或有时近球形，无毛，有光泽。

分　　布： 产于我国台湾的台东和兰屿。

用途与繁殖方式： 木材暗红褐色，致密而坚重，具有弯弧状的黑色木质纹理，是优良建筑用材。播种繁殖。

来源与生长情况： 引进种，生长良好。

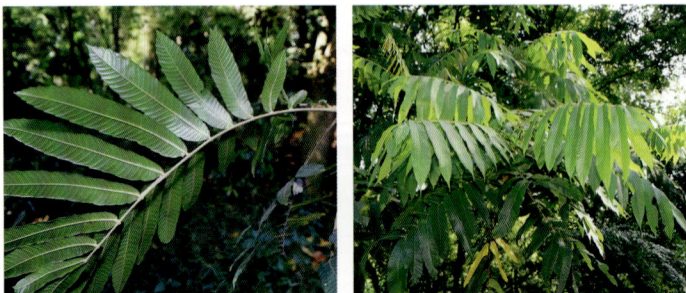

无患子 Sapindus mukorossi Gaertn.　　　　　　　　　　　　　　　　　　**无患子属**

别　　名：洗手果

形态特征：落叶大乔木，高可达 20 余 m，树皮灰褐色或黑褐色。小叶 5 ～ 8 对，通常近对生，叶片薄纸质，长椭圆状披针形或稍呈镰形，长 7 ～ 15cm 或更长，宽 2 ～ 5cm，顶端短尖或短渐尖，基部楔形，稍不对称，腹面有光泽，两面无毛或背面被微柔毛；侧脉纤细而密，约 15 ～ 17 对。花序顶生，圆锥形，花瓣 5。果的发育分果爿近球形，橙黄色，干时变黑。花期春季，果期夏秋。

分　　布：我国产于东部、南部至西南部，各地寺庙、庭园和村边常见栽培。

用途与繁殖方式：根、果入药，核仁油为润滑油；果皮含无患子皂素，代肥皂用。播种，扦插、压条繁殖。

来源与生长情况：引进种，生长良好，能正常开花结果，种子发育良好。

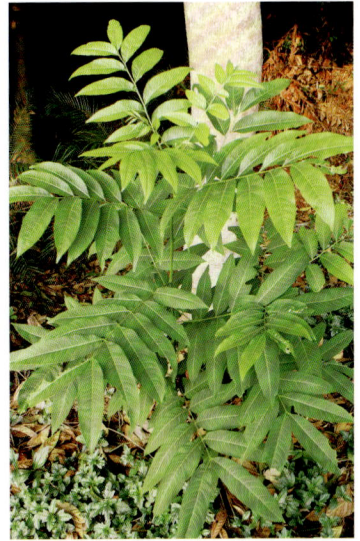

槭树科 Aceraceae

三角槭 Acer buergerianum Miq.　　　　　　　　　　　　　　　　　　　**槭树属**

别　　名：三角枫

形态特征：落叶乔木,高 5 ～ 10m,树皮褐色或深褐色,粗糙。叶纸质,基部近于圆形或楔形，外貌椭圆形或倒卵形，长 6 ～ 10cm，通常浅 3 裂，裂片向前延伸，稀全缘，中央裂片三角卵形，急尖、锐尖或短渐尖；侧裂片短钝尖或甚小，裂片边缘通常全缘；初生脉 3 条。花多数常成顶生被短柔毛的伞房花序，花瓣 5，淡黄色。翅果黄褐色，小坚果特别凸起，翅与小坚果中部最宽，基部狭窄，张开成锐角或近于直立。花期 4 月，果期 8 月。

分　　布：产于山东、河南、江苏、浙江、安徽、江西、湖北、湖南、贵州和广东等省，生于海拔 300 ～ 1000m 的阔叶林中。

用途与繁殖方式：枝叶浓密,夏季浓荫覆地，入秋叶色变成暗红，秀色可餐；宜孤植、丛植作庭荫树。播种繁殖。

来源与生长情况：引进种，生长良好。

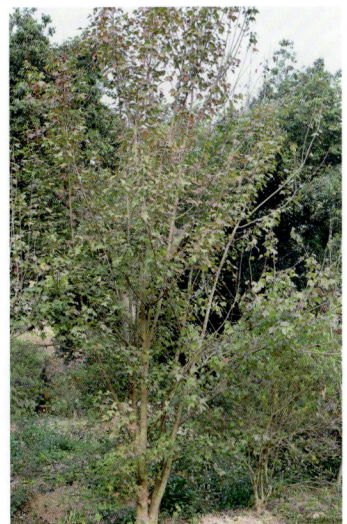

樟叶槭 *Acer coriaceifolium* Lévl.　　　　　　　　　　　　　　　　　　　　　　　**槭树属**

形态特征：常绿乔木，常高 10m，树皮淡黑褐色。叶革质，长圆椭圆形或长圆披针形，长 8 ～ 12cm，宽 4 ～ 5cm，基部圆形、钝形或阔楔形，先端钝形，具有短尖头，全缘或近于全缘；上面绿色，无毛，下面淡绿色或淡黄绿色，被白粉和淡褐色绒毛，长成时毛渐减少；侧脉 3 ～ 4 对。翅果淡黄褐色，常成被绒毛的伞房果序；小坚果凸起；翅和小坚果张开成锐角或近于直角。花期 4 月，果期 7 ～ 9 月。

分　　布：产于山东、河南、江苏、浙江、安徽、江西、湖北、湖南、贵州和广东等省。生性强健，性喜充足日照及温暖多湿环境。

用途与繁殖方式：树形优美，可做为景观树种。播种繁殖。

来源与生长情况：引进种，生长良好，能正常开花结果，种子发育良好。

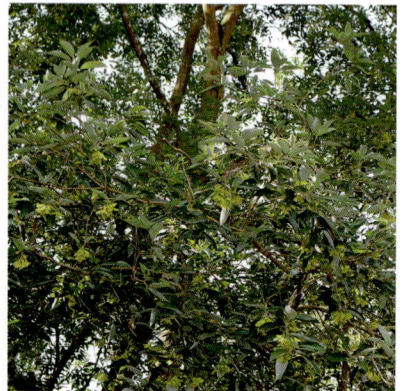

省沽油科 Staphyleaceae

野鸦椿 *Euscaphis japonica* (Thunb.) Kanitz.　　　　　　　　　　　　　　　　　　**野鸦椿属**

形态特征：落叶小乔木或灌木，高 3 ～ 6m，小枝及芽红紫色，枝叶揉碎后发出恶臭气味。叶对生，奇数羽状复叶，叶轴淡绿色，小叶 5 ～ 9，厚纸质，长卵形或椭圆形，稀为圆形，长 4 ～ 6cm，宽 2 ～ 3cm，先端渐尖，基部钝圆，边缘具疏短锯齿，齿尖有腺体，侧脉 8 ～ 11。圆锥花序顶生，花多，黄白色，萼片与花瓣均 5。蓇葖果，每一花发育为 1 ～ 3 个蓇葖，果皮软革质，紫红色，有纵脉纹，种子近圆形，假种皮肉质，黑色，有光泽。花期 5 ～ 6 月，果期 8 ～ 9 月。

分　　布：除西北各省外，全国均产，主产江南各省，西至云南东北部。

用途与繁殖方式：树皮提烤胶，根及干果入药，也栽培作观赏植物。播种繁殖。

来源与生长情况：引进种，生长良好。

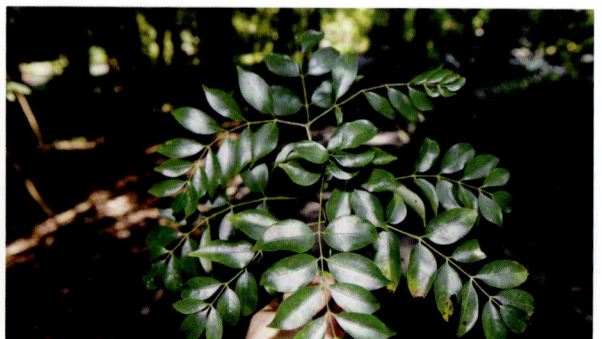

大果山香圆 *Turpinia pomifera* (Roxb.) DC.   **山香圆属**

形态特征:乔木，小枝灰色，无毛，节处膨大。奇数羽状复叶，小叶3～9片，薄革质，矩圆状椭圆形，稀近卵形，长8～14cm，宽5～7cm，先端尖或钝，有突尖，基部常宽楔形，边缘有锯齿，两面无毛，侧脉7～8。圆锥花序顶生，花序短于叶，花药长圆状披针形。果大，幼果果皮粗糙。花期1～4月，果期6～8月，10月尚存。

分　　布:产于云南、广西，生海拔350～650m的杂木林中、村边、路旁。

用途与繁殖方式:全株用于风湿痹痛，肢体麻木、筋骨拘挛，跌扑损伤、外伤所致的筋骨疼痛。播种繁殖。

来源与生长情况:引进种，生长良好，能正常开花结果。

漆树科 Anacardiaceae

南酸枣 *Choerospondias axillaris* (Roxb.) Burtt et Hill   **南酸枣属**

别　　名:五眼果

形态特征:落叶乔木，高8～20m 树皮灰褐色，片状剥落。奇数羽状复叶，有小叶3～6对，小叶膜质至纸质，卵形或卵状披针形或卵状长圆形，长4～12cm，宽2～4.5cm，先端长渐尖，基部多少偏斜，阔楔形或近圆形，全缘或幼株叶边缘具粗锯齿，两面无毛或稀叶背脉腋被毛，侧脉8～10对。雄花序苞片小，花瓣长圆形；雌花单生于上部叶腋，较大。核果椭圆形或倒卵状椭圆形，成熟时黄色，顶端具5个小孔。花期3月，果期10月。

分　　布:产于西藏、云南、贵州、广西、广东、湖南、湖北、江西、福建、浙江、安徽，生于海拔300～2000m的山坡、丘陵或沟谷林中。

用途与繁殖方式:生长快、适应性强，为较好的速生造林树种；果可生食或酿酒。播种繁殖。

来源与生长情况:原生种，生长良好。

人面子 *Dracontomelon duperreanum* Pierre.　　　　　　　　　　　　　　　　人面子属

形态特征：常绿大乔木，高达 20 余 m，树皮片状剥落。奇数羽状复叶，有小叶 5～7 对，小叶互生，近革质，长圆形，长 5～14.5cm，宽 2.5～4.5cm，先端渐尖，基部常偏斜，阔楔形至近圆形，全缘，两面沿中脉疏被微柔毛，叶背脉腋具灰白色髯毛，侧脉 8～9 对。圆锥花序顶生或腋生，疏被灰色微柔毛，花白色。核果扁球形，成熟时黄色，果核压扁，上面盾状凹入，5 室，通常 1～2 室不育，种子 3～4 颗。花期 4 月，果期 10～11 月。

分　　布：产于云南、广西、广东，生于海拔 120～350m 的林中，广西和广东亦有引种栽培。

用途与繁殖方式：木材致密而有光泽，耐腐力强，适供建筑和家具用材。还可做行道树。播种繁殖。

来源与生长情况：引进种，生长良好，能正常开花结果，种子发育良好。

杧果 *Mangifera indica* Linn.　　　　　　　　　　　　　　　　　　　　杧果属

形态特征：常绿大乔木，高 10～20m，叶薄革质，常集生枝顶，叶形和大小变化较大，通常为长圆形或长圆状披针形，长 12～30cm，宽 3.5～6.5cm，先端渐尖、长渐尖或急尖，基部楔形或近圆形，边缘皱波状，无毛，叶面略具光泽，侧脉 20～25 对。圆锥花序长 20～35cm，多花密集，被灰黄色微柔毛，分枝开展，花小，杂性，黄色或淡黄。核果大，肾形，压扁，成熟时黄色，中果皮肉质，肥厚，鲜黄色，味甜，果核坚硬。花期 4 月，果期 7 月。

分　　布：产于云南、广西、广东、福建、台湾。

用途与繁殖方式：杧果为热带著名水果，汁多味美，还可制罐头和果酱或盐渍供调味，亦可酿酒。树冠球形，常绿，郁闭度大，为热带良好的庭园和行道树种。播种、嫁接繁殖。

来源与生长情况：引进种，生长良好，能正常开花结果，种子发育良好。

扁桃杧 *Mangifera persiciformis* C. Y. Wu. 　　　　　　　　　　　　　　　　　　**杧果属**

形态特征:常绿乔木,高 10 ~ 19m,枝圆柱形,无毛,灰褐色。叶薄革质,狭披针形或线状披针形,长 11 ~ 20cm,宽 2 ~ 2.8cm,先端急尖或短渐尖,基部楔形,边缘皱波状,无毛,中脉两面隆起,侧脉约 20 对。圆锥花序顶生,单生或 2 ~ 3 条簇生,花黄绿色,花瓣 4 ~ 5。核果桃形,略压扁,果肉较薄,果核大,斜卵形或菱状卵形,压扁,具斜向凹槽,灰白色;种子近肾形。花期 4 月,果期 8 月。

分　　布:产于云南、贵州、广西,生于海拔 290 ~ 600m 沟谷,南宁附近已作行道树栽培。

用途与繁殖方式:果可食,但果肉较薄。树干笔直,树冠略成宝塔形,为良好的庭园和行道绿化树种。播种繁殖。

来源与生长情况:引进种,生长良好,能正常开花结果。

林生杧果 *Mangifera sylvatica* Roxb. 　　　　　　　　　　　　　　　　　　**杧果属**

别　　名:冬芒果

形态特征:常绿乔木,高 6 ~ 20m,树皮灰褐色,不规则开裂,里层分泌白色树脂。叶纸质至薄革质,披针形至长圆状披针形,长 15 ~ 24cm,宽 3 ~ 5.5cm,先端渐尖,基部楔形,全缘,无毛,叶面略具光泽,侧脉 16 ~ 20 对。圆锥花序无毛,疏花,分枝纤细。核果斜长卵形,先端伸长呈向下弯曲的喙,外果皮和中果皮薄,果核大,球形,不压扁,坚硬。

分　　布:产于云南南部。

用途与繁殖方式:树冠浓密饱满,树形挺拔,可做园林绿化树种。播种繁殖。

来源与生长情况:引进种,生长良好。

黄连木 *Pistacia chinensis* Bunge.　　　　　　　　　　　　　　　　　　　　**黄连木属**

形态特征：落叶乔木，高达 20 余 m，树干扭曲．树皮暗褐色，呈鳞片状剥落。奇数羽状复叶互生，有小叶 5 ~ 6 对，叶轴具条纹，被微柔毛，叶柄上面平，被微柔毛；小叶对生或近对生，纸质，披针形或卵状披针形或线状披针形，长 5 ~ 10cm，宽 1.5 ~ 2.5cm，先端渐尖或长渐尖，基部偏斜，全缘。花单性异株，先花后叶，圆锥花序腋生，雄花序排列紧密，雌花序排列疏松。核果倒卵状球形，略压扁，成熟时紫红色，干后具纵向细条纹，先端细尖。

分　　布：产长江以南各省区及华北、西北，生于海拔 140 ~ 3550m 的石山林中。

用途与繁殖方式：木材鲜黄色，材质坚硬致密，可供家具和细工用材；种子榨油可作润滑油或制皂。播种繁殖。

来源与生长情况：引进种，生长良好。

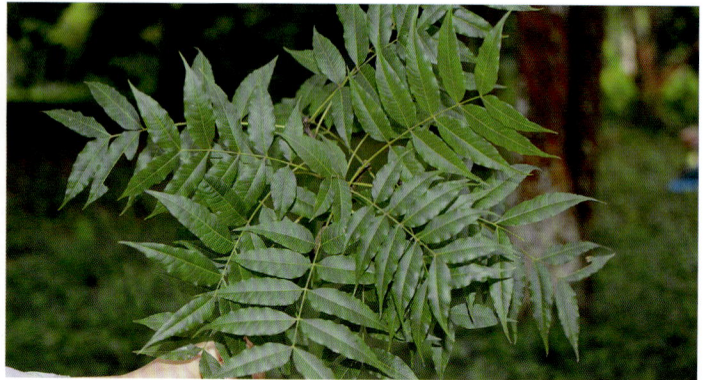

盐肤木 *Rhus chinensis* Mill.　　　　　　　　　　　　　　　　　　　　　　　**盐肤木属**

形态特征：落叶小乔木，高 2 ~ 10m，小枝棕褐色，被锈色柔毛。奇数羽状复叶有小叶 3 ~ 6 对，叶轴具宽的叶状翅，小叶自下而上逐渐增大，叶轴和叶柄密被锈色柔毛；小叶多形，卵形或椭圆状卵形或长圆形，长 6 ~ 12cm，宽 3 ~ 7cm，先端急尖，基部圆形，顶生小叶基部楔形，边缘具粗锯齿或圆齿，叶面暗绿色，叶背粉绿色，被白粉，叶背被锈色柔毛。圆锥花序宽大，多分枝。核果球形，略压扁，被具节柔毛和腺毛，成熟时红色。花期 8 ~ 9 月，果期 10 月。

分　　布：我国除东北、内蒙古和新疆外，其余省区均有，生于海拔 170 ~ 2700m 的向阳山坡、沟谷、溪边的疏林或灌丛中。

用途与繁殖方式：本种为五倍子蚜虫寄主植物，在幼枝和叶上形成虫瘿，即五倍子，可供鞣革、医药、塑料 和墨水等工业上用。播种繁殖。

来源与生长情况：原生种，生长良好。

岭南酸枣 *Spondias lakonensis* Pierre.

形态特征：落叶乔木，高 8 ~ 15m，叶互生，奇数羽状复叶有小叶 5 ~ 11 对，小叶对生或互生，长圆形或长圆状披针形，长 6 ~ 10cm，宽 1.5 ~ 3cm，先端渐尖，基部明显偏斜，阔楔形至圆形，全缘，幼叶叶面疏被微柔毛，后变无毛，叶背脉上或脉腋被微柔毛，叶面干后变暗褐色，侧脉 8 ~ 10 对。圆锥花序腋生，被灰褐色微柔毛。核果倒卵状或卵状正方形，成熟时带红色，果核木质，近正方形，每室具 1 种子。

分　　布：产于广西、广东（海南）、福建，生于向阳山坡疏林中。分布于越南、老挝、泰国。

用途与繁殖方式：果酸甜可食，有酒香；种子榨油可作肥皂；木材软而轻，但不耐腐，适作家具、箱板等；又可作庭园绿化树种。播种繁殖。

来源与生长情况：引进种，生长良好。

槟榔青 *Spondias pinnata* (Linn. f.) Kurz.

形态特征：落叶乔木，高 10 ~ 15m，叶互生，奇数羽状复叶有小叶 2 ~ 5 对，小叶对生，薄纸质，卵状长圆形或椭圆状长圆形，长 7 ~ 12cm，宽 4 ~ 5cm，先端渐尖或短尾尖，基部楔形或近圆形，多少偏斜，全缘，略背卷，两面无毛。圆锥花序顶生，无毛，花小，白色。核果椭圆形或椭圆状卵形，成熟时黄褐色，每室具 1 种子，通常仅 2 ~ 3 颗种子成熟。花期 3 ~ 4 月，果期 5 ~ 9 月。

分　　布：产于云南、广西和海南，生于海拔 460 ~ 1200m 的低山或沟谷林中。

用途与繁殖方式：果和幼叶可食；树皮可提栲胶。播种繁殖。

来源与生长情况：引进种，生长良好。

野漆 *Toxicodendron succedaneum* (L.) Kuntze   **漆属**

形态特征：落叶乔木，高达 10m，小枝粗壮，紫褐色，外面近无毛。奇数羽状复叶互生，常集生小枝顶端，有小叶 4 ~ 7 对，小叶对生或近对生，坚纸质至薄革质，长圆状椭圆形、阔披针形或卵状披针形，长 5 ~ 16cm，宽 2 ~ 5.5cm，先端渐尖或长渐尖，基部多少偏斜，圆形或阔楔形，全缘，两面无毛，叶背常具白粉，侧脉 15 ~ 22 对。圆锥花序，多分枝，花黄绿色。核果大，偏斜，压扁；中果皮厚，蜡质，白色，果核坚硬，压扁。

分　　布：华北至长江以南各省区均产，生于海拔 300 ~ 1500m 的林中。

用途与繁殖方式：根、叶及果入药，有清热解毒、散瘀生肌、止血、杀虫之效，治跌打骨折。播种繁殖。

来源与生长情况：原生种，生长良好。

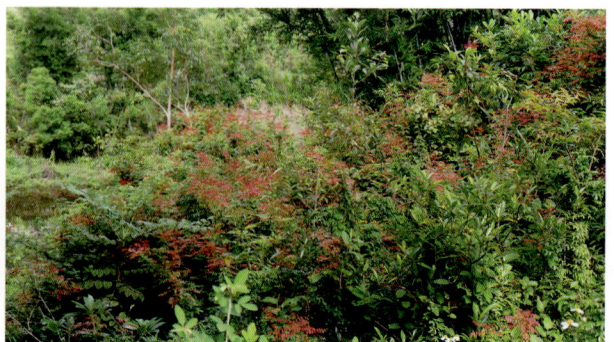

牛栓藤科 Connaraceae

红叶藤 *Rourea minor* (Gaertn.) Alston.   **红叶藤属**

形态特征：藤本或攀援灌木，高达 25m，枝圆柱形，深褐色。奇数羽状复叶，小叶片 3 ~ 7 片，通常 3 片，纸质，近圆形，卵圆形或披针形，顶端叶片稍大，卵圆形或长椭圆形，长 3 ~ 12cm，宽 2 ~ 5cm，先端急尖至短渐尖，基部阔楔形至圆形，两侧对称稍偏斜，全缘，侧脉 5 ~ 10 对。圆锥花序腋生，成簇，花芳香，花瓣白色或黄色。果实弯月形或椭圆形而稍弯曲，沿腹缝线开裂，具宿存萼。种子椭圆形，红色。花期 4 ~ 10 月，果期 5 月~翌年 3 月。

分　　布：产于台湾、广东、云南，生于丘陵、灌丛、竹林或密林中，可达海拔 800m。

用途与繁殖方式：嫩叶红色，鲜艳奇特，可用于园林绿化，做绿篱。播种繁殖。

来源与生长情况：原生种，生长良好。

胡桃科 Juglandaceae

喙核桃 *Annamocarya sinensis* (Dode) Leroy.　　　　　　　　　　　　　　喙核桃属

国家 II 级重点保护植物

形态特征：落叶乔木，高约 10 ~ 15m。奇数羽状复叶，小叶通常 7 ~ 9 枚，成长后近革质，全缘；生于上端者较大，长椭圆形至长椭圆状披针形，顶端渐尖，基部楔形或钝，生于下端者较小，通常卵形，顶端渐尖，基部歪斜，圆形；顶生小叶倒卵状披针形，具侧脉 17 ~ 20 对，顶端渐尖，基部楔形。雄性葇荑花序，通常 5 条成一束；雌性穗状花序直立，顶生，具 3 ~ 5 雌花。果核球形或卵球形，有时略成背腹压扁状，顶端具 1 鸟喙状渐尖头，并具 6 ~ 8 条不明显的细纵棱。花期 4 ~ 5 月，果 11 ~ 12 月成熟。

分　　布：产于贵州南部、广西、云南东南部，常生长在沿河流两岸的森林内。

用途与繁殖方式：核桃科的单种属植物，为第三纪古热带子遗植物，其分布区较为狭窄，具有保护意义；木材优良，为重要的军工用材。播种繁殖。

来源与生长情况：引进种，生长良好。

美国山核桃 *Carya illinoinensis* (Wangenh.) K. Koch.　　　　　　　　　　　山核桃属

别　　名：薄皮山核桃

形态特征：大乔木，高可达 50m，树皮粗糙，深纵裂。奇数羽状复叶，具 9 ~ 17 枚小叶；小叶卵状披针形至长椭圆状披针形，有时成长椭圆形，通常稍成镰状弯曲，长 7 ~ 18cm，宽 2.5 ~ 4cm，基部歪斜阔楔一形或近圆形，顶端渐尖，边缘具单锯齿或重锯齿。雄性葇荑花序 3 条 1 束；雌性穗状花序直立，具 3 ~ 10 雌花。果实矩圆状或长椭圆形，有 4 条纵棱，外果皮 4 瓣裂，革质，内果皮平滑，灰褐色。5 月开花，9 ~ 11 月果成熟。

分　　布：原产于北美洲，我国河北、河南、江苏、浙江、福建、江西、湖南、四川等省有栽培。

用途与繁殖方式：果仁含油脂，可食。播种、扦插繁殖。

来源与生长情况：引进种，生长良好。

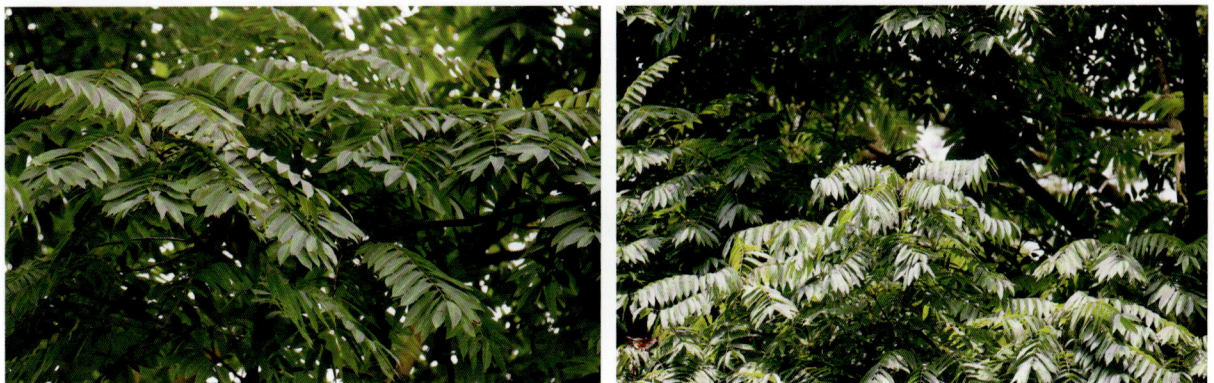

黄杞 *Engelhardia roxburghiana* Wall.　　　　　　　　　　　　　　　　　　　**黄杞属**

形态特征：半常绿乔木，高达 10 余 m，全体无毛，被有橙黄色盾状着生的圆形腺体。偶数羽状复叶，小叶 3 ~ 5 对，叶片革质，长 6 ~ 14cm，宽 2 ~ 5cm，长椭圆状披针形至长椭圆形，全缘，顶端渐尖或短渐尖，基部歪斜，两面具光泽，侧脉 10 ~ 13 对。雌雄同株或稀异株，常形成一顶生的圆锥状花序束，顶端为雌花序，下方为雄花序，或雌雄花序分开则雌花序单独顶生。果实坚果状，球形，3 裂的苞片托于果实基部；苞片的中间裂片长约为两侧裂片长的 2 倍。5 ~ 6 月开花，8 ~ 9 月果实成熟。

分　　布：产于台湾、广东、广西、湖南、贵州、四川和云南，生于海拔 200 ~ 1500m 的林中。

用途与繁殖方式：树皮纤维质量好，可制人造棉；木材为工业用材和制造家具。播种繁殖。

来源与生长情况：引进种，生长良好，能正常开花结果。

圆果化香 *Platycarya longipes* Wu　　　　　　　　　　　　　　　　　　　**化香树属**

形态特征：落叶小乔木，高 5 ~ 10m，枝条灰褐色。奇数羽状复叶，小叶 3 ~ 5 枚，上面绿色，下面浅绿色，除基部中脉两侧各具 1 丛锈褐色毡毛外，其它各处几乎无毛，侧脉 10 ~ 13 对，边缘有细锯齿，侧生小叶长椭圆状披针形，基部歪斜，楔形成阔楔形，顶端渐尖；顶生小叶椭圆状披针形，基部钝圆。花序束生于枝条顶端，位于顶端中央的为两性花序，位于下方的为雄花序。果序球果状，球形，苞片覆瓦状排列；果实小坚果状，两侧具狭翅。5 月开花，7 月果成熟。

分　　布：产于广东、广西和贵州，常生于海拔 450 ~ 800m 的山顶或林中。

用途与繁殖方式：作为提制栲胶的原料，树皮亦能剥取纤维，叶可作农药，种子可榨油。无性繁殖。

来源与生长情况：引进种，生长良好。

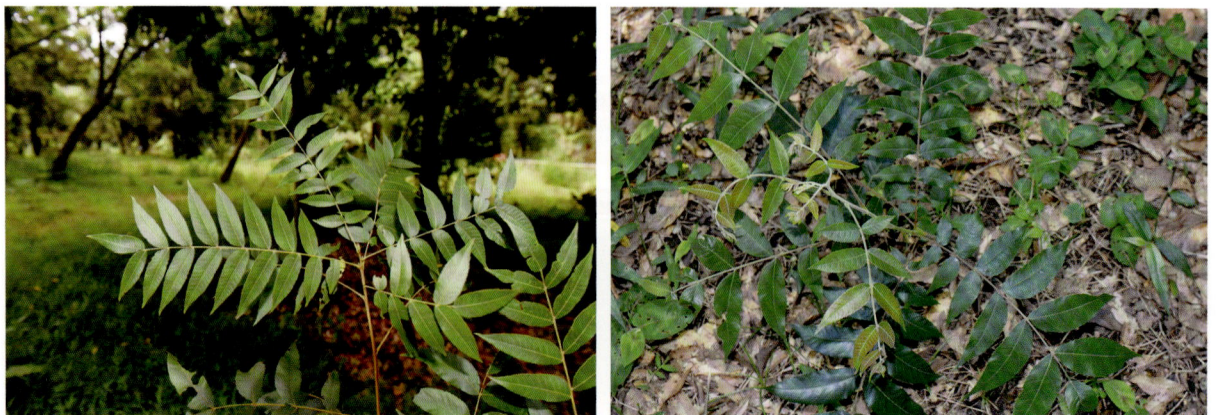

枫杨 *Pterocarya stenoptera* C. DC

枫杨属

形态特征：大乔木，高达30m。叶多为偶数羽状复叶，叶轴具翅至翅不甚发达。小叶10～16枚，对生或稀近对生，长椭圆形至长椭圆状披针形，长约8～12cm，宽2～3cm，顶端常钝圆或稀急尖，基部歪斜，边缘有向内弯的细锯齿。雄性葇荑花序，单独生于去年生枝条上叶痕腋内。雄花常具1枚发育的花被片，雌性葇荑花序顶生。果实长椭圆形，基部常有宿存的星芒状毛；果翅狭，条形或阔条形，具近于平行的脉。花期4～5月，果熟期8～9月。

分　　布：产于我国陕西、河南、山东、安徽、江苏、浙江、江西、福建、台湾、广东、广西、湖南、湖北、四川、贵州、云南，华北和东北仅有栽培。

用途与繁殖方式：树皮和枝皮含鞣质，可提取栲胶，亦可作纤维原料。播种繁殖。

来源与生长情况：引进种，生长良好，能正常开花结果。

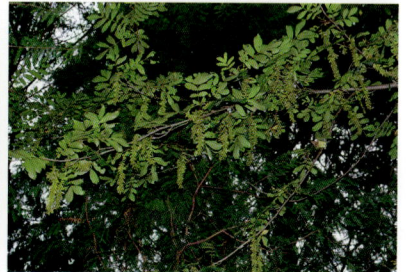

山茱萸科 Cornaceae

香港四照花 *Dendrobenthamia hongkongensis* Hemsl.

四照花属

别　　名：山荔枝

形态特征：常绿乔木或灌木，高5～15m，树皮深灰色或黑褐色，平滑。叶对生，薄革质至厚革质，椭圆形至长椭圆形，稀倒卵状椭圆形，长6.2～13cm，宽3～6.3cm，先端短渐尖形或短尾状，基部宽楔形或钝尖形，下面淡绿色，嫩时两面被有白色及褐色贴生短柔毛，侧脉3～4对。头状花序球形，约由50～70朵花聚集而成，花小，有香味，花瓣4，淡黄色。果序球形，被白色细毛，成熟时黄色或红色。花期5～6月，果期11～12月。

分　　布：产于浙江东部、江西南部、福建、湖南南部以及广东、广西、四川、贵州、云南等省区，生于海拔350～1700m湿润山谷的密林或混交林中。

用途与繁殖方式：本种的木材为建筑材料；果作食用，又可作为酿酒原料。播种繁殖。

来源与生长情况：引进种，生长良好。

光皮梾木 *Swida wilsoniana* Wangerin　　　　　　　　　　　　　　　　　　　**梾木属**

别　　名：狗骨木、光皮树、马林光

形态特征：落叶乔木，高 5 ~ 18m，树皮灰色至青灰色，块状剥落；幼枝略具 4 棱。叶对生，纸质，椭圆形或卵状椭圆形，长 6 ~ 12cm，宽 2 ~ 5.5cm，先端渐尖或突尖，基部楔形或宽楔形，边缘波状，微反卷，上面深绿色，有散生平贴短柔毛，下面灰绿色，密被白色乳头状突起及平贴短柔毛，侧脉 3 ~ 4 对。顶生圆锥状聚伞花序，花小，白色。核果球形，成熟时紫黑色至黑色；核骨质，球形，肋纹不显明。花期 5 月，果期 10 ~ 11 月。

分　　布：产于陕西、甘肃、浙江、江西、福建、河南、湖北、湖南、广东、广西、四川、贵州等省区；生于海拔 130 ~ 1130m 的森林中。

用途与繁殖方式：本种是一种木本油料植物，果肉和种仁均含有较多的油脂，食用价值较高；木材坚硬，纹理致密而美观，为良好用材；树形美观，寿命较长，为良好的绿化树种。播种繁殖。

来源与生长情况：引进种，生长良好。

八角枫科 Alangiaceae

八角枫 *Alangium chinense* (Lour.) Harms　　　　　　　　　　　　　　　　　　**八角枫属**

形态特征：落叶乔木或灌木，高 3 ~ 5m，小枝略呈"之"字形。叶纸质，近圆形或椭圆形、卵形，顶端短锐尖或钝尖，基部两侧常不对称，一侧微向下扩张，另一侧向上倾斜，阔楔形、截形、稀近于心脏形，长 13 ~ 19cm，宽 9 ~ 15cm，不分裂或 3 ~ 7 裂，裂片短锐尖或钝尖，基出脉 3 ~ 5。聚伞花序腋生，花瓣 6 ~ 8，初为白色，后变黄色。核果卵圆形，幼时绿色，成熟后黑色，顶端有宿存的萼齿和花盘。花期 5 ~ 7 月和 9 ~ 10 月，果期 7 ~ 11 月。

分　　布：产于河南、陕西、甘肃、江苏、浙江、安徽、福建、台湾、江西、湖北、湖南、四川、贵州、云南、广东、广西和西藏南部，生于海拔 1800m 以下的山地或疏林中。

用途与繁殖方式：本种药用，根名白龙须，茎名白龙条，治风湿、跌打损伤、外伤止血等。播种繁殖。

来源与生长情况：原生种，生长良好。

蓝果树科 Nyssaceae

喜树 *Camptotheca acuminata* Decne. 喜树属

国家 II 级重点保护植物

形态特征：落叶乔木，高达 20 余 m，树皮灰色，纵裂成浅沟状。当年生枝紫绿色，有灰色微柔毛。叶互生，纸质，矩圆状卵形或矩圆状椭圆形，长 12 ~ 28cm，宽 6 ~ 12cm，顶端短锐尖，基部近圆形或阔楔形，全缘，上面亮绿色，侧脉 11 ~ 15 对。头状花序近球形，常由 2 ~ 9 个头状花序组成圆锥花序，顶生或腋生，通常上部为雌花序，下部为雄花序，花瓣 5 枚，淡绿色。翅果矩圆形，顶端具宿存的花盘，两侧具窄翅，着生成近球形的头状果序。花期 5 ~ 7 月，果期 9 月。

分　　布：产于江苏南部、浙江、福建、江西、湖北、湖南、四川、贵州、广东、广西、云南等省区，常生于海拔 1000m 以下的林边或溪边。

用途与繁殖方式：本种的树干挺直，生长迅速，可种为庭园树或行道树，树根可作药用。播种繁殖。

来源与生长情况：引进种，生长良好，能正常开花结果，种子发育良好。

蓝果树 *Nyssa sinensis* Oliv. 蓝果树属

别　　名：紫树

形态特征：落叶乔木，高达 20 余 m，树皮淡褐色，粗糙，常裂成薄片脱落。叶纸质或薄革质，互生，椭圆形或长椭圆形，稀卵形或近披针形，长 12 ~ 15cm，宽 5 ~ 6cm，顶端短急锐尖，基部近圆形，边缘略呈浅波状，中脉和 6 ~ 10 对侧脉均在上面微现，在下面显著。花序伞形，花单性；雄花着生于叶已脱落的老枝上；雌花生于具叶的幼枝上。核果矩圆状椭圆形或长倒卵圆形，幼时紫绿色，成熟时深蓝色，常 3 ~ 4 枚。种子外壳坚硬，有 5 ~ 7 条纵沟纹。花期 4 月下旬，果期 9 月。

分　　布：产于江苏南部、浙江、安徽南部、江西、湖北、四川东南部、湖南、贵州、福建、广东、广西、云南等省区，常生于海拔 300 ~ 1700m 的山谷或溪边潮湿混交林中。

用途与繁殖方式：树皮纤维作人造棉，根、茎、叶药用，有小毒。播种繁殖。

来源与生长情况：引进种，生长良好。

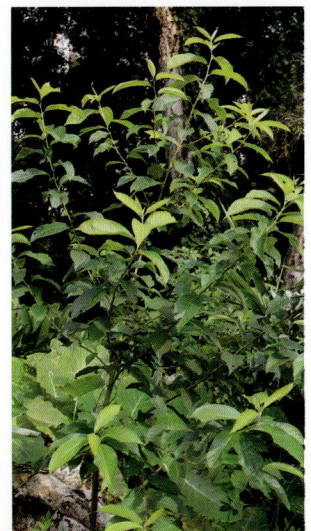

五加科 Araliaceae

幌伞枫 *Heteropanax fragrans* (Roxb.) Seem.   幌伞枫属

形态特征:常绿乔木,高5～30m,树皮淡灰棕色。叶大,三至五回羽状复叶,托叶小,和叶柄基部合生;小叶片在羽片轴上对生,纸质,椭圆形,长5.5～13cm,宽3.5～6cm,先端短尖,基部楔形,两面均无毛,边缘全缘,侧脉6～10对。圆锥花序顶生,伞形花序头状,花淡黄白色,芳香。果实卵球形,略侧扁,黑色。花期10～12月,果期翌年2～3月。

分　　布:分布于云南、广西、广东、海南。生于森林中,庭园中偶有栽培,海拔数十m至1000m。

用途与繁殖方式:根皮治烧伤、蛇伤及风热感冒,髓心利尿。树冠圆整,可栽培作为庭园。播种、扦插、压条繁殖。

来源与生长情况:引进种,生长良好,能正常开花结果。

辐叶鹅掌柴 *Schefflera actinophylla* (Endl.) Harms.   鹅掌柴属

别　　名:昆士兰伞木、澳洲鸭脚木

形态特征:常绿乔木,茎杆直立,干光滑,少分枝,初生嫩枝绿色,后呈褐色,平滑,逐渐木质化。叶为掌状复叶,革质,叶面浓绿色。有光泽,叶背淡绿色。叶柄红褐色。长椭圆形,先端钝。小叶数随树木的年龄而异,幼年时3～5片,长大时9～12片,至乔木状时可多达16片。花为圆锥状花序,花小型。浆果,圆球形,熟时紫红色。

分　　布:原于产于澳大利亚及太平洋中的一些岛屿,华南南部有引种栽培。

用途与繁殖方式:大型盆栽植物,适于在宾馆大厅、图书馆的阅览室和博物馆展厅摆放,呈现自然和谐的绿色环境。播种、扦插繁殖。

来源与生长情况:引进种,生长良好

花叶鹅掌柴 *Schefflera actinopylla* "Variegata"   **鹅掌柴属**

形态特征：常绿灌木或小乔木，株高 1～2m。主干直立，分枝较少，叶生于茎节处，具长叶柄，掌状复叶，小叶 7～10 枚，长约 7cm，宽 2～3cm，叶厚革质，有光泽。叶片上除深绿色外，还具有不规则的黄斑、白斑，呈花叶状。

分　　布：华南南部。

用途与繁殖方式：植株紧密，树冠整齐优美可供观赏用，或作园林中的掩蔽树种用。扦插繁殖。

来源与生长情况：引进种，生长良好。

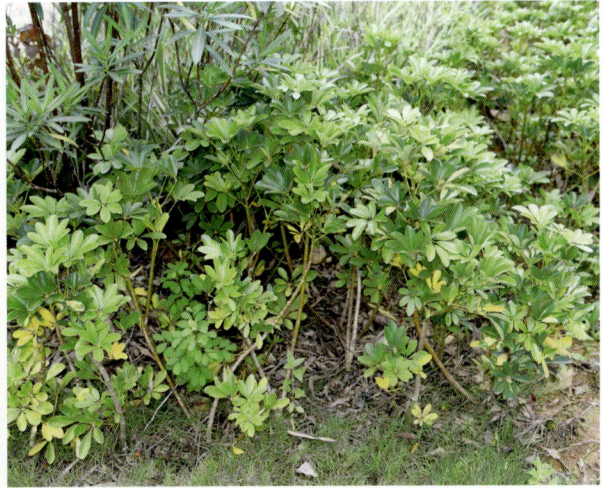

鹅掌柴 *Schefflera heptaphylla* (Linn.) Frodin   **鹅掌柴属**

别　　名：鸭脚木

形态特征：乔木或灌木，高 2～15m，小枝粗壮。叶有小叶 6～9，最多至 11，小叶片纸质至革质，椭圆形、长圆状椭圆形或倒卵状椭圆形，稀椭圆状披针形，长 9～17cm，宽 3～5cm，幼时密生星状短柔毛，后毛渐脱落，先端急尖或短渐尖，稀圆形，基部渐狭，楔形或钝形，边缘全缘，但在幼树时常有锯齿或羽状分裂，侧脉 7～10 对。圆锥花序顶生，有总状排列的伞形花序几个至十几个，花白色。果实球形，黑色，有不明显的棱。花期 11～12 月，果期 12 月。

分　　布：广布于西藏、云南、广西、广东、浙江、福建和台湾，为热带、亚热带地区常绿阔叶林常见的植物。

用途与繁殖方式：本种是南方冬季的蜜源植物；叶及根皮民间供药用，治疗流感、跌打损伤等症。播种、扦插繁殖。

来源与生长情况：原生种，生长良好。

杜鹃花科 Ericaceae

锦绣杜鹃 Rhododendron pulchrum Sweet　　　　　　　　　　　　　　　　杜鹃花属

别　　名：毛杜鹃

形态特征：半常绿灌木，高 1.5 ~ 2.5m；枝开展，被淡棕色糙伏毛。叶薄革质，椭圆状长圆形至椭圆状披针形或长圆状倒披针形，长 2 ~ 5cm，宽 1 ~ 2.5cm，先端钝尖，基部楔形，边缘反卷，全缘，上面深绿色，初时散生淡黄褐色糙伏毛，后近于无毛。伞形花序顶生，有花 1 ~ 5 朵，花冠玫瑰紫色，阔漏斗形。蒴果长圆状卵球形，被刚毛状糙伏毛，花萼宿存。花期 4 ~ 5 月，果期 9 ~ 10 月。

分　　布：产于江苏、浙江、江西、福建、湖北、湖南、广东和广西。著名栽培种，栽培变种和品种繁多。

用途与繁殖方式：观赏植物，适宜成片栽植，开花时万紫千红，可增添园林的自然景观效果。播种、扦插、压条繁殖。

来源与生长情况：引进种，生长良好，能正常开花。

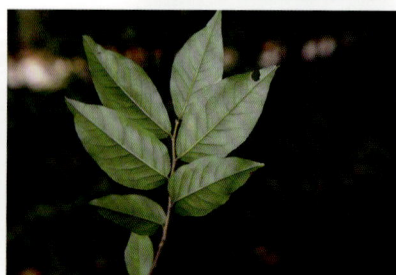

柿科 Ebenaceae

乌柿 *Diospyros cathayensis* Steward.　　　　　　　　　　　　　　　　　　柿属

形态特征：常绿小乔木，高 10m 左右，树冠开展，多枝，有刺。叶薄革质，长圆状披针形，长 4 ~ 9cm，宽 1.8 ~ 3.6cm，两端钝，上面光亮，深绿色，下面淡绿色，侧脉纤细，每边 5 ~ 8 条。雄花生聚伞花序上，极少单生，花冠壶状；雌花单生，腋外生，白色，芳香。果球形，嫩时绿色，熟时黄色，变无毛；种子褐色，长椭圆形，侧扁。花期 4 ~ 5 月，果期 8 ~ 10 月。

分　　布：产于四川西部、湖北西部、云南东北部、贵州、湖南、安徽南部，生于海拔 600 ~ 1500m 的河谷、山地或山谷林中。

用途与繁殖方式：四川群众以根和果入药，治心气痛。播种繁殖。

来源与生长情况：引进种，生长良好。

乌材 Diospyros eriantha Champ. ex Benth.　　　　　　　　　　　　　　　**柿属**

形态特征：常绿乔木或灌木，高可达 16m，幼枝、冬芽、叶下面脉上、幼叶叶柄和花序等处有锈色粗伏毛。叶纸质，长圆状披针形，长 5 ~ 12cm，宽 1.8 ~ 4cm，先端短渐尖，基部楔形或钝，有时近圆形，边缘微背卷，侧脉每边通常 4 ~ 6 条。花序腋生，聚伞花序式，花冠白色，高脚碟状；雌花单生，花冠淡黄色。果卵形或长圆形，先端有小尖头，嫩时绿色，熟时黑紫色，有种子 1 ~ 4 颗；种子黑色，其形状因果内所含种子多少而不同。花期 7 ~ 8 月，果期 10 月至翌年 1 ~ 2 月。

分　　布：产于广东、广西、台湾，生于海拔 500m 以下的山地疏林、密林或灌丛中，或在山谷溪畔林中。

用途与繁殖方式：木材材质硬重，耐腐，不变形，可作建筑、车辕、农具和家具等用材。播种繁殖。

来源与生长情况：引进种，生长良好。

野柿 Diospyros kaki var. silvestris Makino.　　　　　　　　　　　　　　**柿属**

形态特征：落叶乔木，高达 15m，小枝及叶柄密生黄褐色柔毛，叶椭圆状卵形，矩圆状卵形或倒卵形，先端短尖，基部宽楔形或近圆形，下面淡绿色，有褐色柔毛。叶柄长 1 ~ 1.5cm，花雌雄异株或同株，雄花成短聚伞花序，雌花单生叶腋，花冠白色。果实直径不超过 5cm。

分　　布：产于我国中部、云南、广东和广西北部、江西、福建等省区的山区，生于山地自然林或次生林中，或在山坡灌丛中。

用途与繁殖方式：未成熟柿子用于提取柿漆；果脱涩后可食，亦有在树上自然脱涩的；实生苗可作栽培柿树的砧木。播种繁殖。

来源与生长情况：引进种，生长良好，能正常开花结果。

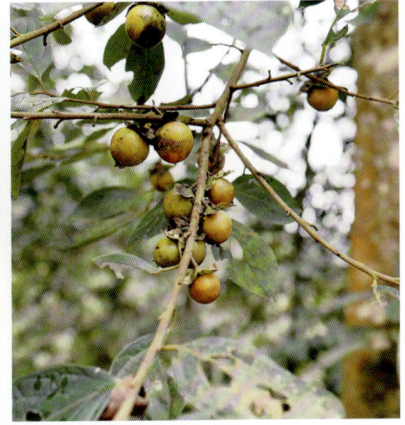

罗浮柿 *Diospyros morrisiana* Hance.　　　　　　　　　　　　　　　　　　　　**柿属**

形态特征：乔木，高可达 20m，树皮呈片状剥落，表面黑色。叶薄革质，长椭圆形或下部的为卵形，长 5 ~ 10cm，宽 2.5 ~ 4cm，先端短渐尖或钝，基部楔形，叶缘微背卷，上面有光泽，深绿色，侧脉纤细，每边 4 ~ 6 条。雄花序短小，腋生，下弯，聚伞花序式，雄花带白色，花萼钟状；雌花腋生，单生，花冠近壶形。果球形，黄色，4 室，每室有 1 种子。花期 5 ~ 6 月，果期 11 月。

分　　布：产于广东、广西、福建、台湾、浙江、江西、湖南南部、贵州东南部、云南东南部、四川盆地等地区，垂直分布可达海拔 1100 ~ 1450m。

用途与繁殖方式：木材可制家具；茎皮、叶、果入药，有解毒消炎之效。播种繁殖。

来源与生长情况：引进种，生长良好。

油柿 *Diospyros oleifera* W. C. Cheng　　　　　　　　　　　　　　　　　　　**柿属**

形态特征：落叶乔木，高达 14m，树干通直；树皮深灰色或灰褐色，成薄片状剥落。叶纸质，长圆形、长圆状倒卵形、倒卵形，少为椭圆形，长 6.5 ~ 17cm，宽 3.5 ~ 10cm，先端短渐尖，基部圆形，或近圆形而两侧稍不等，或为宽楔形，边缘稍背卷，侧脉每边 7 ~ 9 条。花雌雄异株或杂性，雄花的聚伞花序生当年生枝下部，花冠壶形；雌花单生叶腋，花萼钟形。果卵形、卵状长圆形、球形或扁球形，略呈 4 棱，嫩时绿色，成熟时暗黄色，有种子 3 ~ 8 颗不等。花期 4 ~ 5 月，果期 8 ~ 10 月。

分　　布：产于浙江中部以南、安徽南部、江西、福建、湖南、广东北部和广西，通常栽培在村中、果园、路边、河畔等温暖湿润肥沃处。

用途与繁殖方式：果可供食用，果蒂入药。播种繁殖。

来源与生长情况：引进种，生长良好。

老鸦柿 *Diospyros rhombifolia* Hermsl.　　　　　　　　　　　　　　　**柿属**

形态特征：落叶小乔木，高可达8m，多枝，分枝低，有枝刺。叶纸质，菱状倒卵形，长4～8.5cm，宽1.8～3.8cm，先端钝，基部楔形，上面深绿色，沿脉有黄褐色毛，后变无毛，侧脉每边5～6条。雄花生当年生枝下部；花萼4深裂；雌花散生当年生枝下部。果单生，球形，嫩时黄绿色，有柔毛，后变橙黄色，熟时桔红色，有蜡样光泽，无毛，顶端有小突尖；有种子2～4颗。花期4～5月，果期9～10月。
分　　布：产浙江、江苏、安徽、江西、福建等地，生于山坡灌丛或山谷沟畔林中。
用途与繁殖方式：果可提取柿漆，供涂漆鱼网、雨具等用，实生苗可作柿树的砧木。播种繁殖。
来源与生长情况：引进种，生长良好。

山榄科 Sapotaceae

星苹果 *Chrysophyllum cainito* L.　　　　　　　　　　　　　　　**金叶树属**

形态特征：乔木，高达20m，小枝圆柱形，叶散生，坚纸质，长圆形、卵形至倒卵形，长6.5～11cm，宽3～7cm，先端钝或渐尖，有时微缺，基部阔楔形，有时下延，幼时两面被锈色绢毛，老时上面变无毛，略具光泽，中脉在下面很凸起，侧脉16～24对。花数朵簇生叶腋，花萼裂片5，花冠黄白色。果倒卵状球形，紫灰色，无毛；种子4～8枚，倒卵形，种皮坚纸质，紫黑色。花期8月，果期10月。
分　　布：为热带果树，原产于加勒比海地区，我国广东海南和云南西双版纳有少量栽培。
用途与繁殖方式：果肉质地细滑，具柔和甜味，宜鲜食；同时适于作庭园观赏树或遮荫树。播种繁殖。
来源与生长情况：引进种，生长良好。

金叶树 *Chrysophyllum lanceolatum* (Bl.) A. DC. var. *stellatocarpon* P. Royen   金叶树属

形态特征：乔木，高 10 ～ 20m，小枝圆柱形，上部被黄色柔毛。叶散生，坚纸质，长圆形或长圆状披针形，稀倒卵形，长 5 ～ 12cm，宽 1.7 ～ 4cm，先端通常渐尖或尾尖，尖头钝，基部钝至楔形，通常稍偏斜，边缘波状，侧脉 12 ～ 37 对，密集。花数朵簇生叶腋；花萼裂片 5，花冠阔钟形。果近球形，幼时被锈色绒毛，成熟时横向呈星状，具 5 圆形粗肋；种子倒卵形，侧向压扁，种皮厚，外面褐色，具光泽。花期 5 月，果期 10 月。

分　　布：产于广东沿海、广西，生于中海拔杂木林中。

用途与繁殖方式：根、叶入药，有活血去瘀、消肿止痛之效，治跌打瘀肿、风湿关节痛等，果可食。播种繁殖。

来源与生长情况：引进种，生长良好。

锈毛梭子果 *Eberhardtia aurata* (Pierre ex Dubard) Lec.   梭子果属

别　　名：血胶树

形态特征：乔木，高 7 ～ 15m，树干直，具白色乳汁，嫩枝被锈色绒毛。叶近革质，长圆形、倒卵状长圆形或椭圆形，长 12 ～ 24cm，宽 4.5 ～ 9.5cm，先端骤然渐尖，基部楔形或近圆形，上面无毛，下面密被锈色绒毛，边缘略外卷，侧脉 16 ～ 23 对，互相平行。花数朵簇生叶腋，具香味，花冠乳白色，无毛。果核果状，近球形，下垂，被锈色绒毛，干时现 5 棱；种子 3 ～ 5 颗，扁平，栗色，具光泽。花期 3 月，果期 9 ～ 12 月。

分　　布：产于广东、广西及云南，生于海拔 750 ～ 1350m 的常绿阔叶林、混交林、沟谷林中及路旁偶见。

用途与繁殖方式：木材通直，结构紧密，材质坚韧，为极好的建筑等用材。播种繁殖。

来源与生长情况：引进种，生长良好，能正常开花结果，种子发育良好。

蛋黄果 *Lucuma nervosa* A. DC.　　　　　　　　　　　　　　**蛋黄果属**

形态特征：小乔木，高约 6m，嫩枝被褐色短绒毛。叶坚纸质，狭椭圆形，长 10～15cm，宽 2.5～3.5cm，先端渐尖，基部楔形，两面无毛，中脉在上面微凸，下面浑圆且十分凸起，侧脉 13～16 对，斜上升至叶缘弧曲上升，两面均明显。花 1（2）朵生于叶腋，花萼裂片通常 5，稀 6～7；果倒卵形，绿色转蛋黄色，无毛，外果皮极薄，中果皮肉质，肥厚，蛋黄色，可食，味如鸡蛋黄，故名蛋黄果；种子 2～4 枚，椭圆形，压扁，黄褐色，具光泽。花期春季，果期秋季。

分　　布：广东、广西、云南西双版纳有少量栽培。

用途与繁殖方式：热带水果，树姿美丽，适合作庭园栽培。播种、压条繁殖。

来源与生长情况：引进种，生长良好。

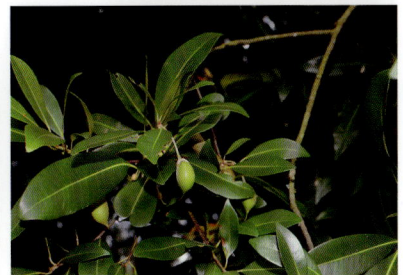

紫荆木 *Madhuca pasquieri* (Dubard) Lam.　　　　　　　　　　**紫荆木属**

国家 Ⅱ 级重点保护植物

别　　名：木花生

形态特征：高大乔木，高达 30m，树皮灰黑色，具乳汁；嫩枝密生皮孔，被锈色绒毛。叶互生，星散或密聚于分枝顶端，革质，倒卵形或倒卵状长圆形，长 6～16cm，宽 2～6cm，先端阔渐尖而钝头或骤然收缩，基部阔渐尖或尖楔形，侧脉 13～22 对，下面明显。花数朵簇生叶腋，被锈色短柔毛，花冠黄绿色。果椭圆形或小球形，基部具宿萼，先端具宿存的花柱，果皮肥厚，被锈色绒毛，种子 1～5 枚。花期 7～9 月，果期 10 月～翌年 1 月。

分　　布：产于广东西南部、广西南部、云南东南部，生于海拔 1100m 以下的混交林中或山地林缘。

用途与繁殖方式：种子含油 30%，可食；木材供建筑用。播种繁殖。

来源与生长情况：引进种，生长良好。

人心果 *Manilkara zapota* (Linn.) van Royen.   铁线子属

形态特征：乔木，高 15 ～ 20m，小枝茶褐色，具明显的叶痕。叶互生，密聚于枝顶，革质，长圆形或卵状椭圆形，长 6 ～ 19cm，宽 2.5 ～ 4cm，先端急尖或钝，基部楔形，全缘或稀微波状，两面无毛，具光泽，侧脉纤细，多且相互平行。花 1 ～ 2 朵生于枝顶叶腋，密被黄褐色或锈色绒毛；花冠白色。浆果纺锤形、卵形或球形，褐色，果肉黄褐色，种子扁。花果期 4 ～ 9 月。

分　　布：原于产美洲热带地区，我国广东、广西、云南有栽培。

用途与繁殖方式：果可食，味甜可口；树干之乳汁为口香糖原料。播种、嫁接、压条繁殖。

来源与生长情况：引进种，生长良好，能正常开花结果。

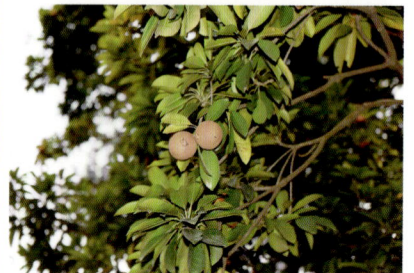

山榄 *Planchonella obovata* (R. Br.) Pierre.   山榄属

形态特征：乔木，高可达 40m，树皮褐色。叶于枝上散生，膜质、坚纸质或革质，圆形、倒卵形、倒卵状长圆形、卵形、披针形或线形，长 6 ～ 24cm，宽 1.5 ～ 15cm，先端圆、钝、急尖或渐尖，基部狭或宽楔形，下延至叶柄，边缘有时波状，略背卷，侧脉 7 ～ 18 对。花雌性或两性，绿色或白色，数朵成簇腋生，5 或 6 数。果新鲜时白色、黄色、红色或天蓝色，倒卵形或球形，果皮膜质，无毛；种子 1 ～ 5 枚，斜纺锤形，两端钝，黄色，具光泽。果期 10 ～ 12 月。

分　　布：产于于广东海南、台湾，生于低海拔丛林中。

用途与繁殖方式：木材红褐色，质地坚硬而密致，为建筑、工具等用材；叶入药，止腹痛。播种繁殖。

来源与生长情况：引进种，生长良好。

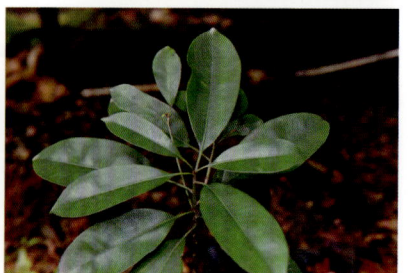

紫金牛科 Mysinaceae

朱砂根 *Ardisia crenata* Sims. 　　　　　　　　　　　　　　　　　　　　**紫金牛属**

别　　名： 硃砂根

形态特征： 常绿灌木，不分枝，高 1～2m，有匍匐根状茎。叶坚纸质，狭椭圆形、椭圆形或倒披针形，急尖或渐尖，边缘皱波状或波状，两面有突起腺点。花序伞形或聚伞状，顶生，果球形，直径 6～8mm，鲜红色，具腺点，花期 5～6 月，果期 10～12 月，有时 2～4 月。

分　　布： 分布于长江流域各省和福建、台湾、广东、广西、云南。

用途与繁殖方式： 根及全株有清热降火、消肿解毒、祛痰止咳等功效；亦为观赏植物，在园艺方面的品 种亦很多。播种繁殖。

来源与生长情况： 原生种，生长良好。

南方紫金牛 *Ardisia thyrsiflora* D. Don. 　　　　　　　　　　　　　　　　**紫金牛属**

别　　名： 细罗伞

形态特征： 灌木或小乔木，嫩枝、花序、花梗和叶柄均密被锈色微柔毛。叶片坚纸质，狭长圆状披针形至倒披针形，顶端渐尖，基部楔形或下延，长 12～20cm，宽 2～6cm，全缘，两面无毛，背面幼时被细小的鳞片，以后渐疏，腺点不明显，侧脉多数，多于 20 对。复亚伞形花序组成圆锥花序，侧生或顶生，花瓣粉红色或紫红色。果球形，紫红色，具小腺点，有时具纵肋。花期 3～5 月，果期 10～12 月。

分　　布： 产于广西、云南，生于海拔 600～1800m 的山谷，山坡林中或林缘，荫湿的地方。

用途与繁殖方式： 广西用嫩叶作茶。播种繁殖。

来源与生长情况： 引进种，生长良好。

东方紫金牛 *Ardisia elliptica* Thunb.   紫金牛属

别　　名：春不老

形态特征：灌木，通常无毛，叶厚，新鲜时略肉质，倒披针形或倒卵形，顶端钝和有时短渐尖，基部楔形，长 6 ～ 12cm，宽 3 ～ 5cm，全缘，具平整或微弯的边缘，无毛，深绿色，具极模糊或不明显的腺点；侧脉极细、不明显；花序具梗，亚伞形花序或复伞房花序，近顶生或腋生于特殊花枝的叶状苞片上，花枝基部膨大或具关节；花粉红色至白色。果红色至紫黑色，具极多的小腺点，新鲜时多少肉质。

分　　布：产于我国台湾，广东、广西、海南有栽培

用途与繁殖方式：树形优美，可做园林观赏，常用于庭院绿化。播种、扦插繁殖。

来源与生长情况：引进种，生长良好，能正常开花结果。

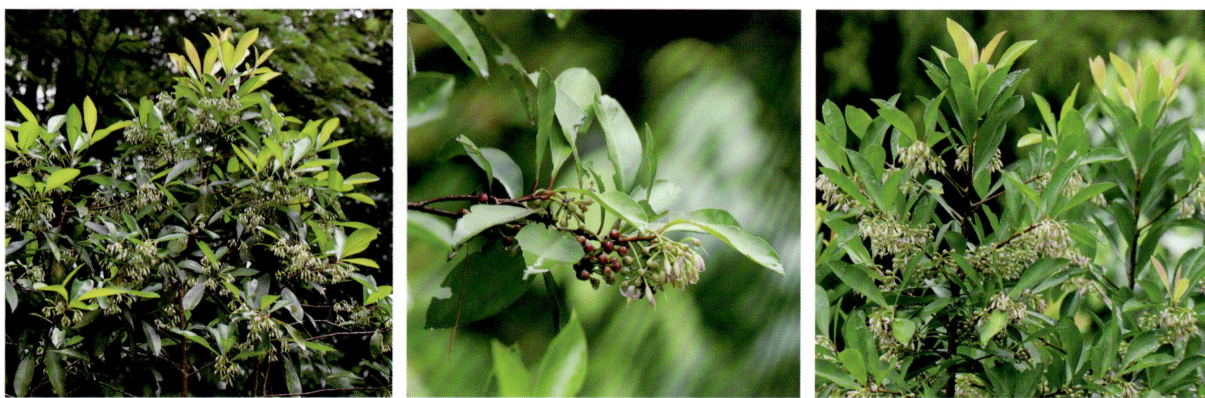

酸苔菜 *Ardisia solanacea* Roxb.   紫金牛属

别　　名：茄花紫金牛

形态特征：灌木或乔木，高 6m 以上。叶片坚纸质，椭圆状披针形或倒披针形，顶端急尖、钝或近圆形，基部急尖或狭窄下延，长 12 ～ 20cm，宽 4 ～ 7cm，两面无毛，具疏腺点，侧脉约 20 对。复总状花序或总状花序，腋生，花瓣粉红色。果扁球形，紫红色或带黑色，密布腺点。花期 2 ～ 3 月，果期 8 ～ 11 月，也有花正开果亦熟的情况。

分　　布：产于云南南部及东南部、广西西南部，生于海拔 400 ～ 1550m 的疏、密林中或林缘灌木丛中。

用途与繁殖方式：嫩叶、茎经烫软、漂洗处理后，可作蔬菜，是少数民族常食用的野菜之一。播种繁殖。

来源与生长情况：引进种，生长良好。

罗伞树 *Ardisia quinquegona* Bl.　　　　　　　　　　　　　　　　　　　　　　**紫金牛属**

形态特征：灌木，高约 2m，小枝细，无毛，有纵纹。叶片坚纸质，长圆状披针形、椭圆状披针形至倒披针形，顶端渐尖，基部楔形，长 8 ~ 16cm，宽 2 ~ 4cm，全缘，两面无毛，背面多少被鳞片，中脉明显，侧脉极多，不明显。聚伞花序或亚伞形花序，腋生，稀着生于侧生特殊花枝顶端，花瓣白色。果扁球形，具钝 5 棱，稀棱不明显，无腺点。花期 5 ~ 6 月，果期 12 月。

分　　布：产于云南、广西、广东、福建、台湾，海拔 200 ~ 1000m 的山坡疏、密林中，或林中溪边阴湿处。

用途与繁殖方式：全株入药，有消肿、清热解毒的作用，用于治跌打损伤。播种繁殖。

来源与生长情况：原生种，生长良好。

酸藤子 *Embelia laeta* (Linn.) Mez.　　　　　　　　　　　　　　　　　　　　　**酸藤子属**

别　　名：酸果藤

形态特征：攀援灌木或藤本，长 1 ~ 3m。叶片坚纸质，倒卵形或长圆状倒卵形，顶端圆形、钝或微凹，基部楔形，长 3 ~ 4cm，宽 1 ~ 1.5cm，全缘，两面无毛，无腺点，叶面中脉微凹，背面常被薄白粉，中脉隆起，侧脉不明显。总状花序，腋生或侧生，生于前年无叶枝上，花瓣白色或带黄色，分离。果球形，腺点不明显。花期 12 月 ~ 翌年 3 月，果期 4 ~ 6 月。

分　　布：产于云南、广西、广东、江西、福建、台湾，生于海拔 100 ~ 1500m 的山坡疏、密林下或疏林缘或开阔的草坡、灌木丛中。

用途与繁殖方式：根、叶可散瘀止痛、收敛止泻，治跌打肿痛、肠炎腹泻、痛经闭经等症。播种繁殖。

来源与生长情况：原生种，生长良好。

鲫鱼胆 *Maesa perlarius* (Lour.) Merr.　　　　　　　　　　　　**杜茎山属**

形态特征： 小灌木，高 1 ~ 3m，分枝多。叶片纸质或近坚纸质，广椭圆状卵形至椭圆形，顶端急尖或突然渐尖，基部楔形，长 7 ~ 11cm，宽 3 ~ 5cm，边缘从中下部以上具粗锯齿，下部常全缘，幼时两面被密长硬毛，背面被长硬毛，侧脉 7 ~ 9 对，尾端直达齿尖。总状花序或圆锥花序，腋生，花冠白色，钟形。果球形，无毛，具脉状腺条纹。花期 3 ~ 4 月，果期 12 月 ~ 翌年 5 月。

分　　布： 产于四川、贵州至台湾以南沿海各省区，生于海拔 150 ~ 1350m 的山坡、路边的疏林或灌 丛中湿润的地方。

用途与繁殖方式： 全株供药用，有消肿去腐、生肌接骨的功效，用于跌打刀伤。扦插繁殖。

来源与生长情况： 原生种，生长良好。

密花树 *Rapanea neriifolia* (Sieb. et Zucc.) Mez　　　　　　　　**密花树属**

形态特征： 小乔木，高 2 ~ 7m。叶片革质，长圆状倒披针形至倒披针形，顶端急尖或钝，稀突然渐尖，基部楔形，多少下延，长 7 ~ 17cm，宽 1.3 ~ 6cm，全缘，两面无毛，叶面中脉下凹，侧脉不甚明显。伞形花序或花簇生，着生于具覆瓦状排列的苞片的小短枝上，小短枝腋生或生于无叶老枝叶痕上，有花 3 ~ 10 朵，花瓣白色或淡绿色，有时为紫红色。果球形或近卵形，灰绿色或紫黑色，有时具纵行腺条纹或纵肋，冠以宿存花柱基部。花期 4 ~ 5 月，果期 10 ~ 12 月。

分　　布： 产于我国西南各省至台湾，生于海拔 650 ~ 2400m 的混交林中或苔藓林中，亦见于林缘、路旁等灌木丛中。

用途与繁殖方式： 木材坚硬，可作车杆车轴，又是较好的薪炭柴。播种繁殖。

来源与生长情况： 引进种，生长良好，能正常开花结果。

安息香科 Styracaceae

中华安息香 *Styrax chinensis* Hu et S. Y. Liang. 安息香属

别　　名：大果安息香

形态特征：乔木，高 10 ~ 20m，树皮灰棕色，嫩枝密被黄褐色星状短柔毛，成长后无毛。叶互生，革质，长圆状椭圆形或倒卵状椭圆形，长 8 ~ 23cm，宽 3 ~ 12cm，顶端急尖，基部圆形或宽楔形，边近全缘，上面仅嫩叶中脉被短柔毛，下面密被灰黄色星状绒毛，侧脉每边 7 ~ 12 条。圆锥花序或总状花序，顶生或腋生，花白色，芳香。果实球形，顶端具短尖头或钝，外面密被灰白色星状绒毛，不开裂或从顶端整齐 3 瓣开裂；种子球形，褐色，稍具皱纹，无毛。花期 4 ~ 5 月，果期 9 ~ 11 月。

分　　布：产于广西、云南，生于海拔 300 ~ 1200m 密林中。

用途与繁殖方式：速生树种，树冠饱满，可做园林观赏。播种繁殖。

来源与生长情况：引进种，生长良好，能正常开花结果。

赛山梅 *Styrax confusus* Hemsl. 安息香属

别　　名：白花龙

形态特征：小乔木，高 2 ~ 8m，树皮灰褐色，嫩枝密被黄褐色星状短柔毛，紫红色。叶革质或近革质，椭圆形、长圆状椭圆形，长 4 ~ 14cm，宽 2.5 ~ 7cm，顶端急尖或钝渐尖，基部圆形或宽楔形，边缘有细锯齿；初时两面均疏被星状短柔毛，侧脉每边 5 ~ 7 条。总状花序顶生，有花 3 ~ 8 朵，下部常有 2 ~ 3 花聚生叶腋，花白色。果实近球形或倒卵形，外面密被灰黄色星状绒毛和星状长柔毛，常具皱纹；种子倒卵形，褐色，平滑或具深皱纹。花期 4 ~ 6 月，果期 9 ~ 11 月。

分　　布：产四川、贵州、广西、广东、湖南、湖北、安徽、江苏、江西、浙江、福建等省区，生于海拔 100 ~ 1700m 的丘陵、山地疏林中。

用途与繁殖方式：种子油供制润滑油、肥皂和油墨等。播种繁殖。

来源与生长情况：引进种，生长良好，能正常开花结果。

栓叶安息香 *Styrax suberifolius* Hook. et Arn.　　　　　　　　　　　　　**安息香属**

别　　名：红皮安息香

形态特征：乔木，高 4 ～ 20m，树皮红褐色或灰褐色。叶互生，革质，椭圆形、长椭圆形或椭圆状披针形，长 5 ～ 15cm，宽 2 ～ 5cm，顶端渐尖，尖头有时稍弯，基部楔形，边近全缘，上面无毛，下面密被黄褐色星状绒毛，侧脉每边 5 ～ 12 条。总状花序或圆锥花序，顶生或腋生，花白色，密被星状柔毛。果实卵状球形，密被灰色至褐色星状绒毛，成熟时从顶端向下 3 瓣开裂；种子褐色，无毛，宿存，花萼包围果实的基部至一半。花期 3 ～ 5 月，果期 9 ～ 11 月。

分　　布：产于长江流域以南各省区，生于海拔 100 ～ 3 000m 山地、丘陵地常绿阔叶林中。

用途与繁殖方式：本种木材坚硬，可供家具和器具用材。播种繁殖。

来源与生长情况：引进种，生长良好，能正常开花。

越南安息香 *Styrax tonkinensis* (Pierre) Craib ex Hartw.　　　　　　　　　　**安息香属**

别　　名：白花树

形态特征：乔木，高 6 ～ 30m，树冠圆锥形，叶互生，纸质至薄革质，椭圆形、椭圆状卵形至卵形，长 5 ～ 18cm，宽 4 ～ 10cm，顶端短渐尖，基部圆形或楔形，边近全缘，嫩叶有时具 2 ～ 3 个齿裂，上面无毛或嫩叶脉上被星状毛，下面密被灰色星状绒毛，侧脉每边 5 ～ 6 条。圆锥花序，或渐缩小成总状花序，花冠裂片膜质，卵状披针形。果实近球形，顶端急尖或钝，种子卵形，栗褐色，密被小瘤状突起和星状毛。花期 4 ～ 6 月，果熟期 8 ～ 10 月。

分　　布：产于云南、贵州、广西、广东、福建、湖南和江西，垂直分布在海拔 100 ～ 2 000m，喜生于气候温暖、较潮湿的山坡或山谷、疏林中或林缘。

用途与繁殖方式：木材为散孔材，树干通直，结构致密，材质松软，可作家具及板材。播种繁殖。

来源与生长情况：引进种，生长良好，能正常开花。

马钱科 Loganiaceae

灰莉 *Fagraea ceilanica* Thunb.   灰莉属

别　　名：非洲茉莉

形态特征：乔木，高达15m，小枝粗厚，圆柱形。叶片稍肉质，椭圆形、卵形、倒卵形或长圆形，有时长圆状披针形，长5～25cm，宽2～10cm，顶端渐尖、急尖或圆而有小尖头，基部楔形或宽楔形，叶面深绿色，干后绿黄色；侧脉每边4～8条，不明显。花单生或组成顶生二歧聚伞花序，花冠漏斗状，白色，芳香。浆果卵状或近圆球状，顶端有尖喙，淡绿色，有光泽，基部有宿萼；种子椭圆状肾形，藏于果肉中。花期4～8月，果期7月～翌年3月。

分　　布：产于台湾、海南、广东、广西和云南南部，生于海拔500～1800m山地密林中或石灰岩地区阔叶林中。

用途与繁殖方式：花大形，芳香，枝叶深绿色，为庭园观赏植物。扦插繁殖。

来源与生长情况：引进种，生长良好。

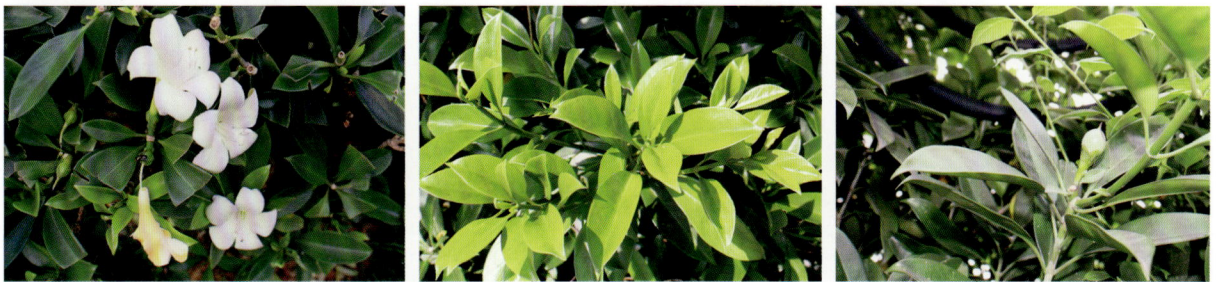

钩吻 *Gelsemium elegans* (Gardner et Champ.) Benth.   钩吻属

别　　名：断肠草

形态特征：常绿木质藤本，长3～12m。叶片膜质，卵形、卵状长圆形或卵状披针形，长5～12cm，宽2～6cm，顶端渐尖，基部阔楔形至近圆形；侧脉每边5～7条，上面扁平，下面凸起。花密集，组成顶生和腋生的三歧聚伞花序，花冠黄色，漏斗状，内面有淡红色斑点。蒴果卵形或椭圆形，未开裂时明显地具有2条纵槽，成熟时通常黑色，基部有宿存的花萼，有种子20～40颗。花期5～11月，果期7月～翌年3月。

分　　布：产于江西、福建、台湾、湖南、广东、海南、广西、贵州、云南等省区，生于海拔500～2000m山地路旁灌木丛中或潮湿肥沃的丘陵山坡疏林下。

用途与繁殖方式：全株有大毒，供药用，有消肿止痛、拔毒杀虫之效；华南地区常用作中兽医草药，对猪、牛、羊有驱虫功效。播种繁殖。

来源与生长情况：原生种，生长良好。

马钱子 Strychnos nux-vomica Linn.　　　　　　　　　　　　　　　　　　　　　　　　**马钱属**

形态特征：乔木，高 5 ~ 25m。叶片纸质，近圆形、宽椭圆形至卵形，长 5 ~ 18cm，宽 4 ~ 13cm，顶端短渐尖或急尖，基部圆形，有时浅心形，上面无毛；基出脉 3 ~ 5 条，具网状横脉。圆锥状聚伞花序腋生，花冠绿白色，后变白色。浆果圆球状，成熟时桔黄色，内有种子 1 ~ 4 颗；种子扁圆盘状，表面灰黄色，密被银色绒毛。花期春夏两季，果期 8 月 ~ 翌年 1 月。

分　　布：我国台湾、福建、广东、海南、广西和云南南部等地有栽培。

用途与繁殖方式：种子极毒，主要含有马钱子碱和番木鳖碱等多种生物碱，用于健胃药；木材灰白色，结构坚硬致密，可供车辆及农具用料。播种、芽接繁殖。

来源与生长情况：引进种，生长良好。

木犀科 Oleaceae

光蜡树 Fraxinus griffithii C. B. Clarke　　　　　　　　　　　　　　　　　　　　　　　　**梣属**

形态特征：半落叶乔木，高 10 ~ 20m，树皮灰白色，粗糙，呈薄片状剥落。羽状复叶，小叶 5 ~ 7 枚，革质或薄革质，干后呈褐色或橄榄绿色，卵形至长卵形，先端斜骤尖至渐尖，基部钝圆、楔形或歪斜不对称，近全缘，叶缘略反卷。圆锥花序顶生于当年生枝端，花冠白色，翅果阔披针状匙形，钝头，翅下延至坚果中部以下，坚果圆柱形。花期 5 ~ 7 月，果期 7 ~ 11 月。

分　　布：产于福建、台湾、湖北、湖南、广东、海南、广西、贵州、四川、云南等省区，生于干燥山坡、林缘、村旁、河边，海拔 100 ~ 2000m。

用途与繁殖方式：树形优美，树皮奇特，可作为行道及庭园树。播种繁殖。

来源与生长情况：引进种，生长良好，能正常开花结果，种子发育良好。

扭肚藤 Jasminum elongatum (Bergius) Willd.　　　　　　　　　　　　　　素馨属

形态特征：攀援灌木，高 1 ~ 7m，小枝疏被短柔毛至密被黄褐色绒毛。叶对生，单叶，叶片纸质，卵形、狭卵形或卵状披针形，长 3 ~ 11cm，宽 2 ~ 5.5cm，先端短尖或锐尖，基部圆形、截形或微心形，两面被短柔毛，侧脉 3 ~ 5 对。聚伞花序密集，顶生或腋生，通常着生于侧枝顶端，有花多朵，花冠白色，高脚碟状。果长圆形或卵圆形，呈黑色。花期 4 ~ 12 月，果期 8 月~翌年 3 月。

分　　布：产于广东、海南、广西、云南，生于海拔 850m 以下的灌木丛、混交林及沙地。

用途与繁殖方式：叶在民间用来治疗外伤出血、骨折。播种繁殖。

来源与生长情况：原生种，生长良好。

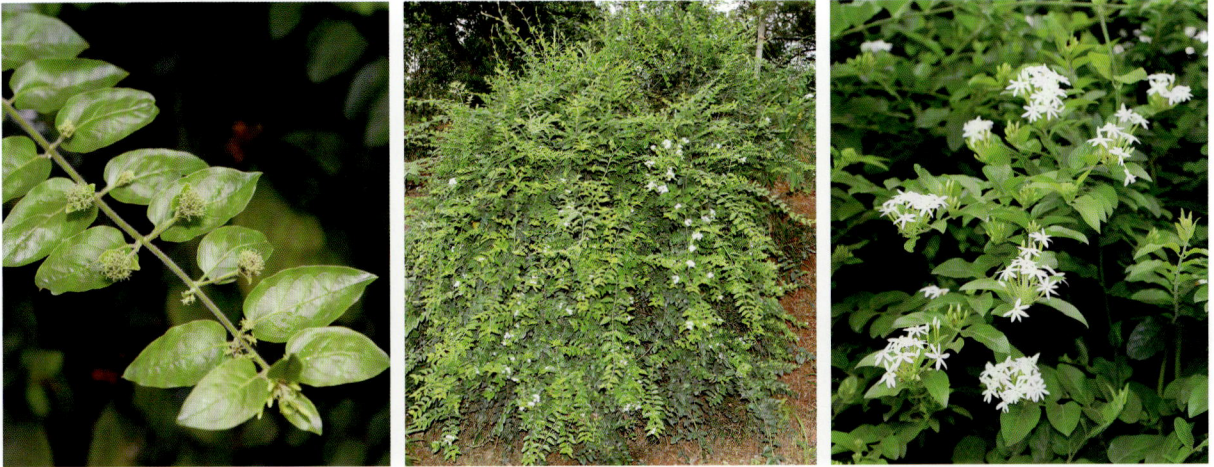

青藤仔 *Jasminum nervosum* Lour.　　　　　　　　　　　　　　　　　素馨属

形态特征：攀援灌木，高 1 ~ 5m，叶对生，单叶，叶片纸质，卵形、窄卵形、椭圆形或卵状披针形，长 2.5 ~ 13cm，宽 0.7 ~ 6cm，先瑞急尖、钝、短渐尖至渐尖，基部宽楔形、圆形或截形，稀微心形，基出脉 3 或 5 条，两面无毛或在下面脉上疏被短柔毛。聚伞花序顶生或腋生，有花 1 ~ 5 朵，通常花单生于叶腋，花芳香，花萼常呈白色，花冠白色，高脚碟状。果球形或长圆形，成熟时由红变黑。花期 3 ~ 7 月，果期 4 ~ 10 月。

分　　布：产于台湾、广东、海南、广西、贵州、云南、西藏，生于海拔 2000m 以下的山坡、沙地、灌丛及混交林中。

用途与繁殖方式：花色淡雅，可用于园林绿化。播种、扦插、分株繁殖。

来源与生长情况：原生种，生长良好。

女贞 *Ligustrum lucidum* Ait.   **女贞属**

别　　名：大叶女贞

形态特征：乔木，高可达 25m，树皮灰褐色，叶片常绿，革质，卵形、长卵形或椭圆形至宽椭圆形，长 6 ~ 17cm，宽 3 ~ 8cm，先端锐尖至渐尖或钝，基部圆形或近圆形，有时宽楔形或渐狭，叶缘平坦，上面光亮，两面无毛，中脉在上面凹入，下面凸起，侧脉 4 ~ 9 对。圆锥花序顶生，花序轴及分枝轴无毛，紫色或黄棕色，果时具棱。果肾形或近肾形，深蓝黑色，成熟时呈红黑色，被白粉。花期 5 ~ 7 月，果期 7 月~翌年 5 月。

分　　布：产于长江以南至华南、西南各省区，生于海拔 2 900m 以下疏、密林中。

用途与繁殖方式：花可提取芳香油；果含淀粉，可供酿酒或制酱油；植株并可作丁香、桂花的砧木或行道树。播种繁殖。

来源与生长情况：引进种，生长良好，能正常开花结果。

小叶女贞 *Ligustrum quihoui* Carr.   **女贞属**

形态特征：落叶灌木,高 1 ~ 3m;叶片薄革质,形状和大小变异较大,披针形、长圆状椭圆形、椭圆形、倒卵状长圆形至倒披针形或倒卵形，长 1 ~ 4cm，宽 0.5 ~ 2cm，先端锐尖、钝或微凹，基部狭楔形至楔形，叶缘反卷，两面无毛，中脉在上面凹入，下面凸起，侧脉 2 ~ 6 对。圆锥花序顶生，近圆柱形。果倒卵形、宽椭圆形或近球形，呈紫黑色。花期 5 ~ 7 月，果期 8 ~ 11 月。

分　　布：产于陕西南部、山东、江苏、安徽、浙江、江西、河南、湖北、四川、贵州西北部、云南、西藏察隅，生海拔 100 ~ 2500m 的沟边、路旁或河边灌丛中，或山坡。

用途与繁殖方式：叶入药，具清热解毒等功效，治烫伤、外伤。播种、扦插、分株繁殖。

来源与生长情况：原生种，生长良好。

油橄榄 *Olea europaea* Linn.　　　　　　　　　　　　　　　　　　　**木犀榄属**

别　　名：木犀榄

形态特征：常绿小乔木，高可达10m，树皮灰色，小枝具棱角，密被银灰色鳞片，节处稍压扁。叶片革质，披针形，有时为长圆状椭圆形或卵形，长1.5～6cm，宽0.5～1.5cm，先端锐尖至渐尖，具小凸尖，基部渐窄或楔形，全缘，叶缘反卷；上面深绿色，稍被银灰色鳞片，下面浅绿色，密被银灰色鳞片，侧脉不甚明显。圆锥花序腋生或顶生，花序梗被银灰色鳞片，花芳香，白色，两性。果椭圆形，成熟时呈蓝黑色。花期4～5月，果期6～9月。

分　　布：全球亚热带地区都有栽培，我国长江流域以南地区亦栽培。

用途与繁殖方式：果实榨油，食用或药用。嫁接繁殖。

来源与生长情况：引进种，生长良好。

尖叶木犀榄 *Olea europaea* subsp. *cuspidata* (Wall. ex G. Don) Cif.　　　**木犀榄属**

别　　名：锈鳞木犀榄

形态特征：灌木或小乔木，高3～10m，枝灰褐色，小枝褐色或灰色，近四棱形，无毛，密被细小鳞片。叶片革质，狭披针形至长圆状椭圆形，长3～10cm，宽1～2cm，先端渐尖，具长凸尖头，基部渐窄，叶缘稍反卷，两面无毛或在上面中脉被微柔毛，下面密被锈色鳞片。圆锥花序腋生，花白色，两性。果宽椭圆形或近球形，成熟时呈暗褐色。花期4～8月，果期8～11月。

分　　布：产于云南，生于海拔600～2800m的林中或河畔灌丛。

用途与繁殖方式：分枝细密，耐修剪，可做园林观赏。嫁接、扦插繁殖。

来源与生长情况：引进种，生长良好。

309

桂花 *Osmanthus fragrans* Lour. 　　　　　　　　　　　　　　　　　　　　**木犀属**

别　　名：木犀

形态特征：常绿乔木，高 3 ~ 5m，树皮灰褐色，叶片革质，椭圆形、长椭圆形或椭圆状披针形，长 7 ~ 14.5cm，宽 2.6 ~ 4.5cm，先端渐尖，基部渐狭呈楔形或宽楔形，全缘或通常上半部具细锯齿，两面无毛，侧脉 6 ~ 8 对。聚伞花序簇生于叶腋，每腋内有花多朵；花冠黄白色、淡黄色、黄色或桔红色，芳香。果歪斜，椭圆形，呈紫黑色。花期 9 ~ 10 月上旬，果期翌年 3 月。

分　　布：原产我国西南部，现各地广泛栽培。

用途与繁殖方式：花为名贵香料，并作食品香料。栽培历史悠久，在园艺栽培上，由于花的色彩不同，有金桂、银桂、丹桂等不同名称。嫁接、扦插、播种、压条繁殖。

来源与生长情况：引进种，生长良好，能正常开花结果。

牛矢果 *Osmanthus matsumuranus* Hayata. 　　　　　　　　　　　　　　　　　**木犀属**

形态特征：常绿乔木，高 2.5 ~ 10m，小枝扁平，黄褐色或紫红褐色；叶片薄革质或厚纸质，倒披针形，稀为倒卵形或狭椭圆形，长 8 ~ 14cm，宽 2.5 ~ 4.5cm，先端渐尖，具尖头，基部狭楔形，下延至叶柄，全缘或上半部有锯齿，两面无毛，侧脉 10 ~ 12 对。聚伞花序组成短小圆锥花序，着生于叶腋，花冠淡绿白色或淡黄绿色。果椭圆形，绿色，成熟时紫红色至黑色。花期 5 ~ 6 月，果期 11 ~ 12 月。

分　　布：产于安徽、浙江、江西、台湾、广东、广西、贵州、云南等省区，生于海拔 800 ~ 1500m 山坡密 林、山谷林中和灌丛中。

用途与繁殖方式：树冠整齐，可做园林观赏。扦插、播种繁殖。

来源与生长情况：引进种，生长良好。

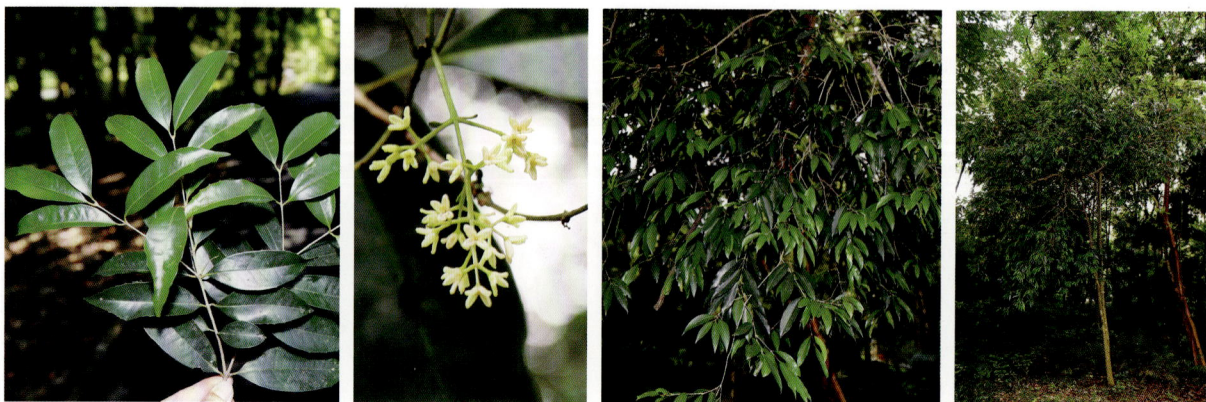

夹竹桃科 Apocynaceae

软枝黄蝉 *Allamanda cathartica* L.   黄蝉属

别　　名：软枝黄婵
形态特征：藤状灌木，长达 4m，枝条软弯垂，具白色乳汁。叶纸质，通常 3～4 枚轮生，全缘，倒卵形或倒卵状披针形，端部短尖，基部楔形，无毛或仅在叶背脉上有疏微毛，长 6～12cm，宽 2～4cm；叶脉两面扁平，侧脉每边 6～12 条。聚伞花序顶生，花冠橙黄色，大形。蒴果球形，具长达 1cm 的刺；种子扁平，边缘膜质或具翅。花期春夏两季，果期冬季。
分　　布：广西、广东、福建和台湾等省区栽培于路旁、公园、村边。
用途与繁殖方式：花大而艳丽，做园林观赏用。扦插繁殖。
来源与生长情况：引进种，生长良好，能正常开花结果。

黄蝉 *Allamanda schottii* Pohl.   黄蝉属

别　　名：硬枝黄蝉
形态特征：直立灌木，高 1～2m，具乳汁；叶 3～5 枚轮生，全缘，椭圆形或倒卵状长圆形，长 6～12cm，宽 2～4cm，先端渐尖或急尖，基部楔形，叶面深绿色，叶背浅绿色，除叶背中脉和侧脉被短柔毛外，其余无毛；叶脉在叶面扁平，在叶背凸起，侧脉每边 7～12 条。聚伞花序顶生，花橙黄色，花冠漏斗状，内面具红褐色条纹。蒴果球形，具长刺，种子扁平，具薄膜质边缘。花期 5～8 月，果期 10～12 月。
分　　布：我国广西、广东、福建、台湾及北京均有栽培。
用途与繁殖方式：花黄色，大形，供庭园及道路旁作观赏用。扦插、播种、压条繁殖。
来源与生长情况：引进种，生长良好，能正常开花结果。

糖胶树 *Alstonia scholaris* (Linn.) R. Br.　　　　　　　　　　　　　**鸡骨常山属**

别　　名：面条树

形态特征：乔木,高达 20m,枝轮生,具乳汁,无毛。叶 3 ~ 8 片轮生,倒卵状长圆形、倒披针形或匙形,稀椭圆形或长圆形,长 7 ~ 28cm,宽 2 ~ 11cm,无毛,顶端圆形,钝或微凹,稀急尖或渐尖,基部楔形;侧脉每边 25 ~ 50 条,密生而平行。花白色,多朵组成稠密的聚伞花序,顶生。蓇葖果 2,细长,线形,外果皮近革质,灰白色;种子长圆形,红棕色,两端被红棕色长缘毛。花期 6 ~ 11 月,果期 10 月~翌年 4 月。

分　　布：广西南部、西部和云南南部野生。生于海拔 650m 以下的低丘陵山地疏林中、路旁或水沟边。

用途与繁殖方式：树形美观,我国广东和台湾等省常作行道树或公园栽培观赏。乳汁丰富,可提制口香糖原料,故有称“糖胶树”。扦插、播种繁殖。

来源与生长情况：引进种,生长良好,能正常开花结果。

长春花 *Catharanthus roseus* (L.) G. Don　　　　　　　　　　　　　**长春花属**

形态特征：半灌木,略有分枝,有水液,全株无毛或仅有微毛。叶膜质,倒卵状长圆形,长 3 ~ 4cm,宽 1.5 ~ 2.5cm,先端浑圆,有短尖头,基部广楔形至楔形,渐狭而成叶柄;叶脉在叶面扁平,在叶背略隆起,侧脉约 8 对。聚伞花序腋生或顶生,有花 2 ~ 3 朵,花冠红色,高脚碟状。蓇葖果双生,直立,平行或略叉开;种子黑色,长圆状圆筒形,两端截形,具有颗粒状小瘤。花期、果期几乎全年。

分　　布：原产于非洲东部,现栽培于各热带和亚热带地区,我国栽培于西南、中南及华东等省区。

用途与繁殖方式：园林观赏。扦插、播种繁殖。

来源与生长情况：引进种,生长良好,能正常开花结果。

海杧果 *Cerbera manghas* Linn.　　　　　　　　　　　　　　　　　　　　海杧果属

形态特征：乔木，高 4～8m；树皮灰褐色，枝条粗厚无毛，全株具丰富乳汁。叶厚纸质，倒卵状长圆形或倒卵状披针形，稀长圆形，顶端钝或短渐尖，基部楔形，长 6～37cm，宽 2.3～7.8cm，无毛；花白色，芳香；花冠筒圆筒形，花冠裂片白色，背面左边染淡红色。核果双生或单个，阔卵形或球形，顶端钝或急尖，外果皮纤维质或木质，未成熟绿色，成熟时橙黄色；种子通常 1 颗。花期 3～10 月，果期 7 月～翌年 4 月。

分　　布：产于广东南部、广西南部和台湾，以广东海南分布为多。生于海边或近海边湿润的地方。

用途与繁殖方式：果皮含海杧果碱、毒性苦味素，毒性强烈，人、畜误食能致死；花多、美丽而芳香，叶深绿色，树冠美观，可作庭园、公园、道路绿化。扦插、播种、压条繁殖。

来源与生长情况：引进种，生长良好，能正常开花结果。

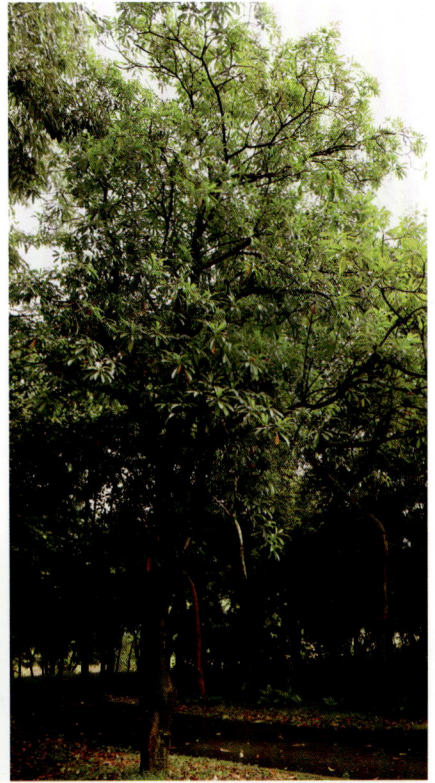

狗牙花 *Ervatamia divaricata* (L.) Burk. cv. Gouyahua　　　　　　　　　　狗牙花属

形态特征：灌木，通常高达 3m，除萼片有缘毛外，其余无毛；枝和小枝灰绿色，有皮孔，干时有纵裂条纹。叶坚纸质，椭圆形或椭圆状长圆形，短渐尖，基部楔形，长 5.5～11.5cm，宽 1.5～3.5cm，叶面深绿色，背面淡绿色。花冠白色，雄蕊着生于花冠筒中部之下；柱头倒卵球形。蓇葖果极叉开或外弯；种子 3～6 个，长圆形。花冠重瓣。花期 6～11 月，果期秋季。

分　　布：栽培于我国南部各省区。

用途与繁殖方式：叶可药用，有降低血压效能，民间称可清凉解热利水消肿，治眼病、疮疥、乳疮、癫狗咬伤等症；根可治头痛和骨折等。扦插繁殖。

来源与生长情况：引进种，生长良好。

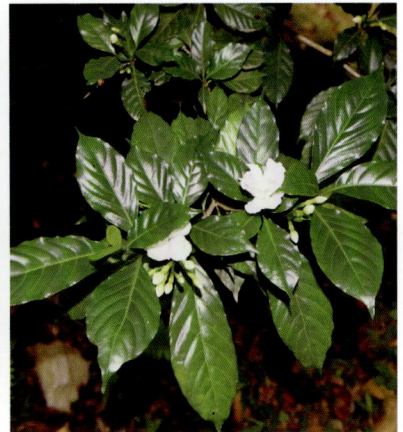

313

蕊木 *Kopsia lancibracteolata* Merr.　　　　　　　　　　　　　　　　　蕊木属

别　　名：假乌榄

形态特征：乔木，高达15m，枝条无毛，淡绿色。叶革质，卵状长圆形，长8～22cm，宽4～8.5cm，两面无毛，略具光泽，顶端急尖，基部阔楔形；侧脉每边10～18条，明显。聚伞花序顶生，花冠白色。核果未熟时绿色，成熟后变黑色，近椭圆形，顶端圆形；种子1～2颗。花期4～6月，果期7～12月。

分　　布：产于广东、广西等省区。常生于溪边、疏林中向阳处，也有生于山地密林中和山谷潮湿地方。

用途与繁殖方式：树形优美，可做园林绿化。播种、扦插繁殖。

来源与生长情况：引进种，生长良好，能正常开花结果

夹竹桃 *Nerium oleander* Linn.　　　　　　　　　　　　　　　　　夹竹桃属

形态特征：直立大灌木，高达5m，枝条灰绿色，含水液；嫩枝条具棱。叶3～4枚轮生，下枝为对生，窄披针形，顶端急尖，基部楔形，长11～15cm，宽2～2.5cm，叶面深绿，无毛，叶背浅绿色，有多数洼点，侧脉两面扁平，纤细，密生而平行。聚伞花序顶生，着花数朵，花芳香；花冠深红色或粉红色，栽培演变有白色。蓇葖2，离生，平行或并连，长圆形，两端较窄，绿色，无毛，具细纵条纹。花期几乎全年，夏秋为最盛；果期一般在冬春季，栽培很少结果。

分　　布：全国各省区有栽培，尤以南方为多，常在公园、风景区、道路旁或河旁、湖旁周围栽培。

用途与繁殖方式：花大、艳丽、花期长，常作观赏；叶、树皮、根、花、种子均含有多种配醣体，毒性极强，人、畜误食能致死。扦插、压条繁殖。

来源与生长情况：引进种，生长良好，能正常开花。

萝芙木 *Rauvolfia verticillata* (Lour.) Baill.　　　　　　　　　　**萝芙木属**

形态特征：灌木，高达 3m，多枝，树皮灰白色。叶膜质，干时淡绿色，3～4 叶轮生，稀为对生，椭圆形、长圆形或稀披针形，渐尖或急尖，基部楔形或渐尖，长 2.6～16cm，宽 0.3～3cm；叶面中脉扁平或微凹，叶背则凸起，侧脉弧曲上升，无皱纹。伞形式聚伞花序，生于上部的小枝的腋间，花小，白色。核果卵圆形或椭圆形，由绿色变暗红色，然后变成紫黑色，种子具皱纹。花期 2～10 月，果期 4 月～翌年春季。

分　　布：分布于我国西南、华南及台湾等省区；一般生于林边、丘陵地带的林中或溪边较潮湿的灌木丛中。

用途与繁殖方式：根、叶供药用，民间有用来治高血压、高热症、胆囊炎、急性黄疸型肝炎、头痛、失眠、疟疾、蛇咬伤、跌打损伤等病症。扦插、播种繁殖。

来源与生长情况：引进种，生长良好，能正常开花结果。

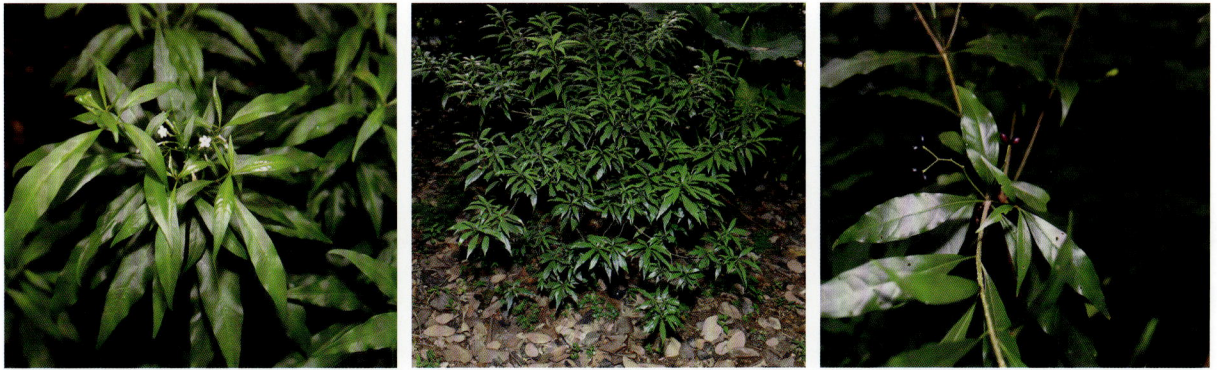

羊角拗 *Strophanthus divaricatus* (Lour.) Hook. & Arn.　　　　　　**羊角拗属**

形态特征：灌木，高达 2m，全株无毛，叶薄纸质，椭圆状长圆形或椭圆形，长 3～10cm，宽 1.5～5cm，顶端短渐尖或急尖，基部楔形，边缘全缘或有时略带微波状，侧脉通常每边 6 条。聚伞花序顶生，通常着花 3 朵，花冠漏斗状，花冠筒淡黄色，花冠裂片基部卵状披针形，顶端延长成一长尾带状。蓇葖广叉开，木质，椭圆状长圆形，顶端渐尖，基部膨大，外果皮绿色，具纵条纹。花期 3～7 月，果期 6 月～翌年 2 月。

分　　布：产于贵州、云南、广西、广东和福建等省区，野生于丘陵山地、路旁疏林中或山坡灌木丛中。

用途与繁殖方式：全株植物含毒，尤以种子毒性能刺激心脏，误食致死。播种、扦插繁殖。

来源与生长情况：原生种，生长良好。

黄花夹竹桃 *Thevetia peruviana* (Pers.) K. Schum.　　　　　　　　　　**黄花夹竹桃属**

形态特征：乔木，高达 5m，全株无毛；全株具丰富乳汁。叶互生，近革质，无柄，线形或线状披针形，两端长尖，长 10～15cm，宽 5～12 毫 m，光亮，全缘，边稍背卷；侧脉两面不明显。花大，黄色，具香味，顶生聚伞花序，花冠漏斗状。核果扁三角状球形，内果皮木质，生时绿色而亮，干时黑色；种子 2～4 颗。花期 5～12 月，果期 8 月～翌年春季。

分　　布：我国台湾、福建、广东、广西和云南等省区均有栽培；生长于干热地区，路旁、池边、山坡疏林下；

用途与繁殖方式：植株全绿、多枝，柔软下垂，花期几乎全年，为一美丽的绿化植物。树液和种子有毒，误 食可致命。播种、扦插繁殖。

来源与生长情况：引进种，生长良好，能正常开花结果。

倒吊笔 *Wrightia pubescens* R.Br.　　　　　　　　　　**倒吊笔属**

形态特征：乔木，高 8～20m，含乳汁，树皮黄灰褐色，浅裂。叶坚纸质，长圆状披针形、卵圆形或卵状长圆形，顶端短渐尖，基部急尖至钝，长 5～10cm，宽 3～6cm，叶面深绿色，被微柔毛，叶背浅绿色，密被柔毛；侧脉每边 8～15 条。聚伞花序，花冠漏斗状，白色、浅黄色或粉红色。蓇葖 2 个粘生，线状披针形，灰褐色，斑点不明显；种子线状纺锤形，黄褐色，顶端具淡黄色绢质种毛。花期 4～8 月，果期 8 月～翌年 2 月。

分　　布：产于广东、广西、贵州和云南等省区，散生于低海拔热带雨林中和干燥稀树林中。阳性树，常见于海拔 300m 以下的山麓疏林中，在密林中不常见。

用途与繁殖方式：木材纹理通直，结构细致，材质稍软而轻，加工容易，适于作轻巧的上等家具、铅笔杆、雕刻图章；树形美观，庭园中有作栽培观赏。播种繁殖。

来源与生长情况：原生种，生长良好。

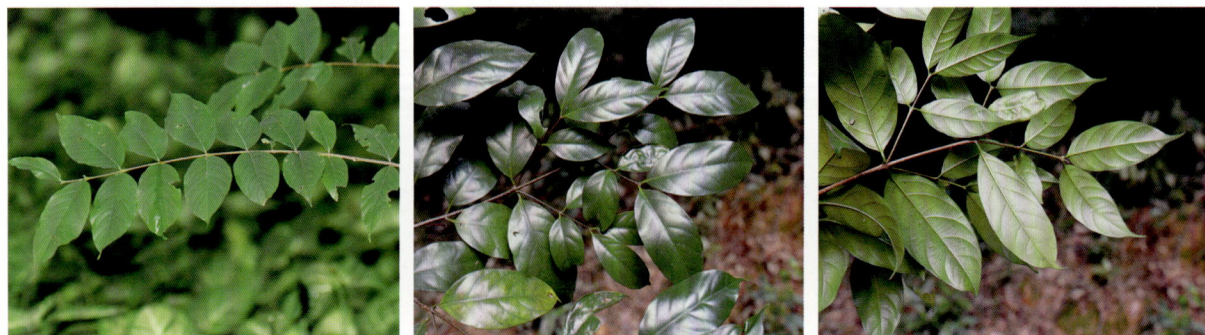

鸡蛋花 *Plumeria rubra* L. cv. Acutifolia   **鸡蛋花属**

形态特征：落叶小乔木，高约5m，枝条粗壮，带肉质，具丰富乳汁。叶厚纸质，长圆状倒披针形或长椭圆形，长20～40cm，宽7～11cm，顶端短渐尖，基部狭楔形，叶面深绿色，叶背浅绿色，两面无毛；侧脉两面扁平，每边30～40条。聚伞花序顶生，总花梗三歧，花冠外面白色，花冠内面黄色。蓇葖双生，广歧，圆筒形，向端部渐尖，绿色，无毛；种子斜长圆形，扁平，顶端具膜质的翅。花期5～10月，栽培极少结果。

分　　布：原我国广东、广西、云南、福建等省区有栽培，在云南南部山中有逸为野生的。

用途与繁殖方式：花白色黄心，芳香，叶大深绿色，树冠美观，常栽作观赏；广东、广西民间常采其花晒干泡茶饮。扦插、压条繁殖。

来源与生长情况：引进种，生长良好，能正常开花。

萝摩科 Asclepiadaceae

南山藤 *Dregea volubilis* (Linn. f.) Benth. ex Hook. f.   **南山藤属**

形态特征：木质大藤本，茎具皮孔，枝条灰褐色，具小瘤状凸起。叶宽卵形或近圆形，长7～15cm，宽5～12cm，顶端急尖或短渐尖，基部截形或浅心形，侧脉每边约4条。花多朵，组成伞形状聚伞花序，腋生，倒垂，花冠黄绿色，夜吐清香。蓇葖披针状圆柱形，外果皮被白粉，具多皱棱条或纵肋；种子广卵形，扁平，有薄边，棕黄色，顶端具白色绢质种毛。花期4～9月，果期7～12月。

分　　布：产于贵州、云南、广西、广东及台湾等省区，生长于海拔500m以下山地林中，常攀援于大树上。

用途与繁殖方式：皮纤维可作人造棉、绳索；根可药用；果皮的白霜可作兽医药。扦插、压条繁殖。

来源与生长情况：引进种，生长良好。

马莲鞍 *Streptocaulon griffithii* Hook.f.   **马莲鞍属**

形态特征：木质藤本，具乳汁，枝条、叶、花梗、果实均密被棕黄色绒毛。叶厚纸质，倒卵形至阔椭圆形，长 7 ~ 15cm，宽 3 ~ 7cm，中部以上较宽，顶端急尖或钝，具小尖头，基部浅心形，叶面深绿色，侧脉每边 14 ~ 18 条，羽状脉平行。聚伞花序腋生，三歧，阔圆锥状，花冠外面黄绿色，内面黄红色，辐状。蓇葖双生，张开成直线或达 200° 角，圆柱状，外果皮密被绒毛；种子长圆形，扁平，棕褐色，顶端种毛白色或淡黄白色。花期 6 ~ 10 月，果期 8 月~翌年 3 月。

分　　布：产于广西、贵州和云南。生于山野坡地、山谷疏林中或路旁灌木丛中。

用途与繁殖方式：根供药用，可治痢疾、湿热腹泻、心胃气痛、感冒发烧、慢性肾炎、跌打。扦插繁殖。

来源与生长情况：原生种，生长良好。

夜来香 *Telosma cordata* (Burm. f.) Merr.   **夜来香属**

别　　名：夜香花

形态特征：柔弱藤状灌木，小枝被柔毛，黄绿色。叶膜质，卵状长圆形至宽卵形，长 6.5 ~ 9.5cm，宽 4 ~ 8cm，顶端短渐尖，基部心形；叶脉上被微毛；基脉 3 ~ 5 条，叶柄顶端具丛生 3 ~ 5 个小腺体。伞形状聚伞花序腋生，着花多达 30 朵，花芳香，夜间更盛；花冠黄绿色，高脚碟状，花冠筒圆筒形。蓇葖披针形，渐尖，外果皮厚，无毛；种子宽卵形，顶端具白色绢质种毛。花期 5 ~ 8 月，极少结果。

分　　布：原产于我国华南地区，生长于山坡灌木丛中，现南方各省区均有栽培。

用途与繁殖方式：花芳香，尤以夜间更盛，常栽培供观赏；华南地区有取其花与肉类煎炒作馔。扦插繁殖。

来源与生长情况：引进种，生长良好，能正常开花。

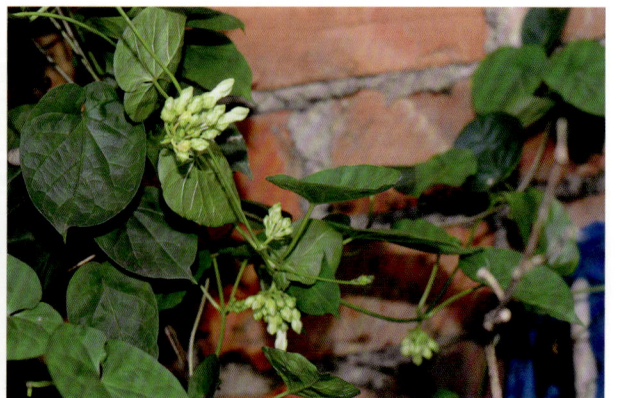

茜草科 Rubiaceae

鱼骨木 *Canthium dicoccum* (Gaertn.) Merr.　　　　　　　　　　　　　　　　　　鱼骨木属

形态特征：乔木，高 13 ~ 15m，小枝初时呈压扁形或四棱柱形。叶革质，卵形，椭圆形至卵状披针形，长 4 ~ 10cm，宽 1.5 ~ 4cm，顶端长渐尖或钝或钝急尖，基部楔形，干时两面极光亮，上面深绿，下面浅褐色，边微波状或全缘，微背卷；侧脉每边 3 ~ 5 条。聚伞花序具短总花梗，花冠绿白色或淡黄色。核果倒卵形，或倒卵状椭圆形，略扁，多少近孪生，小核具皱纹。花期 1 ~ 8 月。

分　　布：产于广东、香港、海南、广西、云南和西藏的墨脱。常见于低海拔至中海拔疏林或灌丛中。

用途与繁殖方式：本种木材暗红色，坚硬而重，纹理密致，适宜为工业用材和艺术雕刻品用。扦插繁殖。

来源与生长情况：引进种，生长良好。

小粒咖啡 *Coffea arabica* Linn.　　　　　　　　　　　　　　　　　　　　　　咖啡属

别　　名：咖啡

形态特征：小乔木或大灌木，高 5 ~ 8m，基部通常多分枝。老枝灰白色。叶薄革质，卵状披针形或披针形，长 6 ~ 14cm，宽 3.5 ~ 5cm，顶端长渐尖，基部楔形或微钝，罕有圆形，全缘或呈浅波形，两面无毛，下面脉腋内有或无小窝孔；中脉在叶片两面均凸起，侧脉每边 7 ~ 13 条。聚伞花序数个簇生于叶腋内，每个花序有花 2 ~ 5 朵，花芳香，花冠白色。浆果成熟时阔椭圆形，红色，外果皮硬膜质，中果皮肉质，有甜味;种子背面凸起，腹面平坦，有纵槽。花期 3 ~ 4 月，果期 11 ~ 12 月。

分　　布：福建、台湾、广东、海南、广西、四川、贵州和云南均有栽培。

用途与繁殖方式：本种为咖啡属中最广泛栽植种，由于其抗寒力强，又耐短期低温，在热带地区可生长于海拔 2100m 的高山上，但不耐旱。播种、扦插、嫁接繁殖。

来源与生长情况：引进种，生长良好，能正常开花结果。

栀子 *Gardenia jasminoides* J. Ellis   栀子属

形态特征：灌木，高 0.3 ～ 3m，叶对生，革质，少为 3 枚轮生，叶形多样，通常为长圆状披针形、倒卵状长圆形、倒卵形或椭圆形，长 3 ～ 25cm，宽 1.5 ～ 8cm，顶端渐尖、骤然长渐尖或短尖而钝，基部楔形或短尖，两面常无毛，侧脉 8 ～ 15 对。花芳香，通常单朵生于枝顶，花冠白色或乳黄色，高脚碟状，喉部有疏柔毛。果卵形、近球形、椭圆形或长圆形，黄色或橙红色，有翅状纵棱 5 ～ 9 条，顶部有宿存萼片。花期 3 ～ 7 月，果期 5 月～翌年 2 月。

分　　布：产于山东、江苏、安徽、浙江、江西、福建、台湾、湖北、湖南、广东、香港、广西、海南、四川、贵州和云南，河北、陕西和甘肃有栽培。

用途与繁殖方式：本种作盆景植物，干燥成熟果实，能清热利尿、泻火除烦、凉血解毒、散瘀，花可提制芳香浸膏，用于多种花香型化妆品和香皂香精的调合剂。播种、扦插繁殖。

来源与生长情况：引进种，生长良好，能正常开花结果。

白蟾 *Gardenia jasminoides* var. *fortuniana* (Lindl.) H. Hara   栀子属

别　　名：白蝉

形态特征：常绿灌木，通常高 1m 余。叶对生或 3 叶轮生，有短柄；叶片革质，椭圆状倒卵形或矩圆状倒卵形，叶端圆，托叶鞘状。单生枝顶，花大白色，重瓣不结果。花期 3 ～ 7 月，果期 5 月～翌年 2 月。本变种与原变种不同之处在于花重瓣。

分　　布：原产于我国和日本。我国中部以南各省区有栽培，多见于大中城市。国外分布于日本。

用途与繁殖方式：花大而重瓣、美丽，栽培作观赏。扦插繁殖。

来源与生长情况：引进种，生长良好。

长隔木 *Hamelia patens* Jacq.　　　　　　　　　　　　　　　**长隔木属**

别　　名： 希美莉

形态特征： 红色灌木，高 2 ~ 4m，嫩部均被灰色短柔毛。叶通常 3 枚轮生，椭圆状卵形至长圆形，长 7 ~ 20cm，顶端短尖或渐尖。聚伞花序有 3 ~ 5 个放射状分枝；花无梗，沿着花序分枝的一侧着生；萼裂片短，三角形；花冠橙红色，冠管狭圆筒状，长 1.8 ~ 2cm；雄蕊稍伸出。浆果卵圆状，直径 6 ~ 7 毫 m，暗红色或紫色。

分　　布： 原产于巴拉圭等拉丁美洲各国，我国南部和西南部有栽培。

用途与繁殖方式： 可作园林配植、盆栽观赏。扦插繁殖。

来源与生长情况： 引进种，生长良好。

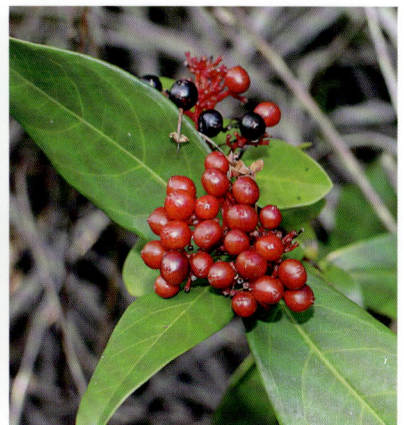

龙船花 *Ixora chinensis* Lam.　　　　　　　　　　　　　　　**龙船花属**

形态特征： 灌木，高 0.8 ~ 2m，叶对生，有时由于节间距离极短几成 4 枚轮生，披针形、长圆状披针形至长圆状倒披针形，长 6 ~ 13cm，宽 3 ~ 4cm，顶端钝或圆形，基部短尖或圆形；侧脉每边 7 ~ 8 条，纤细，明显；托叶合生成鞘形。花序顶生，多花，花冠红色或红黄色，盛开时长。果近球形，双生，中间有 1 沟，成熟时红黑色；种子长、上面凸，下面凹。花期 5 ~ 7 月。

分　　布： 产于福建、广东、香港、广西，生于海拔 200 ~ 800m 山地灌丛中和疏林下，有时村落附近的山坡和旷野路旁亦有生长。

用途与繁殖方式： 现广植于热带城市作庭园观赏。扦插繁殖。

来源与生长情况： 引进种，生长良好。

玉叶金花 *Mussaenda pubescens* W. T. Aiton   **玉叶金花属**

形态特征：攀援灌木，嫩枝被贴伏短柔毛。叶对生或轮生，膜质或薄纸质，卵状长圆形或卵状披针形，长 5 ~ 8cm，宽 2 ~ 2.5cm，顶端渐尖，基部楔形，上面近无毛或疏被毛，下面密被短柔毛；托叶三角形，深 2 裂，裂片钻形。聚伞花序顶生，密花，花叶阔椭圆形，有纵脉 5 ~ 7 条；花冠黄色。浆果近球形，疏被柔毛，顶部有萼檐脱落后的环状疤痕，干时黑色。花期 6 ~ 7 月。

分　　布：产于广东、香港、海南、广西、福建、湖南、江西、浙江和台湾，生于灌丛、溪谷、山坡或村旁。

用途与繁殖方式：茎叶味甘、性凉，有清凉消暑、清热疏风的功效，供药用或晒干代茶叶饮用。扦插繁殖。

来源与生长情况：原生种，生长良好。

团花 *Neolamarckia cadamba* (Roxb.) Bosser.   **团花属**

别　　名：黄粱木

形态特征：落叶大乔木。叶对生，革质，椭圆形或矩圆状椭圆形，顶端短尖，基部圆或阔尖，托叶早落，披针形，基部浅心形，上面有光泽，下面无毛或被稠密短柔毛。头状花序单个顶生，不计花冠直径 4 ~ 5cm，球形。花、果期 6 ~ 11 月。

分　　布：产于广东、广西和云南，生于山谷溪旁或杂木林下。国外分布于越南、马来西亚、缅甸、印度和斯里兰卡。

用途与繁殖方式：本种为著名速生树种，木材供建筑和制板用。播种繁殖。

来源与生长情况：引进种，生长良好。

鸡矢藤 *Paederia scandens* (Lour.) Merr.   **鸡矢藤属**

形态特征：藤本，茎长 3 ~ 5m，无毛或近无毛，叶对生，纸质或近革质，形状变化很大，卵形、卵状长圆形至披针形，长 5 ~ 9cm，宽 1 ~ 4cm，顶端急尖或渐尖，基部楔形或近圆或截平，有时浅心形，两面无毛或近无毛，有时下面脉腋内有束毛；侧脉每边 4 ~ 6 条。圆锥花序式的聚伞花序腋生和顶生，扩展，分枝对生；花冠浅紫色，外面被粉末状柔毛，里面被绒毛。果球形，成熟时近黄色，有光泽，平滑，顶冠以宿存的萼檐裂片和花盘；小坚果无翅，浅黑色。花期 5 ~ 7 月。
分　　布：产于陕西、甘肃、山东、江苏、安徽、江西、浙江、福建、台湾、河南、湖南、广东、香港、海南、广西、四川、贵州、云南。
用途与繁殖方式：本种主治风湿筋骨痛、跌打损伤、外伤性疼痛、肝胆及胃肠绞痛、黄疸型肝炎、肠炎、痢疾、消化不良、小儿疳积、肺结核咯血、支气管炎。播种、扦插繁殖。
来源与生长情况：原生种，生长良好。

九节 *Psychotria rubra* (Lour.) Poir.   **九节属**

形态特征：灌木或小乔木，高 0.5 ~ 5m。叶对生，纸质或革质，长圆形、椭圆状长圆形或倒披针状长圆形，稀长圆状倒卵形，有时稍歪斜，长 5 ~ 23.5cm，宽 2 ~ 9cm，顶端渐尖、急渐尖或短尖而尖头常钝，基部楔形，全缘；脉腋内常有束毛，侧脉 5 ~ 15 对；托叶膜质，短鞘状，顶部不裂，脱落。聚伞花序通常顶生，多花，花冠白色。核果球形或宽椭圆形，有纵棱，红色；小核背面凸起，具纵棱，腹面平而光滑。花果期全年。
分　　布：产于浙江、福建、台湾、湖南、广东、香港、海南、广西、贵州、云南。
用途与繁殖方式：嫩枝、叶、根可作药用，功能清热解毒、消肿拔毒、祛风除湿。播种、扦插繁殖。
来源与生长情况：原生种，生长良好。

钩藤 *Uncaria rhynchophylla* (Miq.) Miq. ex Havil.　　　　　　　　　　　　　　**钩藤属**

形态特征：藤本，有卷须；嫩枝和花序薄被紧贴的小柔毛。叶纸质，卵形或心形，长 3 ~ 10cm，宽 2.5 ~ 6.5cm，先端锐渐尖、圆钝、微凹或 2 裂，裂片长度不一，基部截形、微凹或心形，上面无毛，下面被紧贴的短柔毛，基出脉 5 ~ 7 条。总状花序狭长，腋生，花瓣白色，具瓣柄，瓣片匙形。蒴果倒卵状长圆形或带状，扁平，无毛，果瓣革质；种子 2 ~ 5 颗，圆形，扁平。花期 6 ~ 10 月，果期 7 ~ 12 月。

分　　布：产于浙江、台湾、福建、广东、广西、江西、湖南、湖北和贵州，生于低海拔至中海拔的丘陵灌丛或山地疏林和密林中。

用途与繁殖方式：本种带钩，藤茎为著名中药（钩藤），功能清血平肝，用于风热头痛，感冒夹惊，惊痛抽搐等症，所含钩藤碱有降血压作用。扦插繁殖。

来源与生长情况：原生种，生长良好。

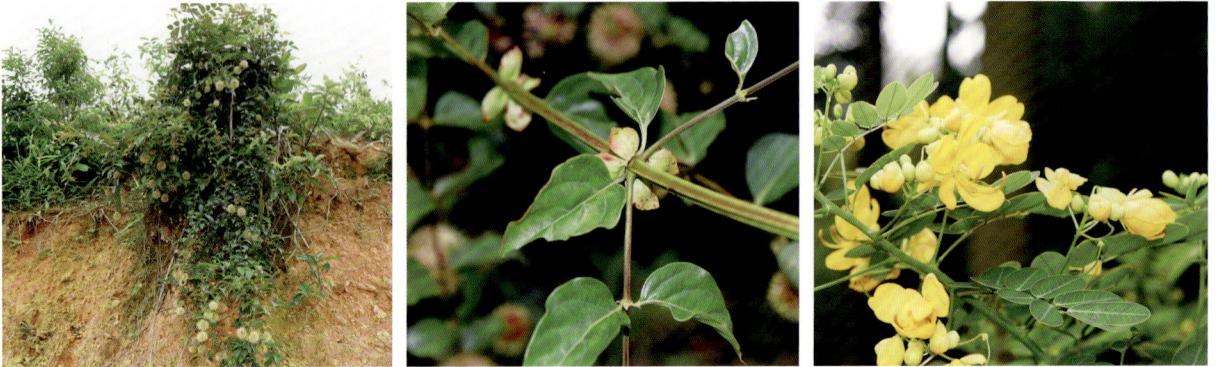

水锦树 *Wendlandia uvariifolia* Hance subsp. Uvariifolia　　　　　　　　　　　　**水锦树属**

形态特征：灌木或乔木，高 2 ~ 15m，小枝被锈色硬毛。叶纸质，宽椭圆形、长圆形、卵形或长圆状披针形，长 7 ~ 26cm，宽 4 ~ 14cm，顶端短渐尖或骤然渐尖，基部楔形或短尖，上面散生短硬毛，稍粗糙，在脉上有锈色短柔毛，下面密被灰褐色柔毛；侧脉 8 ~ 12 对。圆锥状的聚伞花序顶生，被灰褐色硬毛，分枝广展，多花，花冠漏斗状，白色。蒴果小，球形，被短柔毛。花期 1 ~ 5 月，果期 4 ~ 10 月。

分　　布：产于台湾、广东、广西、海南、贵州、云南，常生于山谷溪边的疏林或灌丛中。

用途与繁殖方式：生于海拔 50 ~ 1200m 的山地林中、林缘、灌丛中或溪边。播种繁殖。

来源与生长情况：原生种，生长良好。

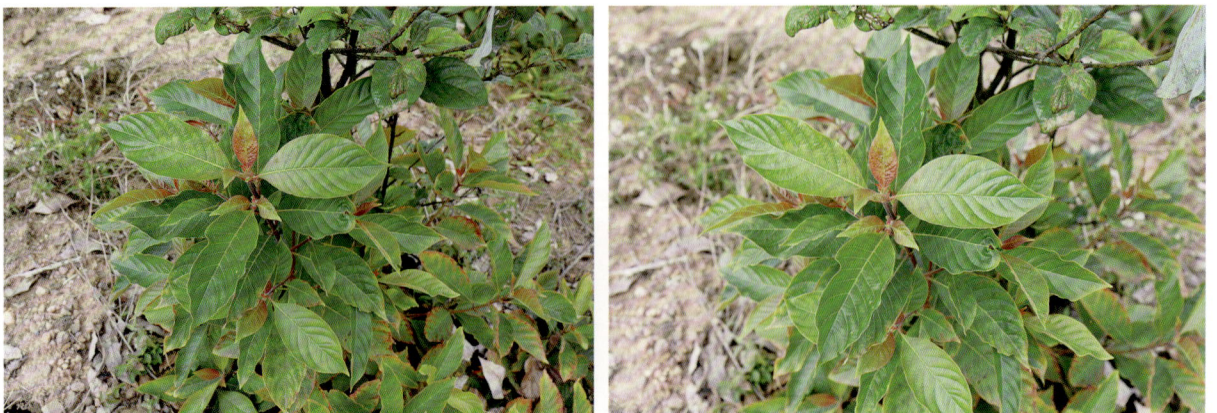

忍冬科 Caprifoliaceae

忍冬 *Lonicera japonica* Thunb.　　　　　　　　　　　　　　　　**忍冬属**

别　　名：金银花

形态特征：半常绿藤本，幼枝洁红褐色，密被黄褐色、开展的腺毛和短柔毛。叶纸质，卵形至矩圆状卵形，有时卵状披针形，稀圆卵形或倒卵形，极少有 1 至数个钝缺刻，长 3 ~ 5cm，顶端尖或渐尖，少有钝、圆或微凹缺，基部圆或近心形，有糙缘毛。总花梗通常单生于小枝上部叶腋，花冠白色，后变黄色。果实圆形，熟时蓝黑色，有光泽；种子卵圆形或椭圆形，褐色，中部有 1 凸起的脊，两侧有浅的横沟纹。花期 4 ~ 6 月，果熟期 10 ~ 11 月。

分　　布：除黑龙江、内蒙古、宁夏、青海、新疆、海南和西藏无自然生长外，全国各省均有分布。

用途与繁殖方式：金银花性甘寒，功能清热解毒、消炎退肿，对细菌性痢疾和各种化脓性疾病都有效。播种、插条和分根繁殖。

来源与生长情况：引进种，生长良好，能正常开花。

珊瑚树 *Viburnum odoratissimum* Ker-Gawl.　　　　　　　　　　　　**荚蒾属**

别　　名：早禾树、珊瑚荚蒾、法国冬青

形态特征：常绿小乔木，高达 10m，枝灰色或灰褐色。叶革质，椭圆形至矩圆形或矩圆状倒卵形，长 7 ~ 20cm，顶端短尖至渐尖而钝头，有时钝形至近圆形，基部宽楔形，稀圆形，边缘上部有不规则浅波状锯齿或近全缘，下面有时散生暗红色微腺点，侧脉 5 ~ 6 对。圆锥花序顶生或生于侧生短枝上，宽尖塔形，花冠白色，后变黄白色，有时微红，辐状；核卵状椭圆形，浑圆，有 1 条深腹沟。花期 4 ~ 5 月，果熟期 7 ~ 9 月。

分　　布：产于福建东南部、湖南南部、广东、海南和广西，生于海拔 200 ~ 1300m 的山谷密林中溪涧旁蔽阴处、疏林中向阳地或平地灌丛中。

用途与繁殖方式：常见栽培的绿化树种；木材可供细工的原料。播种、扦插繁殖。

来源与生长情况：引进种，生长良好，能正常开花结果。

菊科 Compositae

藿香蓟 *Ageratum conyzoides* L.   **藿香蓟属**

别　　名：胜红蓟

形态特征：一年生草本，高 50 ~ 100cm，无明显主根，全部茎枝淡红色，或上部绿色，被白色尘状短柔毛或上部被稠密开展的长绒毛。叶对生，有时上部互生，中部茎叶卵形或椭圆形或长圆形，长 3 ~ 8cm，宽 2 ~ 5cm；自中部叶向上向下及腋生小枝上的叶渐小或小，卵形或长圆形。全部叶基部钝或宽楔形，基出三脉或不明显五出脉，顶端急尖，边缘圆锯齿。头状花序 4 ~ 18 个在茎顶排成通常紧密的伞房状花序，花冠淡紫色。瘦果黑褐色，5 棱。花果期全年。

分　　布：原产规范中南美洲，作为杂草已广泛分布于我国广东、广西、云南、贵州、四川、江西、福建等地，生山谷、山坡林下或林缘、河边或山坡草地、田边或荒地上。

用途与繁殖方式：治感冒发热、疗疮湿疹、外伤出血、烧烫伤等。播种、扦插繁殖。

来源与生长情况：原生种，生长良好。

鬼针草 *Bidens pilosa* L.   **鬼针草属**

形态特征：一年生草本，茎直立，钝四棱形，无毛或上部被极稀疏的柔毛。茎下部叶较小，3 裂或不分裂，通常在开花前枯萎，中部叶具长 1.5 ~ 5cm 无翅的柄，三出，小叶 3 枚，两侧小叶椭圆形或卵状椭圆形，先端锐尖，基部近圆形或阔楔形，有时偏斜，不对称，边缘有锯齿；顶生小叶较大，长椭圆形或卵状长圆形，先端渐尖，基部渐狭或近圆形。头状花序，苞片 7 ~ 8 枚，条状匙形。瘦果黑色，条形，略扁，具棱，上部具稀疏瘤状突起及刚毛，顶端芒刺 3 ~ 4 枚，具倒刺毛。

分　　布：产于华东、华中、华南、西南各省区，生于村旁、路边及荒地中。

用途与繁殖方式：为我国民间常用草药，有清热解毒、散瘀活血的功效。播种繁殖。

来源与生长情况：原生种，生长良好。

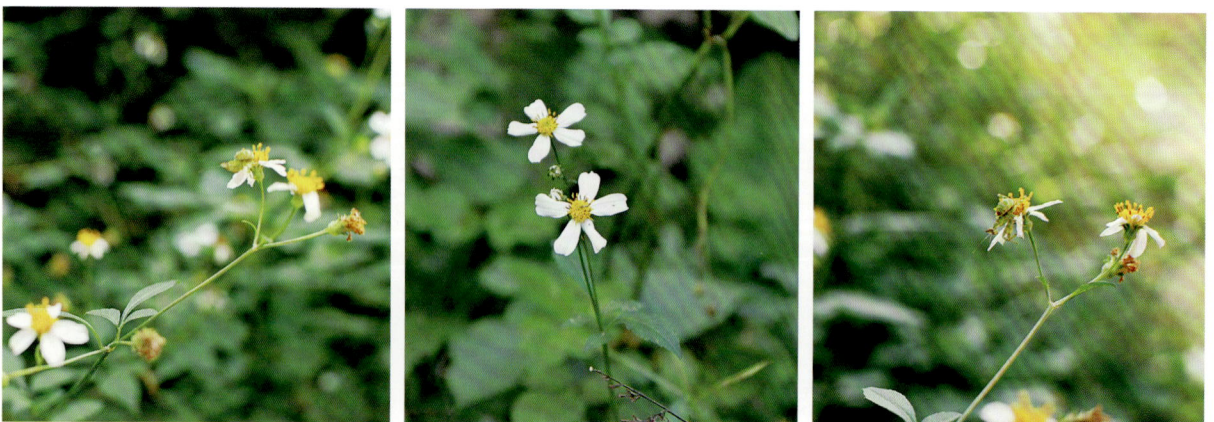

千里光 *Senecio scandens* Buch.-Ham. ex D. Don

千里光属

形态特征：多年生攀援草本，根状茎木质，茎伸长，弯曲，多分枝，被柔毛或无毛。叶片卵状披针形至长三角形，长2.5～12cm，宽2～4.5cm，顶端渐尖，基部宽楔形，截形，戟形或稀心形，通常具浅或深齿，稀全缘，有时具细裂或羽状浅裂，两面被短柔毛至无毛；羽状脉，侧脉7～9对。头状花序有舌状花，多数，在茎枝端排列成顶生复聚伞圆锥花序，舌状花8～10，舌片黄色。瘦果圆柱形，被柔毛。

分　　布：产于西藏、陕西、湖北、四川、贵州、云南、安徽、浙江、江西、福建、湖南、广东、广西、台湾等省区。常生于森林、灌丛中，攀援于灌木、岩石上或溪边。

用途与繁殖方式：清热解毒，杀虫止痒。扦插或压条繁殖。

来源与生长情况：原生种，生长良好。

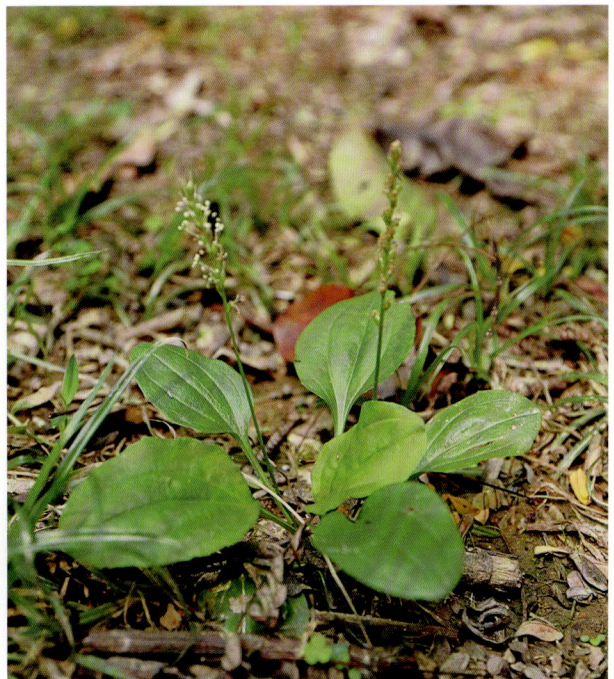

车前草科 Plantaginaceae

车前 *Plantago asiatica* Ledeb.

车前属

形态特征：一年生或二年生草本，直根长，具多数侧根。叶基生呈莲座状，平卧、斜展或直立；叶片纸质，椭圆形、椭圆状披针形，长3～12cm，宽1～3.5cm，先端急尖或微钝，边缘具浅波状钝齿、不规则锯齿或牙齿，基部宽楔形至狭楔形，下延至叶柄，脉5～7条。花序3～10余个，花序梗有纵条纹，穗状花序细圆柱状，上部密集，基部常间断，花冠白色，无毛；蒴果卵状椭圆形至圆锥状卵形。花期5～7月，果期7～9月。

分　　布：产于黑龙江、吉林、辽宁、内蒙古、河北、山西、陕西、宁夏、甘肃、青海、新疆、山东、江苏、河南、安徽、江西、湖北、四川、云南、西藏。

用途与繁殖方式：药用，主治小便不利、淋浊带下、暑湿泻痢、痰热咳喘。播种繁殖。

来源与生长情况：原生种，生长良好。

紫草科 Boraginaceae

基及树 *Carmona microphylla* (Lam.) G. Don　　　　　　　　　　　　　　　　　　**基及树属**

别　　名：福建茶

形态特征：常绿灌木，高 1 ~ 3m，具褐色树皮，多分枝。叶革质，倒卵形或匙形，长 1.5 ~ 3.5cm，宽 1 ~ 2cm，先端圆形或截形，具粗圆齿，基部渐狭为短柄，上面有短硬毛或斑点，下面近无毛。团伞花序开展，花序梗细弱，被毛，花冠钟状，白色。核果，内果皮圆球形，具网纹，先端有短喙。

分　　布：产于广东西南部、海南岛及台湾，生于低海拔平原、丘陵及空旷灌丛处。

用途与繁殖方式：适于制作盆景。扦插繁殖。

来源与生长情况：引进种，生长良好，能正常开花。

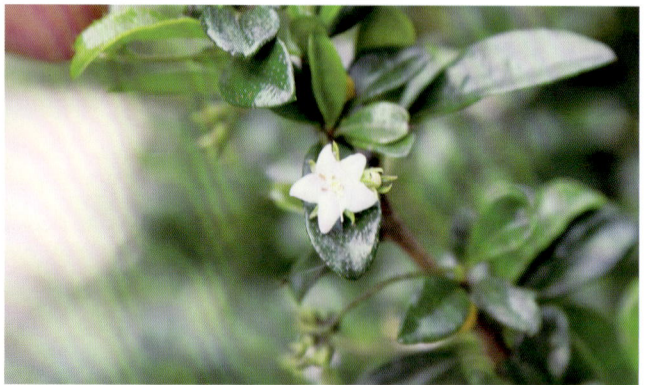

破布木 *Cordia dichotoma* G.Forst.　　　　　　　　　　　　　　　　　　　　　　**破布木属**

形态特征：乔木，高 3 ~ 8m。叶卵形、宽卵形或椭圆形，长 6 ~ 13cm，宽 4 ~ 9cm，先端钝或具短尖，基部圆形或宽楔形，边缘通常微波状或具波状牙齿，稀全缘，两面疏生短柔毛或无毛。聚伞花序生具叶的侧枝顶端，二叉状稀疏分枝，呈伞房状，花冠白色。核果近球形，黄色或带红色，具多胶质的中果皮，被宿存的花萼承托。花期 2 ~ 4 月，果期 6 ~ 8 月。

分　　布：产于西藏东南部、云南、贵州、广西、广东、福建及台湾，生于海拔 300 ~ 1900m 山坡疏林及山谷溪边。

用途与繁殖方式：果实富含脂肪，可榨油；木材可供建筑及农具用材。播种、扦插繁殖。

来源与生长情况：原生种，生长良好。

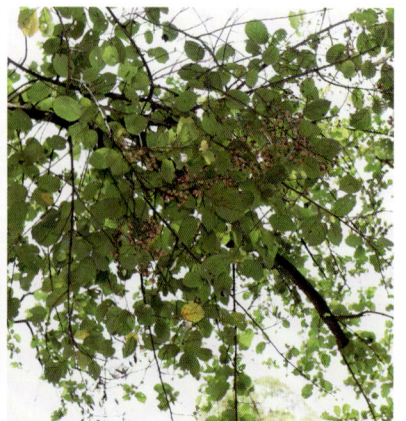

厚壳树 *Ehretia acuminata* (DC.) R. Br.　　　　　　　　　　　　　　　　　**厚壳树属**

形态特征：落叶乔木，高达 15m，具条裂的黑灰色树皮。叶椭圆形、倒卵形或长圆状倒卵形，长 5 ~ 13cm，宽 4 ~ 6cm，先端尖，基部宽楔形，稀圆形，边缘有整齐的锯齿，齿端向上而内弯，无毛或被稀疏柔毛。聚伞花序圆锥状，花多数，密集，小形，芳香，花冠钟状，白色。核果黄色或桔黄色，核具皱折，成熟时分裂为两个具 2 粒种子的分核。

分　　布：产于广西南、华南、华东及台湾、山东、河南等省区，生于海拔 100 ~ 1700m 丘陵、平原疏林、山坡灌丛及山谷密林。

用途与繁殖方式：可作行道树，供观赏；木材供建筑及家具用。播种和分蘖繁殖。

来源与生长情况：原生种，生长良好。

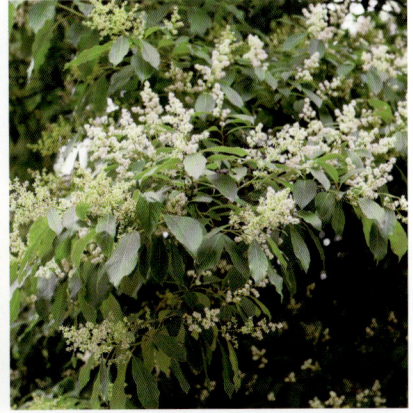

茄科 Solanaceae

夜香树 *Cestrum nocturnum* L.　　　　　　　　　　　　　　　　　　　**夜香树属**

别　　名：木本夜来香

形态特征：直立或近攀援状灌木，高 2 ~ 3m，全体无毛，枝条细长而下垂。叶片矩圆状卵形或矩圆状披针形，长 6 ~ 15cm，宽 2 ~ 4.5cm，全缘，顶端渐尖，基部近圆形或宽楔形，两面秃净而发亮，有 6 ~ 7 对侧脉。伞房式聚伞花序，腋生或顶生，疏散，有极多花，花绿白色至黄绿色，晚间极香，花冠高脚碟状。浆果矩圆状，有 1 颗种子，种子长卵状。

分　　布：原产于南美洲，现广泛栽培于世界热带地区，我国福建、广东、广西和云南有栽培。

用途与繁殖方式：可作园林绿化树种。扦插繁殖。

来源与生长情况：引进种，生长良好，能正常开花。

水茄 *Solanum torvum* Sw.　　　　　　　　　　　　　　　　　　　　　**茄属**

形态特征：灌木，高 1 ~ 2m，小枝，叶下面，叶柄及花序柄均被尘土色星状毛，小枝疏具基部宽扁的皮刺。叶单生或双生，卵形至椭圆形，长 6 ~ 12cm，宽 4 ~ 9cm，先端尖，基部心脏形或楔形，两边不相等，边缘半裂或作波状，裂片通常 5 ~ 7，上面绿色，毛被较下面薄。伞房花序腋外生，2 ~ 3 歧，萼杯状，端 5 裂；花冠辐形；浆果黄色，光滑无毛，圆球形，宿萼外面被稀疏的星状毛；种子盘状。全年均开花结果。

分　　布：产于云南（东南部、南部及西南部），广西，广东，台湾。

用途与繁殖方式：果实可明目，叶可治疮毒，嫩果煮熟可供蔬食。播种、扦插繁殖。

来源与生长情况：原生种，生长良好。

鸳鸯茉莉 *Brunfelsia brasiliensis* (Spreng.) L.B.Sm. & Downs　　　　**鸳鸯茉莉属**

形态特征：常绿灌木，高 1 ~ 1.6m，单叶互生，长披针形或椭圆形，先端渐尖，具短柄，叶长 5 ~ 7cm，宽 1.7 ~ 2.5cm，纸质，腹面绿色，背面黄绿色，叶缘略波皱。花单朵或数朵簇生，有时数朵组成聚伞花序。花冠成高脚碟状，有浅裂；花初含苞待放时为蘑菇状、深紫色，初开时蓝紫色，以后渐成淡雪青色，最后变成白色，单花可开放 3 ~ 5 天。花期 5 ~ 10 月。

分　　布：广泛植栽于亚热带地区。

用途与繁殖方式：花色艳丽且具芳香，适宜在园林绿地中种植，也可置于盆栽观赏。扦插繁殖。

来源与生长情况：引进种，生长良好，能正常开花。

玄参科 Scrophulariaceae

白花泡桐 *Paulownia fortunei* (Seem.) Hemsl.　　　　　　　　　　　　　　　　　　泡桐属

别　　名：泡桐

形态特征：乔木高达 30m，树冠圆锥形，主干直；幼枝、叶、花序各部和幼果均被黄褐色星状绒毛，但叶柄、叶片上面和花梗渐变无毛。叶片长卵状心脏形，长达 20cm，顶端长渐尖或锐尖头，新枝上的叶有时 2 裂，下面有星毛及腺，成熟叶片下面密被绒毛，有时毛很稀疏至近无毛；小聚伞花序有花 3 ~ 8朵，花冠管状漏斗形，白色仅背面稍带紫色或浅紫色。蒴果长圆形，顶端有喙长，宿萼开展或漏斗状，果皮木质。花期 3 ~ 4 月，果期 7 ~ 8 月。

分　　布：分布于安徽、浙江、福建、台湾、江西、湖北、湖南、四川、云南、贵州、广东、广西，野生或栽培，生于低海拔的山坡、林中、山谷及荒地，越向西南则分布越高，可达海拔 2000m。

用途与繁殖方式：本种树干直，生长快，适应性较强，适宜于南方发展。扦插繁殖。

来源与生长情况：原生种，生长良好。

紫葳科 Bignoniaceae

蓝花楹 *Jacaranda mimosifolia* D. Don.　　　　　　　　　　　　　　　　　　　蓝花楹属

形态特征：落叶乔木，高达 15m，叶对生，为 2 回羽状复叶，羽片通常在 16 对以上，每 1 羽片有小叶 16 ~ 24 对；小叶椭圆状披针形至椭圆状菱形，长 6 ~ 12 毫 m，宽 2 ~ 7 毫 m，顶端急尖，基部楔形，全缘。花蓝色，花萼筒状，萼齿 5。花冠筒细长，蓝色，下部微弯，上部膨大。朔果木质，扁卵圆形，中部较厚，四周逐渐变薄，不平展。花期 5 ~ 6 月，果期 10 月。

分　　布：原产于南美洲巴西、玻利维亚、阿根廷，我国广东、海南、广西、福建、云南南部栽培供庭园观赏。

用途与繁殖方式：花色别致，可用于庭园观赏。播种、扦插繁殖。

来源与生长情况：引进种，生长良好，能正常开花结果。

吊瓜树 *Kigelia africana* (Lam.) Benth.　　　　　　　　　　　　　　　　**吊灯树属**

别　　名：吊灯树

形态特征：乔木，高 13 ～ 20m，奇数羽状复叶交互对生或轮生，小叶 7 ～ 9 枚，长圆形或倒卵形，顶端急尖，基部楔形，全缘，叶面光滑，亮绿色，背面淡绿色，被微柔毛，近革质，羽状脉明显。圆锥花序生于小枝顶端，花序轴下垂，花稀疏，6 ～ 10 朵。花萼钟状，3 ～ 5 裂齿不等大。花冠桔黄色或褐红色。果下垂，圆柱形，坚硬，肥硕，不开裂。种子多数，无翅，镶于木质的果肉内。

分　　布：原产于热带非洲、马达加斯加，我国广东、广西、海南、福建、台湾、云南均有栽培。

用途与繁殖方式：为优美园林树种，供观赏；果肉可食。扦插繁殖。

来源与生长情况：引进种，生长良好，能正常开花。

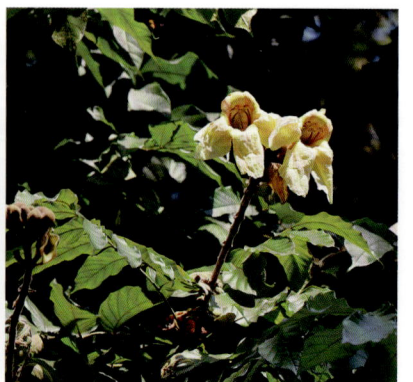

毛叶猫尾木 *Dolichandrone stipulata* var. *kerri*　　　　　　　　　　　　　**猫尾木属**

别　　名：猫尾木

形态特征：乔木，高达 10m 以上。叶近于对生，奇数羽状复叶，幼嫩时叶轴及小叶两面密被平伏细柔毛，老时近无毛；小叶 6 ～ 7 对，无柄，长椭圆形或卵形，长 16 ～ 21cm，宽 6 ～ 8cm，顶端长渐尖，基部阔楔形至近圆形，有时偏斜，全缘纸质，两面均无毛或于幼时沿背面脉上被毛，侧脉 8 ～ 9 对。花大，组成顶生、具数花的总状花序，花冠黄色，花冠漏斗形，下部紫色。蒴果极长，悬垂，密被褐黄色绒毛。种子长椭圆形，极薄，具膜质翅。花期 10 ～ 11 月，果期 4 ～ 6 月。

分　　布：分产于云南南部、广西，生于海拔 900 ～ 1200m 疏林中润湿地。

用途与繁殖方式：本种可作庭园观赏的绿化树种。播种繁殖。

来源与生长情况：引进种，生长良好，能正常开花。

木蝴蝶 *Oroxylum indicum* (Linn.) Kurz.　　　　　　　　　　　　　　　　　　**木蝴蝶属**

别　　名：千张纸

形态特征：直立小乔木，高 6 ～ 10m，大型奇数 2 ～ 3 回羽状复叶，着生于茎干近顶端，小叶三角状卵形，长 5 ～ 13cm，宽 3 ～ 10cm，顶端短渐尖，基部近圆形或心形，偏斜，两面无毛，全缘，叶片干后发蓝色，侧脉 5 ～ 6 对，网脉在叶下面明显。总状聚伞花序顶生，粗壮，花大、紫红色。花萼钟状，紫色，膜质，花冠肉质，花冠在傍晚开放，有恶臭气味。蒴果木质，常悬垂于树梢，2 瓣开裂，果瓣具有中肋。种子多数，圆形，周翅薄如纸，故有千张纸之称。

分　　布：产于福建、台湾、广东、广西、四川、贵州及云南，生于海拔 500 ～ 900m 热带及亚热带低丘河谷密林及公路边丛林中，常单株生长。

用途与繁殖方式：种子、树皮入药，可消炎镇痛，治心气痛、肝气痛、支气管炎及胃痛。扦插、播种繁殖。

来源与生长情况：引进种，生长良好。

炮仗花 *Pyrostegia venusta* (Ker-Gawl.) Miers.　　　　　　　　　　　　　　　**炮仗藤属**

形态特征：藤本，具有 3 叉丝状卷须，叶对生，小叶 2 ～ 3 枚，卵形，顶端渐尖，基部近圆形，长 4 ～ 10cm，宽 3 ～ 5cm，上下两面无毛，下面具有极细小分散的腺穴，全缘。圆锥花序着生于侧枝的顶端，花冠筒状，橙红色，裂片 5。果瓣革质，舟状，内有种子多列，种子具翅，薄膜质。花期长，通常在 1 ～ 6 月。

分　　布：原产于南美洲巴西，在热带亚洲已广泛作为庭园观赏藤架植物栽培。我国广东、海南、广西、福建、台湾、云南等地均有栽培。

用途与繁殖方式：多植于庭园建筑物的四周，攀援于凉棚上，初夏红橙色的花朵累累成串，状如鞭炮，故有炮仗花之称。扦插、压条繁殖。

来源与生长情况：引进种，生长良好，能正常开花。

海南菜豆树 *Radermachera hainanensis* Merr.　　　　　　　　　　　　　　　　**菜豆树属**

形态特征：乔木，高6～13m，小枝和老枝灰色，有皱纹。叶为1至2回羽状复叶，小叶纸质，长圆状卵形或卵形，长4～10cm，宽2.5～4.5cm，顶端渐尖，基部阔楔形，两面无毛，有时上面有极多数细小的斑点，侧脉每边5～6条。花序腋生或侧生，少花，为总状花序或少分枝的圆锥花序，花萼淡红色，筒状，花冠淡黄色，钟状。蒴果，隔膜扁圆形。种子卵圆形。花期4月，果期9月。

分　　布：产于广东、海南、云南，生于海拔300～550m的低山坡林中，少见。

用途与繁殖方式：树干适作农具、车辆、建筑材料，尤为优良的家具和美工材；可作低海拔地区绿化树种。播种繁殖。

来源与生长情况：引进种，生长良好，能正常开花结果。

菜豆树 *Radermachera sinica* (Hance) Hemsl.　　　　　　　　　　　　　　　　**菜豆树属**

别　　名：牛尾木

形态特征：小乔木，高达10m，2回羽状复叶，稀为3回羽状复叶；小叶卵形至卵状披针形，长4～7cm，宽2～3.5cm，顶端尾状渐尖，基部阔楔形，全缘，侧脉5～6对，向上斜伸，两面均无毛。顶生圆锥花序，直立，花冠钟状漏斗形，白色至淡黄色。蒴果细长，下垂，圆柱形，稍弯曲，多沟纹，种子椭圆形。花期5～9月，果期10～12月。

分　　布：产于台湾、广东、广西、贵州、云南，生于海拔340～750m的山谷或平地疏林中。

用途与繁殖方式：木材黄褐色，质略粗重，年轮明显，可供建筑用材。播种繁殖。

来源与生长情况：引进种，生长良好，能正常开花结果。

羽叶楸 *Stereospermum colais* (Buch.-Ham. ex Dillwyn) Mabberley.　　　　　　　**羽叶楸属**

形态特征：落叶乔木，高 15 ～ 20m，1 回羽状复叶，小叶 3 ～ 6 对，长椭圆形，长 8 ～ 14cm，宽 2.5 ～ 6cm，顶端长渐尖至尾状渐尖，基部阔楔形至圆形，全缘，无毛。圆锥花序顶生，花多数，微芳香，昼开夜闭；花萼钟状，紫色，花冠淡黄色，微弯。蒴果细长，四棱柱形，微弯曲，果皮厚，近木质。种子卵圆形，两端具有白色膜质翅。花期 5 ～ 7 月，果期 9 ～ 11 月。

分　　布：产广西、贵州、云南，生于海拔 1100 ～ 1800m 的热带丘陵、沟谷密林中。

用途与繁殖方式：木材为良好的硬材，材黄褐色至灰褐色，材质硬重，木工性质优良，抗腐性强，为建筑、家具及室内装饰用材。播种繁殖。

来源与生长情况：引进种，生长良好。

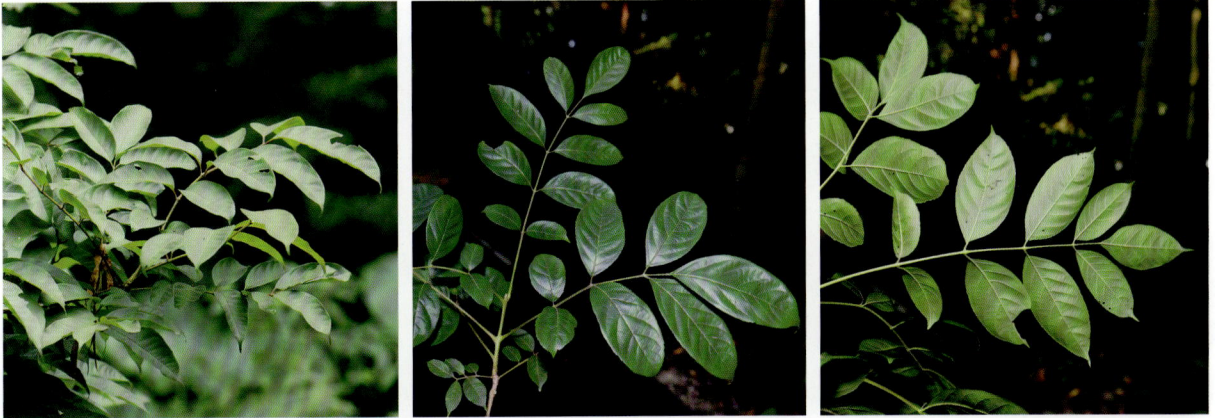

黄花风铃木 *Handroanthus chrysanthus* (Jacq.) S.O.Grose.　　　　　　　**风铃木属**

形态特征：落叶乔木，高 4 ～ 5m，树皮有深刻裂纹，茎干枝条轻软纤细纹路清晰；叶对生，纸质有疏锯齿，掌状复叶，柄长，小叶 4 ～ 5 枚，五叶轮生，卵状椭圆形，全缘或疏齿缘，全叶被褐色细茸毛，先端尖，叶面粗糙。圆锥花序，顶生，花冠金黄色，漏斗形。先花后叶，春季约 3 ～ 4 月间开花，花期较短，约 10 ～ 15 天。

分　　布：原产于墨西哥、中美洲、南美洲，华南地区有引种栽培。

用途与繁殖方式：花色艳丽，生长快，适应性强，是优秀的园林绿化树种。播种、扦插或高压法繁殖。

来源与生长情况：引进种，生长良好，能正常开花结果。

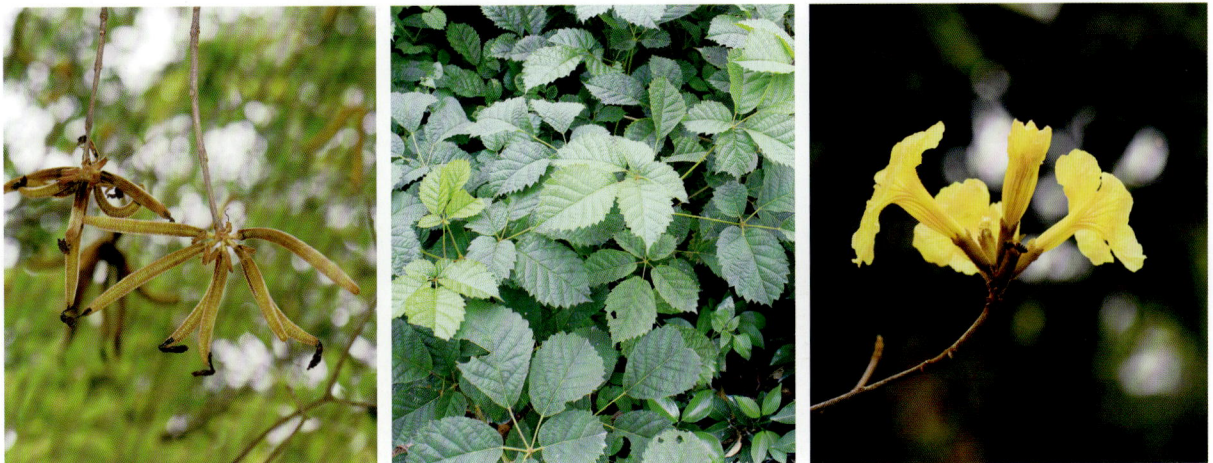

银鳞风铃木 *Tabebuia aurea* (Manso) Benth. & Hook. f. ex S. Moore. **黄钟木属**

别　　名：金花风铃木

形态特征：半落叶乔木，株高可达 8 ~ 12m，干直立，树冠圆伞形。掌状复叶，小叶 5 ~ 7 枚，披针状长椭圆形，先端钝，全缘，厚纸质。总状或圆锥花序，顶生，花冠漏斗状，五裂，似风铃，花缘皱曲，蓇葖果，开裂时果荚多重反卷，向下开裂。花期 4 ~ 5 月，果期 6 ~ 7 月。

分　　布：原产于巴西、墨西哥、海南、广东、广西、福建有引种栽培。

用途与繁殖方式：开花时一簇簇金黄色，花色清逸高雅，是优良的园林观赏树种。扦插繁殖。

来源与生长情况：引进种，生长良好，能正常开花。

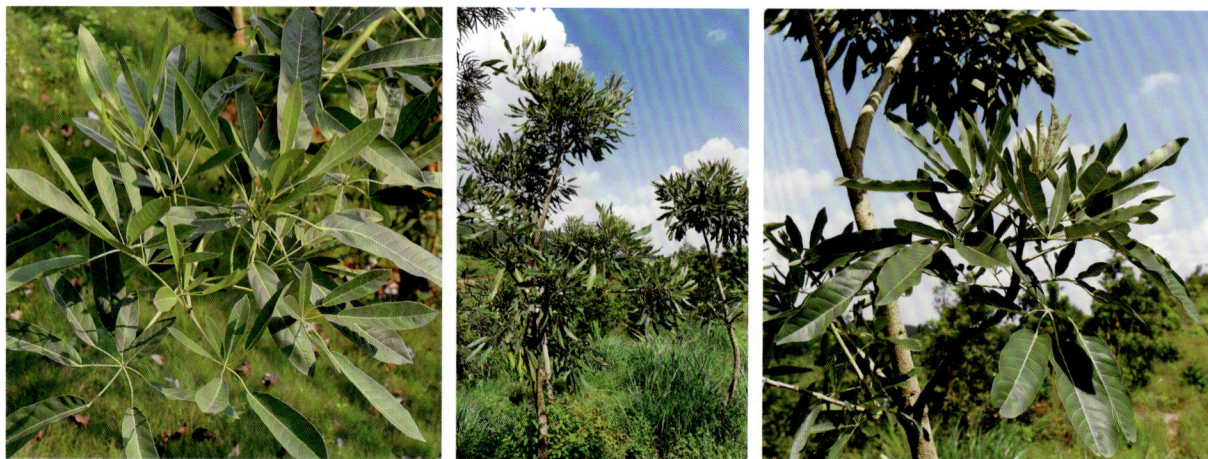

火焰树 *Spathodea campanulata* Beauv. **火焰树属**

形态特征：乔木，高 10m，树皮平滑，灰褐色。奇数羽状复叶，对生，小叶 13 ~ 17 枚，叶片椭圆形至倒卵形，长 5 ~ 9.5cm，宽 3.5 ~ 5cm，顶端渐尖，基部圆形，全缘，背面脉上被柔毛，基部具 2 ~ 3 枚脉体；叶柄短，被微柔毛。伞房状总状花序，顶生，密集，花萼佛焰苞状，花冠一侧膨大，基部紧缩成细筒状，檐部近钟状，桔红色，具紫红色斑点。蒴果黑褐色，种子具周翅，近圆形。花期 4 ~ 5 月。

分　　布：原产于非洲，我国广东、福建、台湾、云南均有栽培。

用途与繁殖方式：花美丽，树形优美，是风景观赏树种。播种繁殖。

来源与生长情况：引进种，生长良好，能正常开花结果。

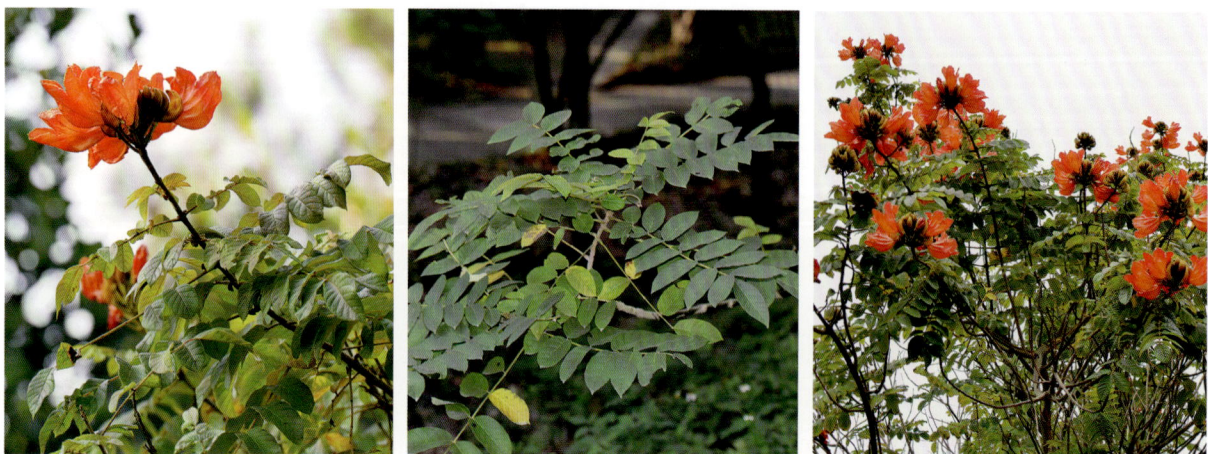

爵床科 Acanthaceae

蓝花草 *Ruellia brittoniana* Leonard 　　　　　　　　　　　　　　　　　　　　　**芦莉草属**

别　　名：翠芦莉

形态特征：多年生草本，单叶对生，线状披针形。叶暗绿色，新叶及叶柄常呈紫红色。叶全缘或疏锯齿，叶长 8 ~ 15cm，叶宽 0.5 ~ 1.0cm。花腋生，花冠漏斗状，5 裂，具放射状条纹，细波浪状，多蓝紫色，少数粉色或白色。果实为长型蒴果，等到种子成熟后蒴果会裂开，散出细小如粉末状的种子。花期 3 ~ 10 月，开花不断。

分　　布：原产于墨西哥，华南南部有栽培。

用途与繁殖方式：花多而艳丽，适合庭园成簇美化或盆栽。播种、扦插繁殖。

来源与生长情况：引进种，生长良好，能正常开花。

金脉爵床 *Sanchezia speciosa* Leonard. 　　　　　　　　　　　　　　　　　　　**黄脉爵床属**

形态特征：直立灌木状，植株高一般 80 ~ 120cm。多分枝，茎干半木质化。叶对生，无叶柄，阔披针形，先端渐尖，基部宽楔形，叶缘锯齿；叶片嫩绿色，叶脉橙黄色。夏秋季开出黄色的花，花为管状，簇生于短花茎上，每簇 8 ~ 10 朵。

分　　布：广西、云南、广东、海南、福建有栽培。

用途与繁殖方式：嫩绿色叶片上有明显的橙黄色叶脉，线条清晰、色彩光亮，形成美丽的图案，是观赏价值较高的室内观叶植物之一。扦插繁殖。

来源与生长情况：引进种，生长良好，能正常开花。

马鞭草科 Verbenaceae

大叶紫珠 *Callicarpa macrophylla* Vahl.   紫珠属

形态特征：灌木，稀小乔木，高 3 ~ 5m；小枝近四方形，密生灰白色粗糠状分枝茸毛，稍有臭味。叶片长椭圆形、卵状椭圆形或长椭圆状披针形，长 10 ~ 23cm，宽 5 ~ 11cm，顶端短渐尖，基部钝圆或宽楔形，边缘具细锯齿，表面被短毛，背面密生灰白色分枝茸毛，腺点隐于毛中，侧脉 8 ~ 14 对。聚伞花序宽 4 ~ 8cm，5 ~ 7 次分歧，花冠紫色，疏生星状毛。果实球形，有腺点和微毛。花期 4 ~ 7月，果期 7 ~ 12月。

分　　布：产于广东、广西、贵州、云南，生于海拔 100 ~ 2000m 的疏林下和灌丛中。

用途与繁殖方式：叶或根可作内外伤止血药。扦插繁殖。

来源与生长情况：引进种，生长良好。

灰毛大青 *Clerodendrum canescens* Wall. ex Walp.   大青属

形态特征：灌木，高 1 ~ 3.5m；小枝略四棱形、具不明显的纵沟，全体密被平展或倒向灰褐色长柔毛。叶片心形或宽卵形，少为卵形，长 6 ~ 18cm，宽 4 ~ 15cm，顶端渐尖，基部心形至近截形，两面都有柔毛，脉上密被灰褐色平展柔毛。聚伞花序密集成头状，通常 2 ~ 5 枝生于枝顶，花萼由绿变红色，钟状，有 5 棱角，花冠白色或淡红色。核果近球形，绿色，成熟时深蓝色或黑色，藏于红色增大的宿萼内。花果期 4 ~ 10月。

分　　布：产于浙江、江西、湖南、福建、台湾、广东、广西、四川、贵州、云南，生于海拔220 ~ 880m 的山坡路边或疏林中。

用途与繁殖方式：广西用全草治毒疮、风湿病，有退热止痛的功效。播种繁殖。

来源与生长情况：原生种，生长良好。

大青 *Clerodendrum cyrtophyllum* Turcz. **大青属**

形态特征：灌木或小乔木，高 1 ~ 10m。叶片纸质，椭圆形、卵状椭圆形、长圆形或长圆状披针形，长 6 ~ 20cm，宽 3 ~ 9cm，顶端渐尖或急尖，基部圆形或宽楔形，通常全缘，两面无毛或沿脉疏生短柔毛，背面常有腺点，侧脉 6 ~ 10 对。伞房状聚伞花序，生于枝顶或叶腋，花小，有桔香味，花冠白色。果实球形或倒卵形，绿色，成熟时蓝紫色，为红色的宿萼所托。花果期 6 月 ~ 翌年 2 月。

分　　布：产我国华东、中南、西南（四川除外）各省区，生于海拔 1700m 以下的平原、丘陵、山地林下或溪谷旁。

用途与繁殖方式：根、叶有清热、泻火、利尿、凉血、解毒的功效。播种繁殖。

来源与生长情况：原生种，生长良好。

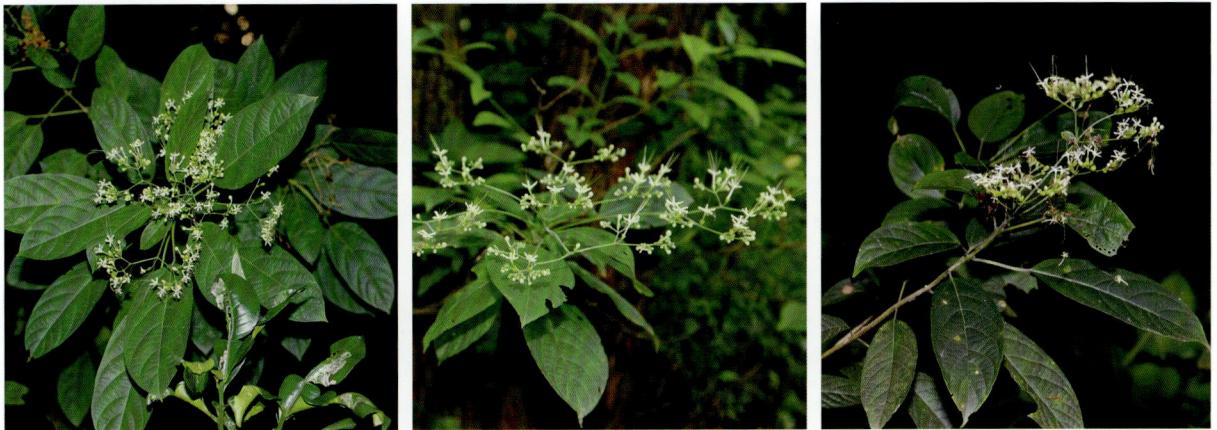

花叶假连翘 *Duranta erecta* 'Variegata' **假连翘属**

形态特征：常绿灌木或小乔木，枝下垂或平展，茎四方，中部以上有粗刺，绿色至灰褐色。叶对生，卵状椭圆形或倒卵形，纸质，边缘有乳白色的斑纹。总状花序排列成松散圆锥状，顶生，花小且通常着生在中轴的一侧，高脚碟状，花冠蓝紫色或白色。花期 5 ~ 10 月。

分　　布：原产于墨西哥至巴西，中国南方广为栽培，华中和华北地区多为盆栽。

用途与繁殖方式：园林观赏，丛植于草坪或与其他树种搭配，也可做绿篱，还可与其他彩色植物组成模纹花坛。扦插繁殖。

来源与生长情况：引进种，生长良好，能正常开花。

黄素梅 *Duranta repens cv.Gold leaves* **假连翘属**

别　　名：黄叶假连翘

形态特征：灌木，叶对生，少有轮生，叶片卵状椭圆形或卵状披针形，长 2 ~ 6.5cm，宽 1.5 ~ 3.5cm，纸质，顶端短尖或钝，基部楔形，全缘或中部以上有锯齿，有柔毛，是假连翘的变型种，花未见。

分　　布：我国南部沿海城市作多年生栽培。

用途与繁殖方式：观叶植物，两广一带广泛应用于城市街道、庭园绿化的色带和色块。扦插繁殖。

来源与生长情况：引进种，生长良好。

云南石梓 *Gmelina arborea* Roxb. **石梓属**

别　　名：滇石梓

形态特征：落叶乔木，高达 15m，树干直，树皮灰棕色，呈不规则块状脱落，幼枝、叶柄、叶背及花序均密被黄褐色绒毛。叶片厚纸质，广卵形，长 8 ~ 19cm，宽 4.5 ~ 15cm，顶端渐尖，基部浅心形至阔楔形，近基部有 2 至数个黑色盘状腺点，基生脉三出，侧脉 3 ~ 5 对。聚伞花序组成顶生的圆锥花序，花冠黄色。核果椭圆形或倒卵状椭圆形，成熟时黄色，干后黑色，常仅有 1 颗种子。花期 4 ~ 5 月，果期 5 ~ 7 月。

分　　布：产于云南南部，生于海拔 1500m 以下的路边、村舍及疏林中。

用途与繁殖方式：本种木材性能与柚木相似，能耐干湿变化，变形小，可作造船、家具、室内装饰、制胶合板等用。播种繁殖。

来源与生长情况：引进种，生长良好，能正常开花结果。

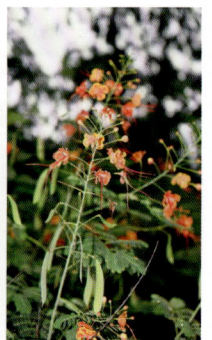

海南石梓 *Gmelina hainanensis* Oliv.　　　　　　　　　　　　　　　　　　　　石梓属

国家Ⅱ级重点保护植物

形态特征：乔木，高约 15m，树干直，树皮灰褐色，呈片状脱落。叶对生，厚纸质，卵形或宽卵形，长 5 ~ 16cm，宽 4 ~ 8cm，全缘，稀具 1 ~ 2 粗齿，顶端渐尖或短急尖，基部宽楔形至截形，表面亮绿色，无毛，背面粉绿色，被微绒毛，基生脉三出，侧脉 3 ~ 4 对。聚伞花序排成顶生圆锥花序，花冠漏斗状，黄色或淡紫红色。核果倒卵形，顶端截平，肉质，着生于宿存花萼内。花期 5 ~ 6 月，果期 6 ~ 9 月。

分　　布：产于江西南部、广东、广西等地，生于海拔 250 ~ 500m 的山坡疏林中。

用途与繁殖方式：木材纹理通直，结构细致，适于造船、建筑、家具等用。播种繁殖。

来源与生长情况：引进种，生长良好，能正常开花结果。

马缨丹 *Lantana camara* L.　　　　　　　　　　　　　　　　　　　　　　　马缨丹属

形态特征：直立或蔓性的灌木，高 1 ~ 2m，有时藤状；茎枝均呈四方形，有短柔毛，通常有短而倒钩状刺。单叶对生，揉烂后有强烈的气味，叶片卵形至卵状长圆形，长 3 ~ 8.5cm，宽 1.5 ~ 5cm，顶端急尖或渐尖，基部心形或楔形，边缘有钝齿，表面有粗糙的皱纹和短柔毛，背面有小刚毛。花序梗长于叶柄，花冠黄色或橙黄色，开花后不久转为深红色。果圆球形，成熟时紫黑色。全年开花。

分　　布：原产于美洲热带地区，现在我国台湾、福建、广东、广西见有逸生。常生长于海拔 80 ~ 1500m 的海边沙滩和空旷地区。

用途与繁殖方式：花美丽，我国各地庭园常栽培供观赏。播种、扦插繁殖。

来源与生长情况：逸为野生，生长良好。

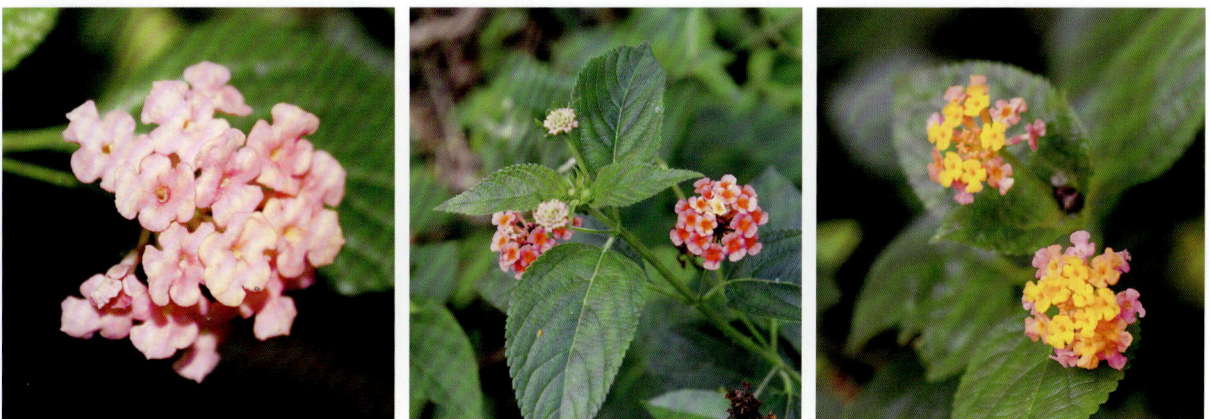

蔓马缨丹 Lantana montvidensis Briq　　　　　　　　　　　　　　　　　　**马缨丹属**

形态特征：攀援性灌木，枝下垂，被柔毛，长 0.7 ～ 1m。叶卵形，长约 2.5cm，基部突然变狭，边缘有粗牙齿。头状花序直径约 2.5cm，具长总花梗；花长约 1.2cm，淡紫色；苞片阔卵形，长不超过花冠管的中部。花期为全年。

分　　布：原产于南美洲，我国华南南部有栽培。

用途与繁殖方式：美姿态飘逸，可作为天桥和生活小区的绿化观赏。播种、扦插繁殖。

来源与生长情况：引进种，生长良好。

柚木 *Tectona grandis* Linn. f.　　　　　　　　　　　　　　　　　　　**柚木属**

形态特征：大乔木，高达 40m，小枝四棱形，具 4 槽，被灰黄色或灰褐色星状绒毛。叶对生，厚纸质，全缘，卵状椭圆形或倒卵形，长 15 ～ 45cm，宽 8 ～ 23cm，顶端钝圆或渐尖，基部楔形下延，表面粗糙，有白色突起，沿脉有微毛，背面密被灰褐色至黄褐色星状毛。圆锥花序顶生，花有香气，但仅有少数能发育，花冠白色。核果球形，外果皮被毡状细毛，内果皮骨质。花期 8 月，果期 10 月。

分　　布：云南、广东、广西、福建、台湾等地普遍引种，生于海拔 900m 以下的潮湿疏林中。

用途与繁殖方式：柚木是世界著名的木材之一，质坚硬，光泽美丽，纹理通直，适于造船、车辆、建筑、雕刻及家具之用。扦插繁殖。

来源与生长情况：引进种，生长良好，能正常开花结果。

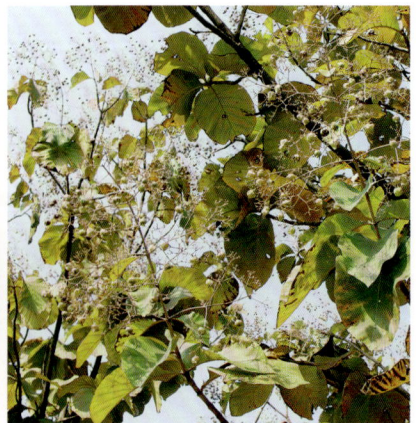

灰毛牡荆 *Vitex canescens* Kurz.　　　　　　　　　　　　　　　　　　　　**牡荆属**

别　　名：贵州布荆

形态特征：乔木，高3～15～m；树皮黑褐色，小枝四棱形，密被灰黄色细柔毛。掌状复叶，小叶3～5；小叶片卵形，椭圆形或椭圆状披针形，长6～18cm，宽2.5～9cm，顶端渐尖或骤尖，基部宽楔形或近圆形，侧生的小叶基部常不对称，全缘，背面密生灰黄色柔毛和黄色腺点，侧脉8～19对。圆锥花序顶生，花冠黄白色。核果近球形或长圆状倒卵形，表面淡黄色或紫黑色，有光泽。花期4～5月，果期5～6月。

分　　布：产于江西、湖北、湖南、广东、广西、贵州、四川、云南、西藏，生于海拔200～1550m的混交林中。

用途与繁殖方式：成熟果实可治胃痛，木材可作胶合板用材。播种繁殖。

来源与生长情况：引进种，生长良好。

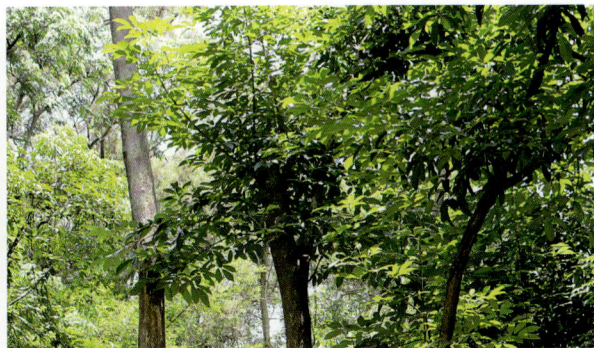

黄荆 *Vitex negundo* L.　　　　　　　　　　　　　　　　　　　　　　　**牡荆属**

形态特征：灌木或小乔木，小枝四棱形，密生灰白色绒毛。掌状复叶，小叶5，少有3；小叶片长圆状披针形至披针形，顶端渐尖，基部楔形，全缘或每边有少数粗锯齿，表面绿色，背面密生灰白色绒毛；中间小叶长4～13cm，宽1～4cm，两侧小叶依次递小。聚伞花序排成圆锥花序式，顶生，花冠淡紫色。核果近球形，宿萼接近果实的长度。花期4～6月，果期7～10月。

分　　布：主要产于长江以南各省，北达秦岭淮河。生于山坡路旁或灌木丛中。

用途与繁殖方式：茎皮可造纸及制人造棉；茎叶治久痢；花和枝叶可提取芳香油。播种、压条繁殖。

来源与生长情况：原生种，生长良好。

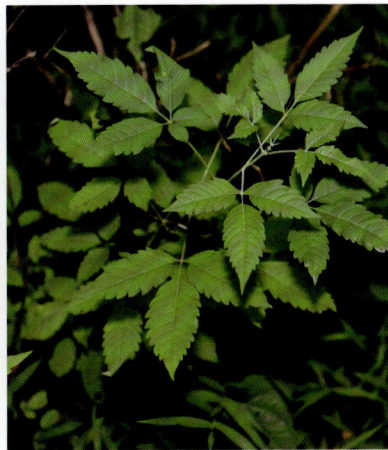

山牡荆 *Vitex quinata* (Lour.) Will. 　　　　　　　　　　　　　　　　　　　　　　**牡荆属**

形态特征：常绿乔木，高 4～12m，树皮灰褐色至深褐色，小枝四棱形。掌状复叶，对生，有 3～5 小叶，小叶片倒卵形至倒卵状椭圆形，顶端渐尖至短尾状，基部楔形至阔楔形，通常全缘，表面通常有灰白色小窝点，背面有金黄色腺点。聚伞花序对生于主轴上，排成顶生圆锥花序式，花冠淡黄色，顶端 5 裂，二唇形，下唇中间裂片较大。核果球形或倒卵形，幼时绿色，成熟后呈黑色，宿萼呈圆盘状。花期 5～7 月，果期 8～9 月。

分　　布：产于浙江、江西、福建、台湾、湖南、广东、广西，生于海拔 180～1200m 的山坡林中。

用途与繁殖方式：木材适于作桁、桶、门、窗、天花板、文具、胶合板等用材。播种繁殖。

来源与生长情况：引进种，生长良好，能正常开花。

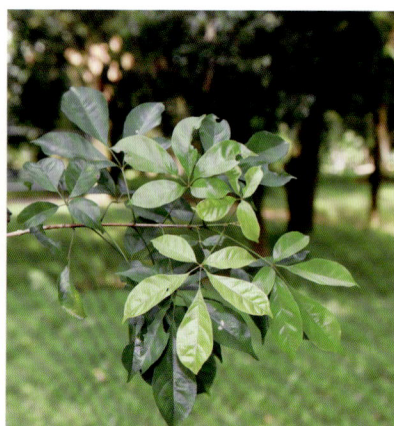

鸭跖草科 Commelinaceae

鸭跖草 *Commelina communis* L. 　　　　　　　　　　　　　　　　　　　　　　**鸭跖草属**

形态特征：一年生披散草本，茎匍匐生根，多分枝。叶披针形至卵状披针形，长 3～9cm，宽 1.5～2cm。总苞片佛焰苞状，与叶对生，折叠状，展开后为心形，顶端短急尖，基部心形，边缘常有硬毛；聚伞花序，下面一枝仅有花 1 朵，花瓣深蓝色；蒴果椭圆形，2 室，2 片裂，有种子 4 颗。种子棕黄色，一端平截，腹面平，有不规则窝孔。花期全年。

分　　布：产于云南、四川、甘肃以东的南北各省区，常见，生于湿地。

用途与繁殖方式：药用，为消肿利尿、清热解毒之良药。播种、分株、扦插繁殖。

来源与生长情况：原生种，生长良好。

紫背万年青 *Tradescantia spathacea* Sw.　　　　　　　　　　　　　　　**紫露草属**

别　　名：蚌兰

形态特征：多年生草本植物，叶莲座状，密生于茎顶，剑状，重叠，叶表面青绿光亮，背面深紫，长 15 ~ 25cm，宽 3 ~ 4cm。花腋生，呈密集伞形花序，花被 6 片，白色，生于两片河蚌状的紫色大苞片内，其形似蚌壳吐珠，所以又叫"蚌花"。花期 8 ~ 10 月。

分　　布：原产于墨西哥和西印度群岛，华南南部有栽培。

用途与繁殖方式：叶片两面各有不同的颜色，翠亮有变化，株形适中，姿态优美，红苞片中含着许多玉白色小花，色彩对比明显，用于园林观赏；分株繁殖。

来源与生长情况：引进种，生长良好，能正常开花。

姜科 Zingiberaceae

花叶山姜 *Alpinia zerumbet* 'Variegata'　　　　　　　　　　　　　　　**山姜属**

形态特征：多年生草本，有发达的地上茎，植株高 1 ~ 2m，具根茎。叶具鞘，长椭圆形，两端渐尖，叶长约 50cm，宽 15 ~ 20cm，有金黄色纵斑纹，十分艳丽。圆锥花序呈总状花序式，花序下垂，花蕾包藏于总苞片中，花白色，边缘黄色，顶端红色，唇瓣广展，花大而美丽并具有香气。蒴果卵圆形，种子有棱角。6 ~ 7 月开花。

分　　布：原产于亚热带地区，中国东南部至南部有分布，各地城市均有栽培。

用途与繁殖方式：叶颜色艳丽，做观叶用。分株繁殖。

来源与生长情况：引进种，生长良好，能正常开花结果。

美人蕉科 Cannaceae

大花美人蕉 *Canna × generalis* L.H. Bailey & E.Z. Bailey　　　　　　　　　　　美人蕉属

形态特征： 株高约 1.5 m，茎、叶和花序均被白粉。叶片椭圆形，长达 40 cm，宽达 20 cm，叶缘、叶鞘紫色。总状花序顶生，花大，比较密集，每一苞片内有花 1～2 朵；花冠颜色多种，红、桔红、淡黄、白色均有；唇瓣倒卵状匙形，子房球形，花柱带形。花期秋季。

分　　布： 我国南北各地常有栽培。

用途与繁殖方式： 本种花大，可做园林观赏，通常种植在水边。分株繁殖。

来源与生长情况： 引进种，生长良好，能正常开花。

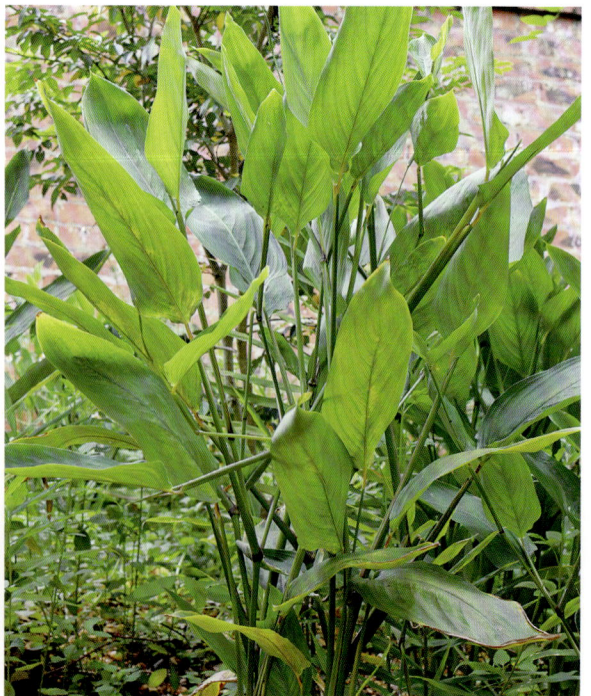

竹芋科 Marantaceae

竹芋 *Maranta arundinacea* L.　　　　　　　　　　　　　　　　　　　　　　竹芋属

形态特征： 多年生草本，茎柔弱，2 歧分枝，高 0.4～1m。叶薄，卵形或卵状披针形，长 10～20cm，宽 4～10cm，绿色，顶端渐尖，基部圆形，背面无毛或薄被长柔毛。总状花序顶生，疏散，有花数朵，花小，白色。果长圆形。花期夏秋。

分　　布： 原产于美洲热带地区，现广植于各热带地；我国南方常见栽培。

用途与繁殖方式： 药用有清肺，利水之效。播种、分株繁殖。

来源与生长情况： 引进种，生长良好。

柊叶 *Phrynium rheedei* Suresh et Nicolson

柊叶属

形态特征：直立草本，高约1m；根状茎块状。叶基生，矩圆形或矩圆状披针形，长30～50cm，宽10～20cm，两面均无毛；叶柄长约60cm。头状花序近球形，最外的苞片3片，顶端钝而具尖头，紫色，内面能育的苞片矩圆状卵形，每一苞片中有花3对，花冠紫色。蒴果矩圆形，栗色，有2～3纵圆棱，顶端有高约2毫m宿存的花被筒，内有种子2～3颗。

分　　布：分布于云南、广西、广东三省区的南部，生于海拔700m以下的山谷、密林下的湿地。

用途与繁殖方式：根药用，治肝肿大、痢疾、小便赤痛；叶清热、利尿，叶柄治口腔溃疡、酒醉；叶片可包裹粽子。

来源与生长情况：引进种，生长良好，能正常开花。

百合科 Liliaceae

山菅 *Dianella ensifolia* (L.) DC.

山菅属

别　　名：山菅兰

形态特征：植株高可达1～2m，根状茎圆柱状，横走。叶狭条状披针形，长30～80cm，宽1～2.5cm，基部稍收狭成鞘状，套迭或抱茎，边缘和背面中脉具锯齿。顶端圆锥花序，分枝疏散；花常多朵生于侧枝上端，花被片条状披针形，绿白色、淡黄色至青紫色，5脉。浆果近球形，深蓝色，具5～6颗种子。花果期3～8月。

分　　布：产于云南、四川、贵州东南部、广西、广东南部、江西南部、浙江沿海地区、福建和台湾，生于海拔1700m以下的林下、山坡或草丛中。

用途与繁殖方式：有毒植物。根状茎磨干粉，调醋外敷，可治痈疮脓肿、癣、淋巴结炎等。分株繁殖。

来源与生长情况：原生种，生长良好。

雨久花科 Pontederiaceae

凤眼蓝 *Eichhornia crassipes* (Mart.) Solms　　　　　　　　　　　　　　凤眼莲属

别　　　名：凤眼莲、水葫芦

形态特征：浮水草本，高30～60cm，须根发达，棕黑色。叶片圆形，宽卵形或宽菱形，长4.5～14.5cm，宽5～14cm，顶端钝圆或微尖，基部宽楔形或在幼时为浅心形，全缘，具弧形脉，表面深绿色，光亮；叶柄长短不等，中部膨大成囊状或纺锤形，内有许多多边形柱状细胞组成的气室；花葶从叶柄基部的鞘状苞片腋内伸出，穗状花序通常具9～12朵花；花瓣状，紫蓝色；蒴果卵形。花期7～10月，果期8～11月。

分　　　布：原产于巴西。现广布于我国长江、黄河流域及华南各省。生于海拔200～1 500m的水塘、沟渠及稻田中。

用途与繁殖方式：全草为家畜、家禽饲料；本种还是监测环境污染的良好植物，它可监测水中是否有砷存在，还可净化水中汞、镉、铅等有害物质。播种繁殖。

来源与生长情况：逸为野生，生长良好。

天南星科 Araceae

海芋 *Alocasia macrorrhizos* (L.) Schott　　　　　　　　　　　　　　海芋属

形态特征：大型常绿草本植物，具匍匐根茎，有直立的地上茎。叶多数，叶柄绿色，螺状排列，粗厚，长可达1.5m，叶片亚革质，草绿色，箭状卵形，边缘波状，长50～90cm，宽40～90cm。花序柄2～3枚丛生，圆柱形，通常绿色，有时污紫色。佛焰苞管部绿色，肉穗花序芳香，雌花序白色，能育雄花序淡黄色。浆果红色，卵状，种子1～2。花期四季，但在密阴的林下常不开花。

分　　　布：产于江西、福建、台湾、湖南、广东、广西、四川、贵州、云南等地的热带和亚热带地区，海拔1700m以下，常成片生长于热带雨林林缘或河谷野芭蕉林下。

用途与繁殖方式：根茎供药用，对腹痛、霍乱、疝气等有良效；茎、叶误食后喉舌发痒、肿胀、流涎、肠胃烧痛，民间用醋加生姜汁少许共煮，内服或含嗽以解毒。播种、分株、扦插繁殖。

来源与生长情况：原生种，生长良好。

春羽 *Philodenron selloum* Koch

喜林芋属

形态特征：多年生常绿草本观叶植物。植株高大，可达 1.5m 以上。茎极短，直立性，呈木质化，生有很多气生根。叶柄坚挺而细长，可达 1m。叶为簇生型，着生于茎端，叶片巨大，为广心脏形，叶长达 60cm、宽 40cm，全叶羽状深裂似手掌状，革质，浓绿而有光泽。

分　　布：原产于巴西、巴拉圭等地，我国华南亚热带常绿阔叶地区有栽培。

用途与繁殖方式：株形优美，整个观赏效果好；同时它又耐阴，是极好的室内喜阴观叶植物。分株繁殖。

来源与生长情况：引进种，生长良好。

大薸 *Pistia stratiotes* L.

大薸属

形态特征：水生飘浮草本。有长而悬垂的根多数，须根羽状，密集。叶簇生成莲座状，叶片常因发育阶段不同而形异，呈倒三角形、倒卵形、扇形，以至倒卵状长楔形，长 1.3 ~ 10cm，宽 1.5 ~ 6cm，先端截头状或浑圆，基部厚，二面被毛，基部尤为浓密；叶脉扇状伸展，背面明显隆起成折皱状。佛焰苞白色，长约 0.5 ~ 1.2cm，外被茸毛。花期 5 ~ 11 月。

分　　布：福建、台湾、广东、广西、云南各省区热带地区野生，湖南、湖北、江苏、浙江、安徽、山东、四川等省都有栽培。

用途与繁殖方式：全株作猪饲料；煎水内服可通经，治水肿、小便不利、汗皮疹。播种繁殖。

来源与生长情况：原生种，生长良好。

石蒜科 Amaryllidaceae

文殊兰 *Crinum asiaticum* var. *sinicum* (Roxb. ex Herb.) Baker   文殊兰属

形态特征：多年生粗壮草本。鳞茎长柱形。叶 20 ～ 30 枚，多列，带状披针形，长可达 1m，宽 7 ～ 12cm 或更宽，顶端渐尖，具 1 急尖的尖头，边缘波状，暗绿色。花茎直立，几与叶等长，伞形花序有花 10 ～ 24 朵，佛焰苞状总苞片披针形，花高脚碟状，芳香，花被裂片线形，白色。蒴果近球形，通常种子 1 枚。花期夏季。

分　　布：分布于福建、台湾、广东、广西等省区，常生于海滨地区或河旁沙地。

用途与繁殖方式：叶与鳞茎药用，有活血散瘀、消肿止痛之效；还可做园林观赏。播种、分株繁殖。

来源与生长情况：引进种，生长良好，能正常开花结果，种子发育良好。

水鬼蕉 *Hymenocallis littoralis* (Jacq.) Salisb.   水鬼蕉属

形态特征：叶 10 ～ 12 枚，剑形，长 45 ～ 75cm，宽 2.5 ～ 6cm，顶端急尖，基部渐狭，深绿色，多脉，无柄。花茎扁平，佛焰苞状总苞片长 5 ～ 8cm，基部极阔；花茎顶端生花 3 ～ 8 朵，白色；花被管纤细，长短不等，花被裂片线形，通常短于花被管；杯状体钟形或阔漏斗形，有齿；花柱约与雄蕊等长或更长。花期夏末秋初。

分　　布：原产于美洲热带，我国华南地区引种栽培。

用途与繁殖方式：观花植物，做地被。分株繁殖。

来源与生长情况：引进种，生长良好，能正常开花。

鸢尾科 Iridaceae

巴西鸢尾 *Neomarica gracilis* Sprague　　　　　　　　　　　　　　**巴西鸢尾属**

形态特征：多年生草本，叶从基部根茎处抽出，呈扇形排列。叶宽约 2cm，革质，深绿色；花期约春至夏季，花茎扁平似叶状，但中肋较明显突出，花从花茎顶端鞘状苞片内开出，花有 6 瓣，3 瓣外翻的白色苞片，基部有红褐色斑块，另 3 瓣直立内卷，为蓝紫色并有白色线条。花期 4 ~ 5 月，果期 6 ~ 8 月。

分　　布：原产于墨西哥至巴西一带，我国沿海一带有引种栽培。

用途与繁殖方式：花美丽，可观赏，常做地被。分株、播种繁殖。

来源与生长情况：引进种，生长良好，能正常开花。

龙舌兰科 Agavaceae

金边龙舌兰 *Agave americana* var. *variegata* Nichols.　　　　　　　　**龙舌兰属**

形态特征：常绿草本。叶多丛生，呈剑形，大小不等。叶质厚，平滑，绿色，边缘有黄白色条带镶边，有紫褐色刺状锯齿。花黄绿色，肉质。蒴果长椭圆形。花期夏季，一般十年左右才开花，结实后枯死。

分　　布：原产于美洲的沙漠地带，分布于西南、华南。

用途与繁殖方式：园林观赏，用于庭院绿化。播种、分株繁殖。

来源与生长情况：引进种，生长良好。

棕榈科 Palmaceae

假槟榔 *Archontophoenix alexandrae* (F. Muell.) H. Wendl. et Drude.　　　　　　　假槟榔属

形态特征：乔木状，高达 10 ~ 25m，圆柱状，基部略膨大。叶羽状全裂，生于茎顶，羽片呈 2 列排列，线状披针形，长达 45cm，宽 1.2 ~ 2.5cm，先端渐尖，全缘或有缺刻，叶面绿色，叶背面被灰白色鳞秕状物。花序生于叶鞘下，呈圆锥花序式，下垂，多分枝，花序轴具 2 个鞘状佛焰苞，花雌雄同株，白色。果实卵球形，红色，种子卵球形。花期 4 月，果期 4 ~ 7 月。

分　　布：原产于澳大利亚东部，我国福建、台湾、广东、海南、广西、云南等热带亚热带有栽培。

用途与繁殖方式：是树形优美的绿化树种。播种繁殖。

来源与生长情况：引进种，生长良好，能正常开花结果，种子发育良好。

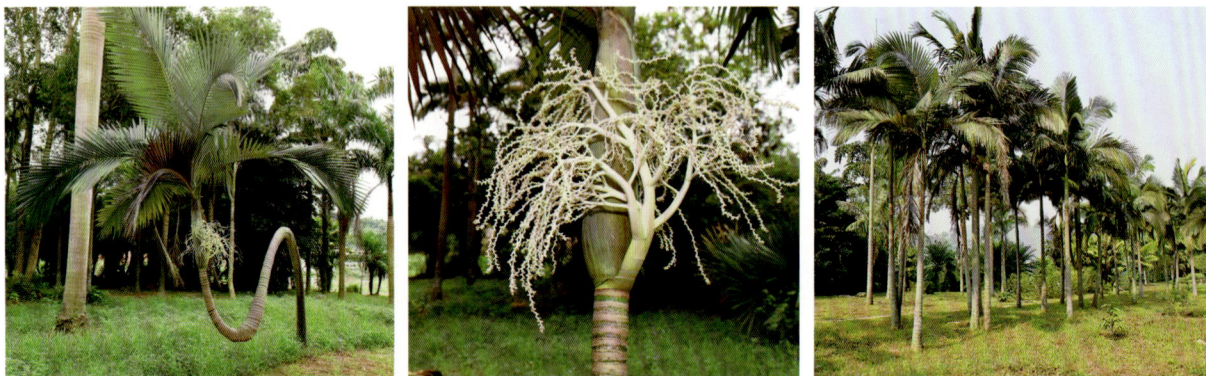

三药槟榔 *Areca triandra* Roxb. ex Buch.-Ham.　　　　　　　　　　　　　　　槟榔属

形态特征：茎丛生，高 3 ~ 4m 或更高，具明显的环状叶痕。叶羽状全裂，约 17 对羽片，顶端 1 对合生，羽片长 35 ~ 60cm 或更长，宽 4.5 ~ 6.5cm，具 2 ~ 6 条肋脉，下部和中部的羽片披针形，镰刀状渐尖，上部及顶端羽片较短而稍钝，具齿裂。佛焰苞 1 个，革质，压扁，光滑，花序和花与槟榔相似，但雄花更小，只有 3 枚雄蕊。果实卵状纺锤形，顶端变狭，具小乳头状突起，果熟时由黄色变为深红色。种子椭圆形至倒卵球形。果期 8 ~ 9 月。

分　　布：产于印度、中南半岛及马来半岛等亚洲热带地区，我国台湾、广东、云南等省区有栽培。

用途与繁殖方式：姿态优雅，宜布置庭院或分盆栽；树形美丽，宜丛植点缀于草地上。播种、分株繁殖。

来源与生长情况：引进种，生长良好，能正常开花结果，种子发育良好。

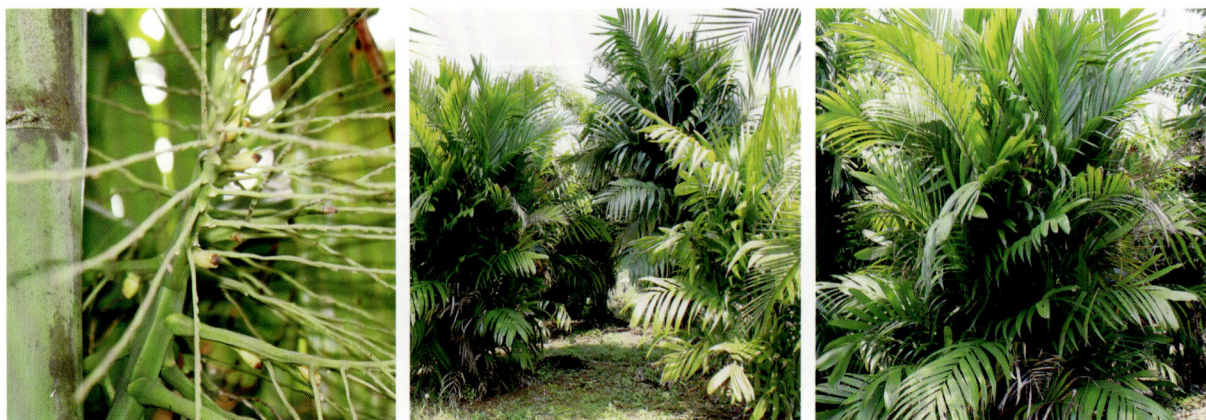

香桄榔 Arenga engleri Becc.　　　　　　　　　　　　　　　　　　　　　　　**桄榔属**

别　　名：山棕

形态特征：丛生灌木，高2～3m，叶羽状全裂，羽片互生，长30～55cm或更长，宽2～3cm，基部的羽片较短而狭，上部的羽片较短而宽，线形，基部变狭，仅一侧有耳垂，顶部收缩，具细齿，中部以上边缘具不规则的啮蚀状齿；叶柄及叶轴被黑色鳞秕，叶鞘为黑色的网状纤维。花序生于叶间，多分枝，花雌雄同株；雄花稍大，黄色，有香气；雌花近球形，花瓣三角形。种子3颗，通常有1颗种子发育不全，黑褐色，钝三棱状。花期5～6月，果期11～12月。

分　　布：产于福建、台湾等省，广东、云南有栽培。

用途与繁殖方式：树形、花、果色美丽，适于庭园栽培，供观赏。播种、分株繁殖。

来源与生长情况：引进种，生长良好，能正常开花结果。

毛鳞省藤 *Calamus thysanolepis* Hance.　　　　　　　　　　　　　　　　　　**省藤属**

形态特征：丛生，高2～3m，叶羽状全裂，顶端不具纤鞭；羽片多数，两面黄绿色，每2～6片成组聚生于叶轴两侧，并指向不同方向，剑形，先端渐尖，长30～37cm，宽1.5～2cm；3条叶脉上及边缘疏被微刺；叶轴背面具稍短的单生的爪状刺。雄花序为部分三回分枝，小穗状花序每侧有花12～15朵。果被梗状，果实阔卵状椭圆形，具短的圆锥状的喙，鳞片18～21纵列，中央无沟槽，淡红黄色。种子椭圆形，稍扁，背面略有小瘤状突起。花期6～7月，果期9～10月。

分　　布：产于浙江、江西、福建、广东等省。

用途与繁殖方式：藤茎质地柔韧，可供编织各种藤器、家具，是手工业的重要原料。播种繁殖。

来源与生长情况：引进种，生长良好。

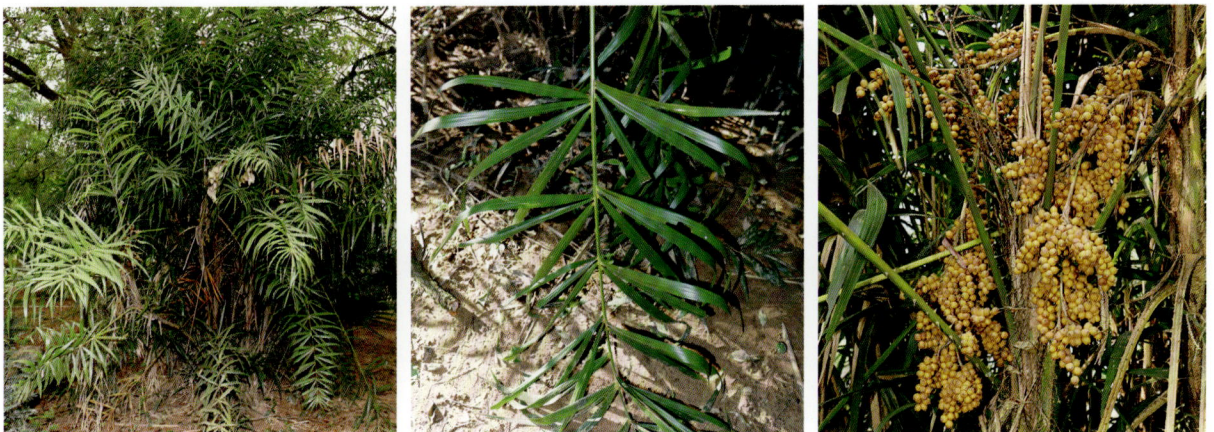

短穗鱼尾葵 *Caryota mitis* Lour.　　　　　　　　　　　　　　　　　　　　　　**鱼尾葵属**

形态特征：丛生，小乔木状，高 5～8m，茎绿色。叶长 3～4m，下部羽片小于上部羽片；羽片呈楔形或斜楔形，外缘笔直，内缘 1/2 以上弧曲成不规则的齿缺，且延伸成尾尖或短尖，淡绿色，幼叶较薄，老叶近革质。佛焰苞与花序被糠秕状鳞秕，花序短，具密集穗状的分枝花序。果球形，成熟时紫红色，具 1 颗种子。花期 4～6 月，果期 8～11 月。

分　　布：产于海南、广西等省区，生于山谷林中或植于庭园。

用途与繁殖方式：茎的髓心含淀粉，可供食用，花序液汁含糖分，供制糖或酿酒。分株、播种繁殖。

来源与生长情况：引进种，生长良好，能正常开花结果。

鱼尾葵 *Caryota maxima* Blume ex Mart.　　　　　　　　　　　　　　　　　　　　**鱼尾葵属**

形态特征：乔木状，高 10～15m，茎绿色，被白色的毡状绒毛，具环状叶痕。羽片长 15～60cm，宽 3～10cm，互生，罕见顶部的近对生，最上部的 1 羽片大，楔形，先端 2～3 裂，侧边的羽片小，菱形，外缘笔直，内缘上半部或 1/4 以上弧曲成不规则的齿缺，且延伸成短尖或尾尖。佛焰苞与花序无糠秕状的鳞秕，花序具多数穗状的分枝花序，长 1.5～2.5m；雄花花瓣椭圆形，黄色。果实球形，成熟时红色，种子 1 颗。花期 5～7 月，果期 8～11 月。

分　　布：产福建、广东、海南、广西、云南等省区，生于海拔 450～700m 的山坡或沟谷林中。

用途与繁殖方式：树形美丽，可作庭园绿化植物，茎髓可作桄榔粉的代用品。播种、分株繁殖。

来源与生长情况：引进种，生长良好，能正常开花结果，种子发育良好。

董棕 Caryota urens L.   **鱼尾葵属**

别　　名：董棕鱼尾葵

形态特征：乔木状，高 5 ~ 25m，茎黑褐色，膨大或不膨大成花瓶状，具明显的环状叶痕。叶长弓状下弯，羽片宽楔形或狭的斜楔形，长 15 ~ 29cm，宽 5 ~ 20cm，幼叶近革质，老叶厚革质，最下部的羽片紧贴于分枝叶轴的基部，边缘具规则的齿缺，基部以上的羽片渐成狭楔形，外缘笔直，内缘斜伸或弧曲成不规则的齿缺。花序具多数、密集的穗状分枝花序，花序梗圆柱形，粗壮。果实球形至扁球形，成熟时红色。种子 1 ~ 2 颗，近球形或半球形。花期 6 ~ 10 月，果期 5 ~ 10 月。

分　　布：产于广西、云南等省区，生于海拔 370 ~ 1500m 的石灰岩山地区或沟谷林中。

用途与繁殖方式：木质坚硬，可作水槽与水车；叶鞘纤维坚韧可制棕绳；幼树茎尖可作蔬菜；树形美丽，可作绿化观赏树种。播种繁殖。

来源与生长情况：引进种，生长良好，能正常开花结果。

散尾葵 Chrysalidocarpus lutescens H. Wendl.   **散尾葵属**

别　　名：黄椰子

形态特征：丛生灌木，高 2 ~ 5m，基部略膨大。叶羽状全裂，平展而稍下弯，羽片 40 ~ 60 对，2 列，黄绿色，表面有蜡质白粉，披针形，长 35 ~ 50cm，宽 1.2 ~ 2cm，先端长尾状渐尖并具不等长的短 2 裂；叶柄及叶轴光滑，黄绿色，上面具沟槽，背面凸圆；叶鞘长而略膨大，通常黄绿色，初时被蜡质白粉。花序生于叶鞘之下，呈圆锥花序式，分枝花序上有 8 ~ 10 个小穗轴，花小，卵球形，金黄色，螺旋状着生于小穗轴上。果实略为陀螺形或倒卵形，鲜时土黄色，干时紫黑色。花期 5 月，果期 8 月。

分　　布：原产于马达加斯加，我国南方一些园林单位常见栽培。

用途与繁殖方式：树形优美，是很好的庭园绿化树种。播种、分株繁殖。

来源与生长情况：引进种，生长良好。

贝叶棕 *Corypha umbraculifera* L.

贝叶棕属

形态特征：植株高大粗壮，乔木状，高达 18 ~ 25m，具较密的环状叶痕。叶大型，呈扇状深裂，形成近半月形，叶片长 1.5 ~ 2m，宽约 2.5 ~ 3.5m，裂片 80 ~ 100，裂至中部，剑形，先端浅 2 裂，叶柄粗壮，上面有沟槽，边缘具短齿。花序顶生、大型、直立，圆锥形，序轴上由多数佛焰苞所包被。果实球形，种子近球形或卵球形。只开花结果一次后即死去，其生命周期约有 35 ~ 60 年。花期 2 ~ 4 月，果期翌年 5 ~ 6 月。

分　　布：原产于印度、斯里兰卡等亚洲热带国家，它是随着佛教的传播而被引入我国的，在华南南部的寺庙和植物园有栽培。

用途与繁殖方式：贝叶棕的引入首先是作为一种宗教信仰的植物而栽培。其树形美观，是很好的绿化观赏植物；其叶片可代纸作书写材料，在印度和我国云南（傣族）有用贝叶刻写佛经的，俗称"贝叶经"。播种、分株繁殖。

来源与生长情况：引进种，生长良好。

富贵椰子 *Howea belmoreana*(C.Moore et F.Muell.) Becc

豪爵椰属

形态特征：丛生灌木，茎基具多分枝，株高可达 3m。叶羽状分裂，长 50 ~ 80cm，先端弯垂，裂片宽 1 ~ 1.5cm，平展，叶色墨绿，表面有光丽光泽，形姿甚为优美。佛焰状花序生于叶丛下，果熟时红褐色，近圆形，果期 10 ~ 12 月。

分　　布：原产于澳大利亚新南威乐士洲，广西、广东、海南有引种栽培。

用途与繁殖方式：叶形优美，可做园林观赏，亦可做插花材料。播种繁殖。

来源与生长情况：引进种，生长良好。

穗花轴榈 *Licuala fordiana* Becc.　　　　　　　　　　　　　　　　　　　　**轴榈属**

形态特征：丛生灌木，高1.5～3m，叶片半圆形，裂片楔形，裂至基部，16～18片，长25～42cm，近顶部宽2.5～4cm，先端具钝的小齿裂；叶柄下部两侧具刺。花序具2～3个不分枝的或基部分叉的小穗状花序，小穗轴密被丛卷毛状鳞秕花，花2～3朵聚生于小穗轴周围的近梗状的小瘤突上，花近纺锤形；果实球形。花期5月。

分　　布：产于海南及广东东南部。

用途与繁殖方式：叶形奇特，可做园林观赏树种，用于庭院绿化。播种繁殖。

来源与生长情况：引进种，生长良好。

蒲葵 *Livistona chinensis* (Jacq.) R.Br. ex Mart.　　　　　　　　　　　　　　**蒲葵属**

别　　名：扇叶葵

形态特征：乔木状，高5～20m，基部常膨大。叶阔肾状扇形，掌状深裂至中部，裂片线状披针形，基部宽4～4.5cm，顶部长渐尖，2深裂成长达50cm的丝状下垂的小裂片，两面绿色；叶柄长下部两侧有下弯的短刺。花序呈圆锥状，粗壮，总梗上有6～7个佛焰苞，约6个分枝花序，每分枝花序基部有1个佛焰苞。果实椭圆形，黑褐色。种子椭圆形。花果期4月。

分　　布：产于我国南部。中南半岛亦有分布。

用途与繁殖方式：本种在广东新会县栽培较多，用其嫩叶编制葵扇，老叶制蓑衣等。播种、分株繁殖。

来源与生长情况：引进种，生长良好，能正常开花结果。

大叶蒲葵 *Livistona saribus* (Lour.) Merr. ex A. Chev.　　　　　　　　　　　　蒲葵属

别　　名：大蒲葵

形态特征：乔木状，高达 20m，叶大型，圆形或心状圆形，两面绿色，有一个大的圆形的不分裂的中心部分，周围分裂成多数的向先端渐狭的裂片，每裂片先端具短 2 裂的小裂片，长约 10cm，硬挺，不下垂，中央的裂片从叶柄顶部的戟突至裂片先端长约 1m；叶柄粗壮，钝三棱形，两侧密被黑褐色的粗壮、压扁、下弯的刺。花序腋生，果序多分枝，在花的着生处具小瘤突。果实椭圆形，较大，干后淡蓝色，种子椭圆形或卵球形。果期 6 月。

分　　布：产于广东、海南及云南南部。

用途与繁殖方式：树形优美，可做园林观赏树种。播种繁殖。

来源与生长情况：引进种，生长良好。

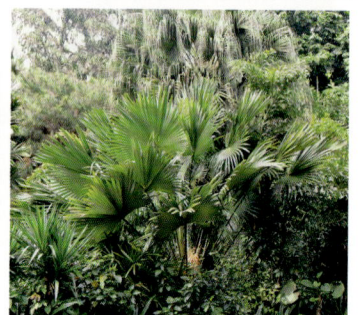

软叶刺葵 *Phoenix roebelenii* O. Brien.　　　　　　　　　　　　　　　　　刺葵属

别　　名：美丽针葵

形态特征：茎丛生，栽培时常为单生，高 1 ~ 3m，具宿存的三角状叶柄基部。叶长 1 ~ 1.5m，羽片线形，较柔软，长 20 ~ 30cm，两面深绿色，背面沿叶脉被灰白色的糠秕状鳞秕，呈 2 列排列，下部羽片变成细长软刺。雄花序与佛焰苞近等长，雌花序短于佛焰苞。果实长圆形，顶端具短尖头，成熟时枣红色，果肉薄而有枣味。花期 4 ~ 5 月，果期 6 ~ 9 月。

分　　布：产于云南，常见于江岸边，海拔 480 ~ 900m。广东、广西等省区有引种栽培。

用途与繁殖方式：果可食；嫩芽可生食或煮食；树形优美，可做园林绿化。播种繁殖。

来源与生长情况：引进种，生长良好，能正常开花。

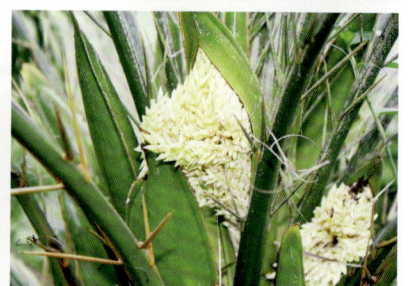

国王椰 *Ravenea rivularis* Jum. & H.Perrier.　　　　　　　　　　　　　　**国王椰属**

别　　名：国王椰子

形态特征：植株高大，单茎通直，成株高 9 ~ 12m，最高可达 25m，直径可达 80cm。表面光滑，密布叶鞘脱落后留下轮纹。羽状复叶似羽毛，羽叶密而伸展，飘逸而轻盈。

分　　布：原产于马达加斯加南部，引入我国后表现良好，在华南各地广泛种植。

用途与繁殖方式：可作庭院配置、行道树，做盆栽观赏也甚雅。播种繁殖。

来源与生长情况：引进种，生长良好。

棕竹 *Rhapis excelsa* (Thunb.) Henry ex Rehd.　　　　　　　　　　　　**棕竹属**

形态特征：丛生灌木，高 2 ~ 3m，茎圆柱形，有节，上部被叶鞘，但分解成稍松散的马尾状淡黑色粗糙而硬的网状纤维。叶掌状深裂，裂片 4 ~ 10 片，不均等，长 20 ~ 32cm 或更长，宽 1.5 ~ 5cm，宽线形，先端宽，截状而具多对稍深裂的小裂片，边缘及肋脉上具稍锐利的锯齿。总花序梗及分枝花序基部各有 1 枚佛焰苞包着，2 ~ 3 个分枝花序，其上有 1 ~ 2 次分枝小花穗，花螺旋状着生于小花枝上。果实球状倒卵形，种子球形，胚位于种脊对面近基部。花期 6 ~ 7 月。

分　　布：产于我国南部至西南部。

用途与繁殖方式：树形优美，是庭园绿化的好材料；根及叶鞘纤维入药。播种繁殖。

来源与生长情况：引进种，生长良好，能正常开花。

多裂棕竹 *Rhapis multifida* Burret.　　　　　　　　　　　　　　　　　**棕竹属**

形态特征：丛生灌木，高 2～3m 甚至更高，叶掌状深裂，扇形，裂片裂至基部 2.5～6cm 处，侧边的裂得较深，裂片 16～20 片，线状披针形，每裂片长 28～36cm，宽 1.5～1.8cm，通常具 2 条明显的肋脉，先端变狭。花序二回分枝，花序梗上的佛焰苞约 2 个，分枝上的佛焰苞狭管状，稍扁。果实球形，熟时黄色至黄褐色，外果皮稍具小颗粒。果期 11 月～翌年 4 月。

分　　布：产于广西西部及云南东南部。

用途与繁殖方式：叶片秀丽，可作庭园绿化材料。播种、分株繁殖。

来源与生长情况：引进种，生长良好。

大王椰 *Roystonea regia* (Kunth) O. F. Cook.　　　　　　　　　　　　**大王椰属**

形态特征：茎直立，乔木状，高 10～20m，茎幼时基部膨大，老时近中部不规则地膨大。叶羽状全裂，弓形并常下垂，叶轴每侧的羽片多达 250 片，羽片呈 4 列排列，线状披针形，渐尖，顶端浅 2 裂，长 90～100cm，宽 3～5cm。花序多分枝，佛焰苞在开花前象 1 根垒球棒；花小，雌雄同株，雄花。果实近球形至倒卵形，暗红色至淡紫色，种子歪卵形。花期 3～4 月，果期 10 月。

分　　布：我国南部热区常见栽培。

用途与繁殖方式：树形优美，广泛作行道树和庭园绿化树种。播种繁殖。

来源与生长情况：引进种，生长良好，能正常开花。

菜棕 *Sabal palmetto* (Walt.) Lodd. ex Roem. et Schult.　　　　　　　　　　**菜棕属**

形态特征：乔木状，单生，高9～18m甚至更高，叶为明显的具肋掌状叶，具多数裂片，裂片先端深2裂，具细条纹和明显的二级和三级脉，两面同色，裂片弯缺处具明显的丝状纤维；叶柄长于叶片；粗壮，上面平扁，背面凸起，基部劈裂。花序形成大的复合圆锥花序，开花时下垂，分枝花序形成二级圆锥花序。果实近球形或梨形，黑色，基部有花柱残留物。种子近球形，基部稍扁平，种脐略偏离中心。花期6月，果期秋季。

分　　布：原产于美国东南部北卡罗来纳至佛罗里达，我国福建、台湾、广东、广西及云南一些园林单位有栽培。

用途与繁殖方式：幼叶鞘的硬纤维用于制洗衣刷；叶子也可盖屋顶；顶芽是一种美味的蔬菜。播种繁殖。

来源与生长情况：引进种，生长良好。

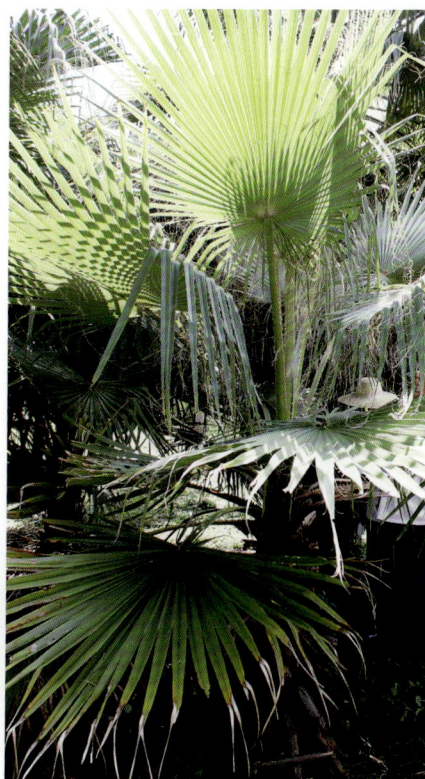

丝葵 *Washingtonia filifera* (Lind. ex Andre) H. Wendl.　　　　　　　　　　**丝葵属**

别　　名：老人葵、华盛顿葵

形态特征：乔木状，高达18～21m，树干基部通常不膨大；叶大型，约分裂至中部而成50～80个裂片，每裂片先端又再分裂，在裂片之间及边缘具灰白色的丝状纤维，裂片灰绿色，无毛，中央的裂片较宽，两侧的裂片较狭和较短而更深裂；叶柄约与叶片等长，基部扩大成革质的鞘。花序大型，弓状下垂，从管状的一级佛焰苞内抽出几个大的分枝花序，每个分枝花序由几个迭生的小分枝花序组成。果实卵球形，亮黑色，顶端具刚毛状的宿存花柱。种子卵形，两端圆。花期7月。

分　　布：原产于美国西南部的加利福尼亚，我国福建、台湾、广东及云南一些园林单位有引种栽培。

用途与繁殖方式：是美丽的风景树。播种繁殖。

来源与生长情况：引进种，生长良好。

狐尾椰 *Wodyetia bifurcata* A.K.Irvine.　　　　　　　　　　　　**狐尾椰属**

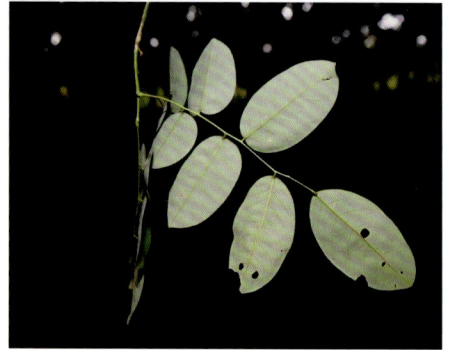

形态特征：乔木状，高可达 12 ~ 15m，植株通直，茎干单生，茎部光滑，有叶痕，略似酒瓶状。叶色亮绿，簇生茎顶，羽状全裂，长 2 ~ 3m；小叶披针形，轮生于叶轴上，形似狐尾而得名。穗状花序，分枝较多，雌雄同株。果卵形，熟时橘红色至橙红色。

分　　布：原产于澳大利亚昆图兰州，我国南方有引种栽培。

用途与繁殖方式：可作园景树、行道树。播种繁殖。

来源与生长情况：引进种，生长良好，能正常开花。

露兜树科　Pandanaceae

扇叶露兜树 *Pandanus utilis* Borg.　　　　　　　　　　　　**露兜树属**

别　　名：红刺露兜树、红刺林投

形态特征：常绿灌木或小乔木状，分干枝少，具有轮状叶痕。叶深绿色，硬革质，丛生于顶端，叶呈螺旋状着生，剑状长披针形。雌雄异株，雌花顶生，穗状花序，无花被，白色佛焰苞；雄花呈伞形状着生。聚合果，球形，下垂。

分　　布：我国南方地区有引种栽植。

用途与繁殖方式：树形优美，可作庭院树、绿篱、盆栽。播种繁殖。

来源与生长情况：引进种，生长良好。

禾本科 Gramineae

孝顺竹 *Bambusa multiplex* (Lour.) Raeuschel ex J. A. et J. H. Schult.　　　　　　　　籟竹属

形态特征：丛生竹，竿高 4 ~ 7m，尾梢近直或略弯，下部挺直，绿色；节间幼时薄被白蜡粉，并于上半部被棕色至暗棕色小刺毛。竿箨幼时薄被白蜡粉，早落；箨鞘呈梯形，背面无毛，箨片直立，易脱落，狭三角形，背面散生暗棕色脱落性小刺毛。叶片线形，上表面无毛，下表面粉绿而密被短柔毛，先端渐尖具粗糙细尖头，基部近圆形或宽楔形。假小穗单生或以数枝簇生于花枝各节，并在基部托有鞘状苞片，线形至线状披针形。

分　　布：分布于中国东南部至西南部，野生或栽培。原产于越南。

用途与繁殖方式：多种植以作绿篱或供观赏。分株繁殖。

来源与生长情况：引进种，生长良好。

佛肚竹 *Bambusa ventricosa* McClure　　　　　　　　籟竹属

形态特征：丛生型竹类植物，幼秆深绿色，稍被白粉，老时转榄黄色。秆二型，正常圆筒形，高 7 ~ 10m，节间 30 ~ 35cm；畸形秆通常 25 ~ 50cm，节间较正常短。箨叶卵状披针形，箨鞘无毛，箨耳发达，圆形或卵形至镰刀形；箨舌极短。

分　　布：产于广东，现我国南方各地均有引种栽培。

用途与繁殖方式：本种常作盆栽，施以人工截顶培植，形成畸形植株以供观赏；在地上种植时则形成高大竹丛，偶尔在正常竿中也长出少数畸形竿。分株、扦插繁殖。

来源与生长情况：引进种，生长良好。

黄金间碧玉 *Bambusa vulgaris* Schrad.　　　　　　　　　　　　　　　**簕竹属**

别　　名：黄金间碧竹

形态特征：乔木状，茎丛生，竿黄色，节间正常，但具宽窄不等的绿色纵条纹，箨鞘在新鲜时为绿色而具宽窄不等的黄色纵条纹。

分　　布：我国广西、海南、云南、广东和台湾等省区的南部地区庭园中有栽培。

用途与繁殖方式：在庭园种植以供观赏。分株繁殖。

来源与生长情况：引进种，生长良好。

小琴丝竹 *Bambusa multiplex* 'Alphonso-Karrii' R. A. Young.　　　　　**簕竹属**

别　　名：花孝顺竹

形态特征：小乔木状，茎丛生，竿和分枝的节间黄色，具不同宽度的绿色纵条纹，竿箨新鲜时绿色，具黄白色纵条纹。

分　　布：四川、广东和台湾等省于庭园中栽培。

用途与繁殖方式：在庭园种植以供观赏。分株、扦插繁殖。

来源与生长情况：引进种，生长良好。

粉单竹 *Bambusa chungii* McClure.

形态特征：竿直立，顶端微弯曲，高 5 ~ 10m，节间幼时被白色蜡粉，无毛，竿环平坦；箨环稍隆起，以后则渐变无毛。箨鞘早落，质薄而硬，脱落后在箨环留存一圈窄的木栓环；箨耳呈窄带形，边缘生淡色繸毛；叶片质地较厚，披针形乃至线状披针形，大小有变化，一般长 10 ~ 16cm，宽 1 ~ 2cm，上表面沿中脉基部渐粗糙，先端渐尖，基部的两侧不对称，次脉 5 或 6 对。花枝极细长，无叶，通常每节仅生 1 或 2 枚假小穗；成熟颖果呈卵形，深棕色，腹面有沟槽。

分　　布：华南特产，分布湖南南部、福建、广东、广西。

用途与繁殖方式：竹材韧性强，节间长，适合劈篾编织精巧竹器等，是两广主要篾用竹种，亦是造纸业的上等原料，竹丛疏密适中，挺秀优姿，宜作为庭园绿化之用。扦插、分株繁殖。

来源与生长情况：引进种，生长良好。

白茅 *Imperata cylindrica* (L.) P. Beauv.

形态特征：多年生，具粗壮的长根状茎，秆直立，节无毛。叶鞘聚集于秆基，甚长于其节间，质地较厚，老后破碎呈纤维状；叶舌膜质，紧贴其背部或鞘口具柔毛；秆生叶片窄线形，通常内卷，顶端渐尖呈刺状，下部渐窄，或具柄，质硬，被有白粉，基部上面具柔毛。圆锥花序稠密，小穗基盘具丝状柔毛，两颖草质及边缘膜质，近相等，具 5 ~ 9 脉，颖果椭圆形。花果期 4 ~ 6 月。

分　　布：广西、云南等省区，生于低山带平原河岸草地、沙质草甸、荒漠与海滨。

用途与繁殖方式：白茅根煎剂有利尿作用。分株繁殖。

来源与生长情况：原生种，生长良好。

中文名索引

拉丁名索引

主要参考文献

《中国植物志》相关卷册，维管植物种名与科名依照《中国植物志》相关卷册或其电子版

广西壮族自治区广西植物研究所.《广西植物志》（第一卷），广西科学技术出版社，1986.

广西壮族自治区广西植物研究所.《广西植物志》（第二卷），广西科学技术出版社，2005.

广西壮族自治区广西植物研究所.《广西植物志》（第三卷），广西科学技术出版社，2011.

广西壮族自治区广西植物研究所.《广西植物志》（第五卷），广西科学技术出版社，2016.

广西壮族自治区广西植物研究所.《广西植物志》（第六卷），广西科学技术出版社，2013.

覃海宁，刘演主编.《广西植物名录》，科学出版社，2010.

广西壮族自治区林业科学研究院.《广西树木志》（第一、二、三卷），中国林业出版社，2015.

中国高等植物彩色图鉴编委会.中国高等植物彩色图鉴（多卷）.科学出版社，2016